新型开关电源典型电路设计与应用

第 3 版

刘　军　主　编
赵同贺　副主编

机 械 工 业 出 版 社

本书共分为7章：第1章介绍开关电源的基本工作原理；第2章全面叙述开关电源元器件的特性与选用；第3章对6种不同功率的开关电源进行了较为详细的说明；第4章介绍了功率因数校正转换电路的设计，列举了多种电源功率因数校正电路的设计方法；第5章介绍了软开关技术与电源效率；第6章对PCB设计技术做了详尽的叙述；第7章给出了对开关电源一些关键技术的问答，为电源开发人员打开电源开发的大门。

本书立足开关电源的高频变压器设计，对开关电源的疑点和难点，剖析深入，内容丰富，知识全面，文字通畅，易于理解。本书对电源开发工程技术人员有很高的参考价值，也可供高等院校相关专业师生阅读。

图书在版编目（CIP）数据

新型开关电源典型电路设计与应用/刘军主编．—3版．—北京：机械工业出版社，2019.5（2024.11重印）
ISBN 978-7-111-62188-1

Ⅰ.①新…　Ⅱ.①刘…　Ⅲ.①开关电源-电路设计　Ⅳ.①TN86

中国版本图书馆CIP数据核字（2019）第041340号

机械工业出版社（北京市百万庄大街22号　邮政编码100037）
策划编辑：闾洪庆　责任编辑：闾洪庆
责任校对：王明欣　封面设计：马精明
责任印制：李　昂
北京捷迅佳彩印刷有限公司印刷
2024年11月第3版第7次印刷
184mm×260mm·17.5印张·431千字
标准书号：ISBN 978-7-111-62188-1
定价：59.00元

前言

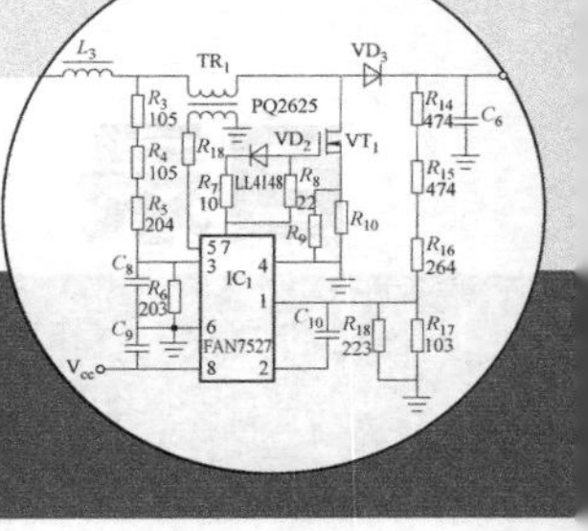

本书对国内外开关电源电路进行了分析，全面阐述了开关电源的最新应用技术；对电路原理进行了详细的讲解，并对电路的元器件参数进行了计算，其计算的方法是利用欧姆定律和基尔霍夫定律；对高频变压器采用多种计算方法进行计算，结果相差很小；为了进一步提炼开关电源知识，本书还列举了 32 条问答。

本书共分为 7 章：第 1 章介绍开关电源的基本工作原理；第 2 章全面叙述开关电源元器件的特性与选用；第 3 章对 6 种不同功率的开关电源进行了较为详细的说明；第 4 章介绍了功率因数校正转换电路的设计，列举了多种电源功率因数校正电路的设计方法；第 5 章介绍了软开关技术与电源效率；第 6 章对 PCB 设计技术做了详尽的叙述；第 7 章给出了对开关电源一些关键技术的问答，为电源开发人员打开电源开发的大门。

本书立足开关电源的高频变压器设计，对开关电源的疑点和难点，剖析深入，内容丰富，知识全面，文字通畅，易于理解。本书对电源开发工程技术人员有很高的参考价值，也可供高等院校相关专业师生阅读。

本书由刘军担任主编，赵同贺担任副主编，参加编写的还有刘苡辰、吴少英、沙锦芬、徐春华、叶良君、汪志清、谢海平、赵丹丹、王福元、余望兴、胡桂珍、张继芬、陈长秀、刘春娥、王伟超、王通、赵雪燕、赵舰、陈芳。

由于时间仓促，书中难免存在疏漏和不妥之处，敬请读者批评指正。

目录

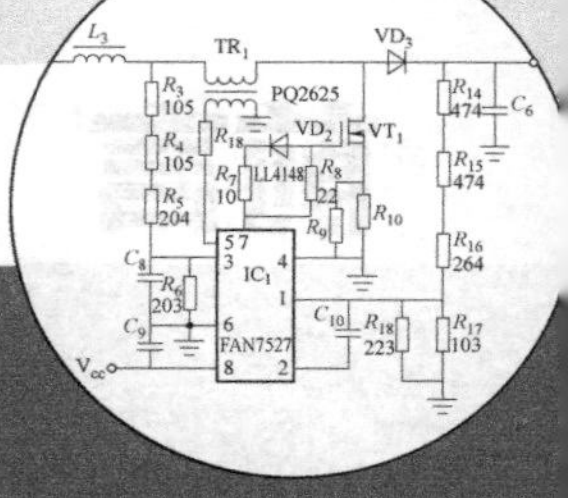

第 1 章 开关电源基本工作原理

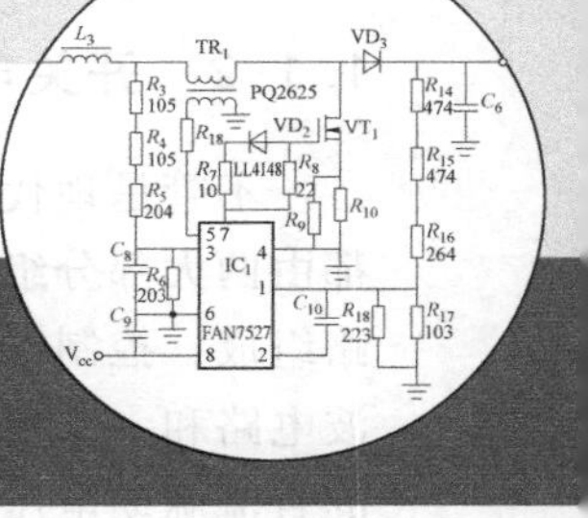

1.1 开关电源基本形式

1.1.1 什么是开关电源

开关电源是开关稳压电源的简称，可将一种电源形态变换成另一种形态。这种变换是自动控制的，并具有各种保护。它是利用现代电子技术、新材料科学，通过集成控制输出所需要的电压。这种电源具有体积小、重量轻、功耗低、效率高、纹波小、智能化程度高、使用方便等优点。电源犹如人体的心脏，是所有电动能源设备的动力。通常适用电源标记有各种特性参数，如功率、电压、频率、使用温度等。正因为开关电源具有很多优点，所以它广泛用于通信、仪器仪表、工业自动化、航空航天、医疗设备、交通运输、家用电器等领域。随着电子技术的发展，新材料不断地涌现，一大批高频率、高效率、高可靠性的新型电源相继问世。

开关电源在变换过程中，要达到我们所需要的要求。例如，交流变换成直流，高电压变换成低电压，大功率变换成小功率等。开关电源在变换过程中，用高频变压器将一次侧与二次侧隔离，称为离线式开关电源，常用的 AC/DC 变换器就是离线式开关变换器，也称为整流离线变换。输入电压经低通滤波，桥式整流，直接到用电负载，中间不用变压器隔离，称为非隔离式开关变压器。变换的方法是多样的，凡是用半导体功率器件作开关，并具有一定的控制智能性，将一种电源形态变换成另一种形态的电路，叫作开关变换电路。在变换时，能自动控制输出电压并有各种保护的称为完全开关电源。

传统的晶体管调整稳压器是开关电源的鼻祖，它具有结构简单、输出纹波小、噪声低等优点，但是它也有体积大、过载能力低、效率低等缺点。近年来，无工频变压器开关电源技术已被广泛采用。这种电源丢掉了笨重的工频变压器。功率管工作在开关频率 1.5MHz 以上的状态。这样电源的体积和重量大大降低，其效率得到极大的提高，在开关管饱和导通时，漏（Drain）-源（Source）电压降低近似零，在开关管截止时，它的漏极电流为零，其损耗功率小，效率高，可达 95%，具有体积小、重量轻的特点。不但如此，开关电源可直接对供电电网进行滤波调整。电路上所用的滤波电容、电感等元器件的参数特性优于目前所用的电解电容和滤波电感，且体积小，允许使用的环境温度高，对供电电网电压波动范围大的适应能力加大，可获得稳定基准的输出电压，使电网的谐波大大减小，满足了绿色环保的要求。

1.1.2 开关电源的工作程序

不管是现代的开关电源还是过去老旧的开关电源，其工作原理和工作程序都是不变的，都由两大部分组成，即主电路和控制电路。主电路由输入电路、功率变换电路和输出控制电路组成；控制电路则由信号取样电路、控制电路和频率振荡发生器组成。输入电路由低通滤波电路和一次整流电路构成。220V 交流电经低通滤波电路和桥式整流电路后，得到未稳压的直流脉动电压 V_i，脉动电压经功率因数校正，使它的输入电流与输入电压同相，得到功率因数高、谐波含量低的直流电压。此电压经电子开关和高频变压器进行电能转换，变换成受控制、符合设计要求的高频方波脉冲电压，高频电压经第二次整流滤波后，变为直流电压输出。最后，将输出的电压经分压采样与设置的基准电压进行比较、放大，经过频率振荡发生器，产生一个高频信号，该信号与控制信号叠加，进行脉宽或频率调制，达到脉宽或频率可调的方波信号，这一信号又经放大，去触发开关功率管的“开”与“停”，由开关管的漏极输出一功率较大的脉冲去激发高频变压器的一次绕组，一次绕组所产生的可调的交流电压经高频变压器的耦合变压后，在二次绕组产生频率较高的二次电压，二次电压又经整流滤波，输出一波纹较低的直流电压，所以说，开关电源的实质是两个变换，即功率因数变换和工作频率变换，如图 1-1 所示。

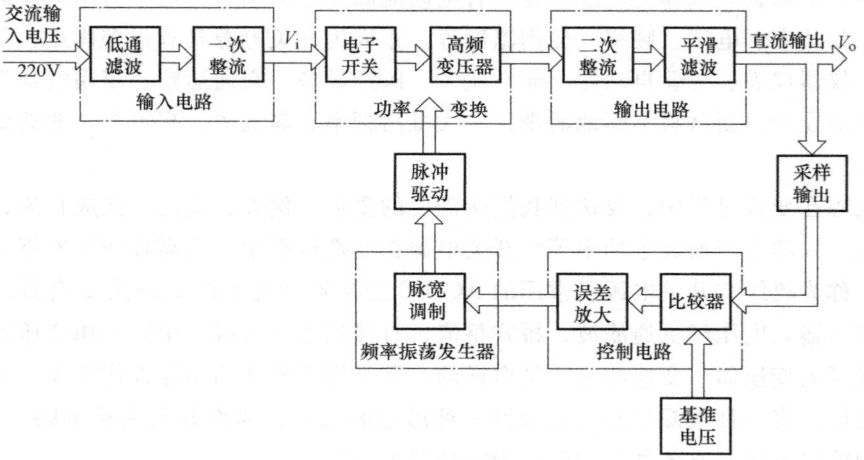

图 1-1 开关电源工作原理框图

高频电子开关是电能变换的主要手段和方法。在一个电子周期 T 内，电子开关的接通时间 t_{on} 与一个电子周期 T 所占时间的比例，叫接通占空比（D_{on}）。$D_{on}=t_{on}/T$，如图 1-2 所示。断开时间 t_{off} 与所占周期 T 比例为断开占空比 D'_{off}，$D'_{off}=t_{off}/T$。开关周期等于开关频率的倒数，即 $T=1/f$。例如一个开关电源的工作频率是 100kHz，它的周期是 $T=1/100\times10^3\mu s=10\mu s$。很明显，接通占空比越大，开关管接通时间越长，变换器输出的电压

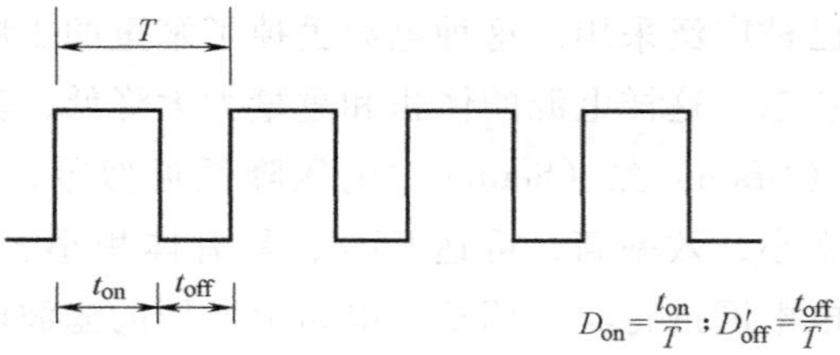

图 1-2 占空比示意图

越高，负载感应电压越高，工作频率越高。这对于开关电源的高频变压器实现小型化有帮助，同时，能量传递的速度也快。但是，对于开关电源的高频、开关功率管、控制集成电路以及输入整流二极管来说，由于工作频率的提高，导致开关管、高频变压器的发热量大、损耗大、效率低。对于不同的变换器形式，所选用的占空比大小是不一样的。

开关电源与铁心变压器电源以及其他形式的电源比较起来具有较多的优点：

1）节能：绿色电源是开关电源中用途最为广泛的电源，它的效率可达到90%，质量好的可达到95%，甚至更高，而铁心变压器的效率只有70%或者更低。美国一般家用电器和工业电气化设备的单机能源效率大于92%。美国的“能源之星”对电子镇流器、开关电源以及家用电器的效率都制定有很仔细的、非常严格的规章条款。

2）电源的体积小、重量轻。据统计，100W的铁心变压器的重量为1200g左右，体积达到350cm^3，100W的开关电源的重量只有250g，而敞开式电源的重量更轻，体积不到铁心变压器的1/4。

3）开关电源具有保护功能。在过载、轻载时能实施保护，不易损坏。而其他电源由于本身的原因或使用不当，发生短路或断路甚至烧毁的事故较多，安全性很差。

4）能方便地改变输出电流、电压，且稳定可控。

5）能根据用户要求，可设计出各种具有特殊功能的电源。如数字电源、程序遥控电源、水下机器人电源、航天航空高温高压电源等，以满足人们的需要。

1.1.3　开关电源的分类

目前开关电源的种类很多，结构既有简单的也有复杂的，下面从五个方面进行划分：

1. 按工作性质分类

所谓工作性质就是开关电源的“开”和“关”的特点，按其特点分为“硬开关”和“软开关”两种。硬开关是指电子脉冲，在外加信号的控制下强行对开关晶体管进行“通”和“断”，而与电子开关自身流过的电流以及两端加入的电压无关，只与脉冲开关信号有关。显然，开关管处在接通和关断期间是有电流、电压存在的，因此，这种工作方式是有损耗的。但是这种变换方式比其他变换方式的控制形式简单很多，成本也较低，所以硬开关现在在很多地方仍然应用，如脉宽调制（Pulse Width Modulation，PWM）器就属于硬开关。目前，很多开关电源都用PWM来控制，因为技术要求不很高，所以用得比较多。另一类叫软开关，电子开关在零电压下导通，在零电流下关断。可见电子开关是在“零状态”下工作的，在这种状态下工作的开关电源，理论上，其损耗为零，工作效率很高，软开关还对浪涌电压、脉冲尖峰电压有很强的抑制能力，它的工作频率可以提高到5MHz以上，开关电源的重量和体积则可进行更大的改变。为了实现零电压导通和零电流关断，工程师们常常采用谐振的方法。从电子理论可知道，谐振就是容抗等于感抗，总的电抗为零，这样电路中的电流为无穷大，如果适时将正弦波电压加到并联电感回路上，这时电感上的电压也为无穷大，谐振就会出现。利用谐振时的正弦波，实现软开关。电路上的正弦波振荡到零时，电子开关导通，称为零电压导通；当电子开关的电流振荡到零时，电子开关关断，称为零电流关断。总之，电子开关具有零电压导通、零电流关断的外部条件，叫软开关。这种变换器叫准谐振变换器。要实现软开关，工程师们利用高频频率测试仪，观察谐振波形，调整开关管的导通时间，使电路上的电压处在谐振波谷点上，调整串接在振荡变压器一次绕组上的一个小电容，再固定开关管的导通时间，通过调整频率，观看高频仪上的波形，直到出现谐振，从而获得准谐振变换器的模式。必须指出，准谐振变换器开关电源的输出电压不随输入电压的变化而变化，它的输出电流也不随输入电流的变化而变化，这种开关电源的变换器依靠谐振频率来稳定输出电压，叫调频开关电源。调频开关电源没有脉宽调制开关电源那么容易控制，再加上高频变压器一次绕组上的峰值电压高，开关管所承受的应力大，目前还没有得到广泛应用。

2. 按变换方式分类

本书所描述的电能变换是通过脉冲宽度改变来传递电能的大小，包括有 AC/DC、DC/DC、DC/AC、AC/AC 等四种，而 AC/DC、DC/DC 变换是开关电源变换的基本类型，通过控制占空比，改变开关管的通断时间，用电抗器与电容器上蓄积的能量对开关波形进行微分平滑处理，从而有效地调整输出电压。但是，这种变换方式，要想取得理想的效果，还必须对电路设计，及高频变压器设计，采用准确有效的计算方法，对提高开关电源效率，提高 EMI 能力，延长电源寿命才能起到至关重要的效果。

3. 按输入输出有无变压器隔离分类

一般 AC/DC、AC/AC 两种变换是有变压器隔离的，而 DC/DC 变换又分为有变压器隔离和没有变压器隔离两类。每一类有 6 种拓扑，即降压式（Buck）、升压式（Boost）、升压-降压式（Boost-Buck）、串联式（Cuk）、并联式（Sepic）以及塞达式（Zata），降压式、升压式两种在开关电源 DC/DC 变换中应用比较多，因为它的电路比较简单、使用安全、转换的效率较高。

4. 按激励方式分类

按激励方式分，有自激式和他激式。自激式包括单激式和推挽式，他激式包括脉冲调频式（PFM）、脉冲调宽式（PWM）、脉冲调幅式（PAM）和脉冲谐振式（RSM），我们用得最多的是脉冲调宽变换器。脉冲调宽变换器有以下几种：正激式（Forward Converter Mode）、反激式（Feedback Converter Mode）、半桥式（Half Bridge Mode）、全桥式（Overall Bridge Mode）、推挽式（Push Draw Mode）和阻塞式（Ringing Choke Converter）等 6 种。正激式、反激式、半桥式、全桥式、推挽式这 5 种在市面上出现较多，应用十分广泛。

5. 按谐振方式分类

谐振有串联谐振、并联谐振和串并联谐振，变换器按这 3 种谐振划分出了 3 种方式；另外按能量传递形式来分，有连续和不连续两种。往往一种变换方式包含有激励方式、谐振方式和能量传递方式。例如，大功率、高性能、双管正激式、输出连续传递的 ML4800 电路，包含有多种变换，所以说不能以一种变换方式，来确定电源的变换方式。

1.1.4 开关电源的结构形式

1. 反激式单晶体管变换电路

所谓反激式是指变压器的一次侧极性与二次侧极性相反，其基本电路如图 1-3 所示。如果变压器的一次侧上端为正，则二次侧上端为负。反激式变换器效率高，电路简单，能提供多路输出，所以得到了广泛应用。但是在二次侧输出的电压中，有较大的纹波电压。为了解决这一问题，只有加大输出滤波电容和电感，但这样做的结果是增大了电源的体积。最近，开发人员发现利用小型 *LC* 噪声滤波器效果比较好。反激式变换器有两种工作模式：一种是完全能量转换，即变压器在储能周期 t_{on} 中存储的所有能量在反激周期 t_{off} 中传递输送出去；另一种是不完全能量转换，即变压器在储能周期 t_{on} 中存储的部分能量在反激周期 t_{off} 中一直保存着，直至等到下一个储能周期 t_{on}。在脉宽调制开关变换器中引用完全能量转换模式，可以减少控制电路触发脉冲的宽度，但也会出现波形失真和调制困难等一些问题。

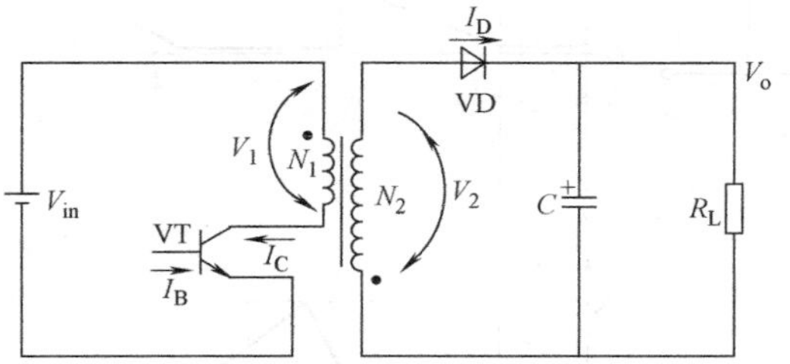

a) 基本电路

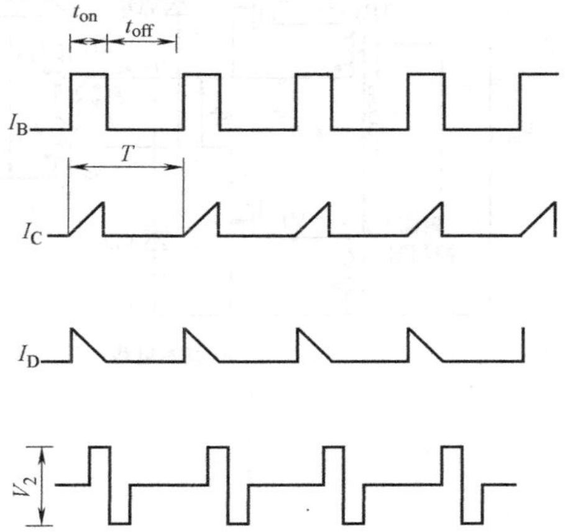

b) 工作波形

图 1-3 反激式变换电路

反激式变换器是怎样工作的呢？当开关晶体管 VT 截止时（见图 1-3a），变压器一次侧所积蓄的电能向二次侧传送，这时变压器二次绕组下端为负、上端为正，二极管 VD 正向导通，导通电压经电容 C 滤波后向负载 R_L 供给电能。当变压器一次侧存储的电能释放到一定程度后，电源电压 V_{in} 通过变压器的一次绕组 N_1 向晶体管 VT 的集电极充电，N_1 又开始储能。V_1 上升到一定程度后，晶体管 VT 截止，又开始了新一轮放电。在充电周期，变换器的输出电压为 $V_o=(N_2/N_1)V_{in}D$，其中 D 为占空比。从图 1-3b 可以看出，开关管与整流二极管的电流波形为相位相差 180°的两个锯齿波。

2. 反激式双晶体管变换电路

开关电源的功率在 200W 以上时，不宜采用反激式单晶体管变换电路，这时可以利用反激式双晶体管结构，两管可用双极型晶体管或功率场效应晶体管。其中，场效应晶体管特别适用，无论是固定频率、可变频率、完全和不完全能量传递方式，还是电源价格比，用场效应晶体管代替双极型晶体管是首选方案。

反激式双晶体管变换电路的基本电路如图 1-4a 所示。高频变压器 TR_1 的一次绕组通过两只场效应晶体管接到直流电源 V_{in} 上。两只场效应晶体管需要同时导通、同时截止，要达到目的要求通过两个相同相位但又互相隔离的信号，一般用一只双路输出的变压器 TR_2。与前面介绍的反激式单晶体管变换电路一样，场效应晶体管导通时，只把能量存在磁路中；场效应晶体管截止时，磁能转化为电能送到负载中。二极管 VD_1、VD_2 是交叉连接的，这样可把过剩的能量反馈回电源 V_{in} 中，并把两只场效应晶体管都钳位在 V_{in} 电压水平上。所以，采用市电桥式整流的电路，可选用耐压为 400V 的场效应晶体管。

在图 1-4a 所示电路中，变压器漏感起着重要作用。当 VT_1 和 VT_2 导通时，直流电压 V_{in} 加在变压器一次绕组 N_p 上。设绕组的同名端为正，那么输出整流二极管 VD_3 将正向偏置且

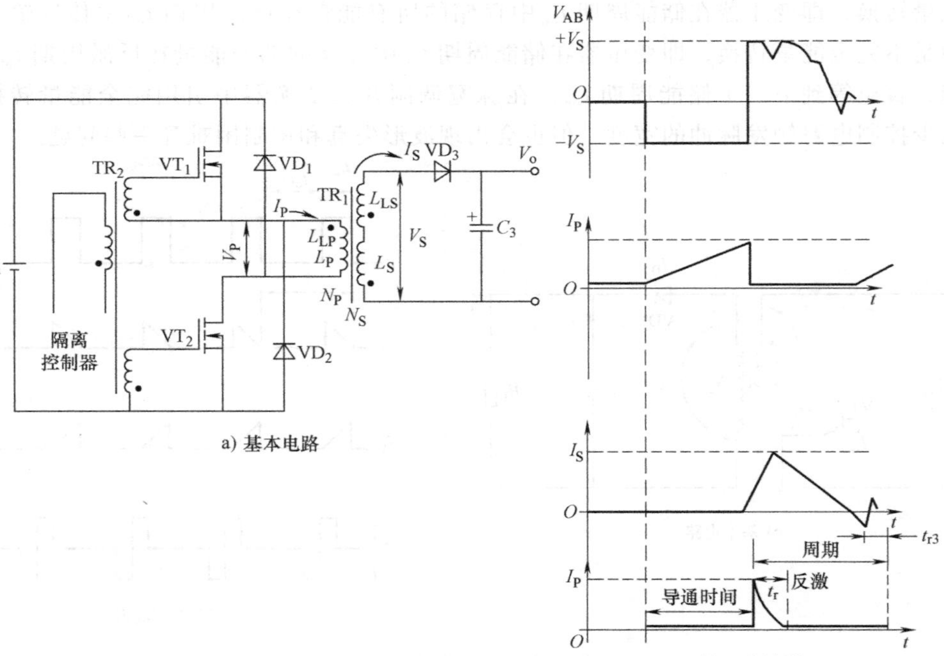

a) 基本电路　　b) 工作波形

图 1-4　反激式双晶体管变换电路

导通，这样二次绕组中有电流流通，它的漏感为 L_{LS}。在导通期间，变压器一次绕组的电流呈线性增加，如图 1-4b 所示。

在导通末期，存储在变压器中可耦合到二次侧的磁场能量为 $I_P^2 L_{LP}/2$。一旦 VT_1 和 VT_2 同时截止，二次绕组电流 I_S 降为零。然而，磁感应强度没有改变，则通过反激作用，变压器上所有的电压将反向。二极管 VD_1、VD_2 也导通，一次绕组在反激电压作用下使供电电源保持 V_{in} 值。由于绕组的极性反向，二次绕组感应出的反向电动势将导致整流二极管 VD_3 截止。二次绕组感应的电流为 nI_p 值时（$n=N_P/N_S$），存储在二次绕组的漏感 L_{LS} 中的能量反馈到电源 V_{in} 中，则一次绕组电压 V_P 降至二次绕组反射电压。此时，二次绕组电压等于 C_3 上的电压折算到一次绕组。通过设计使钳位电压小于供电电源电压 V_{in}，否则，反激能量将回送到供电电源中。然而，在正常条件下，对于一个完善的能量变换系统，两只场效应晶体管刚截止关断时，存储在变压器磁场中的能量将转移到输出电容和负载上。在两只场效应晶体管截止关断的末期，新一轮周期将开始。

反激式双晶体管变换电路在任何条件下，两只场效应晶体管所承受的电压都不会超过 V_{in}。VD_1、VD_2 必须是超快速恢复二极管。因为这些元器件在电压超值时特别容易损坏，与反激式单晶体管变换电路相比，开关功率管可选用较低的耐压值。

反激开始时，存储在一次漏电感中的电能经 VD_1、VD_2 进行反馈，系统能量损耗小、效率高。当负载减小时，在电路导通期间，变压器一次绕组中存储过多的电能，那么，在下个周期反激时，将电能反馈至电源 V_{in}，降低损耗。

反激式双晶体管变换电路与反激式单晶体管变换电路相比，高频变压器不需要反馈绕组。这对于生产商来说，有利于降低成本，缩小体积。

3. 正激式单晶体管变换电路

如图 1-5a 所示，正激式单晶体管变换电路的变压器纯粹是个隔离元件，它的一次侧分为两组 N_{1a} 和 N_{1b}，中心抽头接输入电压的正极，两端分别接二极管 VD_F 和开关晶体管 VT 的集电极。二次绕组接整流二极管 VD_1、续流二极管 VD_2 以及电感器 L。正激式单晶体管变换电路是利用电感 L 储能及传送电能的。变压器的一次和二次绕组是相同的同名端，由于电感 L 的存在，它的电感反射到一次侧，使一次电感增大。

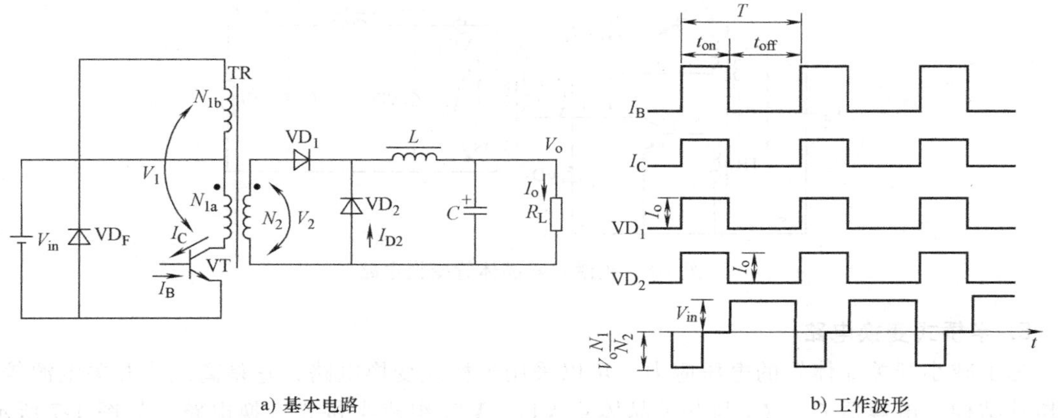

图 1-5　正激式单晶体管变换电路

正激式单晶体管变换电路的工作原理是这样的：开关晶体管 VT 截止时，在电感的反激作用下，VD_2 正向导通，导通后的电路通过电感 L 和负载 R_L 构成回路，这时电感上的电压等于输出电压 V_o。电感 L 中存储的能量的大小将影响输出电压的峰值。由图 1-5 可知，电感电流等于峰值电流。当开关晶体管 VT 导通时，电源电压经变压器一次绕组向晶体管 VT 充电，这时变压器一次绕组 N_1 储能，而绕组 N_2 在二极管 VD_2 的作用下释放电能，结果 VD_1 导通，VD_2 截止。VD_1 向电感 L 供电，“感化”储能，输出直流电压。当晶体管 VT 截止时，电感器 L 积蓄的电能经二极管 VD_2 整流、LC 滤波后，向负载供电。正激式单晶体管变换电路二次侧整流二极管与开关管集电极的电流是一致的。输出电压 $V_o=(N_2/N_1)V_{in}D$。正激式单晶体管变换电路的优点是铜损低，因为使用无气隙磁心，电感量较高，变压器的峰值电流比较小，输出电压纹波低；缺点是电路较为复杂，所用元器件多，如果有假负载存在，效率将降低。电源处于空载，也有一些损耗。它适用于低电压、大电流的开关电源，多用于 150W 以下的小功率场合。它还具有多台电源并联使用而互不受影响的特点，而且可以自动均压，而反激式却不能做到这点。

4. 正激式双晶体管变换电路

正激式双晶体管变换电路（又称正激式双管变换电路）是在正激式单晶体管变换电路上再串接一只晶体管而组成的，这对于高压大功率的开关电源来说更加安全可靠。安全可靠是最大的效益，所以双管正激式变换电路得到了广泛应用。

如图 1-6 所示，晶体管 VT_1、VT_2 在工作期间同时导通，或者同时截止。在导通时，电源电压 V_{in} 加在变压器 TR_2 的一次绕组 N_P 上。在这个工作周期里，电感 L_1 已经存储了电能，电流通过续流二极管流 VD_4 后经电感器 L_1 向负载 R_L 供电。由于 VT_1、VT_2 的导通，变压器 TR_2 的一次绕组 N_P 向二次绕组 N_S 感应了电动势，整流二极管 VD_3 在正向电压作用下导通，

便有电流 I_L 向负载 R_L 供电。但是，供电时间受到二次绕组漏感的影响，I_L 继续保持。在此期间，流经 VD_4 的电流快速减小，直至 VD_4 转为截止。当 VT_1、VT_2 截止时，二次绕组电压反向，这时二极管 VD_3 很快截止。在电感 L_1 的反激下，VD_4 进入导通状态，电流经 VD_4、L_1 向负载 R_L 供电。当 I_L 慢慢减小后，在变压器一次电压 V_{in} 的帮助下，VT_1、VT_2 再次进入导通状态，这就是正激式双晶体管变换电路的电能传递过程。

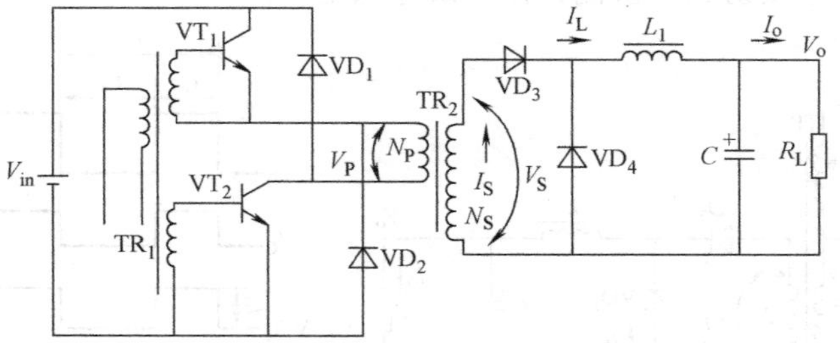

图 1-6 正激式双晶体管变换电路

5. 半桥式变换电路

为了减小开关晶体管的电压应力，可以采用半桥式变换电路，它是离线式开关电源较好的拓扑结构。电容器 C_1、C_2 与开关晶体管 VT_1、VT_2 组成半桥式变换电路，如图 1-7 所示。桥的对角线接高频变压器 TR 的一次绕组。如果 $C_1=C_2$，当电源 V_{in} 接通后，某一只开关晶体管导通，绕组上的电压只有电源电压 V_{in} 的一半。在稳定的条件下，VT_1 导通，C_1 上的电压 $V_{in}/2$ 加在变压器的一次绕组上。由于一次绕组电感和漏感的作用，电流继续流入一次绕组黑点标示端。如果变压器一次绕组漏感存储的电能足够大，二极管 VD_6 导通，钳位电压进一步变负。在 VD_6 导通的过程中，反激能量对 C_2 进行充电。连接点 A 的电压在阻尼电阻的作用下，以振荡形式最后回到中间值。如果这时 VT_2 的基极有触发脉冲，则 VT_2 导通，一次绕组黑点标示电压变负，I_P 电流加上磁化电流流经一次绕组和 VT_2，然后重复前面的过程。不同的是 I_P 变换了方向。二极管 VD_5 对晶体管 VT_1 的导通钳位，反激能量再对电容 C_1 进行充电。

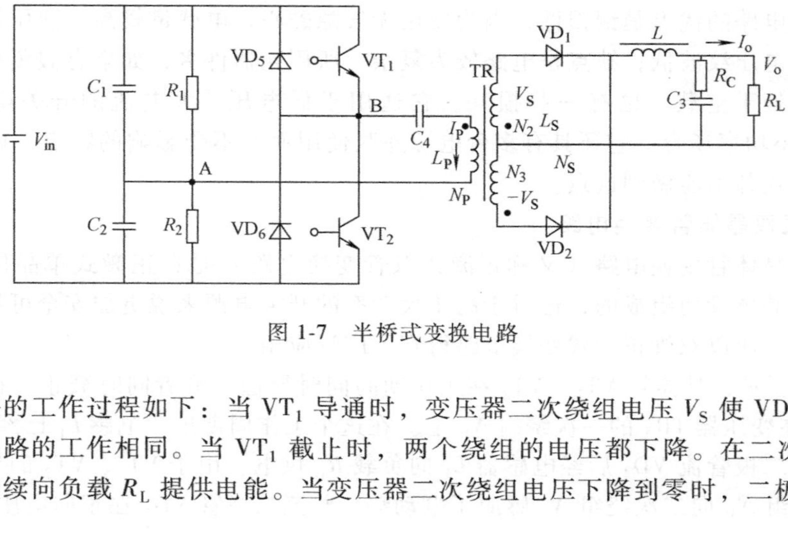

图 1-7 半桥式变换电路

二次电路的工作过程如下：当 VT_1 导通时，变压器二次绕组电压 V_S 使 VD_1 导通，这与正激式变换电路的工作相同。当 VT_1 截止时，两个绕组的电压都下降。在二次电感 L 的反激下，储能继续向负载 R_L 提供电能。当变压器二次绕组电压下降到零时，二极管 VD_2 起着续流作用，二次电压 V_S 下降到零。在稳定的条件下，晶体管处于导通期间，通过 L 的电流增加；当晶体管关断截止时，L 上的电流减小，这期间它的平均值等于输出电流 I_o。输出电压为

$$V_o = \frac{V_{in} t_{on}}{N_P T} N_S = \frac{N_S}{N_P} V_{in} D$$

由上式可知，通过控制占空比 D，在电源电压 V_{in} 和负载电流 I_o 发生变化时，可以保持输出电压 V_o 不变。

半桥式变换电路要求 VT_1、VT_2 具有相同的开关特性，但是，即使是在相同的基极脉冲宽度的作用下，也很难保证两只晶体管导通和截止的时间相同。如果用这种不平衡的波形驱动变压器，将会产生偏磁现象，其结果将导致磁心产生磁饱和，从而降低了效率，严重时将导致晶体管烧毁。解决的办法是在一次侧加一只电容 C_4。

6. 桥式变换电路

桥式变换电路由 4 只开关晶体管组成，与前面介绍的半桥式变换电路相比，多了两只晶体管，如图 1-8 所示。在一个电子开关周期中，4 只晶体管中每一条对角线上的两只管子为一组。它们的“开”和“关”与占空比有关。当给 VT_1、VT_3 以等量触发脉冲时，两只晶体管同时导通，等到触发脉冲消失后，两只晶体管又同时截止。电源电压经 VT_1 流入变压器一次绕组 N_P，并经 VT_3 到电源负极。在这一过程中，变压器一次电流 I_P 逐渐升高。这时，变压器的二次侧得到感应电压，使整流二极管 VD_1 的电压上升，VD_2 的电压下降。这一变化的快慢是由二次绕组 N_S 的漏感及二极管 VD_1、VD_2 的性能决定的。如果输出大电流、低电压时，工作频率的影响更大。由于变压器一次电能的增加，二次绕组的感应电流也跟着上升，二极管 VD_2 慢慢进入反向偏置状态，二极管 VD_1 却进入正向导通，电感 L 的电压紧跟着上升。L 上的电感在反向电动势的作用下，对变压器的一次绕组进行“磁化”，“磁化”的结果是使 VT_1、VT_3 截止。VT_2、VT_4 在电压 V_{in} 的作用下趋向导通，又开始了新一轮的“开”“关”工作循环。桥式变换电路和正激式变换电路的输出电压相同。

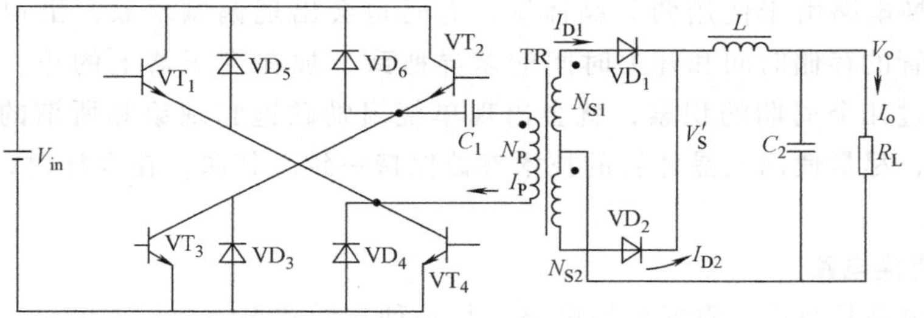

图 1-8 桥式变换电路

7. 推挽式变换电路

在驱动脉冲的作用下，VT_1、VT_2 交替导通、截止，如图 1-9 所示。当 VT_1 导通时，电源电压 V_{in} 加到变压器一次绕组 N_{1b} 上，VT_2 的集电极通过变压器耦合作用承受 $2V_{in}$ 的电压。二次绕组 N_{2a} 的上端为正。电流 I_{D1} 经 VD_1 整流和 C 滤波后送到负载 R_L 上。一次电流 I_{C1} 是负载电流折算到一次电流与一次电感磁化电流之和。VT_1 导通时的一次电流随时间增加而增加，导通时间由驱动脉冲的宽度而定。VT_1 截止是一次绕组储能和漏感共同作用的结果。

VT_1 的集电极电压上升，通过变压器绕组 N_{1a}、N_{1b}的耦合，VT_2 的集电极电压下降。当 VT_2 的集电极电压下降到零时，N_{1a}所存储的电能反馈到电源 V_{in}中去。在反馈时，也反激到二次侧，使 VD_2 导通，将电能送到负载上。在运行中，如果 VT_1、VT_2 都处于截止状态，那么这段时间称为死区时间。在此期间，扼流圈 L_1 有一段保持电流的时间，这时电流流向负载。二次侧的两个绕组和两只整流二极管形成一个完整的回路。推挽式隔离变换电路与其他形式的变换电路基本相同，但与正激式变换电路不同的是，它用两只管子进行推挽，变压器采用中心抽头连接，二次侧也是两相半波整流。因此，它相当于两个正激式变换电路工作的形式。这类变换电路比较复杂，尤其是变压器的一次和二次侧都需要两个绕组，但是它的利用率较高，效率高，输出纹波电压小，适合用于百瓦级至千瓦级的开关电源中。

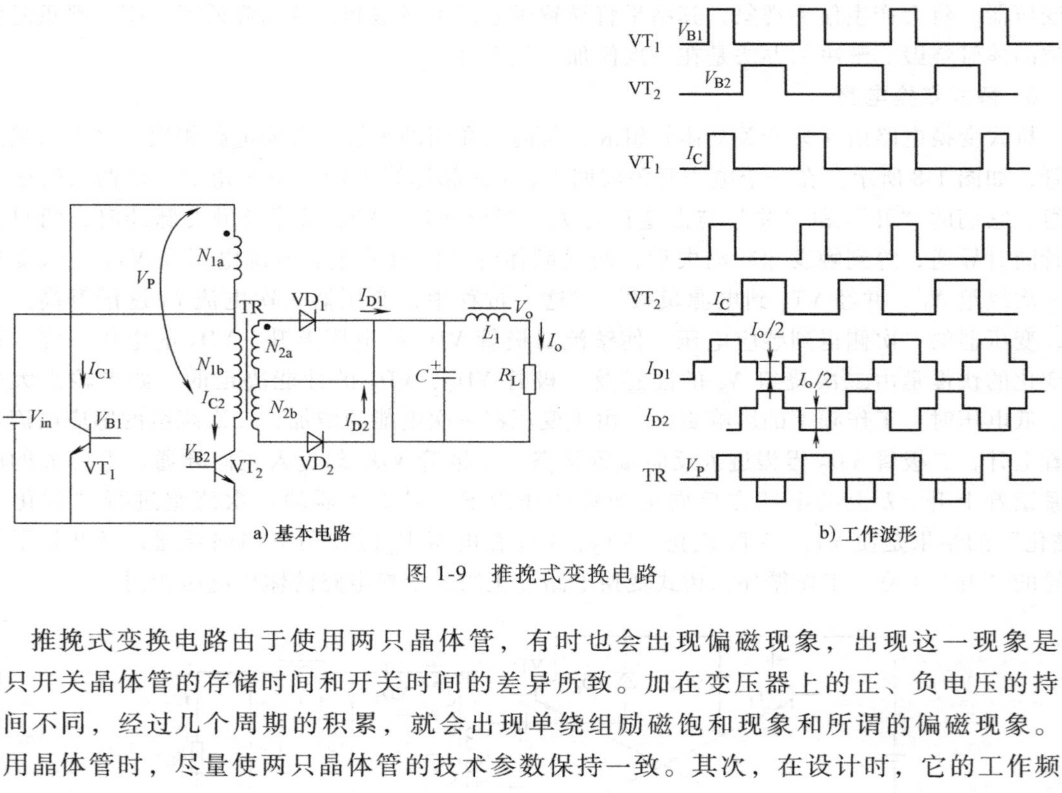

图 1-9 推挽式变换电路

推挽式变换电路由于使用两只晶体管，有时也会出现偏磁现象，出现这一现象是由两只开关晶体管的存储时间和开关时间的差异所致。加在变压器上的正、负电压的持续时间不同，经过几个周期的积累，就会出现单绕组励磁饱和现象和所谓的偏磁现象。在选用晶体管时，尽量使两只晶体管的技术参数保持一致。其次，在设计时，它的工作频率应小于 100kHz。

8. RCC 变换电路

RCC 变换电路是节流式阻尼变换电路，是一种自激式振荡电路，它的工作频率随着输入电压的高低和输出电流的大小而变化，因此在高功率、大电流场合，它的工作不很稳定，只适用于 50W 以下的小功率场合。但其结构简单，成本低，制作、调试容易，因此，有一定的应用价值。它的工作原理是这样的（见图 1-10）：当晶体管 VT 截止时，变压器一次侧所积蓄的电能耦合到二次绕组 N_2，如果 N_2 上端为正，则二极管 VD 导通，流过 VD 的电流 I_D 经 C 滤波后向负载 R_L 供电。变压器一次绕组 N_1 的蓄能逐渐减小，电源电压 V_{in}通过绕组 N_b 和电阻 R_B 不停地反向供电，再加上 N_b 受二次漏感的影响和 N_2 的反向激励作用，使 R_B 上的电压快速建立，建立的结果是 VT 由导通变为饱和。图中 I_C 与 I_D 是两个相反的锯齿波电流，V_1 和 V_2 是两个相位差为 180°的矩形脉冲电压。

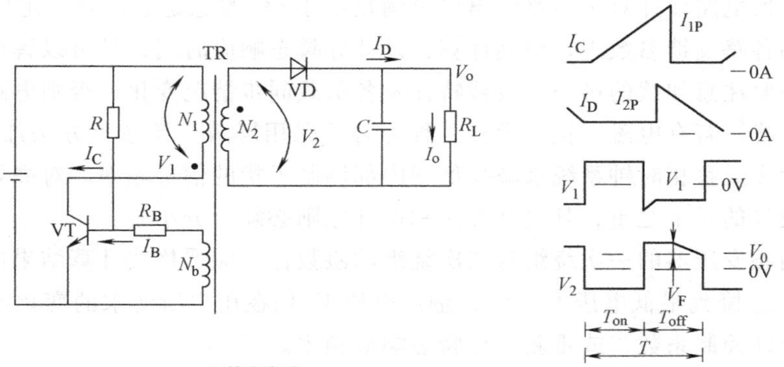

a) 基本电路　　b) 工作波形

图 1-10　RCC 变换电路

1.2　开关电源设计要求和原则

1.2.1　反激式电路设计要求和原则

所谓反激式是变压器里的励磁方向与变压器外的励磁方向在外围元器件的作用下方向相反；而且，变压器的一次绕组与二次绕组的起点上下不同，它的基本电路如图 1-11 所示。反激式变换电源的转换效率高，能提供多路输出，而且电路较为简单，如果附加上控制电路，就能实现高效、低耗、输出稳定的高等电源。

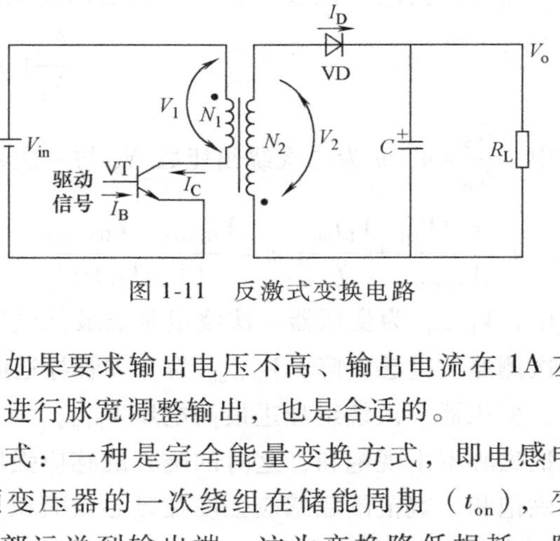

图 1-11　反激式变换电路

在反激式变换电路设计中，如果要求电源的调整率较高时，可在二次电路输出采用稳定性好、线性度高的复合式光电反馈集电器；如果要求输出电压不高、输出电流在 1A 左右，则可采用标准三端稳压块调节负反馈电流，进行脉宽调整输出，也是合适的。

设计反激式变换电路，一般有两种工作方式：一种是完全能量变换方式，即电感电流不连续传输，就是在电能变换过程中，高频变压器的一次绕组在储能周期（t_{on}），变压器所存储的所有能量在反激周期（t_{off}），全部运送到输出端，这为变换降低损耗、防止出现磁饱和起到很好的作用；另一种是“不完全能量变换”，即电感电流连续传输，存储在变压器中的能量，高频变压器的一次绕组在储能周期（t_{on}），部分电能保留到下一个储能周期（t_{on}）。这两种工作方式的小信号传递函数是不同的，在设计电路时动态分析要采取不同的方式，其目的要求两种能量变换方式都能使电源稳定工作，但如果在同一种电路实现两种能量变换方式，在设计上很难达到。如果开关电源在脉宽调制变换中，引用电流模式控制，这可以减少控制电路所遇到的各种问题，尤其是对完全能量变换所出现的问题，但要求控制电路降低瞬态响应速度，这又给动态负载变动使输出稳定带来麻烦。

反激式变换电路设计对于多路输出要求满足小于6%的稳定度，有一定的难度，但只要对多路输出的各路反馈参数进行精确计算，设计好瞬态响应时间，是可以解决的。

设计中还要注意加载的过程、负载特征及各负载同步情况变化，否则电路将会产生共模或差模各种干扰。若有电磁干扰，设计工程师必须采用屏蔽、滤波等方法加以消除。另外，还可以通过同步或移相时钟系统来减少低频内部调制干扰的信号频率。对高频变压器的设计是整个电源设计的重中之重，其设计方法和设计原则必须十分小心：

第一，高频变压器的一次绕组与二次绕组的匝数比，应严格按计算结果进行绕制，使输入最高电压 V_{imax} 降到最低电压 V_{imin} 时，输出电压 V_o 仍在用户所要求的变化范围之内，否则将重新改变反馈控制系数，或重新设计瞬态响应频率。

第二，电源在输入电压升至最高（V_{imax}）、占空比进入最大（D_{max}）运行期间，这时变压器磁心的磁感应强度也运行在临界值之内，绝不允许变压器磁心出现磁饱和，否则将重新选择磁心或者重新设计变压器，更不允许变压器一次绕组爆裂。

第三，当电源负载加到最大，变压器的温度在国际标准规定值范围之内，负载加大到额定负载的1.3倍时，5min之内，变压器温度不得超过105℃，否则将影响电源的安全稳定。

第四，评判电源的损耗低的一个重要标准是铜损和铁损相近，变压器的一次侧和二次侧损耗相等，漏感降到最小，最简单的测试是用手摸变压器不感到烫手（断开电源），听不见变压器有任何的"吱吱"声。特别要求反激式变换电路的电感伏秒值相等。有

$$\frac{N_S}{N_P}V_s t_{on}=V_o t_{off}$$

式中，$\frac{N_S}{N_P}=n$，n 为二次绕组匝数 N_S 与一次绕组匝数 N_P 之比。

$$n=\frac{V_o+V_{DF}}{V_{P(min)}}+\frac{V_L t_{off}}{T};\quad n=\frac{V_{B(min)}-V_{DS(on)}}{(V_o+V_D)\eta}$$

式中，$V_{P(min)}$ 为变压器一次绕组匝数最低电压；V_{DF} 为变压器二次侧整流二极管压降；V_L 为二次侧滤波电感压降；$V_{DS(on)}$ 为开关管导通电压。

变压器一次绕组加进最高电压 $V_{P(max)}$ 时，若占空比最大（即导通时间为 $t_{on(max)}$ 时），要保证磁心不出现饱和，这时的磁心磁感应强度要在 $-B_W\sim+B_W$ 变化有足够宽的范围，否则出现磁饱和。宽范围磁感应强度在磁心截面积上的磁通 Φ 为

$$\Phi=A_e(B_W-B_r)$$

式中，B_W 为铁心工作磁感应强度；B_r 为剩余磁磁感应强度；A_e 为磁心中心柱截面积。变压器一次绕组匝数模拟计算公式为

$$N_P\geqslant\frac{V_{P(max)}t_{on(max)}}{A_e(B_W-B_r)}$$

式中，B_r 与多种因素相关，也难用仪器仪表测定，而且数量级不是很大，一般情况下可忽略。多路输出电路的高频变压器一次绕组所需的匝数为

$$N_P \geqslant \frac{V_{P(max)} t_{on(max)}}{K_g A_e B_W}$$

式中，K_g 为电路输出的组数，不同的组数 K_g 值不同，K_g 一般为 1~4。

变压器的铜损与其一次绕组直流电阻 R_{DC} 有关：

$$R_{DC} = \frac{\rho N_P l}{A_P K}$$

式中，ρ 为电阻率，单位为 $\Omega\,\frac{mm^2}{m}$；A_P 为磁心窗口面积，单位为 mm^2；l 为一次绕组导线的长度，单位为 m；K 为绕组面积占有率。

设计反激式连续开关电源时，它的输出电压是由峰值开关电流控制的，部分输出电压分流给了误差放大器，而误差放大器的输出电压与开关管理的斜坡电流成一定比例，开关管在导通时存在导通压降，它的计算如下：

$$V_{DS(on)} = \frac{P_{o(max)} R_{DS(on)}}{\eta V_{i(min)}}$$

MOSFET 的导通压降是计算高频变压器的一项重要参数，我们选用 MOSFET 时，它的导通电阻越小越好，因为它决定开关管的开关速度、发热量，直接影响整个电源的效率。

在反激式变换中，如果调整率要求较高时，可在高频变压器二次绕组采用线性集成稳压器，即 TL431。如果输出电流不大，可采用标准三端稳压线性调节器。反激式变换输出纹波电压较高，解决的办法是二次整流二极管上面增加一小型 LC 噪声滤波器，其次增加输出滤波电容的容量。反激式电路如果采用了不完全能量传递方式，会出现直流分量，这时需要增加磁心气隙，从而使变压器增强传递电能的能力。也可以把磁心的磁感应强度 ΔB 稍取小一点，ΔB 的降低，会引起磁损耗的下降。

1.2.2 正激式电源设计要求和原则

正激式变换电路与反激式变换电路的最大差别是高频变压器的一次与二次绕组的起点相反，这样变压器内外的励磁电压的方向相同。当开关管 VT 关断时，二次绕组的续流二极管 VD_2 和储能元件 L 构成放能面，向负载 R_L 供应电能。特别指出的是，反激式变换电路对储能元件 L 没有那么重要。如图 1-12 所示，当开关晶体管 VT 导通时，二次绕组上的储能电感 L 的电流线性增加，有 $\frac{di_L}{dt}=\frac{V_S-V_o}{L}$。

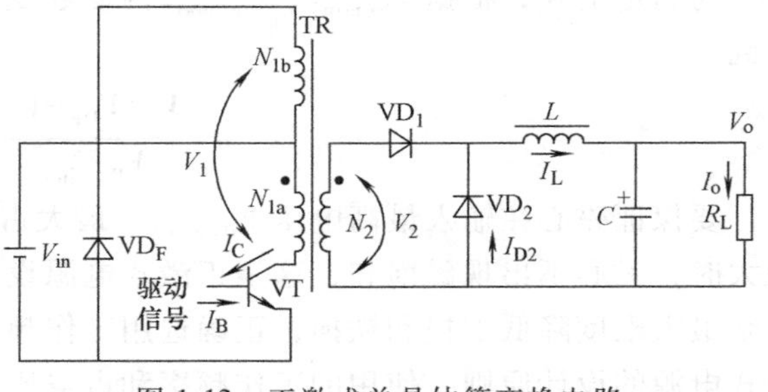

图 1-12 正激式单晶体管变换电路

当开关晶体管 VT 关断时，在二次绕组的反激作用下，电感 L 上的电压反向，使 VD_2 导通，构成续流回路，电感 L 上的电流 i_L 向负载 R_L 供电，使 i_L 逐渐减少，有 $-\frac{di_L}{dt}=\frac{V_o}{L}$。

正激式变换电路输出电压的大小决定于高频变压器的匝数比和开关电路的占空比 D，这与反激式变换电路一样，只是工作频率和占空比的设计值要小一点。一次绕组的匝数比反激式多一点。

$$V_o=\frac{N_S t_{on}}{N_P T}V_S=nDV_S$$

上式表明，当变压器二次电压 V_S 发生变动时，要保持输出电压 V_o 不变，只有改变占空比 D，这就是开关电源脉宽调制的原理。

从图 1-12 看出，滤波电感 L 在正激式变换电路里它的主要作用是储能，其电感量的大小由最低负载电流决定，它也分电流连续和不连续两种工作方式。只要输出电流保持不变，并保持输出电流波形的斜率，不因负载的变化而改变。一般负载电流 I_{LC} 等于流经电感峰值电流的一半，即

$$I_{LC}=\frac{I_{LP}}{2}$$

当输出电流 I_o 小于负载电流 I_{LC} 时，电感上的电流 i_L 就进入电流不连续方式，否则，为连续方式。如果要使输出电流达到稳定，而输入电压（或 V_S）有变动，就必须调整占空比来使输出电流 I_o 稳定，所以说，占空比 D 对正激式变换电路是重要的。

电感 L 对正激式多路电压输出时，选用值比设计值要大，这是因为输出电流在闭环上运行，由于多路输出，反馈电流分流，占空比的调节难以平衡负载电流的需求，就会出现各支路电流下降。但是电感值太大，将导致损耗加大，电源效率下降，同时还会出现负载变化率加大等不良现象。

多路输出的所有二次绕组，必须遵循各绕组的正、反向伏秒值相等原则，各绕组不因某一组或几组负载加大影响设计输出电压稳定。同样，负载为零时，各路输出电压也不能发生变动。有公式为证：

$$\frac{N_S}{N_P}V_S t_{on}=V_o T$$

因为 $n=\frac{N_S}{N_P}$，$D=\frac{t_{on}}{T}$，也可写为 $V_o=nV_S D$。

为满足上式，根据 $V_{S(min)}$、$t_{on(max)}$ 两参数变量，并考虑二次侧整流二极管压降 V_{DF} 代入得到

$$n=\frac{V_o+V_{DF}+V_L}{V_{P(min)}}\cdot\frac{T}{t_{on(max)}}$$

要保证磁心在输入最高电压 $V_{P(max)}$、最大占空比（D_{max}）、电源承受的负载能力 $I_{o(max)}$ 最大时，磁心不出现磁饱和，这是正激式电源设计的基本要求。要满足最大负载功率输出，必须最大限度降低铜损和铁损，正确选用工作频率，扩大占空比的调节范围。这是一般对正激式电源的设计原则，使用的工作频率和占空比要比反激式低，这是因为正激式高频变压器的高频电阻比反激式高，高频电流流过变压器绕组会产生趋肤效应。为降低趋肤效应以最高限度流入绕组的电流要适当地选用绕组铜线的线径，正确地计算出绕组运行在高频率下的阻抗。

$$R_{HF}=\frac{\rho N_P^2 L}{A_P K}K'$$

式中，K' 为高频直流电阻（R_{HT}）与直流电阻（R_{DC}）之比，直流电阻的计算公式如下：

$$R_{DC}=\frac{\rho N_P L}{A_P K}$$

式中，K 为变压器绕组在磁心窗口的占有率。

变压器一次绕组的功耗为 $I_P^2 R_{HF}$。若一次侧和二次侧的铜损相等，则绕组上的总铜损将下降，即 $P_{Cu}=2I_P^2\ R_{HF}=2I_P^2\ \frac{\rho N_P^2 L}{A_P K}K'$。只要一次侧和二次侧的损耗相等，电源的损耗则最低。

变压器的铁损是按铁心磁感应强度的 2.4 次方增加的，这种损耗是根据材料种类、形状、温度及频率的不同而不同。

所有形式的变压器的铜损和铁损，其中的铜损在变压器的一次绕组与二次绕组相等时，总损耗是最小的。对于绕线的方法，应将一次绕组和二次绕组的位置尽可能安排均等一些，一般采用一次绕组和二次绕组交替绕制。这种绕线方法可使漏感减小，使变压器的励磁交错均衡。对于大电流输出，二次绕组需采用多股导线绕制，防止或降低趋肤效应出现。

在同等功率输出下，正激式变换器的漏极电流峰值比反激式漏极峰值小一些，反激式变换电路的二次输出不需要电感，它一般用于功率较小的场合，而正激式变换电路可用在低电压、大电流、大功率的场合。但反激式并联工作容易，电流输出均衡。另外正激式可使用无气隙磁心，电感值高，一次和二次的峰值电流较小，因此铜损低。另外正激式变换电路的二次电路有电感电流和续流电流存在，使得滤波电容的储能电流保持在较低的数值，但是工作状态进入不连续方式，就会在辅助绕组上产生过电压，如果加入假负载，则效率下降。

正激式变换器与反激式变换器相比具有铜损低，开关管所承受电压峰值较低，这是因为正激式高频变压器一般采用无气隙的磁心，电感量较高，一次绕组、二次绕组的电流峰值小。因此，铜损较小，在多数情况下，同等功率所用铁心的尺寸比反激式变换器要小得多。但是正激式变换器的电路复杂，电路设计难度较大，如果出现假负载，电源效率下降很多，有时会出现停止工作。

1.2.3 半桥式电源设计要求和原则

半桥式变换器是离线开关电源较好的拓扑结构。如图 1-13 所示，电容器 C_1、C_2 与开关晶体管 VT_1、VT_2 组成半桥式变换电路。桥的对角线接高频变压器 TR 一次绕组的上下两端，故称半桥式变换开关电源。如果 $C_1=C_2$，某一开关晶体管导通时，供电电压 V_{in} 使桥路的一只开关管导通，给电容 C_1 和 C_2 充电，一次绕组 L_P 承受供电电压的一半，另一半加在另一只电容上。由于一次绕组电感和漏感作用，电流继续流入一次绕组黑点标识的端点。如果变压器一次绕组存储的电能足够大，二极管 VD_4 导通，钳位电压进一步变负。VD_4 导通后，电感上的电能对 C_2 充电，A 点的电压在阻尼电阻 R_2 的作用下，使电容 C_2 上的电压回到平均值。如果这时 VT_2 的基极有触发脉冲作用，VT_2 马上导通，一次绕组黑点标识电压即由正变负，一次电流 I_P 外加励磁的磁化电流一起流入 VT_2，然后重复上述过程。晶体管在导通期间，流过 L 的电流增加，而晶体管在截止时，流过 L 的电流减少，平均电流处在 VD_1、VD_2 全波整流的条件下是脉动不变的电流 I_o，它的输出电压为

$$V_o = \frac{V_{in} t_{on}}{N_P T} N_S = V_{in} D \frac{N_S}{N_P} = V_{in} D n$$

式中，n 为变压器匝数比。控制转换过程的占空比 D，它使输入电压和负载电流发生变化时输出电压保持恒定不变。这说明输出电压 V_o 与输入电压、变压器匝数比以及调制占空比有直接关系。

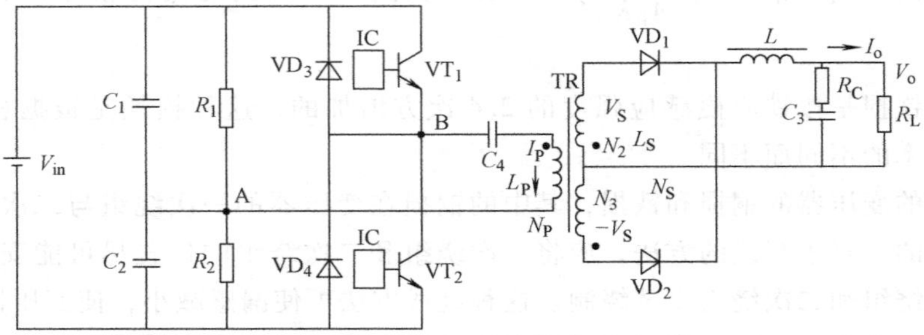

图 1-13 半桥式变换电路

对半桥式变换电源的设计要求如下：

1）要求两只开关晶体管具有相同或十分接近的频率特性、开关特性、开关管的输入、输出阻抗，尤其是开关管的导通阻抗。要认真选用，不允许出现“直通车”“趋向饱和”等十分恶劣的现象出现。

2）要求振荡频率稳定，否则电源的质量不能满足。对于电流式振荡器，它的频率波形是由外部电容 C_F 和反馈电阻 R_F，以及桥臂的泄放电阻 R_D 决定的，计算公式如下：

$$f_{max} = \frac{1}{T_{OSC}} \qquad T_{OSC} = t_{IRS(min)} + t_{ITS} \qquad f_{max} = \frac{1}{t_{IRS(min)} + t_{ITS}}$$

式中，T_{OSC}是谐振振荡频率周期；t_{IRS}是在振荡启动的电流充电时间；t_{ITS}是在振荡启动的电流放电时间。

最高频率的高低，很大程度决定半桥式电源的输出功率，而最高频率的精确性与电路的延迟时间减少有关。

3）半桥式、全桥式以及推挽式都用在 500W 以上的大功率场合，对于电路保护仍是电源维持寿命的重点，首先是过电流保护。一般情况下电桥控制电路检测端电压超过控制模块标准电压 0.5V 时，这时电感电流阈值就会使控制电流超越正常值的 1.3 倍，此时导通了开关管的极限阈值，驱动器件会急剧地降低驱动输出信号，如图 1-13 所示。

电感电流的阈值计算由下式得到：

$$I_{L(OCP)} = \frac{R_S I_{S(OCP)}}{R_{CS}}$$

式中，R_S 为处在过电流状态下，检测端与地的输入阻抗；R_{CS}为处在正常状态下，检测端与地的电阻；$I_{S(OCP)}$ 为电路的过电流保护电流。

设计人员应有条件地选择好控制元件的检测电阻，以保证电感电流不超过阈值，使电源安全不受到威胁，这是最基本的要求。

4）过功率限制。检测电流 I_{CS}时刻监视着负载的变化和输入电压越限过电压或欠电压的主要参考值。输入电压 U_{ac}和电流 I_{VAC}，它们的乘积 $U_{ac}I_{VAC}$代表输入功率，当乘积大于容许值时，则将电路的输出的电压拉到设计值 V_o 的范围内；当输入电压 V_{in} 被推到最大值时，半桥式控制部件将占空比转换到最小，输入电流 I_{VAC} 被限制住，过功率限制的乘积 $U_{ac}I_{VAC}$ 会自动地钝化，这时的输入功率为

$$P_{in}=\frac{I_L\cdot\dfrac{R_{CS}}{R_S}\cdot\sqrt{2}U_{ac}}{R_{VAC}\cdot I_{VAC}}$$

5）欠电压锁定和过热保护。输入电压过低，虽然半桥的两只开关晶体管所承受的反向励磁电压是安全的，但整个变换电路在这种低压下反复励磁，磁化电流的传输电子被堆积在一次绕组和开关管的漏极区域之间，这样，由于启动电压不足，使高频变压器和开关管发热，经过几个周期，很可能使开关管烧毁。实施欠电压锁定的基本原理就是电路振荡停止，不使开关管积聚传输电子。如果电路功能具备，加接一只热敏电阻也是可行的。当电路温度上升到一定高温后，热敏电阻动作被启动，切断控制部件或 IC 的电源，停止工作。但这种热保护滞后的时间较长、反应慢，往往热敏电阻未启动，开关管就烧坏了。如果采用前沿控制技术与平均电流模式，在全球电压范围内和负载大扰动下，无需任何监控信号，都能使电源在可控范围内运行。

半桥式变换电路是离线开关电源较好的一种结构，高频变压器一次绕组的两只开关晶体管基极在相同脉冲宽度的触发下，如果两只晶体管的“开”与“关”的速度不相等，就产生不平衡的触发脉冲去驱动变压器，将会产生偏磁现象，致使变压器出现磁饱和并产生较大的晶体管集电极电流，从而降低了变压器效率使晶体管失去控制，甚至烧毁，解决的办法是在一次绕组上串联一只小电容，这时平衡的伏秒值的直流偏压被电容滤掉，释放了积聚在晶体管极间的电子。

半桥式变压器的高频变压器磁心会出现趋向饱和的现象。如果加到一次绕组的正向脉冲的平均伏秒值与负向脉冲的平均伏秒值不相等，经过多次循环，变换器就有可能逐渐趋向饱和，产生这个现象后，可在电源的进线与变压器一次绕组串接一只电容；如果全波整流二次侧出现趋向饱和的现象，可在变压器磁心增加气隙。增加气隙后，有可能会阻止阶梯式饱和，这时，可用电流控制脉宽进行顺序控制，消除可能出现的“磁饱和”。

“直通”是半桥变换器的最大威胁。所谓“直通”是指两只开关晶体管在同一时间内同时导通的现象，这种现象将直流电压的输入短路了。如果出现这种现象，设计工程师应加大占空比，使晶体管的导通角加大，避免出现直通。

1.2.4 全桥式电源设计要求和原则

全桥式变换电源电路比较复杂，它是对模拟电路、数字电路、电磁理论、材料科学等多门学科综合应用的体现，任何现代电源都具备这些领域里的多种技术，可以说全桥式电源是整个开关电源中技术含量最高的一种。

桥式变换电源由 4 只晶体管组成，它的变压器只有一个一次绕组，通过正、反向电压轮换变化，在变压器的一次绕组得到正、反两个不同极性的磁通，再经过二次绕组全波整流，输出直流电能，如图 1-14 所示，由图可知，4 只晶体管对功率开关是安全的，最大的反向电压不会超过电源供电电压，在很大程度上消除了部分由变压器漏感和晶体管的 D-S 极间电容所产生的瞬态峰值电压，这样反激时的电能得到充分利用和快速恢复，在高压离线式开关电

源中，虽然开关管多两只，它的损耗还是可以接受的。所以，全桥式变换电源在大功率 AC/DC 变换中应用很多。实践证明，全桥式变换电路采用软开关工作方式，它的电气性能、电磁辐射、转换效率与可靠性等方面，都明显优于硬开关电源。现代全桥式电源要求具备以下特点：

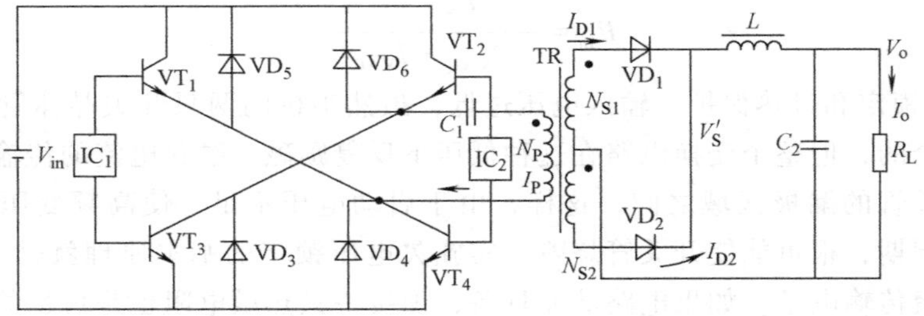

图 1-14 桥式变换电路

1）负载均流技术。具有均流技术的电源便于扩容。使扩容模块化、负载均流化的方法很多，最简单的方法是利用电路开环调节电源输出阻抗，达到均流，但均流的负载效应指标差，均流的响应速度慢，效果不理想。第二是平均电流法，它不需外加控制器，只需一根控制导线连接各单元，调节电压放大器的参考电压，达到每个单元电流均等。单元模块监控器通过一个电阻驱动总线。如果某单元电阻上的信号有变化，这个信号反映出负载电流的不平衡，这时信号立即调整基准电压，使之达到均流。最后是自动均流法，它是利用单元的电流最大值与每个单元电流比较，其差值来调节各单元的参考电压，使每个单元的电流相等。它用二极管代替平均电流法中的电阻。自动均流法只允许一个均流总线对电源里的各个单元进行信号通信，它向各单元提供性能良好的均流服务。

2）零电压脉宽调制、软开关移相控制，是全桥式转换又一新技术。我们知道，全桥式转换的正半周和负半周对称相同，却方向相反，在一个开关周期里，全程存在着 12 个不同的工作过程状态，除了正负半周的两只功率管输出的两个钳位续流过程之外，还有 4 个谐振过程：振荡波从死区开始与谐振交换电流过程；换流释放过程；一次电感储能馈送负载过程；从驱动负载返回电网过程。在这些过程状态里，往往主变压器一次电流上冲或下冲过零，脉宽调制的占空比会丢失，全桥式转换的驱动开关管将进入零电压导通、零电流关断的软开关周期，在这周期里控制好 12 种工作状态是非常重要的。图 1-14 中的 C_1 的容量与主变压器 N_P 的一次电感量的配置对这 12 种状态呈现至关重要，要求在设计变压器一次电感量和漏感时留有余地，可在对电容 C_1 调整时进行更好的补偿，消除漏感。

3）开关电源是一门综合技术，也是一门实践性很强的学科，不仅是电路设计重要，就连一个元器件的摆放位置都牵动全局，所以有“三分理论、七分经验”之说，从设计专题上要满足技术要求；实施制作调试的过程中，要因势利导，顺势而为，不能逆势而行，既要注重理论，更要把握好实践，才能收到行之有效的效果，否则是事倍功半。

桥式变换电路的特点：需要输出低电压大电流，一般变换器难以完成，而桥式变换器由于它的二次侧采用全波整流或同步整流，得到超强电磁力传递，高强电磁力耦合，变压器磁心的磁损很低。晶体管的最大反向电压都不会超过变压器提供的一次电压，对变压器所产生的漏感，也不需要设计吸收电路。

1.2.5 推挽式电源设计要求和原则

推挽式变换电路是利用变压器隔离和脉宽调制的变换电路。它将变压器的中心抽头接到输入电源的正端，其余两端分别接到开关晶体管的漏极如图1-15所示，对输入60V以下的直流电源电压时，推挽式变换比半桥式和全桥式变换电源优越，因为推挽式任何时候只有一个开关元件工作，对于输出相同的功率，开关管损耗比较小。所以在低电压、大功率(1000W以上)，多数采用推挽式变换技术。为了使输出稳定、高效、低耗，要求研发人员采取以下措施。

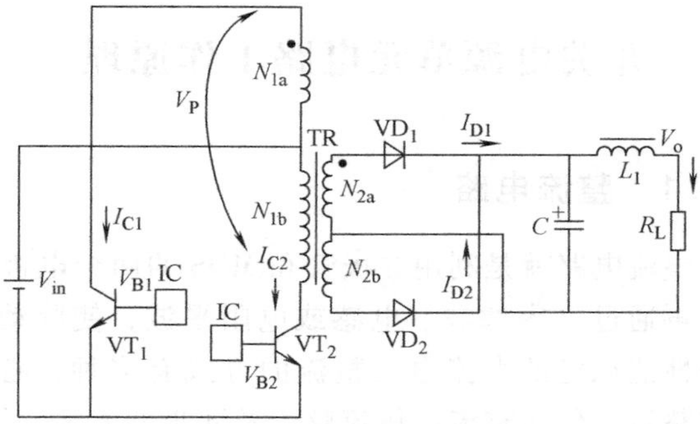

图1-15 推挽式变换电路

1）对大电流、低电压输出的DC/DC变换电路，最大的难题是效率。效率高，电源的价格就高，市场需求量大，对多路输出的电路，必须要提高每一路的负载调整率，要达到这一目的，需采用合适的性能优越的控制电路和电路元器件，质量的优劣不但决定电源损耗和效率，还对电源的寿命有直接的影响，其次提高效率，要在输出二次侧采用高速同步整流技术，采用这种技术需要注意是整流管和回流管的两只MOS管的参数一致，不能出现同时导通，否则将产生大电流环流引发MOS管损坏。

2）推挽式电源在降压变换方式中，主开关MOS管断开时，二次电流通过输出电感流入负载，由于电感的作用，该电流不会立即中断，形成负载电流回路，它将影响负载在重载下的稳定性，这是设计工程师要注意的另一个问题。如设法将驱动信号延迟，即可将负载回路电流截止，使输出功率稳定，怎样延迟驱动信号呢？就是利用电路的闭环反馈系统的反馈去检测开关管的导通电压，再利用这个导通电压，去调节开关管从关闭到开启的死区时间，使它延迟，将导通时间最佳化，这样的结果还有效地降低了开关管的导通或关断的损耗，并补偿了由于负载的变化使开关管的温度发生变化的不良后果。

3）低电压大电流对推挽式电路带来的是功耗上升，很多电源产品由此不能进入批量生产，这里很多是元器件的质量引起的，也有很多是生产工艺不周全不完善引起的。比如说“老化”这个工艺环节，稍有不周就会出现“热磁”，热磁是一种物理现象，但对像开关电源这样的高频率、高磁动势电子器件，就会发生“高烧”，加大损耗，降低了效率。我们要尽最大努力消除或降低因输出低电压和提高工作频率所造成的功耗。采用预测开关管的栅极电压，进行控制晶体管的导通和截止，使电路的控制回路做到按时按量有条不紊地进行电能转换。在电路中无需同步扫描、信号采样这些工作环节，预测开关管栅极电压技术对推挽式变换电路、多路输出引发降低功耗电路是有好处的。这种技术不需在电路设计上做文章，只要注意选用具有这种功能的控制IC就行。

推挽式变换电路由于使用两只晶体管，如果两只晶体管的特性不一致，也会出现偏磁现象。开关管存储时间和“开”“关”时间不等，施加在变压器上的正负电压的持续时间不等，变压器上的磁心励磁强度不等，只要经过几个周期的积累，就会出现单边绕组励磁饱和，称之为偏磁。偏磁，是开关电源最为危险的事故之一，也是失败的电源设计，设计工程师必须在两个绕组中电感大的一个绕组串接一只小电容 C_o，以平衡两个绕组的电抗，使两个绕组的励磁强度保持相等，避免出现偏磁。在设计中，工作频率小于 100kHz，转换占空比 D 也可适当小一点。

1.3 开关电源单元电路工作原理

1.3.1 整流电路

整流电路就是利用二极管和 MOS 的两个电极单向导电的特性，把交流电变为脉动直流电，再通过电容滤波、电感或电阻平波，使脉动波形平直，得到性能稳定的直流电。整流的方式有多种，有半波整流、全波整流、倍压整流、倍流整流及同步整流等。

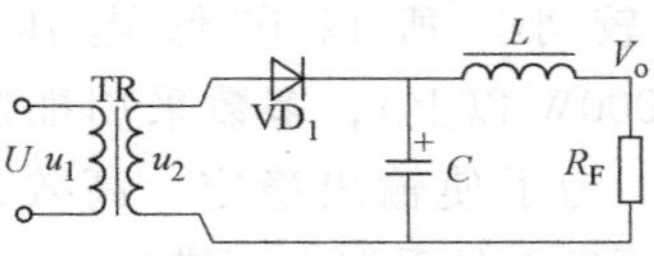

图 1-16 半波整流滤波电路

1. 半波整流电路

图 1-16 是半波整流滤波电路。对工频 50~60Hz 的电路，变压器 TR 的二次电压$u_2=\sqrt{2}U\sin\omega t$，负载电阻 R_F 只有半个周期电压，即正弦电压在半个周期内的平均值，也是最大值的$\frac{2}{\pi}$倍，那么一个周期内的平均值应该是最大值的$\frac{2}{2\pi}=\frac{1}{\pi}$倍，即 $V_o=\frac{\sqrt{2}}{\pi}u_2=0.45u_2$，则 $u_2=\frac{V_o}{0.45}=2.22V_o$。电路增加了电容滤波后，二极管的导通角减小了。所谓导通角，就是在一个正弦波周期（2π，即 360°）中，二极管导通时间所对应的角度。电路没有加电容时，二极管的导通角是 π（交流电半个周期为 180°），加了滤波电容，二极管 VD_1 的整流电压不是从电压零点开始的，而是从图 1-17b 的 m 点开始截止，由于电容 C 的放电，V_o 下降到 n 点 VD_1 又开始导通。可见，加了滤波电容后，整流二极管的导通角减小了，输出电压变为脉动直流电压，这时的输出电压升高了很多。一般是升高 1~1.3 倍，即 $V_o=(1\sim1.3)u_2$，计算 u_2 的公式如下：

$$u_2=\frac{V_o}{1\sim1.3}+V_D+V_L$$

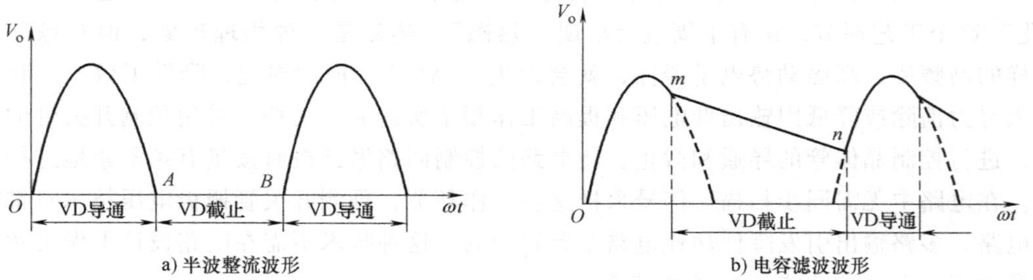

图 1-17 半波整流滤波电路波形

流过负载的直流电流为 $I_o=\frac{V_o}{R_F}$。

半波整流二极管反向截止时所承受的最大反向电压 $V_{DF}=2\sqrt{2}u_2$，这就是选用整流二极管的依据。对工频 50~100kHz 的高频，半波整流电路

$$u_2=(V_o+V_D+V_L)/K$$

式中，K 为整流系数。$K=\frac{1}{\sqrt{2}}=0.707$。

2. 全波整流电路

全波整流电路是由两个半波整流电路组合起来的，电路如图 1-18a 所示。变压器的二次绕组有中心抽头，把二次电压分成大小相等极性相反的两个电压 u_{2a} 和 u_{2b}。由于由两只二极管构成两个单相半波整流电路，交流电压在一个周期中两次导通，使输出电压 V_o 得到同一方向两个波形电压，如图 1-18b 所示，所以全波整流电路输出的电压比半波增加了一倍：$V_o=2\times0.45u_2=0.9u_2$，输出的电流：$I_o=2\times\frac{0.45u_2}{R_F}=0.9\frac{u_2}{R_F}$。

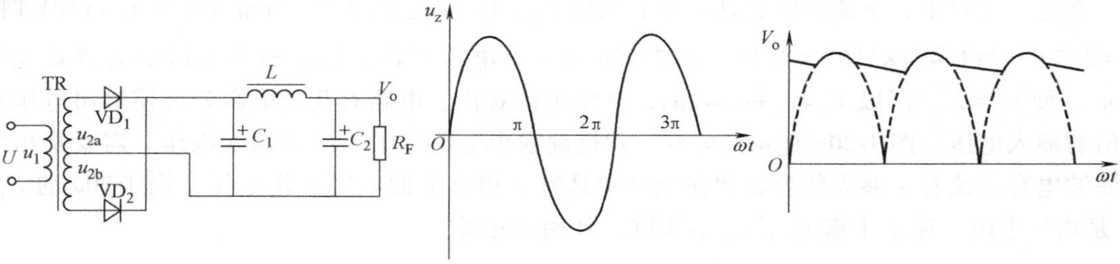

图 1-18　全波整流滤波电路及波形

全波整流电路加电容滤波后，输出电压波形如图 1-18c 所示。用电容滤波有一个缺点，那就是输出电压受负载电阻的影响较大。当负载增大时，滤波电容的放电时间常数减少，电容放电加快，因此负载电压波形脉动振幅增大，输出直流电压降低，为克服这一缺点，常在滤波电容之后加一电感平波，利用电感的特性使输出电压保持平稳，还解决了由于负载的加大使输出电压下降这一缺点。如果要求输出电压脉动更小，又在电感的后面再加一只电容，于是得到了 π 形滤波电路，如图 1-19 所示。它的输出电压 V_o 的计算如下：

$$V_o=(u_2-2V_D)\sqrt{2}$$

式中，V_D 为二极管导通电压。

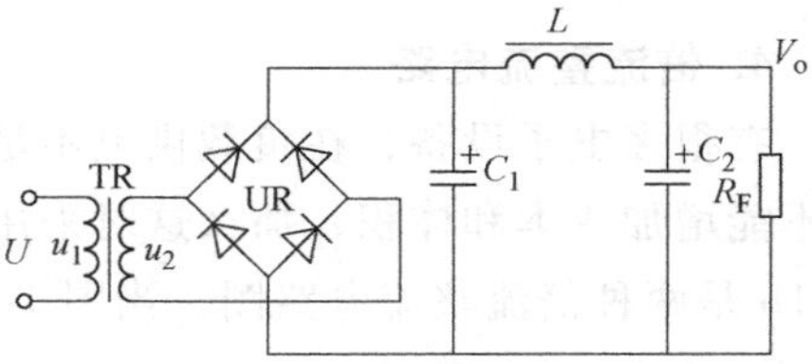

图 1-19　桥式整流滤波电路

输出电流为 $I_o=\frac{V_o}{R_F}$，二极管承受的反向电压 $V_{DF}=\sqrt{2}u_2$。

例如，一个桥式整流电路如图 1-19 所示，交流源频率 $f=50\text{Hz}$，负载电阻 $R_F=120\Omega$，输入电压 $u_2=220\text{V}$，求输出直流电压 V_o，并选用整流二极管型号。

计算输出电压 V_o

$$V_o=(u_2-2V_D)\sqrt{2}=(220\text{V}-2\times0.7\text{V})\times\sqrt{2}=309.1\text{V}$$

计算输出电流 I_o

$$I_o = \frac{V_o}{R_F} = \frac{309.1\text{V}}{120\Omega} = 2.576\text{A}$$

桥式整流每半周要经过两只二极管，所以每次流经二极管的电流只有输出电流的一半。

$$I_D = \frac{I_o}{2} = \frac{2.576\text{A}}{2} = 1.288\text{A}$$

二极管所承受的反向电压（V_{DF}）为 $V_{DF}=\sqrt{2}u_2=\sqrt{2}\times 220\text{V}=311\text{V}$，每只二极管承受的电压约为156V，根据电路所承受的反向电压，整流二极管选用1N5393（最大整流电流为1.5A，最高反向工作电压为200V），见本书表2-5。

3. 倍压整流电路

要求低输入电压，并能满足电子设备工作条件，需要采取一些技术措施，如有些国家工业供电电压为110V，比我国供电电压低一半，所以常采用倍压整流方式满足控制器正常工作要求。图1-20a是典型的倍压整流电路。输入的交流电压，经UR全桥整流，C_1、C_2滤波，在这一过程中，整流后的脉动电压分别给C_1、C_2充电至$\sqrt{2}U$，当输入电压$U=110\text{V}$时，$V_o=2\sqrt{2}U=2\times 1.414\times 110\text{V}=311\text{V}$。图1-20b由于有电容$C$的作用，输入电压给电容$C$充电至$u_c$，使$u_c=u_2$，所以$V_o=u_c+u_2=2u_2$，从中可以看出，电路有几只电容就能使输出电压有几倍的输入电压。图1-20c有4只电容，就得到输出电压等于4倍的输入电压。需要指出的是滤波电容应该有足够大的容量和在充电中具有2倍以上的额定工作电压。图1-20a的R_1、R_2是均压电阻，用于平衡C_1、C_2的压降，使两者相等。

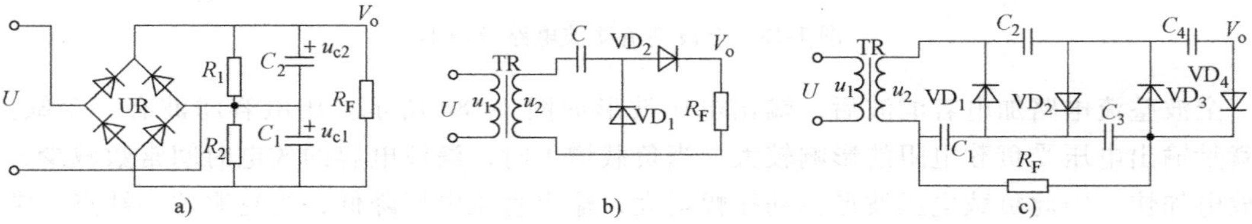

图1-20 倍压整流滤波电路

4. 倍流整流电路

有很多电子设备，在负载供电不足的情况下，要求供电设备满足供电电流的需要，又要求不能增加成本和体积，那么这时采用倍流整流的方式是比较好的一种方法。图1-21a和图1-21b是两种倍流整流电路图。当图1-21b的u_2的上方为正、下方为负时，正电压通过VD_1向电容C充电，充电压$u_c=\frac{1}{2}u_2$，同时也向负载R_F供电流，另一路，u_2上方的正电压也向L_1、L_2充电，电感是感性元件，这半周期对电感来说是储能时期，不向负载提供电流；当u_2的电压上变负、下变正时，电流通过VD_2向负载R_F提供电流，随着时间推迟，u_2下端的电压下降，向R_F提供的电流下降，此时，L_1、L_2所存储的电能使VD_2延时导通，又一次通过VD_2向负载R_F供电，u_2在下半周里，两次向负载提供电流，到下一周的上半周期里，同样L_1向负载有两次供电流的功能。L_1、L_2要有一定的电感量，它所存储的电能足以使VD_2或VD_1导通，才可实现两次向负载提供电能。图1-21a的工作原理与图1-21b一样，只是两只电感连接方式不同，一个是串联而另一个是并联，其作用效果是一样的。

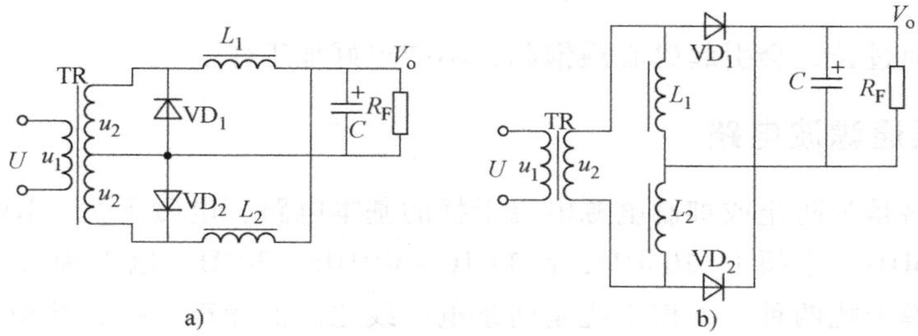

图 1-21 倍流整流电路

5. **同步整流电路**

当电路的输出特性是低电压、大电流时，采用同步整流是合适的，采用同步整流方式可实现 5V/10A 的电能输出。同步整流分电压同步整流和电流同步整流，对变换激励方式分为正激式同步整流和反激式同步整流，无论哪种形式，其工作原理一样，都是利用变压器二次绕组波形控制 MOSFET 的通断开关。图 1-22 的两只 MOSFET 是并联的。当脉宽调制脉冲处理低电平时，VT_3 回流导通 MOS 管，VT_1 是整流截止 MOSFET，在脉宽调制脉冲没有时，整流贬 VT_3 继续导通；当脉宽调制脉冲为高电平时，VT_3 截止，高电能通向 L、R_7 向电容 C_2 充电。R_4 是 VT_2 的驱动电阻，R_2 是 VT_3 的驱动电阻。VT_1 导通时 VT_2 也导通，此时直接向负载提供电能。同步整流管 VT_2 的电流流向是，二次绕组上端→L 左端→L 右端→C_3（负载)→地→VT_2 源极→VT_2 漏极→变压器的下端。VT_2 的驱动信号是通过 R_5 加到栅极的。VT_1 截止时 VT_2 也截止，VT_3 与 L 停止向负载 R_F 提供电能。当 VT_1 截止时，储能电感 L 的极性相反，同步整流管 VT_3 的电流流向是，L 的右端→C_3（负载)→地→VT_3 源极→VT_3 漏极→L 的左端。VS_2、VS_3 分别是两只 MOSFET 的栅极稳定管，防止因栅极电压太高而损坏 MOSFET，C_1、R_3 和 C_2、R_7 组成高频阻容衰减网络。

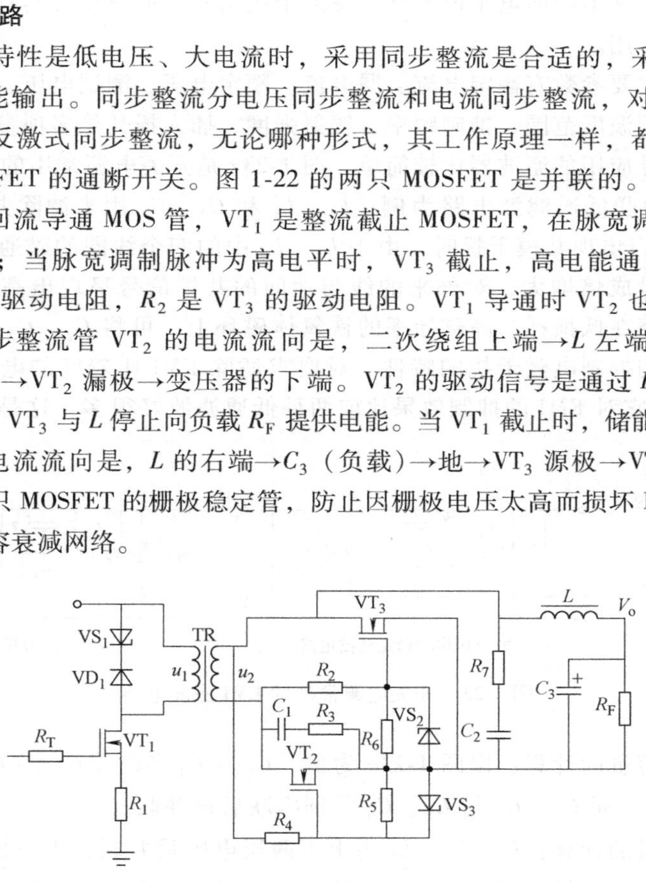

图 1-22 同步整流电路

同步整流电路如果处在电源过载或电源启动时由于磁心退磁，使变压器不能正常工作。磁心必须选用 N30 材质，磁心允许工作最大磁通密度 $B_{max}=0.21T$，电压变压器的退磁时间计算如下：

$$t_a=\frac{n\cdot C_{D\text{-}E}\cdot B_{max}\cdot A_e}{u_{ds}}$$

式中，n 为振荡变压器正向匝比；$C_{D\text{-}E}$为整流 MOS 管漏-源极间电容，根据 MOS 管技术参数说明书，一般 $C_{D\text{-}E}$为 220pF；A_e 为振荡变压器磁心截面积；u_{ds}为 MOS 管与导通时的压降，一般为 2.5V。

如果退磁时间过长，会引起磁心磁饱和，不能很好地工作。

1.3.2 输入低通滤波电路

低通滤波电路是为防止或抑制电源电磁干扰的基本电路，电磁干扰（EMI）的频谱大致为低频 10kHz~1MHz，中频 1~10MHz，高频 10~30MHz，30MHz 以上为甚高频。传导干扰分差模干扰和共模干扰两种。差模干扰是两条电源线之间的噪声干扰，共模干扰是两条电源线对大地的噪声干扰。要求 EMI 滤波器符合电磁兼容（EMC）的技术要求，必须要滤除电源外部的电磁干扰，又不能向电子设备外部发射干扰信号。低通滤波器有很强的抑制差模和共模两大干扰源的作用。

低通滤波器的主要参数有额定电流、漏电流、额定电压、测试电压、直流电阻、绝缘电阻、工作温度、使用温度范围、抑制频率、辐射强度、插入损耗等多项参数指标。

开关电源所设计应用的滤波器比较简单，图 1-23a 是开关电源常用的 EMI 滤波电路。以图 1-23b 所示双极串联低通滤波电路为例，L_1、L_2 和 C_2、C_3 用来滤除共模干扰，C_1、C_4、C_5 滤除差模干扰。当出现共模干扰时，由于 L_1、L_2 中的四个线圈的磁通方向相同，经互相贯通耦合，总电感量成倍增大，对外来的线与地间的共模信号呈现出高阻抗，使之不能通过。四个线圈分别绕在低损耗、高磁导率的铁氧体磁环上，可将 C_2、C_3 上积累的电荷泄放掉，避免因电荷影响抑制电磁干扰的特性。对要求滤除 EMI 比较好的电子设备，可采用图 1-23c 的滤波电路，它对 EMI 的抑制效果比前两种低通滤波好很多，这是因为重叠贯通，强力阻挡。

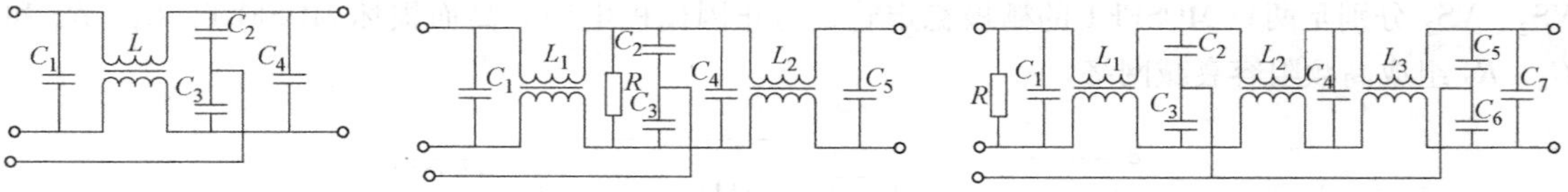

a) 单极低通滤波电路　b) 双极串联低通滤波电路　c) 三极串联低通滤波电路

图 1-23 开关电源常用的 EMI 滤波电路

低通滤波电容容量的计算：以图 1-23c 为例，$C_{FR}=C_1//C_4//C_7//(C_2+C_3)//(C_5+C_6)$ 是 C_1、C_4、C_7 并联，而 C_2、C_3 与 C_5、C_6 分别串联后再并联。

低通滤波电感量的计算：L_1、L_2、L_3 为上下两层电感量并联，上下的电感是不相等的，因为一层绕在磁心里面，另一层则绕在磁心外面，必须通过测定磁心的电感量。

在绕电感时，必须是两根线同时并绕，以确保上下的电感一致。

1.3.3 峰值电压钳位吸收电路

开关电源的驱动 MOSFET 与高频变压器的一次绕组在功率转换驱动过程中，由于一次绕组的漏感与开关管关断时的峰值电流，引起漏极电压突然升高，它与一次绕组漏感一起，形成强烈的电磁振荡，振荡波不但发射高频电磁波，还消耗了大量的电源能量，重则可使 MOSFET 瞬间爆炸，而对这种恶劣的环境，削减峰值电压的产生和抑制高频发射，对开关电源的品质效益极为重要。为此，必须增设峰值电压钳位吸收电路，保护开关管正常工作。图

1-24 所示是五种峰值电压钳位吸收电路。

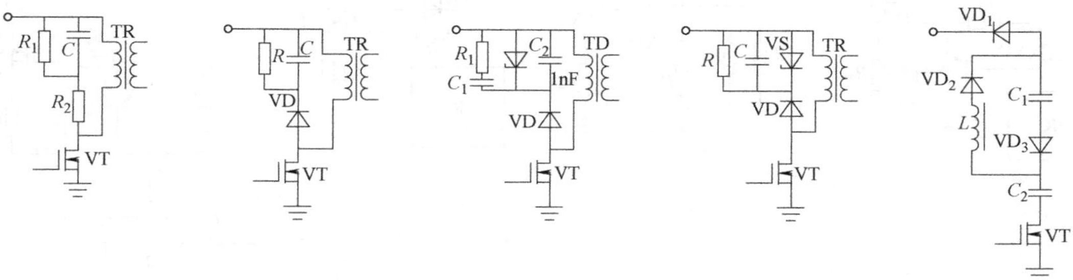

a) RCR钳位吸收电路　b) CRD钳位吸收电路　c) CRSD钳位吸收电路1　d) CRSD钳位吸收电路2　e) 3DLC钳位吸收电路

图 1-24　峰值电压钳位吸收电路

由电阻 R_1、R_2 和电容 C 组成的 RCR 吸收网络，利用电容的充放电功能及电阻的阻尼作用，把部分高能量的电压通过开关管的漏-源旁路掉，又通过电容 C 的放电，分流一些峰值电能，达到钳位吸收峰压的目的，图 1-24a 所示电路很经济但效果不是很好。

将电阻 R 和电容 C 并联后再与阻塞二极管 VD 串联组成图 1-24b 所示的 CRD 钳位吸收电路。它的工作原理与图 1-24a 所示 RCR 钳位吸收电路一样，只是阻塞二极管对峰值电压的限制作用大一些。要选用反向峰值电压高一些的阻塞二极管，否则 VD 将会烧毁。

利用瞬态电压抑制器 TVS（P6KE200）和阻塞二极管（超快速恢复二极管）及电阻、电容所组成的 CRSD 钳位吸收电路，如图 1-24c、d 所示，峰值电压通过稳压二极管（TVS），向电阻 R 及电容 C 泄放，将电压钳制在合理的设计值以内。阻塞二极管 VD 把高频变压器一次绕组漏感通过开关管 D-S 的极间电容旁路至大地，它是开关电源普遍应用的一种电路。

3DLC 钳位吸收电路如图 1-24e 所示。利用三只二极管、两只电容和一个电感组成峰值电压吸收网络。它的功能齐全，对峰值电压钳位吸收效果比较好，而且对所产生的高频率有一定的屏蔽作用，但使用的元器件多，结构较为复杂。

1.3.4　功能转换快速开关电路

开关电源电路是由许多功能电路组成的，要了解电路的工作原理，必须首先弄清楚组成电路的各个功能，从这点出发，我们将开关电源的各功能电路从定性到定量进行分析，这对学习开关电源电路是有益的，并对电路设计很有帮助。

功能转换包括脉冲宽度调制转换和功率因数校正，进行转换的电子元器件主要是开关管及其他元器件，转换的快慢将影响电源的损耗和它的效率。转换是依托 MOSFET 的截止和导通来完成的。由于 MOSFET 存在极间电容，尤其是 D-S 极间电容，它的存在严重影响了 MOSFET 栅极接受控制信号的时间，还由于极间电容的存在，不能将信号完全传递，在开关管的饱和区里，寄存有大量的自由电子和空穴，这样大大延迟了开关速度。为了弥补这一缺陷，设计出 MOSFET 快速开关电路，图 1-25 所示为四种快速开关电路。

1. RCD 快速开关电路

RCD 快速开关电路是开关电源电路里面应用比较多的，一共只有三个元器件，结构简单，效果很好。正脉冲信号从 IC 出发，首先到快速开关二极管 VD 的阳极使其导通，正脉

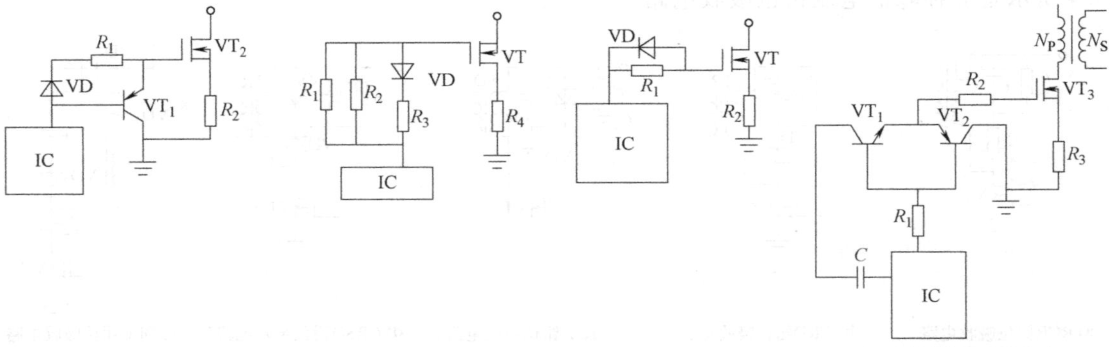

a) RCD快速开关电路　b) R2D快速开关电路　c) VDR快速开关电路　d) 图腾柱快速开关电路

图 1-25　MOSFET 快速开关电路

冲信号却不能打开晶体管 VT_1，使其截止。正脉冲经 R_1 限流并由此产生正向电压，正信号电压很快触发 MOSFET 导通，导通时间的长短由脉冲的宽度即占空比的大小决定。当触发脉冲传递完成后，而开关管不能完全把电子从 MOSFET 驱动干净，饱和区还残留有大量电子，残留电子从栅极进入晶体管的发射极，再由发射极进入“地”。需指出的是，残留电子因不能打开二极管而进入 IC，消除了因开关管积蓄电子而影响开关速度这一弊病。图 1-25b、c的工作原理基本与图 1-25a 的工作原理相同。

图 1-25a 所示限流电阻 R_1 的计算：

$$R_1 = V_b / I_G$$

式中，V_b 为 VT_1 的截止电压，PNP 型的 $V_b > 0.7V$，NPN 型的 $V_b > 0.4V$；I_G 为 MOS 管栅极吸收电流 10~100mA。

图 1-25b、c 对 R_1 的计算一样，只是 V_b 代表二极管的正向导通电压。图 1-25d 对 R_2 的计算：

$$R_2 = (V_b - V_{be}) / I_G$$

式中，V_{be}代表晶体管 b-e 极间电压，I_G 为 MOS 管栅极吸收电流。

图 1-25d 的漏电电容 C 的计算：

$$C = 1/(2\pi f_{wo} \cdot R_2 \cdot K_{de})$$

式中，f_{wo}为变换器工作频率；K_{de}为放电时间常数，它比充电常数大 2~5 倍，还与电容容量和电容材料有关。

2. 图腾柱快速开关电路

图腾柱快速开关电路是开关电源电路应用比较多的一种快速开关电路。它是 NPN 型和 PNP 型晶体管组成的复合管。如图 1-25d 所示，VT_1、VT_2 的基极和发射极并联，其中 VT_1（NPN 型）的集电极接高柱，VT_2（PNP 型）的集电极接低电位“地”。触发信号从 IC 出发，经电阻 R_1 形成触发电压去触发复合管的基极。从图可知，VT_2 处于反向偏置，使其截止。触发信号从 VT_1 的 b 极到 e 极经电阻 R_2 到达 VT_3 的栅极，VT_3 受正向脉冲的作用，立即导通，驱动高频变压器的一次绕组。VT_3 导通时间的长短决定触发脉冲的宽度。开关管导通的时间越长，变压器感应的电压越高，相反就低。触发脉冲消失后，开关管 VT_3 的区间残留有大量空穴，自由电子从栅极出发经电阻 R_2 到复合晶体管的发射极，由于 VT_1 反向偏置电子不能进入，只能从 VT_2 的 e 极到 c 极，再入“地”，将大量自由电子旁路掉，为 VT_3 再次“开门”创造了有利条件，起到快速开关的作用。

1.3.5 输出恒流、恒压电路

有很多地方需要一种恒功率供电，要求在负载发生变化时输出电压保持不变。

图 1-26a 为 LM393 恒流恒压电路，它有两个控制环路，一个是电压控制环路，另一个是电流控制环路。由 R_{13}、R_{24}、$IC_{2(A)}$ 及 IC_3 组成恒压控制电路。$IC_{2(A)}$ 的 5 脚是标准电压（V_{stan}），由 IC_3 供给，为 2.2V。$IC_{2(A)}$ 的 6 脚是检测电压（V_{fest}），它是随着负载和输入电压的变化而变化的，$V_{fest}=\dfrac{V_oR_{24}}{R_{13}+R_{24}}=\dfrac{18\times3000}{27000+3000}\text{V}=1.8\text{V}$。两种电压进入 $IC_{2(A)}$ 进行比较，其差值为负电压时，由 $IC_{2(A)}$ 的 7 脚输出，VD_{11} 因它的阴极为负电压而导通。当输出电压 V_o 降低时，采样电压下降，$IC_{2(A)}$ 的 7 脚输出电压越低，二极管 VD_{11} 导通角增加越大，发光二极管（光耦合器）IC_1 的电流增加越多，发光亮度增加越高，接收晶体管的电流也跟着增加越快。经调制占空比加大越宽，输出电压上升越高。反之输出电压下降，这样使输出电压稳定，起到稳压作用。

具体说，$IC_{2(A)}$ 5 脚的电压是

$$V_{IC(5)}=V_{REF}-R_{12}\cdot I_{wo}$$

式中，V_{REF} 为 $IC_{2(A)}$ 5 脚基准电压，为 2.5V，I_{wo} 为 $IC_{2(A)}$ 工作电流，为 0.1mA。这时 $V_{IC(5)}=2.5\text{V}-0.1\times10^{-3}\times1000\text{V}=2.4\text{V}$。工作电压比基准电低 $1.8\text{V}-2.4\text{V}=-0.6\text{V}$，便有 VD_{11} 导通，IC_3 发光调制工作正常进行；当输出电压 V_o 上升 10%，V_o 达 19.8V 时，6 脚电压升到 $V_{IC(6)}=V_o\cdot R_{24}/(R_{13}+R_{14})$，$V_{IC(6)}=19.8\times3000/(27000+3000)\text{V}=1.98\text{V}$，说明检测电压比基准电压低 0.42V，二极管 VD_{11} 导通减小，输出电压降低，IC_1 发光二极管的发光强度减弱，接收晶体管的电流下降，占空比下降，输出电压下降；如果输出电压 V_o 再升高，低于 0.4V，VD_{11} 反向截止，IC_1 发光二极管熄灭，占空比为零，实施过电压保护。

由 R_{13}、R_9、R_{21}、$IC_{2(B)}$、IC_3 组成电流控制电路。$IC_{2(B)}$ 的 3 脚是标准电压（V_{stan}），经 R_{21} 降压供给 $IC_{2(B)}$ 的 3 脚的电压约为 1.8V。$IC_{2(B)}$ 的 2 脚是检测电流，经取压电阻形成 $0.1\times2.5\text{V}=0.25\text{V}$ 的检测电压（V_{fest}），它随着负载电流的改变而变化，两种电压进入 $IC_{2(B)}$ 进行比较，差值为负电压时，由 $IC_{2(B)}$ 的 1 脚输出。同样道理，负载电流上升时，R_9 的电压上升，由 $IC_{2(B)}$ 的 1 脚输出负电压上升，光耦合器 IC_1 的发光强度下降，调制占空比下降，输出电流下降，使输出电流稳定，起到恒流的作用。

再看 LM393 的恒流计算：$IC_{2(B)}$ 3 脚的基准电压 $V_{IC(3)}=V_{REF}\cdot R_{22}/(R_{22}+R_{21})=2.5\times4100/(4100+10000)\text{V}=0.727\text{V}$。$IC_{2(B)}$ 3 脚的检测电压之差为 $-(0.25-0.727)\text{V}=0.477\text{V}$，这时电路工作正常。当输出电流增加 20%，达 3A 时，工作电压达 $V_{wo}=I_o\cdot R_9=3\times0.1\text{V}=0.3\text{V}$，这时 $IC_{2(B)}$ 的差电压 $0.3\text{V}-0.727\text{V}=-0.427\text{V}$，$VD_{17}$ 仍处于导通状态，只是导角减小，IC_1 的发光二极管发光强度下降，占空比下降，输出电压、电流下降，但仍保持恒流；当输出电流增到 30% 时，VD_{17} 截止，IC_1 的发光二极管熄灭，变换器实施过电压保护。

图 1-26b 是 LM358 恒流恒压电路，它的工作原理与上面介绍的基本相同，不同的是输出到二极管的阳极，是正电压比较。由 VD_4 整流、C_{17} 滤波的直流电压经 R_9 限流供给 IC_2，没有上面介绍的电路供给 IC_3 的效果好。电压控制环路由 R_{12}、R_{13}、$IC_{3(B)}$ 及 IC_2 组成；电流控制环

路由 R_s、R_6、R_7 及 $IC_{3(A)}$ 组成，两路工作平行运行，不论电流或是电压出现不平衡时，就由不平衡的那一路进行调节，VD_5、VD_6 就是不平衡调节的或门，控制电流或电压环路。

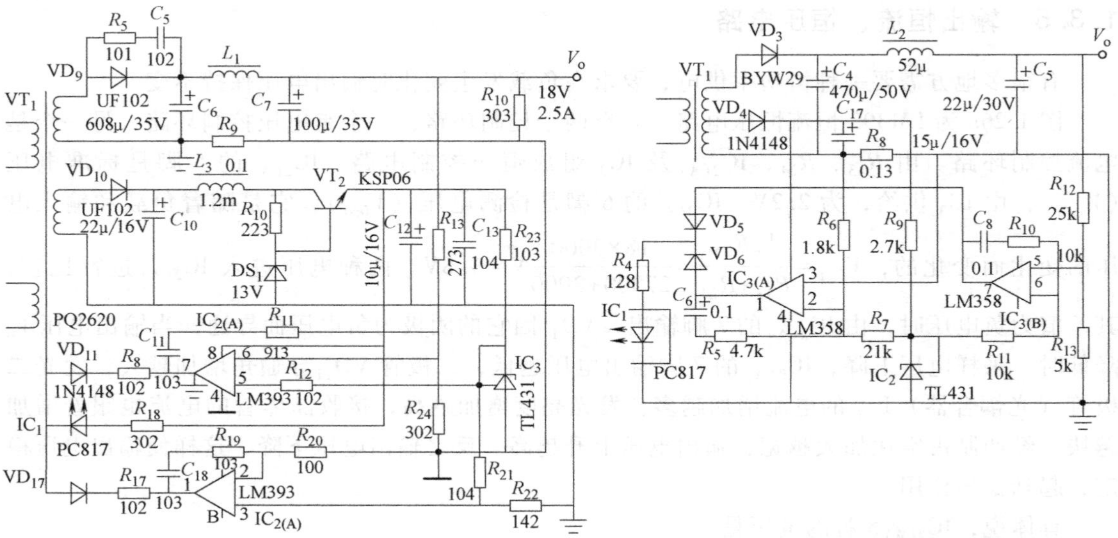

a) LM393恒流恒压电路　　b) LM358恒流恒压电路

图 1-26 恒流恒压电路

1. 电流控制回路 I_o 的计算

$$I_o=\frac{V_{REF}\cdot R_6}{R_8\cdot R_7}=\frac{2.5\times1.8\times10^3}{0.13\times21\times10^3}A=1.65A$$

R_8 是决定输出电流的重要元件，也是输出电流检测、实施过电流保护的重要元件。

2. 电压控制回路 V_o 的计算

$$V_o=V_{REF}\left(1+\frac{R_{12}}{R_{13}}\right)=2.5\times\left(1+\frac{25}{5}\right)V=15V$$

3. 光耦合电阻 R_4 的计算

$$R_4=\frac{(V_{SA}-V_{F6}-V_F)\cdot CTR_{min}}{I_{c(max)}}$$

式中，V_{SA}是 LM358 的正向饱和电压，正常时 $V_{SA}=3.5V$；V_{F6}是二极管正向压降，$V_{F6}=0.7V$；V_F 是发光二极管正向压降，$V_F=1.2V$；CTR_{min} 是光耦合器最低电流传输比，取 $CTR_{min}=120\%$；$I_{c(max)}$ 为变换器控制电流最大值，$I_{c(max)}=15mA$。

$$R_4=\frac{(3.5-0.7-1.2)\times1.2}{15\times10^{-3}}\Omega=128\Omega$$

4. 计算 IC_3 电压控制系统工作电压、基准电压

$$V_{IC(5)}=V_o\cdot R_{13}/(R_{13}+R_{12})=15\times5\times10^3/(5\times10^3+25\times10^3)V=2.5V$$

$$V_{IC(6)}=V_{REF}+R_{11}\cdot I_{wo}$$

式中，I_{wo}为 LM358 的工作电流为 1mA。

$$V_{IC(6)}=2.5V+1\times10^3\times1\times10^{-3}V=3.5V$$

这时 LM358 7 脚的输出电压：$V_{IC(7)}=V_{IC(6)}-V_{IC(5)}=3.5V-2.5V=1.0V$。这时 LM358 处于正常工作状态。当 V_o 增加 20%，达到 $15\times1.2V=18V$ 时，$V_{IC(5)}=18\times5\times10^3/(5\times10^3+25\times10^3)V=3V$，$V_{IC(7)}=3.5V-3V=0.5V$。0.5V 的工作电压加到 VD_5，VD_5 仍处于正向导通状态，但导通角已是很小了，IC_1 发光二极管的发光强度很小，占空比 D 下降，使输出下降。同理，如果输出电压再上升 25%，变换电路将实施过电压保护。

当输出电压 V_o 下降，$IC_{3(B)}$ 的 7 脚电压上升，调制占空比加大，保持输出电压不变，此电路不具备欠电压保护功能，只能调整输出电压。

5. 恒流控制的计算

恒流控制回路和恒压控制回路的控制方式相同，它们都不受外界条件的扰动而发生变化，恒流控制由 R_8 及 $IC_{3(A)}$、IC_2 等外围元器件组成。R_8 是输出电流检测电阻，检测电压 $V_{R8}=I_o\cdot R_8=1.65\times0.13V=0.22V$。$IC_3$ 的 2 脚的工作电压为

$$V_{IC(2)}=V_{REF}-(I_{abso}\cdot R_7+V_{R8})$$

式中，V_{REF} 为 IC_3 的基准电压；I_{abso} 为 $IC_{3(A)}$ 正端输入吸收电压。

$$V_{IC(2)}=2.5V-(1.8\times10^3\times1\times10^{-3}+0.22)V=0.48V$$

根据图 1-26b 可见，$IC_{3(A)}$ 的 3 脚为零电压。它的 1 脚输出 0.48V，经 VD_6 可触发 IC_1 发光二极管发光，当输出电流增大 1.3 倍时，$V_{IC(2)}=2.5V-(1.8+0.28)V=0.42V$，$VD_6$ 截止，IC_1 发光二极管熄灭，电源实施过电流保护。

1.3.6 PFC 转换电路

PFC 的核心作用是限制电网输入电流谐波。功率因数低的危害性很大，必须要求功率变换的电子设备安装功率因数转换装置。

1. L6562/PFC 转换电路

图 1-27a 是 L6562/PFC 转换电路。它是怎样工作的呢？从输出电压 V_{DH} 用电阻 R_{17}、R_{18} 分压，取出一信号电压，信号电压进入 IC_1 的 8 脚，它与 IC_1 片内的基准电压进行比较，其差值又与桥式整流后的 100Hz 脉动电压一起进入 IC_1 的 3 脚，输入给电压误差放大器，误差电压与差值信号一同进入乘法器相乘，乘法器输出一电流，又与进入 IC_1 的 4 脚的开关管 VT_1 源极控制电流进行比较、放大，均化后得到一控制电流信号，控制信号由 IC_1 的 7 脚发出，经 R_1、VD_3、VT_2 组成的快速开关电路，去触发驱动管 VT_1 的栅极，输出电压经升压二极管整流，从而使输出电流波形与输入电压波形同相位。转换结果是电流谐波含量（THD）减少，功率因数（$\cos\varphi$）提高。图中，R_{25}、R_{27}、R_{26}、VS、C_{22} 及 VT_3 组成输入过电压、欠电压保护电路。当 V_A 点的电压低于 25V 时，稳压二极管 VS 正向导通；VT_3 导通，IC_1 的 2 脚误差信号输出因低压锁定而无信号输出，振荡停止，实施欠电压保护。当 V_A 的电压大于 75V 时，VS、VT_3 导通，关闭片内的四-二与非门，7 脚无触发信号输出，VT_1 停止工作，起到过电压保护的作用。

V_A 点的高电压计算：$V_{AH}=\sqrt{2}V_{max}R_{26}/(R_{25}+R_{27}+R_{26})=\sqrt{2}\times265\times510/(1000+1000+510)V=76V$。

低电压计算：$V_{AD}=\sqrt{2}V_{min}\cdot R_{26}/(R_{25}+R_{27}+R_{26})=\sqrt{2}\times85\times510/(1000+1000+510)V=24.4V$。

（1）乘法器降压电阻（$R_{29}+R_{28}$）的计算

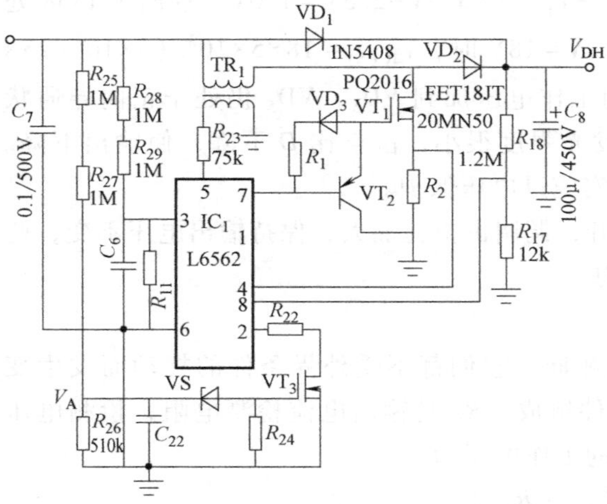

a) L6562/PFC转换电路

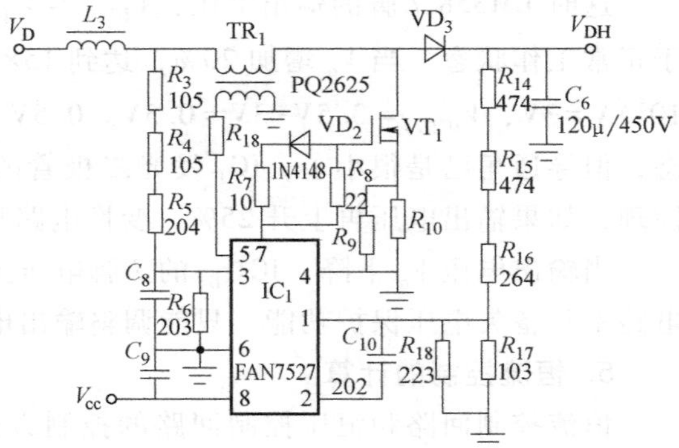

b) FAN7527/PFC转换电路

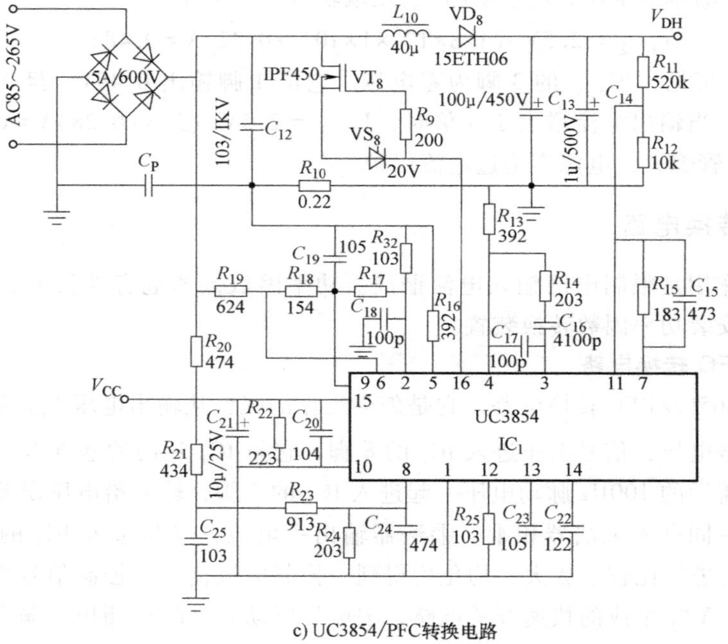

c) UC3854/PFC转换电路

图 1-27 PFC 转换电路

所有 PFC 转换都是利用电源电路里的 PFC 芯片的一个小的启动电流来进行电压采样。采样电压进入乘法器，与乘法器里的基准电压比较，从而实现 PFC 转换，保证功率因数处在较高的水平上。

$$R_{28}+R_{29}=V_{i(min)}/I_{star(min)}$$

式中，$V_{i(min)}$ 为输入最低直流电压；$I_{star(min)}$ 为 L6562 最小启动电流。

（2）乘路器采压电阻 R_{26} 的计算

根据 L6562 技术参数可查到 IC_1 的 3 脚门控电压 V_{door}，此电压为门控检测电压，依据电阻分压计算有

$$\frac{R_{11}}{R_{28}+R_{29}}=\frac{V_{door}}{V_{i(max)}}$$

式中，$V_{i(max)}$为交流输入经整流后的最大直流电压。

（3）PFC 转换电压反馈电阻 R_2 的计算

L6562 的 4 脚（CS）为 PWM 比较器输入端，由电阻 R_2 检测通过 MOSFET 的电流，转换成电压传递到该脚内部的参考电压比较电路来决定 MOSFET 是否关闭，片内经 R_2 流出的正常工作电压为 0.54V；反馈电阻 R_2 计算：

$$R_2=V_{test}/I_{PFC}$$

式中，V_{test}为 L6562 片内检测电压，超过此电压 1.2 倍时 MOSFET 将关闭，PFC 转换停止，实施过电压保护。

$$I_{PFC}=I_{PFCO}/(1-0.5K_{RP})\cdot D_{max}$$

式中，I_{PFCO}为 PFC 一次绕组输出电流，$I_{PFCO}=P_o/V_{i(min)}\times K_{RP}$，$K_{RP}$为一次纹波电流与一次峰值电流的比例系数，对于大功率为 0.44，对于小功率为 0.55。K_{RP}不仅与功率有关，还与效率有关。

（4）输出电压钳位电阻 R_{17}的计算

设 R_{18}为 1.2MΩ，查 L6562 的片内基准电压为 3.96V，根据公式

$$V_{DH}R_{17}/(R_{17}+R_{18})=V_{REF}$$

将 R_{18}、V_{REF}、V_{DH}代入，可得到 R_{17}的阻值。

2. FAN7527/PFC 转换电路

图 1-27b 的电路结构与图 1-27a 基本一样，只是没有输入电压保护电路。控制 IC_1 工作在临界导通模式。所谓临界导通模式是，升压变压器 TR_1 的电感电流，在一个开关周期之前降为零，使驱动管的开关损耗为零，效率高；交流电路电流是连续的，没有死区时间，将开关峰值电流钳制在平均输入电流的两倍水平，这就是临界导电模式。

图中 VD_3 是升压二极管；TR_1 是升压变压器；R_3、R_4、R_5、R_6、C_8 是乘法器采样输入电路；R_{18}是 PFC 零电流检测输入限流电阻，将电感转为电压来检测内部 MOSFET 的开关状态，当电流为零时打开 MOSFET 的驱动信号，因此，功率管工作在零电压导通状态；R_6 是 VT_1 的限流电阻；R_7、VD_2 起着快速开关作用；R_9、R_{10}过电流反馈与限流电阻；C_{10}为误差放大器输入和输出补偿电容。

FAN7527 转换电路与 L6562 转换电路完全一样，只是电路元器件稍多，两个 IC 的技术参数有所不同，现在分别对电路元器件进行分析计算。

（1）乘法器取压电阻 R_3、R_4、R_5 的计算

FAN7527 是有源功率因数转换集成电路控制器，它的最小启动电流为 55μA，最大工作电流为 182mA，它的 3 脚是 I_{star}电流启动输出端口，也是电压采样到片内乘法器输入端口，是实现 PFC 转换的开端：$(R_3+R_4+R_5)=V_{i(min)}/I_{star}=120.19/55\times10^{-6}\Omega=2185k\Omega\approx2200k\Omega$。三个电阻值分别如下：$R_3=R_4=1000k\Omega$；$R_5=200k\Omega$。

（2）分压采样电阻 R_6 的计算

查 FAN7527 集成电路 3 脚的门控检测电压为 3.41V，根据公式计算：

$$\frac{R_6}{R_3+R_4+R_5}=\frac{V_{door}}{V_{i(max)}}=\frac{3.41}{\sqrt{2}\times265}$$

代入 R_3、R_4、R_5，得 $R_6=20\text{k}\Omega$。

（3）PFC 转换输出电压

PFC 电路输出电压要求从 $85\times\sqrt{2}\text{V}=120.19\text{V}$ 到 $265\times\sqrt{2}\times1.07\text{V}=400.9\text{V}$，变化范围大，控制转换的占空比变化也大，因此占空比的计算方式与其他转换占空比计算方式也有些不同。对升压变压器绕组感应电压：

$$V_{\text{Bmax}}\eta=V_{\text{OR}}=322.25\times0.85\text{V}=273.91\text{V}$$

$$V_{\text{Bmin}}=V_{\text{i(min)}}\sqrt{2}=85\times\sqrt{2}\text{V}=120.19\text{V}$$

$$D_{\max}=V_{\text{OR}}/(V_{\text{OR}}+V_{\text{Bmin}}-V_{\text{DS}})=273.91/(273.91+120.19-2.5)=0.699$$

$$D_{\min}=V_{\text{Bmin}}/(V_{\text{Bmin}}+V_{\text{OR}}-V_{\text{DS}})=120.19/(120.19+273.91-2.5)=0.307$$

式中，V_{OR}为升压变压器一次绕组或感应电压；V_{DS}为 PFC 变换器开关升压二极管导通电压。

1）在电阻 $R_3\sim R_5$ 作用下，PFC 的输出电压为

$$V_{\text{DH(min)}}=I_{\text{star(min)}}(R_3+R_4+R_5)=55\times10^{-6}\times2.2\times10^{6}\text{V}=121\text{V}$$

$$V_{\text{DH(max)}}=I_{\text{star(max)}}(R_3+R_4+R_5)=182\times10^{-6}\times2.2\times10^{6}\text{V}=400\text{V}$$

2）从 FAN7527 的特性参数可知，调制基准电压 $V_{\text{adju}}=3.3\text{V}$。在输出调压电阻 R_{17}、R_{16}、R_{15}、R_{14}的作用下，PFC 的输出电压为

$$V_{\text{DH(max)}}=(R_{14}+R_{15}+R_{16}+R_{17})\cdot V_{\text{adju}}/R_{17}=(470+470+260+10)\text{V}\times3.3/10\text{V}=399.3\text{V}$$

3）在占空比作用下的输出最高电压为

$$V_{\text{DH(max)}}=V_{\text{Bmin}}/(1-D_{\max})=120.19/(1-0.699)\text{V}=399.3\text{V}$$

或

$$V_{\text{DH(max)}}=V_{\text{OR}}/(1-D_{\min})=273.91/(1-0.307)\text{V}=395.3\text{V}$$

（4）高频旁路电容 C_{10}的容量计算

输出电压经 R_{14}、R_{15}、R_{16}与 $R_{17}/\!/R_{18}$分压，使 IC_1 的 1 脚基准电压，也就是说，IC_1 由这一基准电压，经升压后，使输出 V_{DH}达到 400V。进入 1 脚的基准电压经 C_{11}高频旁路，使这一电容交流分量成分含量减少，控制 V_{DH}输出电压波动更小。

设基准电压对 C_{10}的充电时间为 $t_{\text{ce}}=600\mu\text{s}$，要求 $t_{\text{ce}}\leqslant\dfrac{C_{10}\cdot(R_{18}/\!/R_{17})}{2\pi\cdot K_{\text{ce}}}$，则

$$C_{10}=2\pi K_{\text{ce}}\cdot t_{\text{ce}}/(R_{17}/\!/R_{18})$$

式中，K_{ce}为光电时间常数，设 $K_{\text{ce}}=3$，则

$$C_{10}=2\times3.14\times3\times600\times10^{-9}\Big/\left(\frac{22\times10}{22+10}\times10^{3}\right)\text{F}=1.64\times10^{-9}\text{F}\approx2\text{nF}$$

3. UC3854/PFC 转换电路

如图 1-27c 所示，L_{10}、VD_8、VT_8、IC_1、$C_{12}\sim C_{14}$等元器件组成功率因数校正电路。L_{10}是升压电感，它的材质是铁-镍 56 环形铁氧体。VD_8 是升压二极管，采用超快速恢复二极管。R_{11}、R_{12}是输出电压分压取压电阻。IC_1 片内的基准电压为 7.5V，由电阻 R_{12}决定输出电压的大小。

$$V_{\text{DH}}=V_{\text{stan}}\frac{R_1}{R_{12}}=7.5\text{V}\times\frac{520}{10}=390\text{V}$$

R_{10}是输出电流取样电阻，该输出电流用来检测输出负载的大小。C_{16}、C_{17}、R_{14}用来进行电流放大器的输入端与输出端的相位补偿，以满足输出电流与相位的比例关系。R_{25}是乘

法器输出限流电阻，改变电阻 R_{25} 可改变乘法器输出电流的大小。C_{23} 是电路软启动时间设定电容，它可改变振荡频率，振荡频率的计算：$f=1.25/(R_{25}C_{23})$。C_{20}、C_{21} 是高低频滤波及旁路电容。R_{22} 是 C_{21} 为 V_{CC} 供电电源的放电电阻。R_{18}、R_{19} 是输入电压取压电阻，该电压进入 IC_1 片内乘法器。R_{17}、R_{32} 是负载电流检测取样电阻，该信号用来平衡输出电流的大小、实施过电流保护。R_{20}、R_{21}、R_{23}、R_{24} 及 C_{24} 是交流电压取压元件，它们对 PFC 电路的工作状态起着重要作用，要选用合适参数的元件。

1.3.7 PWM 转换电路

PWM 转换是开关电源两个转换中的一个重要转换，它对开关电源的输出功率、控制精度、电源效率起着至关重要的作用。

1. UC28600/PWM 转换电路

图 1-28a 是 UC28600/PWM 转换原理图。它的工作原理是，从输出电压，经 R_{34}、R_{33} 分压，取出一信号电压与 IC_3 的基准电压（2.5V）进行比较，其差值点燃 IC_4 的发光二极管，经光电耦合，进入 IC_{12} 的 2 脚。差值信号与片内振荡器的波形叠加调制占空比。电流放大后，由 IC_{12} 的 5 脚输出电流调制信号，此信号经 VD_8、R_{10}、VT_6 所组成快速开关电路，去触发 VT_5 的栅极，触发信号再次放大去驱动高频变压器 TR_2 的一次绕组，经变压器电能耦合，再由 VD_{10} 整流、L_3、C_{26}、C_{27} 滤波，直流输出。当输出电压 V_o 大于设计值时，自然分压采样电压升高，IC_4 的发光二极管亮度升高，接收晶体管的电流上升，调制脉宽（占空比 D）变窄，变压器耦合电能下降，使输出电压 V_o 下降。反之亦然，保持输出电压稳定。

电路图上的 R_4、R_5、C_9 和 VD_7 组成普通的峰值电压钳位吸收电路。当阻塞二极管 VD_7

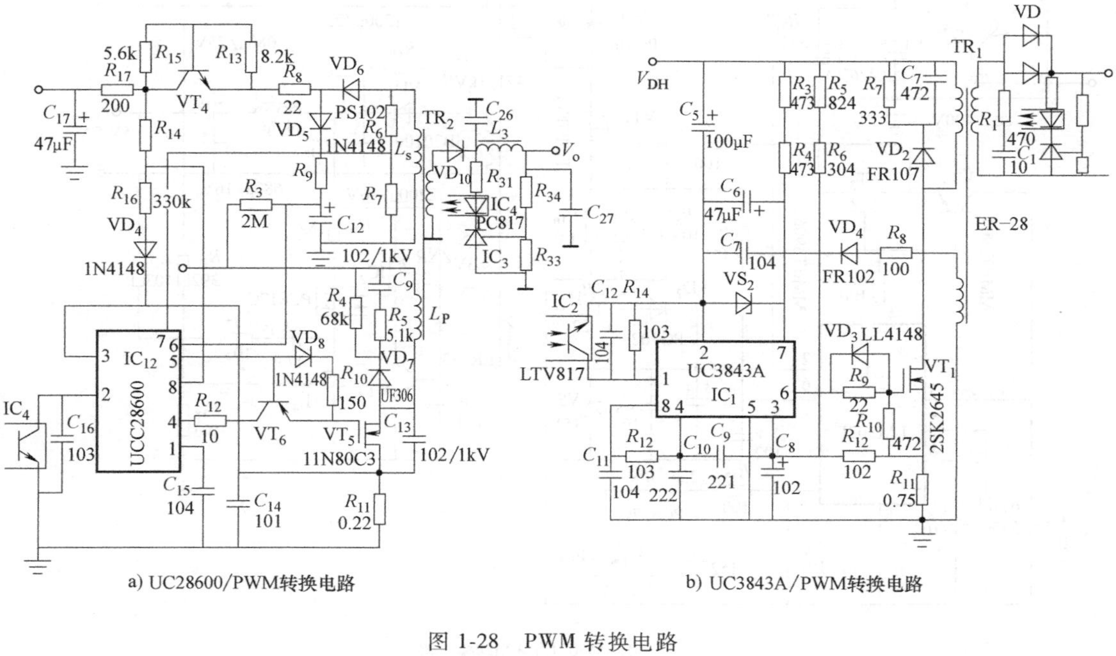

a) UC28600/PWM转换电路　　b) UC3843A/PWM转换电路

图 1-28 PWM 转换电路

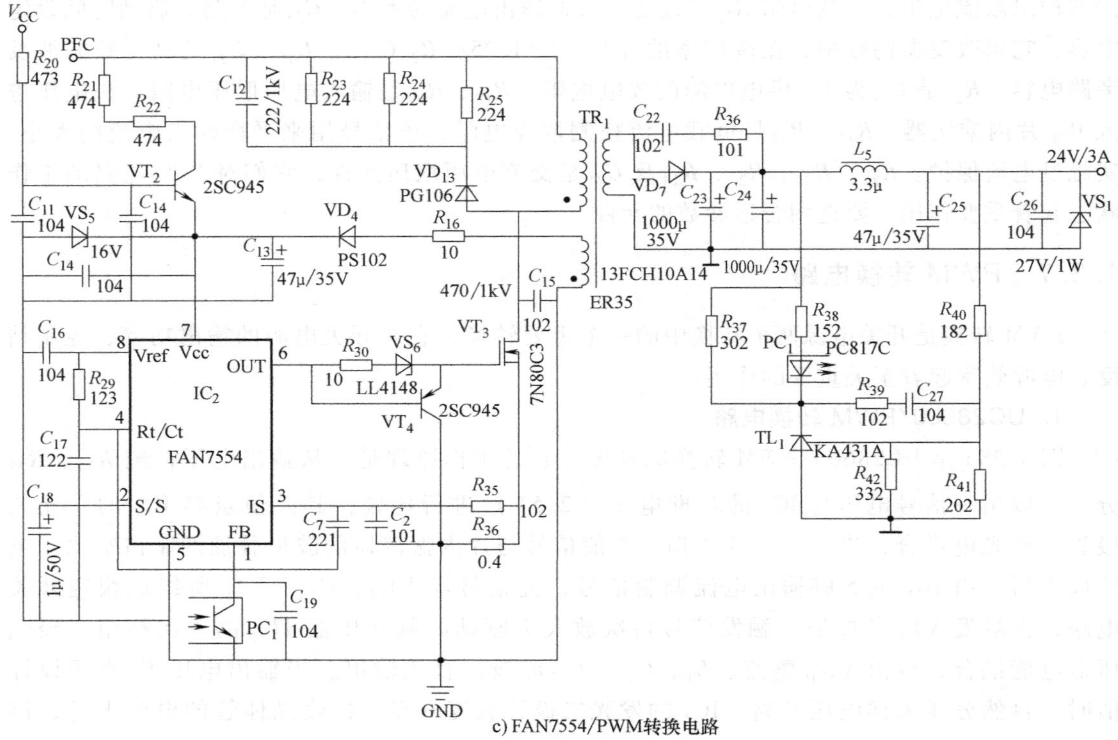

c) FAN7554/PWM转换电路

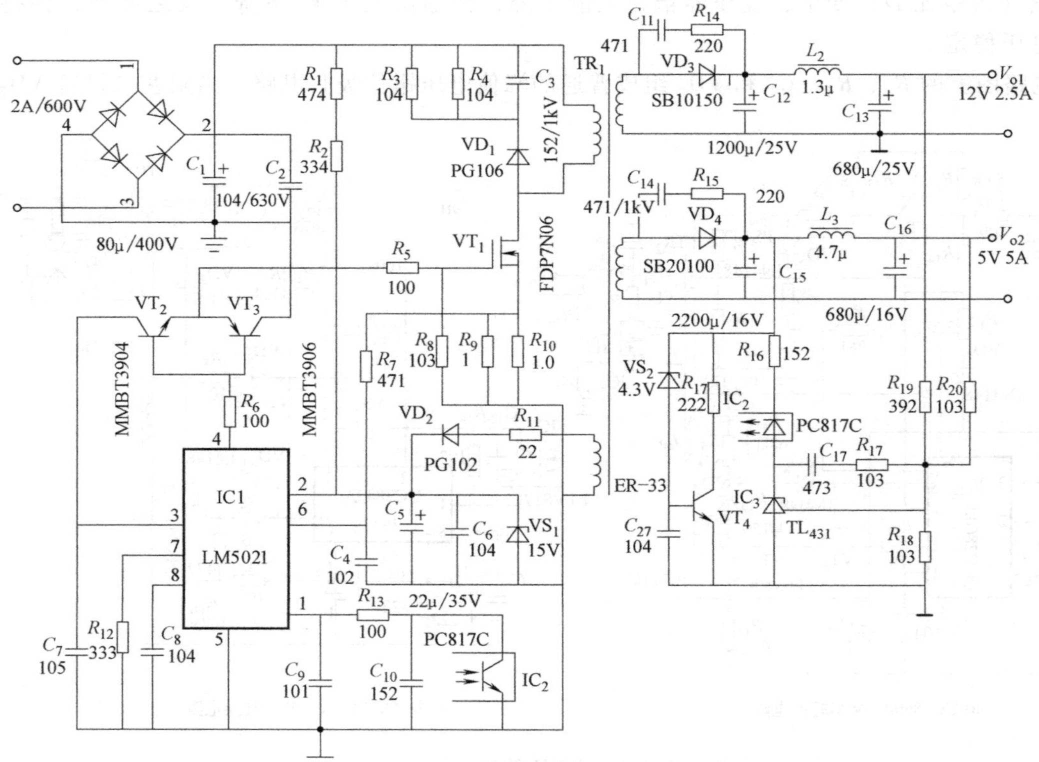

d) LM5021/PWM转换电路

图 1-28 PWM 转换电路（续）

截止时，可将吸收电容 C_9 上的电荷快速释放掉，从而抑制了振荡电压的产生，提高了电路转换效率。R_3 是电源启动降压电阻。VD_5、VD_6、R_9、C_{12} 是 IC_{12} 的供电电路。R_6、R_7 为负载检测分压电阻。R_{14}、R_{16}、VD_4 从恒流源 VT_4 分流送入 3 脚，另外从电压反馈电阻 R_{11} 取压送到 3 脚，进行电流检测。R_{13}、R_{15}、VT_4 是恒流电路。

2. UC3843A/PWM 转换电路

图 1-28b 是用 UC3843A 所组成的 PWM 转换电路。其工作原理如下：桥式整流后的脉动电压 V_{DH}，经 C_5 滤波后通过上拉电阻 R_3、R_4 送入 IC_1 的 7 脚，作电路通电的启动电压，此电压得到 C_6 再次滤波和 VS_2 的稳压后，电压质量是较高的。由 R_7、C_7、VD_2 组成峰值电压钳位吸收电路，通过这一电路，将转换电压平稳地送到开关驱动 MOSFET 的漏极，为脉宽调制供给电能。

吸收回路电阻 R_7、电容 C_7 的计算：

$$R_7=2\left(\frac{V_{asp}}{V_{i(min)}D_{min}}-1\right)\frac{L_PT}{(I_{ac}\times 10^{-3})^2}$$

式中，V_{asp}是一次绕组的峰值电压，$V_{asp}=\sqrt{2}V_{imax}\left(1+\sqrt{\frac{I_{PK}D_{max}}{10L_P}}\right)$

峰值电流 I_{PK}的计算：$I_{PK}=I_{ac}/D_{min}$

L_P 为高频变压器一次电感，$L_P=V_{i(min)}t_{on(max)}/I_{PK}$

R_7、C_7 是吸收回路中的振荡组件，它的时间常数是吸收回路工作周期的 5~10 倍，则 $C_7=KT/R_7$，C_7 的单位为 F。

上拉电阻 R_3、R_4 的计算：R_3、R_4 是芯片 UC3843A 的降压电阻，供给 IC_1 的 7 脚启动电压，根据 UC3843A 的工作参数进行选定。设最低启动电压为 V_{Qmin}、最小启动电流为 I_{Qmin}，$R_3+R_4=\sqrt{2}V_{Qmin}/I_{Qmin}$，电路使用两只电阻（$R_3$、$R_4$）是为了降低电阻的功耗，减少体积。

3. FAN7554/PWM 转换电路

图 1-28c 是由 FAN7554 所组成的脉宽调制转换电路，电路由 C_{12}、R_{23}~R_{25}、VD_{13}组成峰值电压钳位吸收回路。三只电阻 R_{23}~R_{25}并联是因为前级为功率因数校正，处于高压输入，VD_{13}是超快速恢复阻塞二极管，它具有反向击穿电压高、恢复时间很快的特点，对峰值电压具有极好地削减、阻尼作用。R_{21}、R_{22}、VT_2、VS_5 及 C_{14}是给 IC_2 在通电启动期间供给电压，VT_2、VS_5 为 IC_2 的 7 脚提供优良的稳压恒流电能。R_{16}、VD_4、C_{13}为 IC_2 在运行期间提供工作电压。R_{16}是限流电阻，由高频变压器的反馈线提供高频交流电压，交流电压经 VD_4 整流、C_{13}滤波向 7 脚供电。C_{14}是高频旁路电容，消除滤波后的高次谐波。R_{30}、VD_6、VT_4 是 VT_3 的快速开关电路。为泄放开关管 VT_3 的漏-源极间电荷，电路加了 C_{15}，也为保护开关管、降低热耗起一定的作用。R_{35}是 IC_2 的 3 脚峰值电流取压电阻，为同相输入的端电压进行过电流检测。R_{36}是电压负反馈检测电阻，它与 R_{35}一起，对电路进行过载保护。R_{35} 也称采压电阻，阻值越小，流进漏极的电流越大。

高频变压器的二次绕组将一次电能耦合到电源输出。C_{22}、R_{36}抑制 VD_7 上的高频电压，VD_7 为肖特基整流二极管，二次电压通过 C_{23}~C_{26}、L_5 整流滤波、VS_1 稳压输出。R_{38} 是 PC_1 的限流电阻，$R_{38}=\frac{V_o-V_{REF}-V_{DF}}{I_F}$，式中，$V_{REF}$为基准电压，$V_{DF}$为发光二极管压降，$I_F$

为光耦合器的工作电流。R_{40}、R_{41}为输出电压分压采样电阻。R_{39}、C_{27}是误差放大器瞬态响应元件，C_{27}为降低瞬态放大倍数。R_{37}是调节光电输出阻尼电阻，防止输出轻载时电流跳动，起着限压稳流作用。

4. LM5021/PWM 转换电路

图 1-28d 是具有启动电流小、功耗小、电流控制模式响应速度快的脉宽调制控制电路。电路工作原理基本跟上述电路相同。取样电压信号从 IC_1 的 1 脚输入片内，再经 3∶1 的电阻分压，然后进入 PWM 比较器反相输入端，电流斜坡信号输入比较器的同相输入端，PWM 比较器比较这两路信号后，再输出脉宽调制信号，同时通过逻辑控制及或门输出关断信号。时钟脉冲驱动触发器置位后再输出导通信号，从而完成脉宽调制功能，这就是双脉冲调制逻辑电路。这种电路的特点是，在一个时钟周期内，脉宽调制器只能输出一个脉宽调制信号。它是随着误差控制输入信号的大小来改变占空比信号的宽窄。当误差控制信号输入为零时，控制器输出占空比也为零。VT_2、VT_3、R_5、R_6 是图腾柱快速开关电路。电阻 R_{12}是外设时钟振荡频率电阻。C_8 是软启动电容，它将决定软启动时间和启动时的工作频率。

LM5021 具有超低电流（250μA）启动功能，它运行在电流控制模式，在空载或轻载时，IC_1 自动进入跳跃周期，将脉宽控制信号从 1 脚反相输入，经 R_{13}限幅，C_9、C_{10}高频旁路。反相信号在 IC_1 里面进行 PWM 调制，开关管的源极电流反馈经 R_7 限流取压，正向流入 IC_1 的 6 脚进行电流比较。若 6 脚输入电压超过 0.6V 时，开关管输出电能降低，进行逐个周期限流，起到过电流保护作用。

（1）脉宽调制电路启动电阻 R_1、R_2 的计算

$$(R_1+R_2)=(V_{i(min)}-V_{star})\eta/I_{star}$$

式中，V_{star}为 LM5021 的启动电压，$V_{star}=12V$；I_{star}为 LM5021 的启动电流，$I_{star}=115\mu A$。

$R_1+R_2=(120.19-12)\times0.85/(115\times10^{-6})\Omega=799.7k\Omega\approx800k\Omega$，令 $R_1=470k\Omega$，$R_2=330k\Omega$。

（2）网络吸收电路 R_3、R_4、C_3 的计算

R_3、R_4、C_3 组成 PWM 高压网络吸收回路，保护开关管 VT_1 免受峰值电压的冲击，同时旁路来自电源的高频谐波，网络电路总阻抗 $R_{para}=\left(\dfrac{2V_{DSP}}{V_{i(min)}D_{min}}+1\right)\left(\dfrac{2\pi f_{wor}L_P\times10^{-3}}{I_{PO}}\right)$，网络电路所形成的高频振荡，它的振荡时间常数比工作频率大 1~2 倍，即

$$f_{osc}=f_{war}/2=100kHz/2=50kHz;t_{osc}=\frac{1}{f}=\frac{1}{50\times10^3}s=20\mu s$$

$$C_3=t_{osc}/R_{para}$$

根据 C_3 的容量计算 C_3 的容抗

$$Z_{C3}=1/(2\pi\cdot f_{osc}\cdot C_3)$$

（3）IC_1 供电限流电阻 R_{11}的计算

计算 R_{11}所承受的电压：

$$V_{R11}=(V_{IC(2)}-V_{D2(on)})/K$$

式中，$V_{IC(2)}$为 IC_1 的工作电压；$V_{D2(on)}$为整流二极管 VD_2 的导通电压；K 为在 100kHz 的工作条件下，经电解电容滤波的半波整流系数，为 0.707。

（4）电流检测电阻（R_9+R_{10}）的计算

脉宽调制转换由 IC_1 的门控电压 V_{door}决定，IC_1 的 6 脚电压由 VT_1 的源极电流流经 R_{26} 变换为检测电压，此电压经 R_7 限流，进入 IC_1 的 6 脚，与 IC_1 片内的误差电压进行比较、放大、去触发脉冲占空比。当一次绕组的峰值电流超过 1.2 倍的设计电流时，启动 IC_1 功能性地关闭脉宽调制转换系统，实施过电流保护，这是所有开关电源所具备的。

$$R_9+R_{10}=V_{door}/1.2I_{PK}$$

这里的门控电压 V_{door}是由 IC_1 的片内比较器决定的，若是电流连续控制模式，$V_{door}=0.5\sim0.8V$；若是电压连续控制模式，$V_{door}=0.4\sim0.7V$；若是准谐振模式，$V_{door}=0.5\sim0.6V$。

（5）快速开关转换电阻 R_5、R_6 的计算

$$R_6=V_{b(NPN)}/I_e, I_e=I_b\beta=I_G$$

则

$$R_6=V_{b(NPN)}/(I_b\beta) \text{或} R_6=V_{b(NPN)}/I_G$$

$$R_5=V_e/I_G$$

式中，V_e 为晶体管（任何一只）的发射极电压，具体表示为

$$V_e=V_{be}+V_{Rb}, V_{Rb}=I_bR_6$$

所以，$R_5=(V_{be}+I_bR_6)/I_G=(V_{be}+I_bR_6)/I_e$

（6）滤波电容 C_1 的计算

$$C_1=10^6P_o\times1.8\times\left(\frac{1}{2f_{AC}}-t_c\right)2\pi/(V_{i(max)}-V_{i(min)})^2$$

式中，f_{AC}为输入交流电压工频频率，中国为 50Hz，美国为 60Hz；从图 1-45 可得知，t_c 为整流二极管的导通时间，以 50Hz 为例，导通时间为 3ms。

（7）一次整流滤波后，交流旁路电容 C_2 的计算

$$C_2=1.8/(2\pi\cdot K_{rip}\cdot R_{in}\cdot f_{rip})$$

式中，K_{rip}为输入纹波与输入交流波的比例系数；R_{in}为电路输入阻抗，它是最大输入直流电压与峰值电流之比；f_{rip}是输入交流 50Hz 的 3 次谐波，为 125Hz。

（8）光电接收晶体管平波电容 C_{10}计算

C_{10}使 IC_2 接收晶体管的光电转换速率加快，滤除转换电流的峰值，使 PWM 处在纯净无干扰状态。

$$C_{10}=K_{ce}\cdot t_{ce}\cdot I_{soft}/(2\pi\cdot V_{ce}\cdot r_{mos})$$

式中，K_{ce}为输入信号电流充电系数，取 2.5%；t_{ce}为从信号电流接收到充电至最大值所需时间；I_{soft}为软启动电流；V_{ce}为 IC_1 充电到所需的电压；r_{mos}为转换电路在该模式下的阻抗。

（9）光电限流电阻 R_{16}的计算

$$R_{16}=(V_o-V_{REF}-V_{LED})/I_{FO}$$

式中，V_{LED}为发光二极管的管压降；I_{FO}为发光二极管正向工作电流，I_{FO}应大于 100mA。

（10）二次整波滤波电容 C_{12}、C_{13}的计算

二次整流输出的滤波电容的容量大小，关系到纹波电压的高低。容量小，纹波电压高，影响电源质量；容量大，容抗大，呈容性负载，效率低，电容的体积大，是不允许的。

$$C_P=10^3 2\pi\frac{\sqrt{I_o\cdot V_{rip}}}{t_{on(max)}}$$

式中，V_{rip}为纹波电压，一般为输出电压的 2%～4%；$t_{on(max)}$为整流二极管最大导通时间，

$t_{on(max)}=D_{max}/f_{wor}$，$f_{wor}$为二次整流后的频率。

（11）二次整流输出脉冲电压的计算

二次整流输出电压对滤波电容的充电只占全波整流时的1/3，如果以整流脉动频率300kHz计算，则充电周期时间 $t_{ce}=\frac{1}{3\times300\times10^{3}}s=1\times10^{-6}s=1\mu s$。

这时，纹波电压为

$$V_{rip}=\pi^{2}\cdot V_{o}\cdot t_{ce}/(K^{n}\cdot C_{P}\cdot D_{min})$$

式中，K为整流滤波系数1.2，n为滤波电容的数量，如3次滤波，$K=1.2^{3}=1.728$，如两次滤波，$K=1.2^{2}=1.44$。

纹波电压与实际输出电压比为

$$K_{RC}=V_{rip}/V_{o}\times100\%$$

如果纹波比大于5%，就不合格了。

（12）瞬态响应时间C_{17}的计算

C_{17}是影响负反馈瞬态响应时间的重要电容，同时，C_{17}与电阻R_{17}对电压调整率和负载调整率也有很大作用，它使采样信号有一个稳定的网络平台。

$$C_{17}=1/(2\pi\cdot f_{osci}\cdot R_{17}\cdot K_{ce})$$

式中，K_{ce}为对C_{17}的充电时间常数，该常数与电容容量和电容材料有关；f_{osci}为误差放大器振荡频率。

对于其他各个元器件的计算将在第3章、第4章详细介绍。

1.3.8 开关电源保护电路

开关电源保护是所有电子设备安全运行的基本要求，按开关电源设计技术标准，所应用的电源必须具有过电流保护、过电压保护、欠电压保护、短路保护及过热保护等五种技术保护功能，这就是开关电源与其他电源相比的优势所在。

1. 过电压保护电路

过电压保护是开关电源最基本、最普通的一种保护，它通常出现在检测电路开路、控制电路损坏，或者电源突然发生电压变化等情况下。过电压发生时，首要任务是保护负载，其次是保护开关功率管。一旦发生过电压，一般所采取的措施是振荡电路停止振荡，关闭驱动脉冲。一般电路在电压保护动作后，再启动电源，必须断开电源才能安全地恢复工作。图1-29a是二次回路输出电压过电压保护电路。当输出电压超过1.2倍的设计电压（V_{o}）时，稳压二极管VS_1反向击穿，迫使VT_3的基极电压U_{b}快速升高而导通，这样它的集电极电压U_{c}下降近于零电压，使得精密稳压源IC_3的阴极失去了标准电压，下降到近似于零电压，这时IC_2的发光二极管的发光亮度急增，IC_2的接收晶体管突显大电流，使控制IC立即关闭PWM转换，输出电压停止，保护了因输出过电压而损坏电路。图中C_3是当电路工作处在正常时为VT_3提供偏置，让高频旁路；另外是当电路发生过电压时，避免VT_3的基极与发射极短路损坏晶体管。

2. 晶闸管过电压保护电路

众所周知，晶闸管由阻断转化为导通必须满足两个条件，首先是在阳极到阴极之间加上正向电压；其次是在门极和阴极之间加上适当的触发电压。向晶闸管供给触发电压的电路，叫触发电路。利用晶闸管的阻断和导通的降压来关闭开关电源的转换，可达到保护开关电源的目的。图 1-29b 就是这一实例。当输出电压 V_o 突然升高时，稳压二极管 VS_1 反向击穿，IC_2 的发光二极管发光强度增大，经光耦合，接收晶体管的电流增大，足够大的触发电流流经 R_4 形成足够高的触发电压，使晶闸管导通，将输出电压 V_o 拉到最低，促使脉宽调制的振荡电路停止工作，使电路得到保护。电容 C_2 是微分电容，将触发电压微分成尖脉冲，使触发可靠。

3. NCP1207 过电压、过电流、短路保护电路

图 1-29c 具有高效、低损耗、零开关功能，它还具有过电压保护、过电流保护及输出短路保护。VT_2、VT_3、R_{11}、R_{18}、R_{19}、VS_2、C_{12}、IC_2 等是这些保护的基本元器件。当输出电压过高时，反馈绕组取样电压 V_F 也高，V_F 经 R_{11}、R_{17}分压、采样，采样电压由 1 脚进入 IC_1，迫使 IC_1 锁定输出电脉冲，5 脚停止向开关管输出脉冲，也使 IC_1 的 V_{CC}工作电压下降，片内的振荡器停止振荡，实施过电压保护，当输出电流上升时，MOS 管的漏极电流也上升，电流在 R_{11}上产生的压降也上升，当电压达到 7.2V 时，控制芯片 IC_1 内部出现“溢出”，自动分压，消除因过电流而使开关功率管承受的高压应力，保护了开关功率管的安全；当输出电路发生短路或是过电流，输出电压为零时使 IC_2 的发光二极管的亮度增大，IC_2 的接收晶体管的集电极电流跟随上升，上升电流促使 R_{18}的压降上升，场效应晶体管 VT_3 导通，使 VT_2 截止，这样 IC_1 的 6 脚停止工作，起到短路或过电流的保护。R_{20}、VS_1 是 VT_2 的偏置元器件，通过 VS_1 稳定地向 VT_2 提供基极偏置电压。C_8、C_{11}分别为反馈信号电压和 IC_1 的供电电流滤波元件。C_{12}、C_{13}是高频旁路电容，以保证光耦信号电流和 IC_1 的供电电流的纯净性。

4. UC3842 过电压保护电路

一般开关电源的保护功能都是控制 IC 里面所具备的功能，但是对于低成本多功能的电源，往往以几只分立元器件进行设计，就具有这样的功能。图 1-29d 就是利用两只二极管和一只稳压管所设计的过电压保护电路。采用 PNP 型和 NPN 型两种不同类型的晶体管（VT_2、VT_3）组成复合晶体管。二次电压经 VD_2 整流、C_1 滤波得到直流电压 V_o，是供负载所用的电压，设计要求该电压不以输入电压的变化而变化，也不以负载能量的改变而不稳定。电路

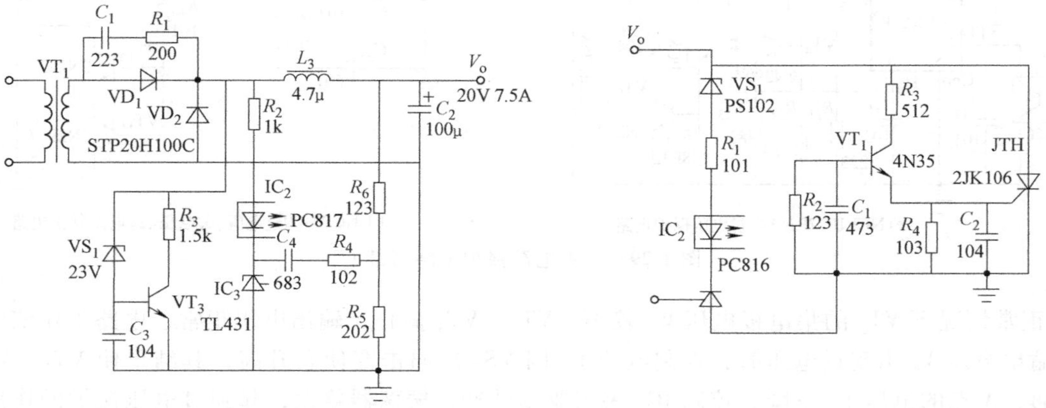

a) 过电压保护电路　　b) 晶闸管过电压保护电路

图 1-29　开关电源保护电路

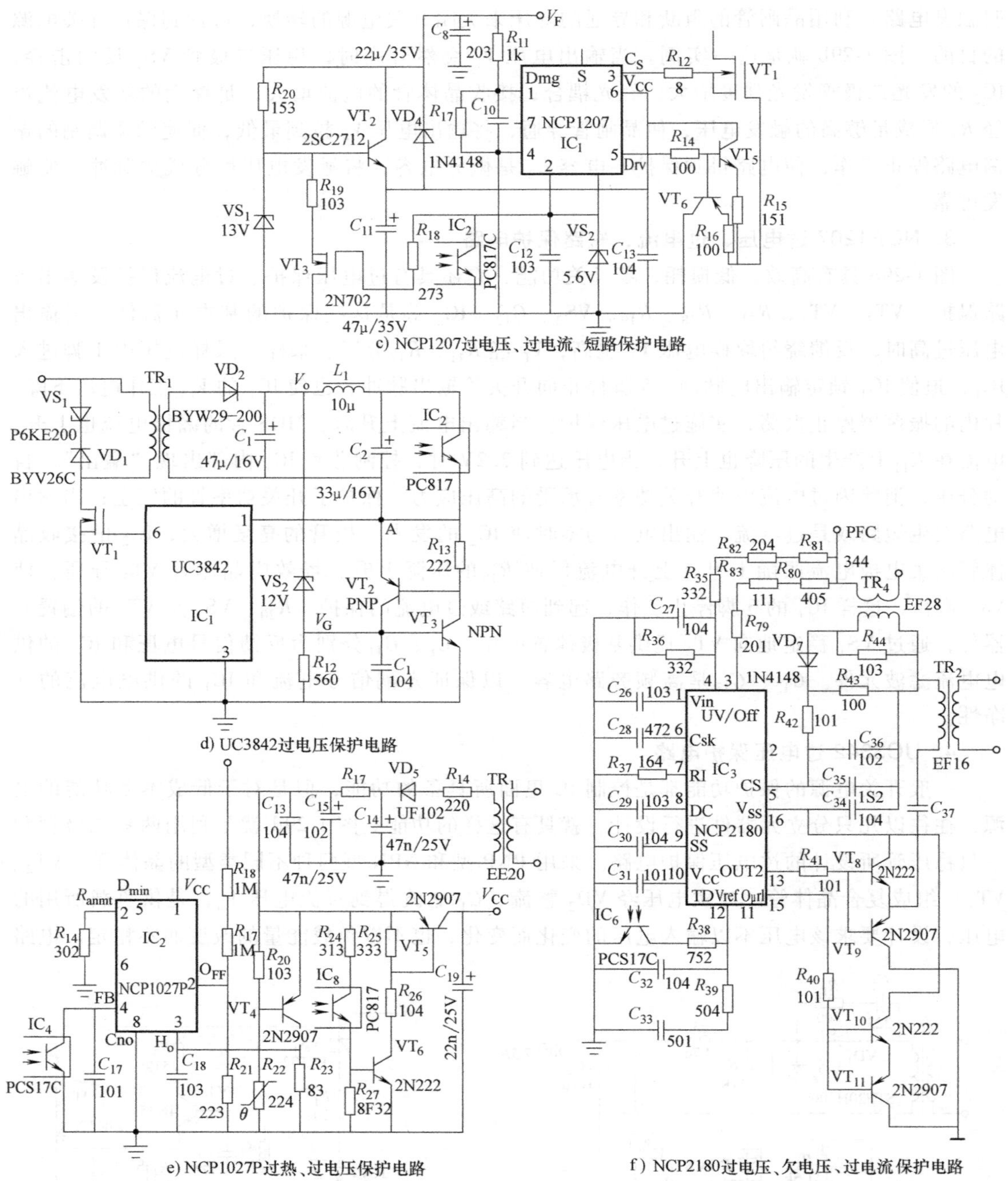

图 1-29 开关电源保护电路（续）

在正常情况下 VT_2 的集电极电压 V_G 较小，VT_2、VT_3 截止，输出电压正常，电路工作依旧。当输出电压 V_o 出现过电压时，控制电压 V_G 因 VS_2 反向击穿使它升高，其结果使 VT_2、VT_3 导通，A 点的电压 V_{e2} 下降，控制 IC_1 关闭驱动脉冲，振荡器停振，起到过电压保护的作用。需要注意的是，稳压二极管 VS_2 的稳定电压与 VT_3 的发射极电压之和（即 $V_{s2}+V_{BE3}$）小于输出电压 V_o 时，电路处于正常运行，反之电路将进行过电压保护。设计时 V_{s2} 的稳压值一般低于实际电压 1V 左右。

5. NCP1027P 过热、过电压保护电路

过热保护也是开关电源的一项重要保护技术，开关电源的主要发热器件有开关功率管、二次整流二极管及高频变压器等。开关电源设计热保护，不仅仅只是保护个别元器件的安全运行，主要是关系到电源的可靠性和使用寿命，它是电源的一项重要指标。图 1-29e 是 NCP1027P 过热、过电压保护原理图。R_{20}、R_{22}、VT_4 及 IC_2 组成过热保护电路，R_{22}是负温度系数热敏电阻，安装时把 R_{22}粘在功率管或高频变压器等发热器件上，当发热器件温度过高时，R_{22}的阻值急剧下降，R_{22}是晶体管 VT_4 的基极下偏置电阻，VT_4 是 PNP 型晶体管。此时因 R_{22}的阻值下降使它导通，将电压 V_{CC}由 VT_4 的 E 极→VT_4 的 C 极→IC_2 的 3 脚，使电路停止工作，达到过热保护的目的。R_{18}、R_{17}、R_{21}组成过功率保护电路，可防止因输入电压较低而使输出功率过高损坏 IC_2。VT_5、VT_6、IC_8、R_{24} ~ R_{27}组成开关控制电路。如果 VT_5 导通，IC_8 的发光二极管发光，接收晶体管导通，IC_2 的 1 脚电压接到 VT_5 的发射极，经电容 C_{19}滤波，使 IC_2 的工作电压 V_{CC}、电流稳定，达到启动 PWM 变换的目的。

6. NCP2180 组成过电压、欠电压、过电流保护电路

图 1-29f 所示电路比较复杂，对初学者来说分析起来有点困难，如果能弄懂这样的电路，分析其他的电路图就不会感到困难了。图中的 R_{81}、R_{82}、R_{35}组成过电压、欠电压检测电路，电阻分压比可根据过电压、欠电压保护电路的工作点设定，偏置欠电压或过电压的端电压就可以控制 PWM 的变换器。R_{80}、R_{83}、R_{79}是 IC_3 的前馈电压比较器，它对 PFC 的输出电压进行降压取样，取样电压与振荡器的斜坡电压比较，比较的差值调节占空比。R_{37}是 IC_3 振荡频率设定电阻。TR_4、VD_7、R_{42} ~ R_{44}、C_{36}组成过电流保护电路，TR_4 是电流互感器，用它来代替检测电阻，达到安全可靠的目的。VT_8、VT_9、C_{37}、TR_2 组成图腾柱快速驱动电路，保证 PWM 快速输出，它与 IC_3 的 15 脚的输出脉冲的前沿及后沿重叠延迟，可用来驱动二次侧的同步整流。IC_3 的 3 脚接收外来电压信号，实施欠电压及过电压保护。IC_3 的 5 脚检测由 TR_4 来的电流信号。当 5 脚上的电压超过 0.48V 或 0.57V 时，变换器就进入逐个周期限流工作模式，起到过电流保护的作用。

NCP2180 是怎样进行过电压、欠电压、过电流保护的呢？

（1）过电压、欠电压保护

R_{81}、R_{82}、R_{35}是降压电阻，从 PFC 输出的电压经 3 只电阻降压，再由 R_{36}分压，供给 IC_1 的 4 脚，4 脚具有过电压、欠电压保护功能，它保护的端电压分别是，V_{ov}为 2.5V，它是过电压端点；V_{uv}为 0.726V，欠电压端点。当 PFC 的输出电压高于或低于两端点电压时，都将实施保护。如 PFC 输出电压高出 10%，达 440V 时，$V_{ov}=V_{PFCH}R_{36}/(R_{36}+R_{81}+R_{82}+R_{35})=440\times3.3/(3.3+340+200+3.3)\text{V}=2.66\text{V}$。这一电压经 IC_2 片内与 V_{ov}端电压比较，调制器立即关闭输入 13 脚的脉冲输出，实施过电压保护；当 PFC 输出电压低于 10%，低于120.19V−12.019V = 108.171V 时，$V_{uv}=V_{PFCL}\cdot R_{36}/(R_{36}+R_{81}+R_{82}+R_{35})=108.171\times3.3/(3.3+340+200+3.3)\text{V}=0.653\text{V}$，低于 V_{uv}，也将实施欠电压保护，它的灵敏度很高，保护反应快，对电源安全运行十分有利。

（2）过电流保护

TR_4 是过电流保护的电流检测器件，它是电流互感器，将 PFC 输出的大电流转换为小电流。

设 TR_4 的二次电感量 $L=1mH$，二次感应电流为 $I_L=3mA$，PFC 的工作频率为 50kHz，计算 TR_4 二次绕组感抗为 $Z_L=2\pi fL=2\times3.14\times1\times10^{-3}\times50\times10^3\Omega=314\Omega$。图中 Z_L 与 R_{44} 为并联，所以阻抗为 $Z_{LR}=Z_L /\!/ R_{44}=304.44\Omega$，$V_{LR}=Z_{LR}I_L=304.44\times3\times10^{-3}V=0.913V$。

从图可见，R_{42}、R_{43} 为并联，它的阻值 $R_{42} /\!/ R_{43}=9.09\Omega$，这时到达 IC_3 的 5 脚的电压是，$V_{IC(5)}=V_{LR}-V_{D7}-(R_{43} /\!/ R_{42})I_L=0.913V-0.4V-3\times10^{-3}\times9.09V=0.486V$，此电压使 NCP2180 正常工作，当检测电流 I_L 增大 15%，$I_L=3\times1.15mA=3.45mA$。

$$V_{LR}=304.44\times3.45\times10^{-3}V=1.05V$$

$$V_{IC(5)}=V_{LR}-V_{D7}-(R_{42} /\!/ R_{43})I_L=1.05V-0.4V-0.031V=0.619V$$

当 IC_3 的 5 脚电压，超过 0.57V 时，变换器进入限流保护；当检测电流降低 10%，$I_L=3mA-(3\times10\%)mA=2.7mA$。

$$V_{LR}=304.44\times2.7\times10^{-3}V=0.822V$$

$$V_{IC(5)}=V_{LR}-V_{D7}-(R_{42} /\!/ R_{43})I_L=0.822V-0.4V-0.025V=0.397V$$

当 IC_3 的 5 脚电压低于 0.48V 时，变换器进入欠电流或开路保护。

7. 过电流保护电路

过电流包括电源负载超出规定值和电源输出电路出现零负载（即短路）。图 1-30 所示电路是利用桥式检测原理，对电路进行过电流保护。图 1-30a 和图 1-30b 只是检测电阻 R_S 的位置不同，其工作原理完全是一样的。由 R_1、R_2、R_S 和负载构成桥式电路，反馈放大器的增益较高时，只要输出电流稍过载，输出电压就急剧下降。即使 R_4 为无穷大，$R_3=0$，但工作原理不变，理论上输出电压为零，过电流保护工作点也是零。V_{ST} 是启动电压，用于防止电源启动时出现故障。V_{ST} 值的设定要求是启动二极管 VD_2 必须截止，对过电流设定值 I_M 没有任何影响，这样启动时不会影响过电流保护，如图 1-30b 所示。启动电压 V_{ST} 的大小决定输出短路时的短路电流 I_S：

$$I_S=\frac{V_{ST}}{V_S}\left(\frac{R_1}{R_1+R_5}\right)$$

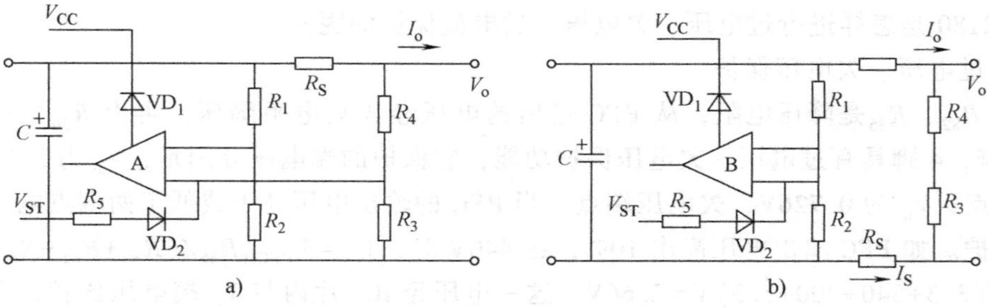

图 1-30 桥式过电流保护电路

因此，对于过电流保护电路桥，只要桥电压改变极性，输出极性也将改变，有可能会发生短路故障。如果将两个电源串联起来，则可以避免因桥电压极性改变而发生故障。

图 1-31 所示电路是恒流型限流电路与断开型过电流保护电路相结合的组合型保护电路。

电路中恒压用反馈放大器 A_1 的输出电压去控制 VLC_{1-2}，使电压保持稳定。放大器 A_2 用来检测电路中电流的情况，它的输出驱动电路 VLC_{2-1} 的功能是恒流。另一方面，放大器

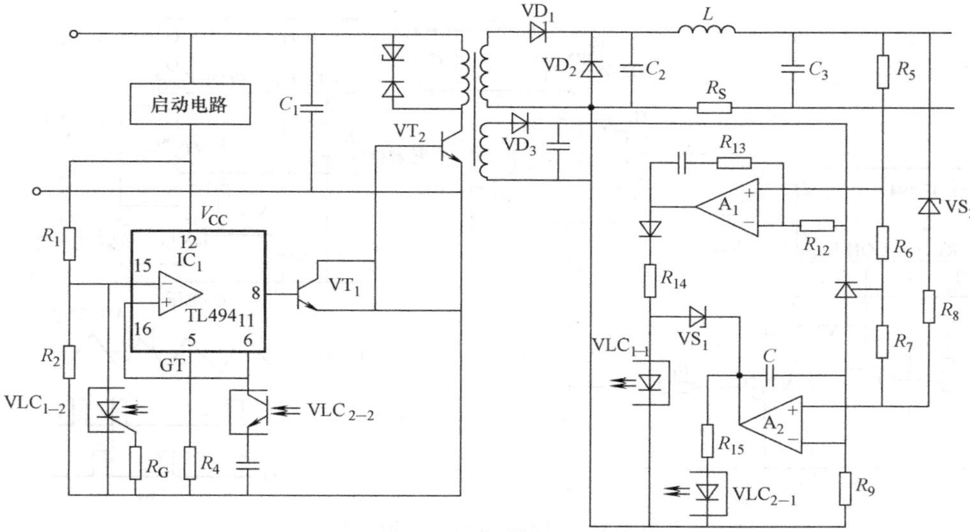

图 1-31 组合型保护电路

A_2 的输出控制着 VLC_{1-1}、VLC_{1-2}。当 IC_1 的 16 脚电平下降时，开关晶体管的驱动脉冲信号消失，达到保护的目的。电路中稳压二极管 VS_1 用于防止 VLC_{1-2}误动作。当 VS_1 的稳定电压达到稳定值范围后，VLC_{1-1}才能获得足够的导通电压，通过 A_2 电流检测，驱动 VLC_{2-1}，执行电路恒流工作。电容 C 是电压负反馈元件。

在图 1-32a 所示电路中，开关晶体管 VT_1 和 VT_2 的发射极接入电阻 R_S 用来检测过电流。当电路发生过电流时，R_S 上的电压会上升，其结果是 VT_4 导通，VT_3 也导通，基准电压加到 TL494 的 CON 端，使 CON 端输出截止，从而防止了过电流。TL494 的输出端 Q 断开后，开关晶体管 VT_3、VT_4 相继截止，CON 端返回到正常电平。在此期间，TL494 内的双稳态谐振振荡器也将翻转。这时，CON 端为正常电平，在三角波电压下降前，$\overline{Q}$ 端输出脉冲。这样，从 $\overline{Q}$ 输出到 Q 输出的时间是控制电路的滞后时间，因而空闲时间很短，如图 1-32b 所示。如果开关晶体管 VT_1 与 VT_2 同时导通，会使开关管损坏。为防止这种现象出现，必须采取一定措施。当 VT_4 导通时，VT_3 与 VT_5 也导通，在电阻 R_S 上产生压降，但是 VT_3、VT_4、VT_5 加的是正反馈电压，所以 VT_3 和 VT_5 仍继续导通。在 1 个周期里，CON 端不再返回到正常工作时的电平，这时双稳态多谐振荡器不会发生翻转。如果振荡电容 C_T 放电到放电电压的谷点，VT_5 的导通电流由于 VD_1 的分流而截止，随后 VT_3 也截止，防止 VT_1 与 VT_2 同时导通而损坏开关晶体管。当 CON 端转为正常电平后，电路进入下一个工作循环周期。

8. 欠电压保护电路

欠电压保护对于我国目前的电力供应情况来说是非常需要的。往往由于供电电压过低，开关电源无法启动，甚至烧毁，因此必须采取欠电压保护措施。图 1-33 所示是由光耦合器等组成的欠电压保护电路。

当输入市电电压低于下限值时，经过整流桥（未画出）整流、电容 C_3 滤波的直流电压

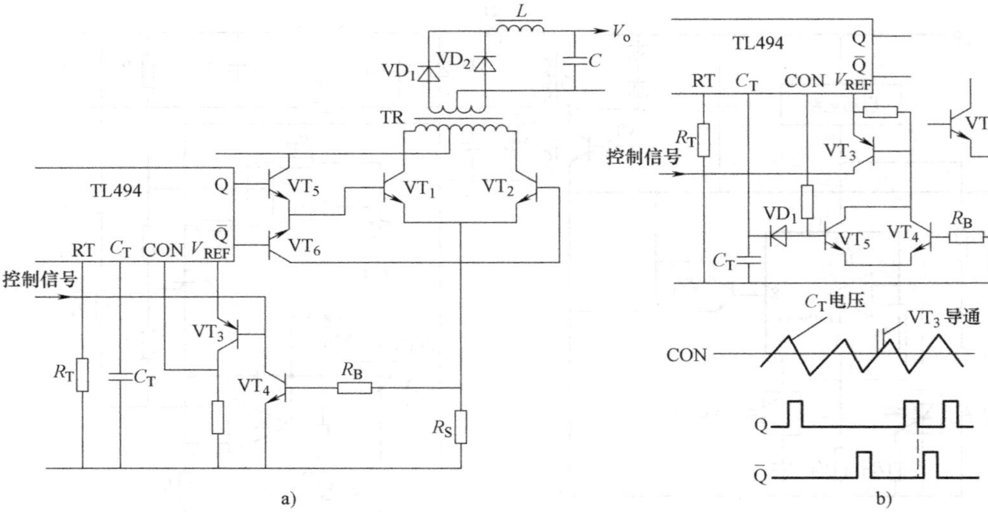

图 1-32 TL494 过电流保护电路

V_1 也较低，经电路电阻 R_1、R_2 分压后使 V_B 电压降低。当 VT_1 的基极电压 V_B 低于 2.1V 时，VT_1、VD_4 均导通，迫使 V_C 下降。当 $V_C<5.7V$，立即使 IC_1 的 7 脚（比较器输出端）电压下降到 2.1V（正常值为 3.4V）以下时，IC_1 脉宽调制输出高电平，造成 PWM 锁存器复位，立即关闭输出。这就是光耦合输入、欠电压保护的工作原理。

设 VT_1 的发射结电压 $V_{BE}=0.65V$，VD_4 的导通压降 $V_{F4}=0.65V$，IC_1 的正常工作电压 V_C 的下限电压为 3.4V。显然，当 VT_1 和 VD_4 导通时，VT_1 的基极电压 $V_B=V_C-V_{BE}-V_{F4}=3.4V-0.65V-0.65V=2.1V$，可将 2.1V 作为 VT_1 的欠电压阈值。

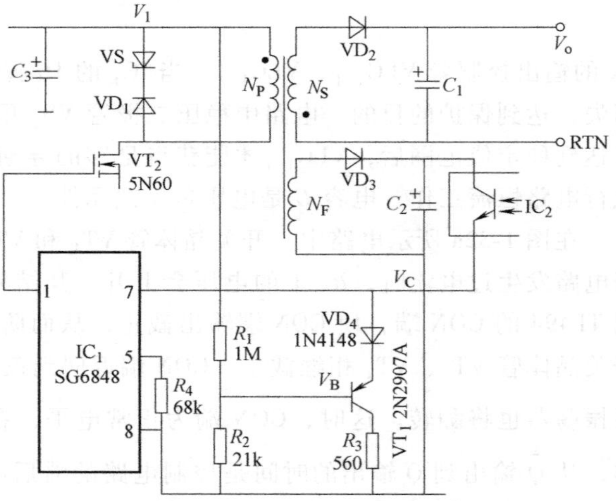

图 1-33 光耦合欠电压保护电路

$$V_B=\frac{V_1R_2}{R_1+R_2},\ R_2=\frac{V_B}{V_1-V_B}R_1$$

设电源输入最低电压 $V_1=100V$，$R_1=1M\Omega$，$V_B=2.1V$，将其代入上式，可计算出 R_2 的值。

$$R_2=\frac{2.1}{100-2.1}\times1\times10^3\Omega$$
$$\approx21.45k\Omega，取21k\Omega$$

为了降低保护电路的功耗，反馈电压 V_{FB} 应在 12~18V 范围内取值。如果供电电源突然发生断电，直流电压 V_1 也随 C_3 的放电而衰减，使输出电压 V_o 降低。一旦 V_o 降到能自动稳压范围之外，电容 C_2 开始放电，使 V_C 电压上升，同样也使 IC_1 的 PWM 信号的宽度变宽，使输出电压上升，起到稳压作用，但是这种稳压范围很小。

9. 过热保护电路

开关电源的耐温性能和防火性能不仅直接关系到开关电源的可靠性和使用寿命，而且还直接关系到发生火灾的危险程度，关系到人们的生命财产安全。

开关电源的热源主要是高频变压器、开关功率晶体管、整流输出二极管以及滤波用的电解电容，其中高频变压器、开关功率晶体管及整流输出二极管的温升比较突出。为了防止开关电源因过热而损坏，设计开关电源时不仅要求必须使用高温特性良好的元器件，同时要求电路、印制电路板（PCB）、高频变压器等设计合理、制作工艺先进，并且需要采取过热保护措施，这些都是为保证安全所必须具备的条件。

为了抑制开关功率晶体管的温升，除选用存储时间短、漏电流小的晶体管（包括 MOSFET）外，最简便的方法是给晶体管表面加装散热片。事实证明，晶体管加装散热片后，电源的稳定性将大大提高，失效率明显降低。电子开关过热保护措施的作用是在开关电源中容易发热的元器件或电源外壳的温度超过规定极限值之前，切断开关电源的输入线，或强制关闭调制脉冲输出，停止高频振荡。

开关电源过热保护的类型可分成以下几类：自动复位型，手动复位型，不可更新、非复位（熔丝）型以及可提供等效过热保护的其他各种类型。

过热保护器与开关电源构成整体。最基本的放置要求是不能受到机械碰撞，便于拆装；在保护器的功能与极性有关系时，则用软线连接，插头不带极性的设备应该在两根引线上都有过热保护器；保护器的电路断开时，不影响开关电源的正常工作，更不能引起火灾或损坏电气设备。通常开关电源的电路板面积和壳体内的空间都比较小，采用过热保护器有一定的难度。如果过热保护器确实难以放下，可以采用温度熔丝或热敏电阻作为过热保护器。将它贴在高频变压器或功率开关管壳体表面上，当温度升高到一定值（一般为 85℃）后，过热保护开关就能自动切断电源。对于独立式开关电源，可以采用过热保护电路。这类保护电路一般利用硅材料 PN 结晶体管（如 3DG42）的发射结或热敏电阻作为温度传感器，各种控制电路在工作原理上大致一致，只是元器件配置不太一样。利用热继电器和晶闸管器件组成的过热保护器，由于电路比较简单，所用元器件少，常在开关电源中被采用。

如果开关电源采用了带有过热保护功能的控制及驱动集成电路，则不需增加任何外围元器件或只需增加非常少量的外围元器件，就可以起到过热保护的作用。

以 KA7522 为代表的开关电源控制及驱动集成电路没有内置 PN 结温度传感器，只含有过热关断电路。对于这类控制集成电路，只需在它的外部接一个温度传感元件，具体的过热保护电路如图 1-34 所示。

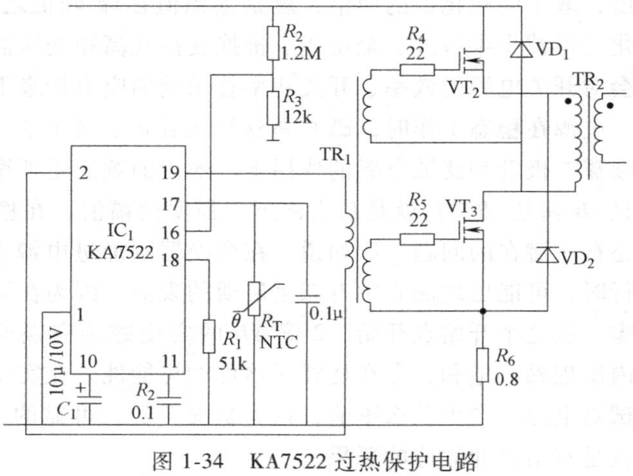

图 1-34 KA7522 过热保护电路

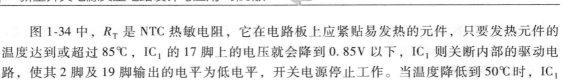

图 1-34 中，R_T 是 NTC 热敏电阻，它在电路板上应紧贴易发热的元件，只要发热元件的温度达到或超过 85℃，IC_1 的 17 脚上的电压就会降到 0.85V 以下，IC_1 则关断内部的驱动电路，使其 2 脚及 19 脚输出的电平为低电平，开关电源停止工作。当温度降低到 50℃时，IC_1 利用 18 脚的电压温度滞后特性，将重新启动，调制脉冲重新输出，开关电源开始工作。由此可见，采用具有过热关断电路的控制集成电路，可使过热保护变得十分简单，而且集成电路本身的价格也很低，其性能价格比是很高的，值得推广。

1.3.9 开关电源软启动电路

开关电源接上电源后，驱动脉冲逐渐加宽到设计值，使输出电压 V_o 慢慢建立，这个过程就是软启动。开关电源如果具有软启动功能，就可以防止负载电流 I_o 或电源输入电流 I_S 的大电流冲击，以免损坏开关电源。

软启动的电路很多，多数采用 *RC* 延时电路。与软启动相反的就是硬启动。硬启动就是强制性地在开关的“关”和“开”过程中加进电压。理论分析：开关导通时，开关上的电流上升和电压下降是同时进行的；开关截止时，电压上升和电流下降也是同时进行的。这样，电流和电压的输入波形叠加便产生开关损耗，这种损耗会随着频率的提高而急速增加。与此同时，当电子开关截止关断时，电路中的电感元件还会感应出尖峰电压。这种电压也会随着开关频率的变化而急剧改变，搞不好的话，很可能使开关器件击穿。另外，电子开关高电压导通时，存储在开关器件结电容中的能量不能全部释放出去，在器件内将电能转换为热能而耗散掉，而且这种消耗也是随着频率的升高而增加。如果开关管在截止期间有导通动作，很容易产生很大的冲击电流，对器件的安全运行造成危害。这是开关电源在硬启动条件下的一些实际存在的问题。软启动技术必将在开关电源中得到广泛应用。

1. 软启动电路的作用

现在很多开关电源都采用硬启动的方式，一通电开关电源就进入工作状态。这种“强制性”启动方式，不仅会对开关电源本身带来损害，还有可能在负载电流（I_o）或输入电流 I_S 上会产生一个大的冲击电流，负载电压 V_o 会超越界限，更重要的是可能产生双倍磁通。什么是双倍磁通呢？开关电源在启动瞬间会产生饱和现象，这种现象在没有设计软启动的半桥式、全桥式和推挽变换式开关电源电路里最容易出现。为了增加高频变压器的磁感应强度，取单向磁化值的两倍，就是摆幅值在峰-峰值之间取值。设计时，为了避免产生双向磁化，可减少半桥式、全桥式、推挽变换式高频变压器的一次绕组的匝数，这样的结果反过来会对开关电源的效率、开关功率管承受的应力带来不好的影响。这种方法不可采用。

电源在稳态工作时，磁心是这样工作的：磁心在关断（t_{off}）时间内，在变压器二次侧的续流二极管和滤波电感的作用下，输出的续流受到钳位，在每半周期开始时刻磁感应强度不是$+B$就是$-B$，这就是最大磁感应强度摆幅值，在稳态半周期内将是 ΔB 的 2 倍。这种现象还存在潜在的问题，比如说，在变换器刚加进电源 V_S 的瞬间，开关管开始导通，在稳态运行时，可能出现磁心中有双倍磁通的现象。因为在原始磁感应强度起始点磁偏移非常接近于零，从这个开始点开始，2 倍 ΔB 的实变磁感应强度（即峰-峰摆幅）将导致在第一个半周内出现磁心饱和，存在烧毁元器件的可能性。在实验室里，往往在电源未通电之前，各种测试对电源不产生什么影响，认为是安全的、可靠的，可是等到一通电，开关管就烧毁了。这就是双倍磁通效应的恶果。

为了防止出现这种双倍磁通效应，第一，可减小工作磁感应强度，但这样做的结果是减小了磁心的利用率，这是不可行的。第二，可增加软启动环节，在稳态半周期内不出现磁心饱和现象。在启动时减小导通脉冲宽度，直到磁心在每个周期内开始工作时，逐渐建立在 $-B$ 或者 $+B$ 上而不是 $2\Delta B$ 上，就不会出现双倍磁通。这种软启动方法是解决双倍磁通效应最可行的方法。

2. 软启动电路的设计

图 1-35 所示的是一种软启动性能较好的电路。

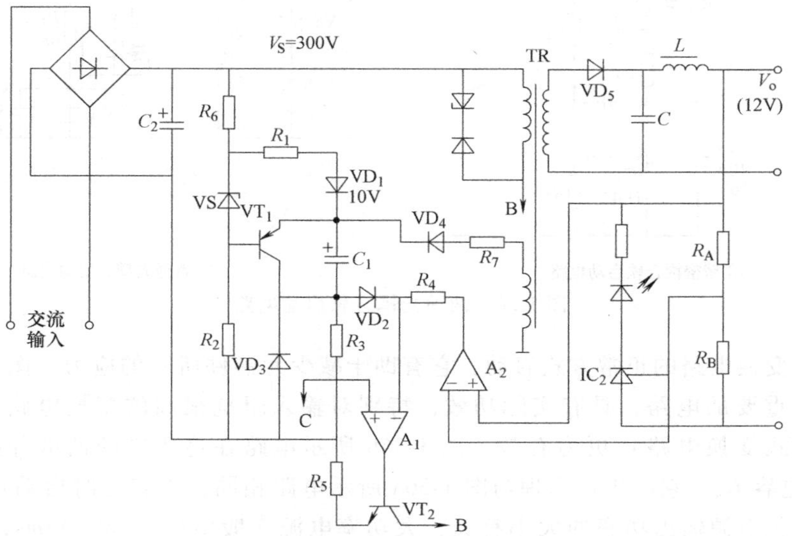

图 1-35　带有运放的软启动电路

电源接通时，通过 R_6、R_1、VD_1 的 10V 电压较快地建立起来（相对 $V_S=300V$ 而言）。这时，C_1 的端电压为零。10V 电压经 R_3 对 C_1 充电，R_3 上的电压经 VD_2 加到运算放大器 A_1 的反相端。A_1 的输出为负，这时不可能有脉冲输到驱动回路。当一次电压 V_S 加到变换电路上后，C_1 充电到一定电压时，电压加到 VT_1 的发射极和集电极之间。由于电阻 R_2 的存在，VT_1 导通。VT_1 导通后，充电电容 C_1 开始放电，这一状态一直维持到没有脉冲产生。当 V_S 电压加到变换电路上已达到 200V 时，稳压管 VS 击穿，VT_1 截止关断，C_1 放电停止。在 10V 电压的作用下，电流流经 R_3 形成电压 V_{R3}，向电容 C_1 充电。随着充电电流的减小，R_3 上的电压 V_{R3} 逐渐降低，A_1 的反向输入端电压由负值逐渐变为零。在同相端三角波的作用下，放大器 A_1 逐渐有调制脉冲加宽输出，这就达到了软启动的目的。

A_2 为误差放大器。从输出电压 V_o 中引出的信号加到 A_2 的同相端，A_2 的输出信号经 R_4 控制 A_1 的反相输入端。C_1 虽经 R_3 充电，但 VD_2 反向偏置，C_1 不会影响脉宽调制。当电源关断时，C_1 又使 VT_1 导通，把 C_1 上的电压放完，为下一次充电做好准备。

这个电路不仅提供延迟软启动功能，而且还具有低压保护功能，调整好后可以防止启动瞬间的双倍磁通效应。

图 1-36 所示的是两种光耦合软启动电路。在图 1-36a 中，软启动电容 C_S 并接在精密稳压源 IC_2（TL431）的阴极和阳极之间。当电路刚接上电源时，由于启动电容 C_S 的两端电压不能突变，$V_{AK}=0$，IC_2 不工作。随着整流器输出电压逐渐升高并由光耦合器中发光二极管

上的电流和 R_1 上的电流对 C_S 充电，C_S 上的电压不断升高，IC_2 逐渐转入正常工作状态，输出电压就在延迟时间内慢慢上升，最终达到额定的输出电压值 V_o。

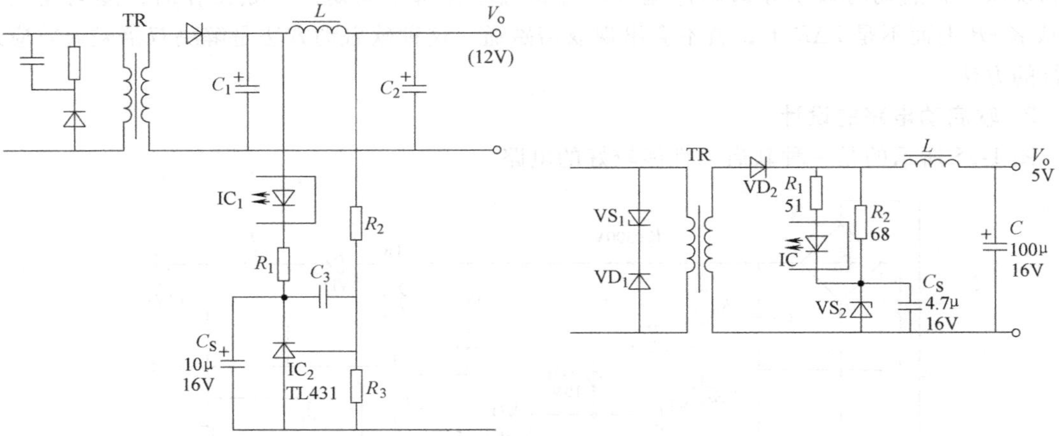

a) 精密耦合软启动电路　　　　b) 普通光耦合启动电路

图 1-36　两种光耦合软启动电路

软启动是变换电路的正常方式启动，它有助于减少元器件所受的应力。图 1-36a 所示电路是一个非常重要的电路，具有实际功效，特别对输入阻抗很高的变换电路（如半桥式、全桥式、推挽式变换电路）更为有效。图 1-36b 所示电路在稳压管的两端并接一只 4.7～22μF 的电解电容 C_S，它的工作原理与图 1-36a 所示电路相同，具有延时启动功能。延时时间的长短与开关电源输出功率的大小有关，大功率电源一般要延时 30～45ms，中小功率的电源只要延时 10～30ms 就可以了。电源的延时时间主要决定于启动电容的容量，另外还与电源电路的输入阻抗有关。一个高输入阻抗的电源，它的启动时间就长。当然，启动时间也与电路中元器件的参数有关。对启动时间要进行调整，延时时间不能太长，否则会影响控制灵敏度。

1.4　开关电源电路设计理论

1.4.1　开关电源控制方式设计

开关电源的设计多数采用脉宽调制（PWM）方式，少数设计采用脉冲频率调制（Pulse Frequency Modulation，PFM）方式，很少见到混合式调制方式。脉冲频率调制是将脉冲宽度固定，通过调节工作频率来调节输出电压。在电路设计上要用固定频率发生器来代替脉宽调制器的锯齿波发生器，并利用电压、频率转换器（例如压控振荡器）改变频率。稳压原理是：当输出电压升高时，控制器输出信号的脉冲宽度不变，而工作周期变长，使占空比减小，输出电压降低。调频式开关电源的输出电压的调节范围很宽，调节方便，输出可以不接假负载，详见图 1-37 所示的波形图。混合调制方式是指脉冲宽度与频率都不固定，都可以改变。目前这种调制方式应用得不是很多，产品类型也不多，只是在个别实验室中使用，其原因是两种调制方式共存，相互影响较大，稳定性差。再者，这种开关电源电路设计比较复杂，集成控制电路也不是很多。但是它的占空比调节范围很宽，输出电压能做到很低。

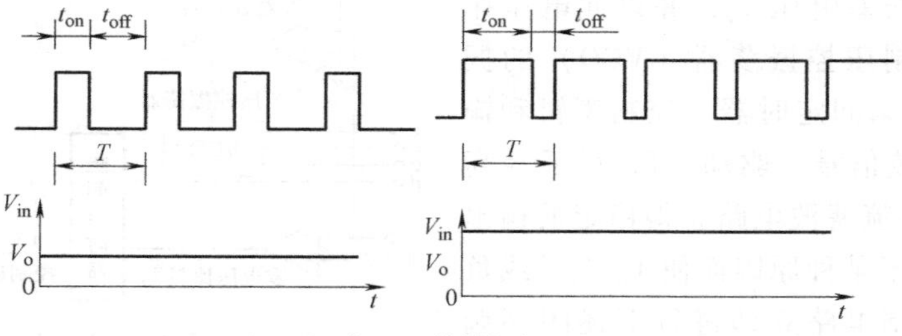

a) PWM 控制方式

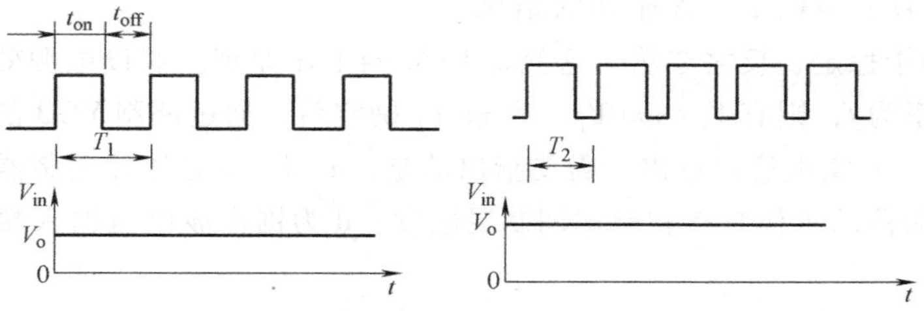

b) PFM 控制方式

图 1-37 PWM、PFM 控制方式波形

1. 脉宽调制的基本原理

开关电源采用脉宽调制方式的占很大比例，所以有必要对脉宽调制的基本原理加以了解。220V 交流输入电压经过整流（UR）滤波后变为脉动直流电压，供给功率开关管作为动力电源。开关管的基极或场效应晶体管的栅极由脉宽调制器的脉冲驱动。脉宽调制器由基准电压源、误差放大器、PWM 比较器和锯齿波发生器组成，如图 1-38 所示。从开关电源的输出电压取一信号电压与基准电压进行比较、放大，然后将其差值送到脉宽调制器。脉宽调制的频率是不变的，当输出电压 V_o 下降时，与基准电压比较的差值增加，经放大后输入到 PWM 比较器，加宽了脉冲宽度。宽脉冲经开关晶体管功率放大器驱动高频变压器，使变压器一次电压升高，然后耦合到二次侧，经过二极管 VD 整流和电容 C_2 滤波后，输出电压上升，稳定输出电压反之亦然。

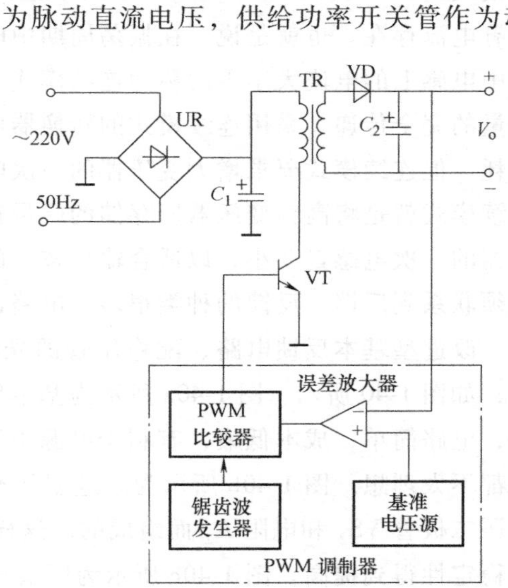

图 1-38 脉宽调制的原理图

设计脉宽调制要注意的是反馈信号的质量，反馈信号前沿要陡峭后沿要短促，设计时后沿要用斜坡校正，还要有误差补偿，各脉冲有一定的时间间隔，保证脉宽调制的稳定性和可靠性。

2. 脉冲频率调制的基本原理

脉冲频率调制的过程是这样的：如图 1-39 所示，从输出电压中取出一信号电压并由误差放大器放大，放大后的电压与5V基准电压进行比较，输出误差电压 V_r，并以此电压作为控制电压来调制压控振荡器（VCO）的振荡频率 f。再经过瞬间定时器、控制逻辑和输出级，输出一方波信号，驱动VT，最后经高频变压器TR和整流滤波电路获得稳定的输出电压 V_o。假设由于某种原因而使 V_o 上升或负载阻抗下降，控制电路立即进行下述闭环调整：$V_o\uparrow \rightarrow V_r\uparrow \rightarrow f\downarrow \rightarrow V_o\downarrow$。该循环的结果是输出电压 V_o 趋于稳定，反之亦然。这就是PFM的工作原理。假设电源效率为 η，脉冲宽度为 m，脉冲频率为 f，则有 $V_o=\eta mfV_1$。当 ηmV_1 确定后，通过调制VCO的振荡频率就可以调节输出电压 V_o，并实现稳定输出。需要指出的是，a、b、c是压控振荡器外围元器件连接端，它们将决定振荡的工作频率和频率调制灵敏度；d为锯齿波电压输入端，由它改变定时器的定时时间。

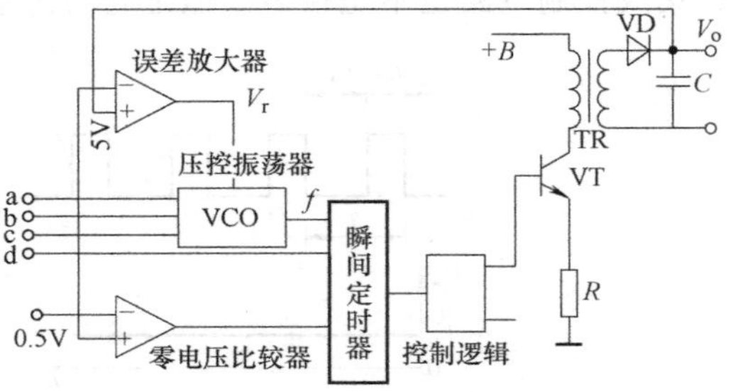

图1-39 脉冲频率调制的基本原理

频率调制的优点是电路的硬件较少，电路简单，但定时器逻辑控制器要求严格对周围元器件紧密布局，连线越短越好，所用的电容的频率特性、绝缘电阻、精密度比较高。

3. 开关电源反馈电路的设计

开关电源有两种工作模式：一种是连续模式（Continuous Mode，CUM），另一种是不连续模式（Discontinuous Mode，DUM）。这两种模式的主要差别是，在振荡周期中电路电感是否有电流存在。也就是说，在振荡周期中电感上的电流为零值时称为不连续模式，在振荡周期中电感上的电流大于零的称为连续模式。连续模式能量是不完全传递的，不连续模式则为能量的完全传递。采用连续模式的转换器可以减小一次侧峰值电流和有效值电流，降低电路损耗。但连续模式要求增大变压器的一次电感，这将会使变压器的匝数增多、体积增大。不连续模式就是将高频变压器所存储的能量在每个关断周期内全部释放出去，所以要求高频变压器的一次电感量要小，以适合输出较大的功率。开关电源在采用哪种工作模式的同时，还必须联系到反馈。反馈的种类很多，电路也千变万化，但基本类型只有4种，即基本反馈电路、改进型基本反馈电路、配稳压管的光耦合反馈电路以及配TL431的精密光耦合反馈电路，如图1-40所示。图1-40a所示为基本反馈电路，这种电路在小功率开关电源中应用得较多，电路简单，成本低廉，有利于电源小型化，缺点是稳压性能差，电压调整率和负载调整率都不太理想。图1-40b所示为改进型基本反馈电路，它是在基本反馈电路的基础上加一只稳压二极管 VS_2 和电阻 R_2 而组成的。这样可使反馈电压稳定，负载调整率降低，输出电压的稳定性得到提高。图1-40c所示为配稳压管的光耦合反馈电路。当输出电压 V_o 发生变化时，光耦合器的发光二极管将发出不同亮度的光，外部电压与基准电压的差值经光耦合器接收后去控制集成电路UC38××进行调整，控制输出电压。该电路能使电源的负载调整率达到1%以下。图1-40d所示是配TL431的精密光耦合反馈电路，该电路在开关电源中应用得最多。它的效果最好，稳压性能最佳。用TL431代替稳压管 VS_2 构成外部误差放大器，对输出电压 V_o 做精细调整，组成精密开关电源，使电压调整率和负调整率均能达到0.2%以下，应用十分广泛。

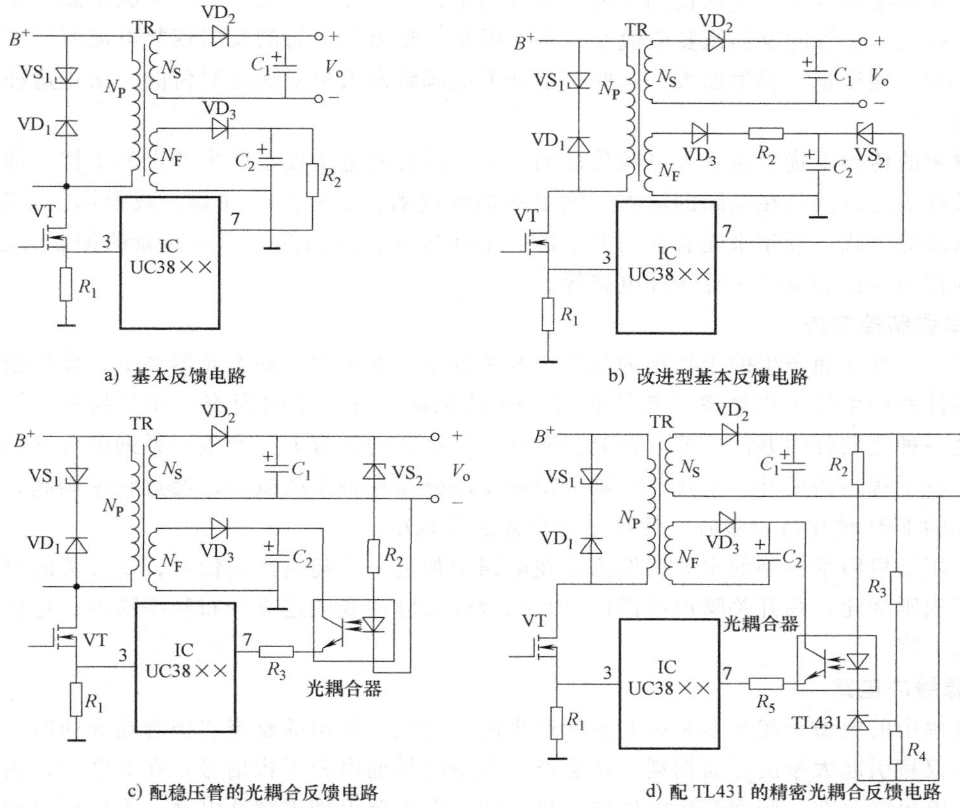

a) 基本反馈电路
b) 改进型基本反馈电路
c) 配稳压管的光耦合反馈电路
d) 配 TL431 的精密光耦合反馈电路

图 1-40 反馈电路的 4 种基本类型

1.4.2 低通滤波抗干扰电路设计

低通滤波就是为了防电磁干扰。电磁干扰分为传导干扰和辐射干扰两大类。传导干扰是通过交流电源传播给用电设备的，它的干扰频率一般在 30MHz 以下，辐射干扰是通过空间大气层对物体的直射或斜射，它的辐射干扰频率为 30~100MHz，甚至更高。

对于开关电源中的电磁干扰，我们要搞清楚干扰源来自哪里？干扰的通道和传播方式是什么？在开关电源中，电磁干扰主要来自功率开关管、整流二极管及高频变压器，当然还有一些非线性元器件及印制电路板元器件的布局和走线也不可忽视。功率开关管和高频变压器是处在高频环境下工作的。电压高、频带宽所产生的高次谐波含量高，要抑制电磁干扰，提高电源的工作效率，必须对产生电磁干扰的元器件进行精心设计。

开关管的负载是高频变压器的一次绕组电感。电感负载的特点是电路在开通和关闭瞬间将产生很大的反向电流，称为涌流。这种电流常在变压器一次绕组两端产生浪涌峰值电压。开关管在关断瞬间，由于一次绕组存在有漏感，有相当一部分电能不能传到二次侧，因此，这部分电能将在开关管的集电极或漏极形成尖峰电压，尖峰电压与开关管的关断电压叠加为浪涌电压，此电压对开关管造成严重危害，它还将通过导线由电路输出，形成传导干扰。同样，脉冲变压器的一、二次绕组在开关管的作用下，也将形成高频开关环路电流。这个环路电流将向空中辐射，形成辐射干扰。如果电路中的电容量不足，高频特性不好，高频阻抗高，这时高频电流将以差模方式传到交流电源电路中，形成传导干扰。另外二次整流的反向恢复电流比续流二极管的反向恢复电流小得多，但是，整流二极管的反向恢复电流所形成的干扰信强度大、频带宽、辐射面大，这些都是开关电源研发人员要认真对付的，防止这种干扰源的形成。

开关电源的传导干扰是由输入电源传播的，会对所有的电子设备产生严重的干扰。抑制传导干扰最有效的方法是在电路的输入、输出端加滤波器，还有加缓冲器、减少耦合回路、降低寄生振荡等方式。近年来随着新的电子器件不断出现，人们提出了一些新的抑制方法，包括有新的控制理论和新的无源缓冲电路等。

1. 频率调制控制法

由于频率的变化而产生的干扰源的能量在开关频率下都集中在动态元器件上，要抑制这些动态元器件所产生的干扰频率，满足抑制 EMI 的标准，有一定的困难。开关频率、信号能量抑制是一种比较好的办法。能量调制分布在一个很宽的频带上，产生一系列的分立的边频带。这样将干扰频谱展开，干扰能量被分割成小段分布在各个频段上，经过频率调制，抑制开关电源的 EMI 被化解、吸收，使这一干扰源能量减小。

以前采用随机频率控制的主要出发点是在电路中加进一个随机扰动信号，使开关的时间间隔进行不规则变化，则开关噪声频谱由原来离散的尖脉冲变成连续分布频率噪声，这样噪声峰值大大下降。

2. 无源缓冲电路

开关电源中的电磁干扰大多是由开关管产生的。其次，输出的整流二极管在导通时，其导通电流不仅将引起大量的开通损耗，还会产生大量的导通电磁干扰信号；在关断时，由于二极管极间电容的存在，同样产生电磁波信号。如果在电路上加进缓冲电路，不仅可以抑制二极管在开通和关断时的电磁干扰，而且具有电路简单、容易控制的特点，因而得到了广泛应用。但传统的缓冲电路结构复杂，很难控制，还可能产生高的电压、电流应力，对开关电源的使用寿命和工作可靠性造成不利。这种缓冲电路不能用于抑制电磁干扰。

图 1-41 所示是升压式 DC/DC 变换电路二极管反向恢复电流抑制电路，结构简单，可靠性高。

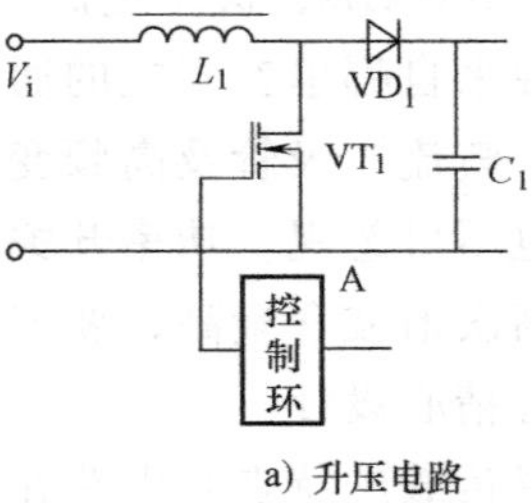

a) 升压电路

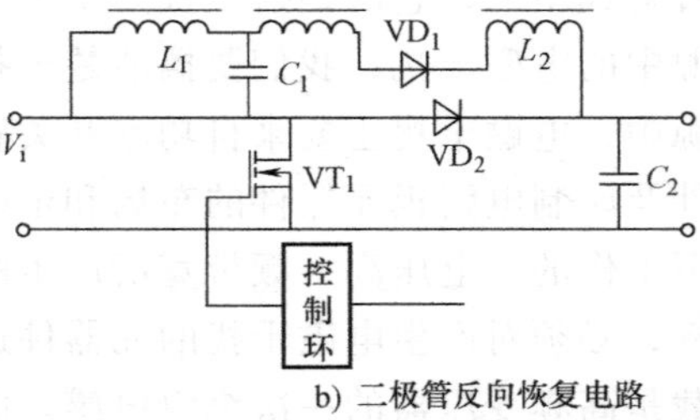

b) 二极管反向恢复电路

图 1-41 升压式 DC/DC 变换电路二极管反向恢复电路

如图 1-41a 所示，VT_1 导通后，二极管 VD_1 截止。由于 VD_1 上的电压很高，VD_1 截止后靠反向尖峰电流加以恢复，反向恢复电流只能由特定的变换器才能抑制。图 1-41b 所示电路可以较好地解决这一问题。该电路在图 1-41a 所示电路的基础上增加了二极管 VD_2 和电感 L_2，这两个元件与主电路电感 L_1 串联，又与主二极管 VD_1 并联。当 VT_1 导通时，二极管 VD_2、电感 L_2 对主电路进行分流，使 VD_1 上的电流为零，直至 VT_1 截止。由于 L_2 的作用，

VD_2 上的反向恢复电流很小，近似于零。这种变换器电路最重要的特点是限制了主二极管的反向恢复电流。这种方法还可以用在输入、输出整流二极管对反向电流的抑制方面。图1-42就是这种方法的运用实例。主二极管的反向电流会对开关管造成很大的电流、电压应力，轻则增加电路的功率损耗，重则会使开关管损坏。图1-43所示是无损缓冲电路，它的工作原理是这样的：主开关管导通时，电流 I_L 分两部分，一部分流向二极管VD，即电流 I_D；另一部分流向 L_1，即电流 I_{L1}。当开关管关断时，电流 I_{L1} 受 VD_1、C_1 的限制，利用 L_1、C_1、C_2 之间的谐振及能量转换，实现对主二极管VD的反向电流的限制，使开关管的损耗、EMI的量大大减少。同时VT导通时，C_1 上的能量通过二极管 VD_2 转移到 C_2 上；VT关断时，C_2 和 L_1 上的能量传递到负载。这种缓冲电路的损耗很小，效率很高，很有参考价值。

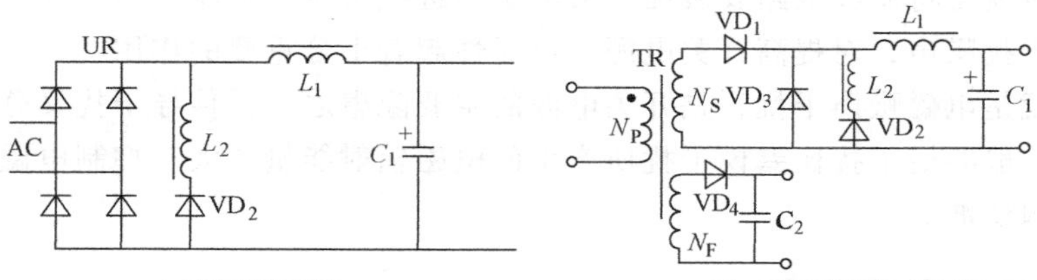

a) 输入整流电路　　b) 二次侧输出整流电路

图1-42　输入、输出整流二极管电流抑制电路

图1-44所示是正激式无源补偿电路，利用磁性复位绕组，可以更加方便地进行补偿。补偿电容 C_{COMP} 与寄生电容 C_{PARA} 的容量大小一样。工作时变压器TR使 C_{PARA} 产生的干扰电流与 C_{COMP} 所产生的干扰电流大小相同、方向相反，两者叠加后相互抵消，消除了干扰电流。二极管 VD_3 不但可以保护开关管 VT_1，还对TR产生电磁信号起到旁路作用。

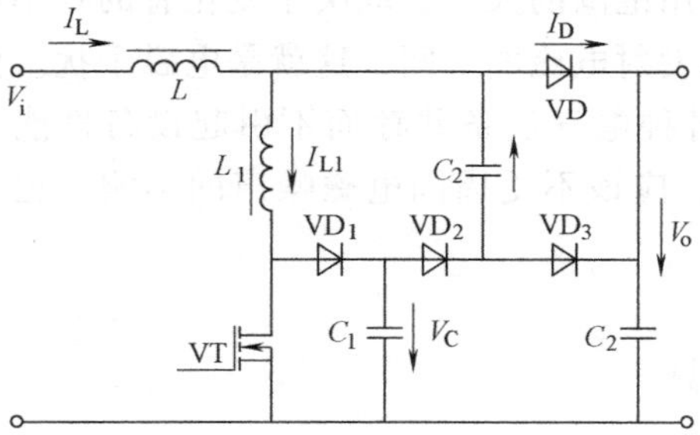

图1-43　无损缓冲电路

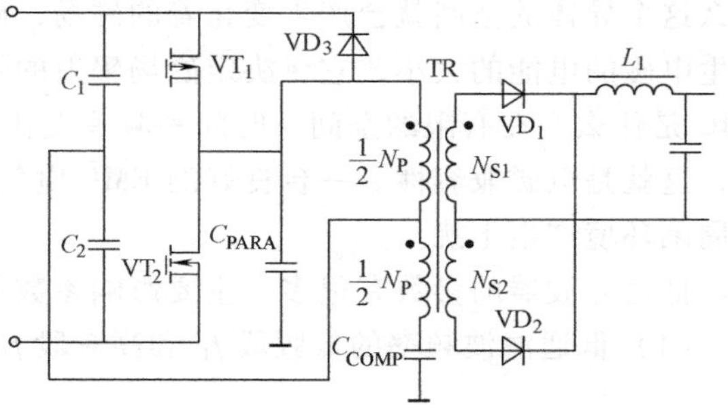

图1-44　正激式无源补偿电路

3. 接地方法

"接地"有两种：一种是设备接大地，另一种是设备仪器信号接地。两者的概念不一样，目的也不同。前一种要求设备接地的接地电阻必须小于0.05Ω，后一种地是设备仪器电位的基准点。另外还有浮地，采用浮地的目的是将电路与公共接地系统可能引起的环流的公共导线隔离开。浮地可以使不同电位间的配合变得容易，可以增强抗干扰性能，使设备稳定工作。

4. 屏蔽方法

抑制开关电源产生辐射干扰以及外界对电源的干扰，采用屏蔽的方法是最有效的，也是最普遍的。屏蔽的材料除了电导率良好的金属材料外，还可用磁导率较高的磁性材料。脉冲变压器对磁通的泄漏是最容易发生的，有漏磁就会产生磁场干扰。对这一问题，可以利用闭合环形成磁屏蔽，使磁场在一个环形材料内循环，不向外界散射。另外，还可以对整个开关电源进行电场屏蔽。若用电场屏蔽，则外壳引出线一定要与地连接。磁场屏蔽与电场屏蔽是两个概念，屏蔽的方式有点不同。屏蔽还要考虑散热问题和通风问题，一般在屏蔽外壳上钻圆形通风孔，通风孔以多为好，但孔径要小，防止泄漏。屏蔽外壳的引入、引出线要采取滤波措施，否则不仅不起作用，还可能成为干扰磁场发射天线。如果进行磁场屏蔽，外壳则不需接地。

5. 滤波方法

开关电源用得最多的电流处理方法是滤波，如低通滤波、电源滤波、高频滤波、纹波滤波等。低通滤波就是将滤波电路安装在开关电源的进线与桥式整流电路之间，它可减少从电网引入的传导干扰噪声，对提高开关电源的可靠性起着十分重要的作用。

传导干扰就是电磁噪声干扰，是开关电源的主要隐患之一。传导干扰又分差模干扰和共模干扰两种。一般共模干扰比差模干扰所产生的电磁辐射能量要大。抑制电磁辐射的最有效方法是采用无源滤波。

1.4.3 整流滤波电路设计

1. 低通滤波电路设计计算

低通滤波电路是由电容电感所组成的，它结构简单、成本低廉，但它的作用对抑制传导干扰是有效的，理论上电路设计是复杂繁琐的，技术指标有十几个，计算公式也非常冗长。

进行低通滤波设计时，应注意电磁兼容性。所有的电子设备都在不同程度上存在有EMI，也要求具有良好的EMC。根据麦克斯韦理论，任何传导，如果有电流在导体上流动，那么这个导体的空间就会产生变化着的磁场，磁场作用范围的大小，取决于变化着的频率和产生电磁的电能的大小，它将决定磁场辐射的强度和发射电磁的空间，这就是电磁干扰。而EMC是什么？在有限的空间、时间和频率范围内，各种电气设备共存而不引起设备性能下降，这就是电磁兼容性。一台良好的EMC电气设备，应该不受周围电磁噪声的影响，也不对周围环境产生干扰。

低通滤波器的参数有很多，主要影响参数如下。

（1）低通滤波频率的低频段 f_L 和高频段 f_H 的计算

$$f_L = 1.732\frac{1}{\sqrt{2\pi R_{in} C_{in}}}$$

式中，C_{in}为低通滤波器的电容，以图1-23b的电路为例：

$$C_{in} = (C_2 + C_3) /\!/ C_1 /\!/ C_4 /\!/ C_5$$

$$R_{in} = \frac{V_{in}}{I_{PK}} \cdot \eta$$

式中，V_{in}是变量，有三种电压输入方式：固定输入：110/115V；通用输入：85～265V；随机输入：230V±35V。

η 为滤波整流效率，$\eta = \dfrac{I_{PK} V_{in}}{\dfrac{P_D}{D_C V_F K}}$

式中，D_C 为当输出电压为最佳值时的调制占空比，一般取 0.41；P_D 为低通滤波后的整流输出有效功率；V_F 为整流二极管的正向压降；K 为输出直流电压与输入交流脉动电压比值。

$$f_H = 4.44\frac{1}{\sqrt{2\pi L_S C_{in}}}$$

式中，L_S 是感通量，以图 1-23b 为例，$L_S = L_1 + L_2$。

f_L 和 f_H 是滤波器低端和高端振荡频率谱，输入阻抗 R_{in} 是随着频率上升而增大的，它处在低端抑制电源本身，通过网线的传导干扰，它对 EMC 起很大作用。f_H 是高端频率谱，感通量越低，振荡的频率越高，对抑制空中的辐射电磁波的能力越大，但过大的 L_S 不利于 EMC。

（2）低通滤波输入电抗的计算

电抗是阻抗、感抗和容抗的矢量和，它跟随频率变化。当感抗等于容抗时，就产生谐振；当感抗大于容抗时，负载称为感性负载，反之为容性负载，两种负载对电路计算和处理的方式是不同的。输入阻抗在一定频率下，所呈现电阻是不变的，但在频率改变时，它将沿着指数曲线变化，它对电路损耗也有影响。

$$Z_C = \sqrt{R^2 + \left(2\pi f_L - \frac{1}{2\pi f_C}\right)^2}$$

式中，Z_C 是交流电抗，R 是交流阻抗，$2\pi f_L$ 和 $1/(2\pi f_C)$ 是感抗和容抗。电抗 Z_C 的大小，直接影响电源的效率，三参量搭配是否合理对抑制 EMI 的产生、保证射频传输干扰指标达到要求产生很大影响。

（3）插入损耗的计算

所谓插入损耗是指把 EMI 滤波器加进输入电路与桥式整流回路之间，负载噪声电压的变化对数比，它以电平分量分贝表示，分贝值越大，抑制噪声干扰的能力越强，EMC 参量高。插入损耗 A_{db} 计算公式是

$$A_{db} = 20\lg\frac{V_1}{V_2}$$

式中，V_1、V_2 分别为滤波器插入前和插入后的噪声电压。插入损耗越大，低通滤波效果越好。

理论上计算损耗是很繁琐且复杂的工作，因为插入损耗是滤波器振荡频率的函数，只有通过实验室的实际测量，将测量的结果绘制成曲线得到结果。

（4）低通滤波器漏电流的计算

开关电源的漏电流是有明确限制要求的，一般漏电流来自电解电容和功率开关管，还有高频变压器的漏感所形成的漏电流，漏电流对人体安全是有害的。开关电源要求漏电流小于 0.5mA。

$$I_{LD} = 2\pi f C_{in} V_C$$

式中，f 是供电电网频率（Hz）；C_{in} 是低通滤波电路所有电路上的电容量（pF）；V_C 是电容 C_{in} 对大地的压降（mV）。

2. 输入整流滤波电路设计计算

开关电源的 AC/DC 转换是将交流电经桥式整流、电容滤波，称之为一次整流滤波。电源的控制电路、脉宽调制电路、功率因数校正电路都是在直流电的条件下工作的。

电网来的交流电压经全波整流变为脉动直流电压 u_i，再经过电容滤波得到较为平直的直流电压 V_i，如图 1-45a 所示，$V_i=\sqrt{2}u\sin\omega t$。

交流电网的电压 u，经全波整流，直流输出电压的 0.9 倍，即 $V_o=0.9u$；直流输出电流 $I_o=0.9u/(R+Z)$；二极管承受最大反向电压 $V_D=\sqrt{2}u$。

例如，有一电网输入交流电压 85~265V，输出功率 $P_o=60W$，求：1）输入有效电流；2）输入平均电流；3）计算输出纹波电压；4）计算充电电流；5）计算滤波输出的负载电流；6）计算电容寿命；7）计算整流二极管的峰值电流和开关管的峰值电压。

3. 输入整流滤波电路元器件的计算

设开关电源的工作频率为 50Hz，效率为 85%。

输入最低直流电压 $V_{i(min)}=85V\times\sqrt{2}=120.2V$。

输入最高直流电压 $V_{i(max)}=265V\times\sqrt{2}=374.71V$。

电路输入功率 $P_i=P_o/\eta=60W/0.85=70.6W$。

计算转换电能占空比：$D_{max}=V_{OR}/(V_{min}+V_{OR}-V_{DS(on)})$，$D_{min}=V_{min}/(V_{min}+V_{OR}-V_{DS(on)})$。式中，$V_{min}$、$V_{OR}$分别是输入直流电压在变压器一次绕组的最低和最高感应电压，$V_{DS(on)}$是开关管的导通电压，分别取 90V、135V 和 10V 代入上式：

$$D_{max}=135/(90+135-10)=0.628$$

$$D_{min}=90/(90+135-10)=0.419$$

$$D_{ave}=(D_{max}+D_{min})/2=(0.628+0.419)/2=0.524$$

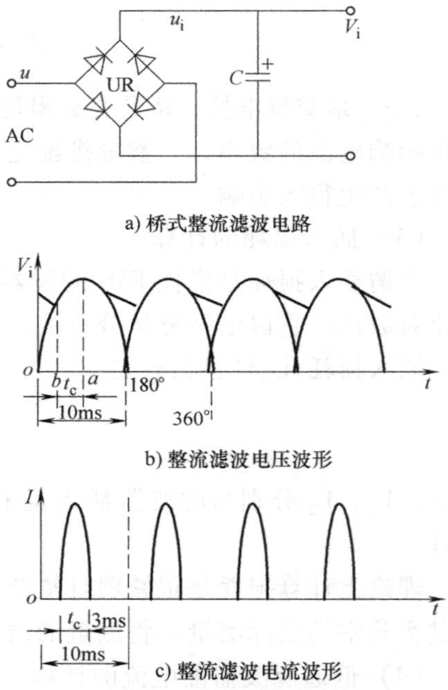

a) 桥式整流滤波电路
b) 整流滤波电压波形
c) 整流滤波电流波形
图 1-45 整流滤波电路及输出波形

1）计算输入有效电流 $I_{as}=P_i/V_{i(min)}=70.6W/120.2V=0.59A$。

2）计算输入平均电流 $I_{dc}=I_{as}D_{ave}=0.59A\times0.524=0.31A$。

3）计算整流滤波电容 C 的容量

$$C=\frac{1.8P_o\times10^6\times\left(\frac{1}{2f}-t_c\right)\times10^{-3}}{(V_{i(max)}-V_{i(min)})^2/2\pi}$$

式中，f 为输入交流电压频率，50Hz；t_c 是整流二极的导通时间，通常整流桥的导通角为 180°，但由于滤波电容 C 的作用对电路有充电和放电，二极管的导通角只能是 36°~90°，也是电容充电时间。从图 1-45b 可见，oa 为半个周期的一半，$oa=5ms$，那么 ob 是多少呢？

90 ∶ 5 = 36 ∶ ob，即 $ob=36\times5ms/90=2ms$，则 $ab=5ms-2ms=3ms$。

图 1-45c 是整流电流的波形。

$$C=\frac{1.8\times10^6\times60\times2\pi\times(10-3)\times10^{-3}}{(374.71-120.2)^2}\mu F=\frac{4747.68\times10^3}{64775.34}\mu F=73.3\mu F，取68\mu F$$

4）计算电容负载电阻 $R_{LC}=V_{i(min)}/I_{dc}=120.2V/0.31A=387.7\Omega$。

设低通滤波的电抗 $Z_C=10\Omega$，则滤波器的电阻与电容负载的阻抗比值为 $Z_C/R_{LC}=10/$

387.7≈0.026。

5）计算电容滤波的纹波电压 $V_{cr}=4I_{as}t_o\times10^{-3}/(2\pi C\times10^{-6})=4\times0.59\times3\times10^{-3}/(2\times3.14\times68\times10^{-6})\text{V}=7.08\times10^{-3}/427.04\times10^{-6}\text{V}=16.6\text{V}$。

6）计算电路对电容充电电流 I_{aca}。桥式整流电路每半周 3ms 时间对滤波电容充电（7ms 为放电时间），其充电电流 $I_{aca}=t_cI_{acp}/(T/2)$。根据阻抗比值 0.026，由图 1-46 查到 $I_{ac}/I_{dc}=1.2$，则 $I_{ac}=1.2I_{dc}=1.2\times0.31\text{A}=0.37\text{A}$。

又由图 1-47 查出 $I_{acp}/I_{dc}=3.6$，则低通交流输入的峰值电流 $I_{acp}=3.6\times0.31\text{A}=1.12\text{A}$。所以充电电流 $I_{aca}=3\times10^{-3}\times1.12/10\times10^{-3}\text{A}=0.336\text{A}$。

7）计算滤波电路的负载电流 I_{rL}。由输入有效电流 I_{as} 减去充电电流的矢量差为滤波的负载电流，$I_{rL}=\sqrt{I_{as}{}^2-I_{aca}{}^2}=\sqrt{0.59^2-0.336^2}\text{A}=0.485\text{A}$。

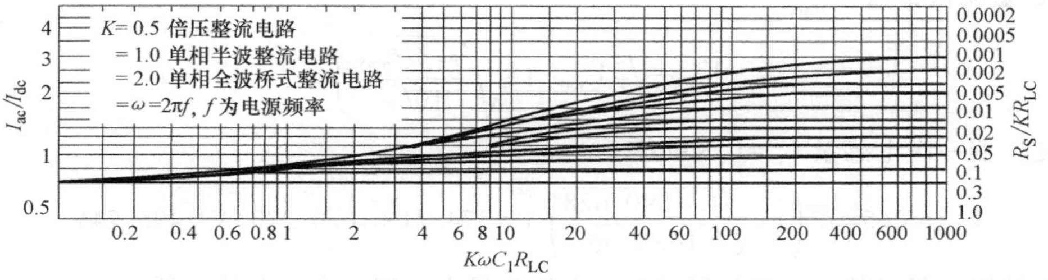

图 1-46 交流输入电流有效值与输出平均电流之间的关系

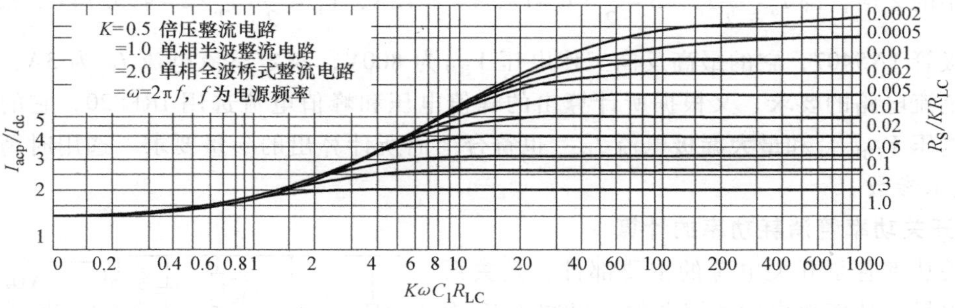

图 1-47 交流输入电流峰值与输出平均电流之间的关系

8）计算电容寿命。若变换器确定的最高温度为 60℃，机内温升为 15℃，电容器工作环境温度为 75℃。环境温度为 75℃ 时，补偿系数 K 为 1.32，50℃ 时允许纹波电流为 0.33A，则

$$I_{r75}=1.32I_{r50}=1.32\times0.33\text{A}=0.436\text{A}$$

当环境温度为 50℃ 时，内部温升为

$$\Delta T_{65}=\Delta T_{75}K^2=4.25\times1.32^2\text{℃}\approx7.4\text{℃}$$

当环境温度为 75℃ 时，电流为 0.26A，内部温升为

$$\Delta T_{75}=\Delta T_{65}\left(\frac{0.26}{I_{r75}}\right)^2=7.4\times\left(\frac{0.26}{0.436}\right)^2\text{℃}\approx2.63\text{℃}$$

电容器的寿命 L_V 为

$$L_V=L_0\times2^{(75-65)/10}\times4^{(5-4.6)/10}=2500\times2^1\times4^{0.04}\text{H}\approx5285\text{H}$$

式中，L_0 为电容的保证寿命，可由生产商的产品目录查得。电容所承受的电压是最大输入电压的$\sqrt{2}$倍，实例中为 $265\times\sqrt{2}\,V\approx 375V$。所以电容选用容量为 68μF、耐压为 400V、温度为 105℃的电解电容，在环境温度为 75℃时，承受最高电流为 1.12A。

1.4.4 整流二极管及开关管的计算选用

开关电源的整流桥由四只二极管组成，每两只二极管串联起来完成交流电压半周期的整流任务。因此，每只二极管流过的电流只有每个周期平均电流的一半；每个二极管所承受的峰值电压的一半。

1. 计算峰值电流 I_{PP}

$$I_{PP}=I_{ds}/D_{min}=0.59A/0.419=1.41A$$

2. 计算峰值电压 V_{dsp}

$$V_{dsp}=\sqrt{2}V_{max}\left(1+\sqrt{\frac{I_{PP}\times D_{max}}{10L_P}}\right)$$

设变压器一次电感量 $L_P=0.85mH$

$$V_{dsp}=265\times\sqrt{2}\left(1+\sqrt{\frac{1.41\times 0.628}{10\times 0.85}}\right)V=374.71\times(1+0.323)V=495.74V$$

通过计算，每只整流二极管所承受的电流为最大电流一半的 3 倍，所承受的电压为峰值电压一半的 2 倍，即 $I_d=\frac{1}{2}I_{PP}\times 3=\frac{1}{2}\times 1.41\times 3A=2.12A$，$V_D=\frac{1}{2}V_{dsp}\times 2=495.74V$。根据计算选用二极管 1N5407，它的最高反向工作电压 V_{RM} 为 800V，额定整流电流 I_D 为 3A，完全满足上例整流电路的要求。又根据所计算出的峰值电压和峰值电流选用 IRF820，它的漏源反向击穿电压 $V_{(BR)DS}$ 和最大漏极电流 I_{Dmax} 也符合上面所计算出的参量要求。选用时请参考表 2-5 的技术参数。

3. 开关功率管消耗功率的计算

开关功率管是开关电源的重要部件，是关系到电源损耗、功率效率的关键器件。以图 1-48 为例计算开关功率管的主要参数。这些参数既不是选用的开关管反向耐压越大越好，也不是放大倍数越高越好用，而是综合电路参数及其承受的应力应平衡。

图 1-49 所示，峰值电压为浪涌电压、吸收电压 V_{R3}、输入最大直流电压 $V_{i(max)}$ 之和。

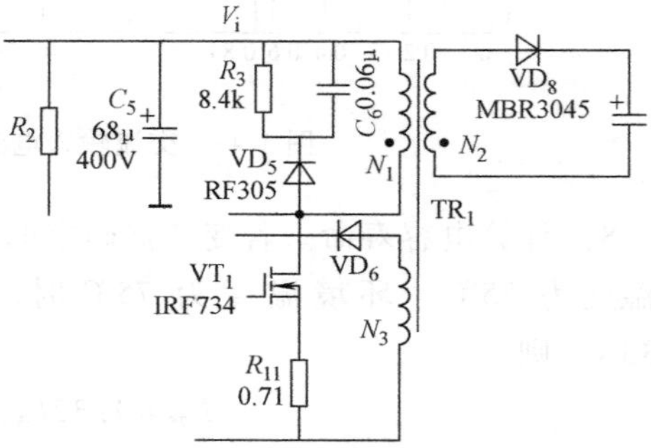

图 1-48 吸收回路

开关功率管所消耗的总功率 P_{Q1} 为

$$P_{Q1}=\frac{1}{5}\left[\frac{1}{6}V_{i(min)}I_{ds1}t_1+\frac{1}{2}V_{ds}(I_{ds1}+I_{ds2})t_2+\frac{1}{6}V_{dsp}I_{ds2}t_3\right]$$

按图 1-50 分别计算开关管在导通时起点和终点的电流 I_{ds1}、I_{ds2}。

$$I_{ds1}=\left(I_o-\frac{\Delta I_L}{2}\right)\frac{N_2}{N_1}=0.1\times\left(7-\frac{0.7}{2}\right)A\approx 0.66A$$

式中，ΔI_L 为电流在扼流圈上的波动值，按 10%进行计算。

$$I_{ds2}=\left(I_o+\frac{\Delta I_L}{2}\right)\frac{N_2}{N_1}=0.1\times\left(7+\frac{0.7}{2}\right)\text{A}\approx 0.74\text{A}$$

t_1、t_2、t_3、t_4 的值如图 1-50 所示。$t_1+t_2+t_3=t_{on(max)}$，$t_4=t_{off}$，t_3 为开关管的存储时间。

开关功率管 MOSFET 的 PN 结温度 T_j 越高，导通电阻 R_{ds}越大，功耗也越大。当 T_j 超过 100℃时，R_{ds}是产品目录给出值的 1.5~2 倍。所以，开关功率管的损耗主要是由于 R_{ds} 而产生的。这时有必要加 t_{on}进行计算，也就是在 $V_{i(min)}$ 时采用 $t_{on(min)}$ 进行计算。这里 VT_1 采用 IRF734，查技术参数表可知 t_{on} = 0.04μs，t_{off} = 0.10μs，$t_{on(max)}$ = 2.0μs。根据图 1-50，t_2=(2.0−0.04−0.10)μs=1.86μs。由上面公式求得

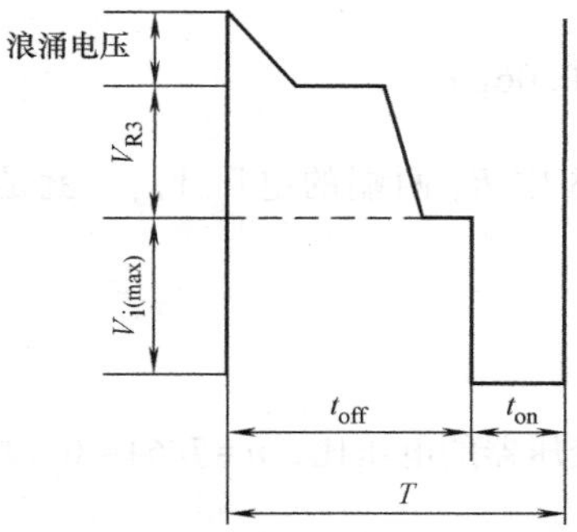

图 1-49　开关功率管电压峰值波形

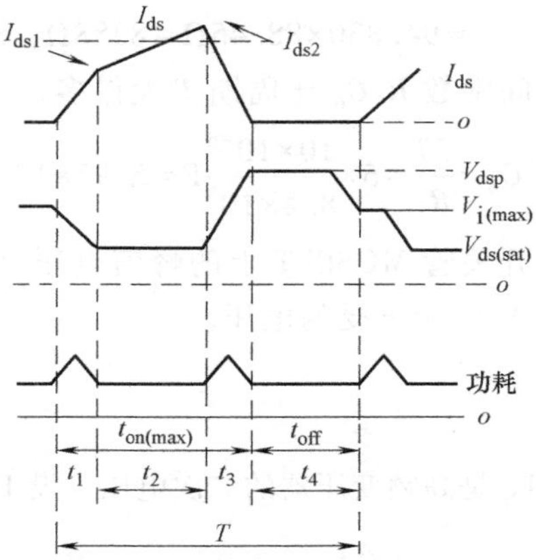

图 1-50　开关功率管的电压和电流波形

$$P_{Q1}=\frac{1}{5}\left[\frac{1}{6}\times120.2\times0.66\times0.04+\frac{1}{2}\times2\times1\times(0.66+0.74)\times1.86+\frac{1}{6}\times495.74\times0.74\times0.1\right]\text{W}$$

$$=(0.53+2.60+6.11)\times\frac{1}{5}\text{W}\approx1.85\text{W}$$

仔细分析，开关功率管有四类损耗：

1）开门损耗：$P_{CON}=I_s^2R_{DS(on)}D$

2）开通损耗：$P_{SWT}=\frac{I_sT_{on}}{2U_{DS}}f_s$

3）关断损耗：$P_{SWD}=\frac{2}{3}C_{oss}\sqrt{U_{DS}}\sqrt{\frac{f_s}{2U_i}}$

4）驱动损耗：$P_{GD}=C_{iss}U_i^2\cdot f_s$

式中，I_s 为正向电流有效值；$R_{DS(on)}$为 MOS 导通电阻；f_s 为开关工作频率；C_{iss}为输入电容；C_{oss}为输出电容；U_{DS}为 MOS 管漏-源极压降；U_i 为输入电压；T_{on}为 MOS 管导通时间周期。

1.4.5　开关电源吸收回路设计

吸收回路如图 1-48 所示，它是利用电阻、电容和阻塞二极管组成的钳位电路，可有效

地保护开关功率管不受损坏。VT_1 导通时，变压器 TR_1 的磁通量增大，这时便将电能积蓄起来。VT_1 截止时，便将积蓄的电能释放，变压器一次绕组中便有剩磁产生，并通过 VD_5 反馈到二次侧。剩磁释放完毕后，一次绕组 N_1 的电压 $V_{i(min)}$ 为

$$V_{i(min)}=\sqrt{2}V_{min}=\sqrt{2}\times85V\approx120.2V$$

$$V_{i(max)}=\sqrt{2}V_{max}=\sqrt{2}\times265V\approx374.7V$$

根据1.4.4节的计算，加在 VT_1 上的电压峰值 $V_{dsp}\approx495.74V$。又设吸收回路工作周期 $T=10\mu s$，一次绕组电感 $L_P=0.85mH$，则吸收回路的电阻 R_3 为

$$R_3=2\left(\frac{V_{dsp}}{V_{i(min)}D_{AVE}}-1\right)^2\frac{L_pT}{(I_{dc}\times10^{-3})^2}=2\times\left(\frac{495.74}{120.2\times0.523}-1\right)^2\times\frac{0.85\times10\times10^{-6}}{(0.31\times10^{-3})^2}\Omega$$

$$=94.830\times88.45\Omega=8388\Omega=8.4k\Omega$$

时间常数 R_3C_6 比周期 T 大得多，一般取5倍左右。

则 $C_6=\frac{5T}{R_3}=5\times\frac{10\times10^{-6}}{8.4\times10^3}F=5.95\times10^{-9}F=0.059\mu F$，取 $0.06\mu F$

用开关管MOSFET上的峰值电压（V_{dsp}）减去图1-38中 R_3 两端的电压 V_{R3}，就是阻塞二极管 VD_5 所承受的电压。

$$V_{R3}=\frac{1.5V_S}{n}$$

式中，V_S 是高频变压器的二次电压，设 $V_S=13.3V$；n 是该变压器的电压比，$n=7/64\approx0.109$。

$$V_{R3}=1.5\times\frac{13.3}{0.109}V\approx183V$$

所以，VD_5 所承受的电压为 $V_{dsp}-V_{R3}=495.74V-183V=312.74V$，选用耐压值为400V以上、电流值在0.8A以上的高快速恢复二极管UF4004。

1.5 开关电源多路输出反馈回路设计

许多电子产品（如自动化仪表、机顶盒解码器、传真机、录像机、彩色电视机等）都需要多路输出电源，多路电流负载要求各路电压都得到稳压。一般开关电源是不能满足上述要求的，因为多路输出往往存在不平衡问题。所谓不平衡是指这个电源某一路的输出电流 I_{o1} 连同输出电压 V_{o1} 调好了，等到调节第二路输出电流 I_{o2} 时，第一路输出电压 V_{o1} 下降了。调好了第一路，第二路变了，再调好第二路，第一路又变了。很是麻烦，更不要说第三路、第四路了。

多路输出反馈电路也有4种类型：基本反馈电路、改进型基本反馈电路、配稳压二极管的光耦合反馈电路以及带精密稳压源的光耦合反馈电路。其中以带精密稳压源的光耦合反馈电路用得最多，这是因为它的性能最好。多路输出开关电源也有两种工作模式：一是连续模式（CUM），其优点是能提高控制芯片的利用率；二是不连续模式（DUM），其优点是在输出功率相同的情况下，能采用尺寸较小的磁心，有利于减小高频变压器的体积。多路输出开关电源一般采用连续模式，因为要提高芯片的利用率。但是二次绕组如何绕制，怎样提高高频变压器的效率以及降低漏感，又是一个新的问题。

1.5.1 多路输出反馈电阻的计算

多路输出是以开关电源总功率不变为前提，还要注意改善负载调整率，减小电磁干扰，消除峰值双倍磁通效应，增强软启动功能，实现多路对称输出。图 1-51 所示是实现上述要求的多路输出开关电源原理图。

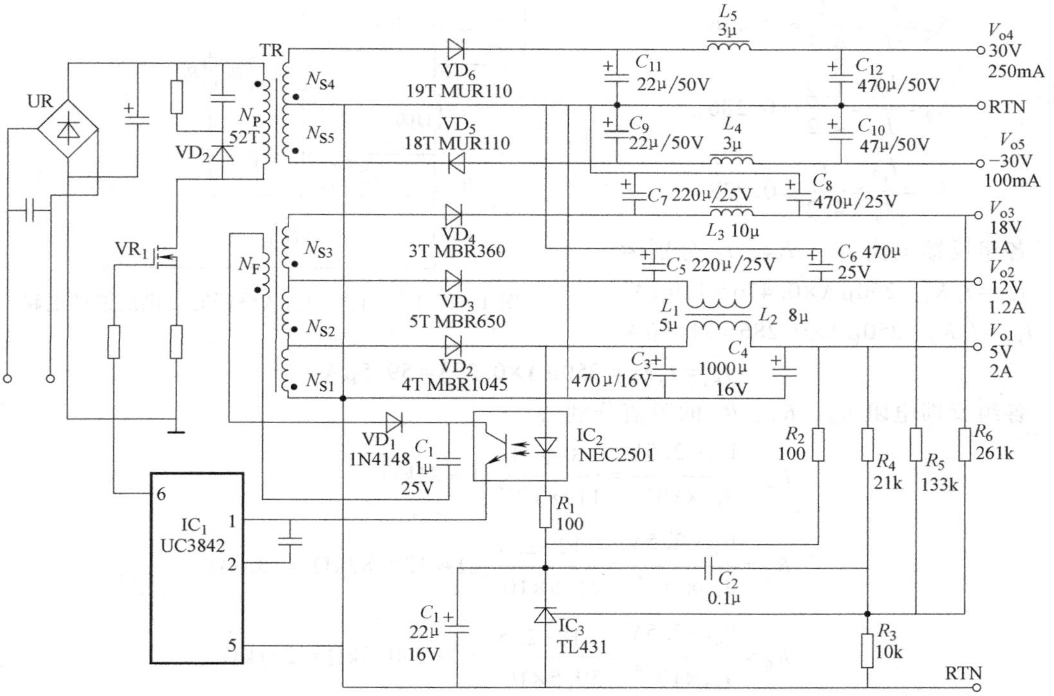

图 1-51　多路输出开关电源原理图

图 1-51 所示开关电源共有 5 路输出，其中 V_{o1}、V_{o2}、V_{o3}分别输出 5V/2A、12V/1.2A、18V/1A，V_{o4}和 V_{o5}是对称的±30V 输出，总输出功率约为 53W。由图 1-51 可见，V_{o1}、V_{o2}、V_{o3}为主输出，主输出电路分别引出 3 路反馈控制信号；V_{o4}和 V_{o5}是辅助输出，采用正负对称输出电路，未加反馈控制。主输出电路因为有反馈控制，虽然各路的负载电流高到 1~2A，但是当各路负载发生变化时，不会互相影响。图 1-52 所示是 3 路同时提供反馈的电路。

在图 1-51 中，高频变压器的 N_{S1}、N_{S2}、N_{S3} 3 组绕线采用堆叠式绕法。在前面 3 组绕完后，后面两组也采用堆叠式绕法，只是两组分开罢了。由图 1-51 可见，从 V_{o1}(5V) 主输出电路引出反馈信号后，其余两组主输出 V_{o2}、V_{o3}紧随其后，同时从各输出端也增加了反馈。电阻 R_4、R_5、R_6 的一端并联在 R_3 上，另一端各接各组电压输出端。这样，各组输出电压都得到了极好的稳定性，各组输出的负载电流从 10%变化到 100%输出的负载调整率分别为 $S_{I1}=\pm1.2\%$，$S_{I2}=\pm1.0\%$，$S_{I3}=\pm0.08\%$。下面谈一下各组输出反馈电阻的计算方法。

V_{o3}(18V) 输出的反馈量由 R_6 的阻值决定，V_{o2}(12V) 输出的反馈量由 R_5 的阻值决定，V_{o1} (5V) 输出的反馈量由 R_4 的阻值决定。首先计算各路反馈电流 I_{F1}~I_{F3}。总的反馈电流为

$$I_F=\frac{V_{REF}}{R_3}=\frac{2.5\times10^6}{10\times10^3}\mu A=250\mu A$$

输出总电流为

$$I_o=I_{o1}+I_{o2}+I_{o3}=2A+1.2A+1A=4.2A$$

反馈比例系数 K_1、K_2、K_3 分别为

$$K_1=\frac{I_{o1}}{I_o}=\frac{2}{4.2}\approx0.476$$

$$K_2=\frac{I_{o2}}{I_o}=\frac{1.2}{4.2}\approx0.286$$

$$K_3=\frac{I_{o3}}{I_o}=\frac{1}{4.2}\approx0.238$$

各组反馈电流 I_{F1}、I_{F2}、I_{F3} 分别为

$$I_{F1}=I_FK_1=250\mu A\times0.476=119\mu A$$

$$I_{F2}=I_FK_2=250\mu A\times0.286=71.5\mu A$$

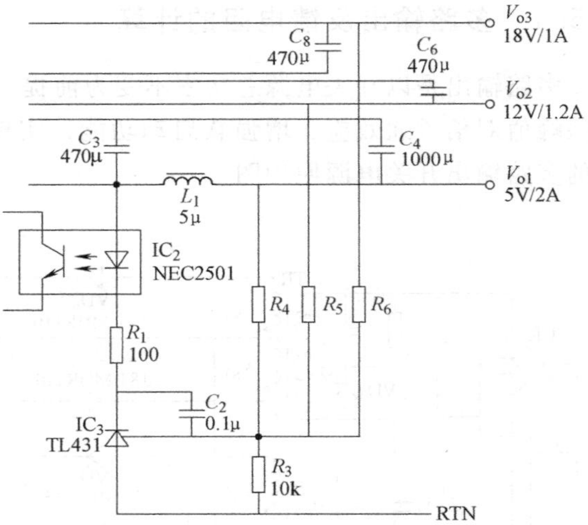

图 1-52 V_{o1}、V_{o2}、V_{o3} 3 路同时提供反馈的电路

$$I_{F3}=I_FK_3=250\mu A\times0.238=59.5\mu A$$

各组反馈电阻 R_4、R_5、R_6 的阻值分别为

$$R_4=\frac{V_{o1}-2.5V}{I_{F1}\times10^{-6}}=\frac{5-2.5}{119\times10^{-6}}\Omega\approx21k\Omega$$

$$R_5=\frac{V_{o2}-2.5V}{I_{F2}\times10^{-6}}=\frac{12-2.5}{71.5\times10^{-6}}\Omega\approx132.87k\Omega\approx133k\Omega$$

$$R_6=\frac{V_{o3}-2.5V}{I_{F3}\times10^{-6}}=\frac{18-2.5}{59.5\times10^{-6}}\Omega\approx260.5k\Omega\approx261k\Omega$$

上述计算方法是计算多路输出开关电源反馈电阻的一种既简便又精确的方法。如果要计算 4 路或 5 路输出反馈电阻，可将两只精密稳压源并联起来，基准电压 V_{REF} 仍为 2.50V，这时电路容量将提高一倍。

1.5.2 多路对称型输出的实现

多路输出自然包括对称型正负电压输出回路。由于变压器的二次侧存在多个绕组，不管变压器是采取分离式绕法还是采取堆叠式绕法，各个绕组之间必须用薄膜胶带进行隔离，薄膜胶带隔离的结果是将会产生层间电容。另外，绕组的匝与匝之间也会产生匝间电容，这种电容的存在是产生峰值电流的原因之一。况且，正负对称的两组绕线的长度也不一定相同，它们的阻抗（包括感抗和容抗）也就不一定相等。所有这些不同或不相等的结果将影响对称输出的不平衡，就有不对称输出的出现。解决不对称的办法是：第一，在绕制变压

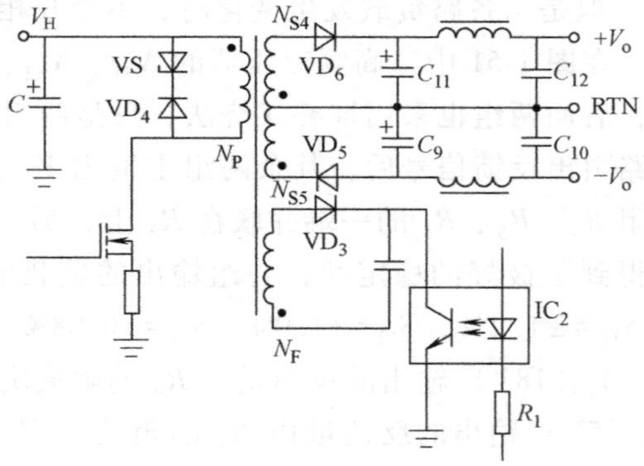

图 1-53 正负对称输出电路

器时一般采用堆叠式绕法，并且将先绕的那一组（如正电压输出）多绕 1~2 匝，这样既消除了轻载时的不稳定性，也加强了磁场耦合能力，使得两组能达到较好的“平衡”；第二，在设计印制电路板时，正、负两组输出的整流二极管和第一级滤波电容（见图 1-53）要紧靠高频变压器，变压器的引线以短粗为好，千万不能出现调整好正电压输出后负绕组输出电压发生了变化，调整好负绕组输出电压后正电压输出又发生了变化。虽然正负对称输出电路简单，但在成品开关电源中会出现一些问题，必须在调试过程中积累经验，认真试验，保证成品在大规模生产中不出现问题。

1.5.3 多路输出变压器的设计

对待二次侧多路输出的高频变压器，除了绕组间、层间和绕组与绕组间存在分布电容外，变压器的一次绕组与二次绕组之间也存在分布电容，电容较大，二次侧会产生 100kHz 或更高频率的开关噪声电压。所以，在设计、制作这类变压器时应采取一些相应的措施，如适当减少变压器一次绕组的匝数，增加一次侧与二次侧间的耦合等。但这仅是一部分，还要在电路设计上采取一定的措施，如可利用图 1-54 所示方法减小电磁干扰。

在隔离输出的接地端与+5V 输出的返回端 RTN 之间接入电容 C_{o1}、C_{o2}、C_{o3}，可将噪声电压旁路掉。要求电容的耐电压值为 1000V，容量为 1.1~2.2nF。

为了提高开关电源多路输出的稳定性，可采用多路同时反馈电路，如图 1-52 所示。如果要改善多路输出中某一组或某几组的负载调整率，则可采用图 1-55 所示的方法，就是给 5V 输出（输出电流大的一组）加一个模拟负载，它的阻值应根据负载变化的范围而定。电路中增加了 R_{F1}、R_{F2}，消除了因纹波电流流经 R_1、C_9 加到精密稳压源 IC_3（TL431）的基准端而造成轻载时输出电压不稳定的现象。若一个开关电源有 5 组输出，则不可能每一组都出现负载调整率不稳定，最多也不超过两组，这两组在低压、大电流输出时也许会出现不稳定。图 1-55 中 R_{F1}、R_{F2} 为输出电压 V_{o1}、V_{o2} 的模拟电阻，C_{10} 是软启动电容。

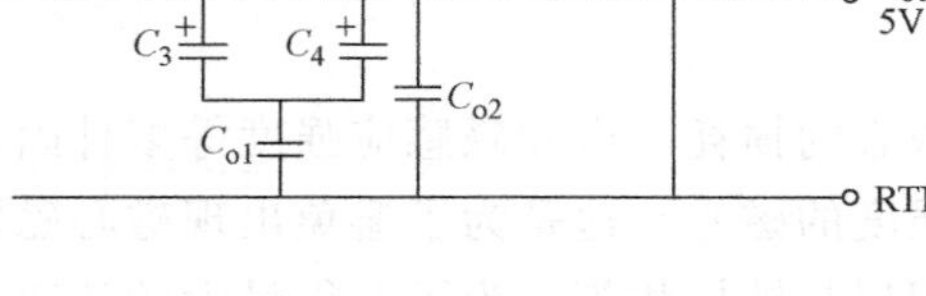

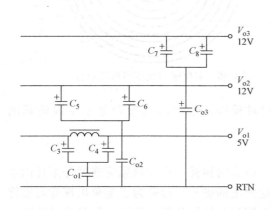

图 1-54 减小电磁干扰的方法

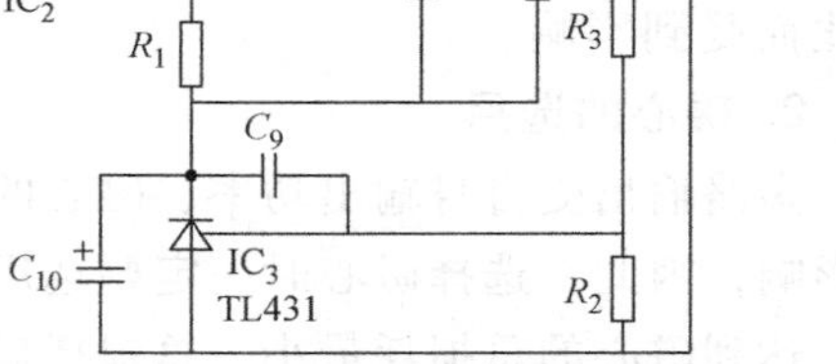

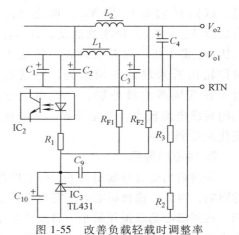

图 1-55 改善负载轻载时调整率

1.5.4 设计多路输出高频变压器的注意事项

多路输出高频变压器的设计与一般变压器虽然有很多相同的方面，但是不完全一样。设计多路输出高频变压器时应注意如下事项。

1. 最大限度地增强磁耦合程度

多路输出有 5 组甚至更多的绕组，每组绕组必须加 2~3 层高强度、高耐压的绝缘胶带，这样不但会产生大的层间分布电容，还将降低各绕组间的耦合，尤其是一次侧对各二次侧间的耦合，远离一次侧的绕组必将减少磁耦合。所以，变压器的一次侧不能放在铁氧体磁心的最里面，而应根据二次侧输出电流的大小来确定一次绕组所要放的层次位置。如图 1-51 所示，V_{o1}、V_{o2}、V_{o3} 三组输出电流较大，输出电流都超过了 1A。这既要采用堆叠式绕法，还要采用“三明治”绕法，将两种方法结合起来使用。下面根据图 1-56 具体阐述变压器的绕制顺序。首先从 1 脚开始，以 ϕ0.33mm 高强度漆包线或具有高绝缘强度的 0.2mm×1.8mm 铜条顺时针绕 4 匝至 2 脚结束，记为 N_{S1}。以 ϕ0.41mm 漆包线从 7 脚开始，顺时针绕 26 匝至 8 脚结束，为 N_P 的一半。在绕完的 N_{S1} 和 N_P 的一半的绕线面上，各绕高压绝缘胶带 3 层，保证 N_{S1} 与 N_{S2} 之间的绝缘强度。接着以 ϕ0.33mm 的漆包线绕 5 匝，起点是 2 脚，终点为 3 脚，记该绕组为 N_{S2}。同样在 N_{S2} 上面绕 3 层绝缘胶带，再以 ϕ0.41mm 的漆包线在 N_{S2} 上面绕 26 匝，起点是 8 脚，终点是 9 脚，记为 N_P 绕组。以同样的顺序绕 N_{S3}，再绕 N_F，最后绕 N_{S4}、N_{S5}。要注意的是，绕 N_{S4} 时比 N_{S5} 多 1 匝，这是实现正、负电压对称输出所采取的一项措施。将这两组放在变压器的最外层，一是由于它们的负载电流较小，二是外界干扰的噪声信号相对较弱，电源的电压调整率不因负载的变化而受到影响。

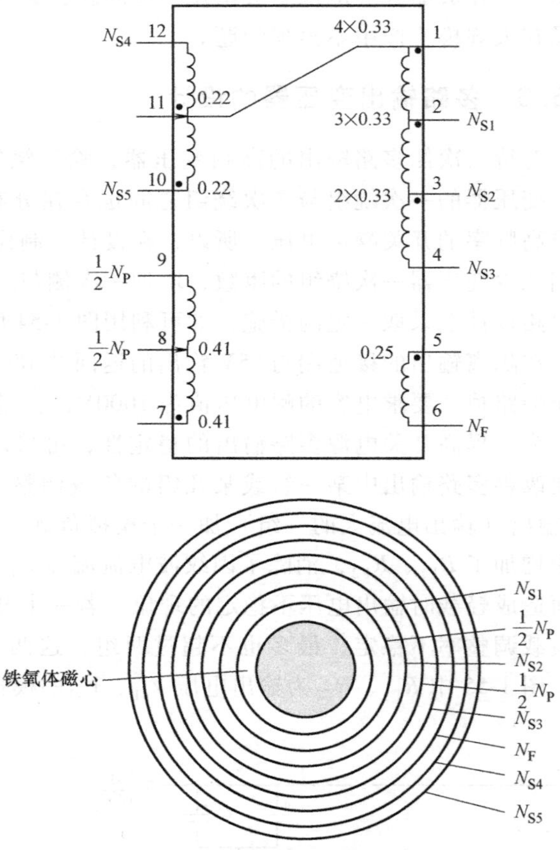

图 1-56 多路输出变压器脚位设计

2. 磁心的选用

多路输出受自身输出功率、磁心的热力效应、磁心的损耗、饱和磁感应强度等多种因素的影响，因此，选择磁心时一定要选用最佳磁感应强度的磁心，这是为了避免出现磁心磁饱和，达到磁心的总损耗最小。总损耗最小的条件是铜损与铁损相等。为了获得最大的效率和最小的损耗，磁感应强度一定要适量，大了会出现磁饱和，小了则磁感量不足，能量没有得到充分发挥。另外，磁心形状的选择也要引起注意。对于多路输出，选用 EC 型磁心比较好，这是因为它绕线的空间大，散热面积大，而且它的耦合性能也比较好。值得注意的是，变压器在输入最低电压和最大脉冲宽度的条件下，对于多路输出的开关电源不能出现饱和，当输入最高电压时，输出脉冲宽度会变窄。这说明磁心是合适的，因为磁心已经远离了饱和区域，是安全的。

3. 考虑避免失控

多路输出电源不能出现任何一路失控，否则，这种电源是失败的。控制电压电路应在高灵敏度状态下工作，当有高电压输入时，能够很快限制脉冲的宽度，这个宽度不能超越设计时的设定值，否则将会失控。当然，电源电路的控制性能要完善，控制电流模式的芯片在考虑避免失控这一要素方面值得借鉴。

1.6 恒功率电路的设计

恒功率电源由两个控制电路构成：一个是电流控制电路；另一个是电压控制电路。要求两个控制电路具有相同的稳定性，当某一个电路输出电压（电流）较小时，另一个电路应具有恒流（或恒压）的作用，达到输出电压或输出电流都具有恒压或恒流的目的，不能因为输入电压或输出电流和外界因温度、湿度、线路负载的影响使输出功率不稳定。

1.6.1 恒流、恒压的工作原理

图 1-57 所示为配上 PC817A 光耦合器，外加两只晶体管组成恒功率电路。一次绕组与 IC_1 的 D 脚变换输出。电路中的 VS_1、VD_5 是变压器一次绕组 N_P 的钳位保护电路，它将变压器一次绕组的漏感所形成的尖峰电压反馈、吸收，使 IC_1 电路在安全范围内运行。VS_1、VD_5 为网络缓冲吸收电路。反馈绕组 N_F 的输出电压经 VD_6、C_3 整流滤波得到反馈电压 V_{FB}、与光敏晶体管提供控制偏压。二次电压经 VD_7、C_5、L_2 整流滤波后，输出 7.5V 的直流电压。C_4 是旁路电容，与 R_8 一同起频率补偿、自动启动、滤除尖峰电压三大作用。R_1 是电源的假负载，空载的情况下，因反馈电压升高而出现“超越”控制，起到稳定作用。

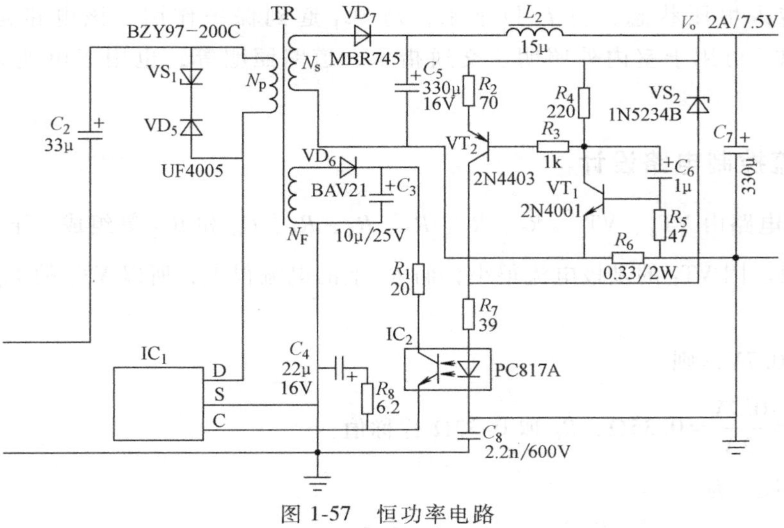

图 1-57 恒功率电路

电路的两个控制电路，第一个是电流控制电路。当输出电流发生异常时，电阻 R_6 对输出电流进行检测。VT_1、VT_2 由两只不同型号的晶体管进行恒流控制。R_4、R_2 是 VT_1、VT_2

集电极偏置电阻，R_1 还起着控制电流增益的作用，R_5 对 VT_1 的发射极电流进行限制，不使 VT_1 过早导通。R_3 限制 VT_2 的基极电流，使它只能工作在放大区。电路是怎样进行恒流控制呢？当输出电流 I_o 增大时，电流在 R_6 上的压降上升，VT_1 导通，接着 VT_2 导通，发射极电流 I_{e2}上升，光耦合器中的发光二极管电流增大，致使控制脉冲占空比 D 变小，迫使输出电流 I_o 下降，控制电路电流呈现开路态势，VS_2 在此期间无电流，电路自动转入恒流工作模式。

第二个是电压控制电路。VS 的稳定电压为 6.2V，工作电流为 10mA。输出电流较低时，电路工作在恒压模式。在恒压模式时，VT_1、VT_2 截止，电流工作电路因晶体管截止不起作用，这时 VS_2 由输出电压经它有电流通过，而输出电压高低便由 VS_2 的稳压值和发光二极管的压降决定。

IC_1 电子开关既可以工作在 2.2A 受控恒压方式，也可工作在 7.5V 恒压状态下。这种状态下电阻 R_6 所产生的损耗为 0.64W。为了减小损耗，只有减少输出电流或 R_6 的阻值，但是提高恒流的准确度比较困难。IC_1 是恒功率输出的 I_o-V_o 的特性曲线如图 1-58 所示。由图可知，当输入电压为 85～265V 时，特性曲线变化很小，受输入电压的影响很小；当输出电流 $I_o<1.85A$ 时，电路处于恒压区；当输出电流 $I_o=1.90A\pm0.08A$ 时，电路处于恒流区，区里的 V_o 随着 I_o 的微增而迅速降低。当 $V_o\leqslant 2V$ 时，VT_1、VT_2 无工作电流，此时电流控制电路不起作用，但一次电流受 IC_1 的电流限制，电流在 R_4 上的压降 V_{R4}上升，VT_2 集电极电流下降，使光耦合器的工作电流迅速减小，迫使 IC_1 进入重新启动状态。就是说，一旦电流控制电路失去控制，电路立即从恒流模式转入恒压状态，将 I_o 拉下来，对 IC_1 起到保护作用。该电路是一种低成本 LED 驱动电源，可用于室内外照明、交通指示、道路照明等，也用于电池充电器和特种电动机驱动。

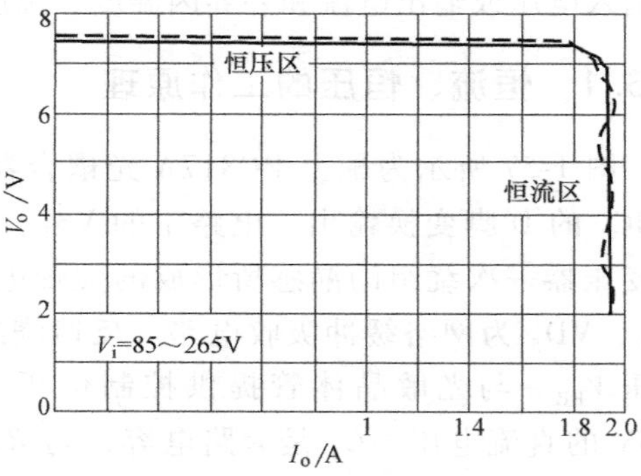

图 1-58 I_o-V_o 特性曲线

1.6.2 电流控制电路设计

电流控制电路由 VT_1、VT_2、R_7、R_6、R_3、R_4、R_5、C_6 和 IC_2 等组成。下面计算输出电流 I_o 的期望值。因 VT_1 的基极电流很小，而 R_6 上的电流很大，所以 VT_1 的 V_{BE1}压降全部落在 R_6 上。

设 $V_{BE1}=0.7V$，则

$R_6=\dfrac{V_{BE1}}{I_o}=\dfrac{0.7V}{2A}=0.35\Omega$，$R_6$ 取 0.33Ω 标称值。

恒流准确度 r 为

$$r=\frac{I_o'-I_o}{I_o}\times100\%=\frac{1.93-2.0}{2.0}\times100\%=-3.5\%$$

计算结果与设计指标相吻合，为设计正常，否则 I_o'的变量重新设定。

1.6.3 电压控制电路设计

恒压电路输出电压由下式计算：

$$V_o=V_{Z2}+V_F+V_{R7}=V_{Z2}+V_F+I_{R7}R_7$$

式中，V_{Z2}为稳压值，$V_{Z2}=6.2\text{V}$，$V_F=1.2\text{V}$。$I_{R7}=I_{C2}=I_F$ 这 3 个参量是随着输入电压 V_i，输出电流 I_o 以及光耦合器的电流传输比（CTR）的变化而变化。TOP202Y 芯片的控制端电流 I_c 从 2.5mA（对应最大占空比 D_{max}）到 6.5mA（对应最小占空比 D_{min}），我们取 $I_c=4.5\text{mA}$，则 $I_{R6}=\dfrac{I_c}{\text{CTR}}$。

要求 CTR 为 80%~160%，取 120%，得 $I_{R6}=\dfrac{4.5\text{mA}}{1.2}=3.75\text{mA}$。

令 $R_7=3.75\times10^{-3}\times39\text{V}=0.146\text{V}$，所以

$$V_o=6.2\text{V}+1.2\text{V}+0.146\text{V}=7.546\text{V}\approx7.5\text{V}$$

1.6.4 反馈电压的计算

反馈电压设计包括两项内容：首先计算在恒流模式下变压器反馈绕组的匝数 N_F，这是因为在恒流区输出电压和反馈电压都在迅速降低，只有在 V_{FB}足够高时，电能才能进入恒流区工作。其次在恒压模式下计算出反馈电压 V_{FB}：

$$V_{FB}=(V_o+V_{F6}+I_oR_6)\frac{N_F}{N_S}-V_{F7}$$

式中，V_{F6}、V_{F7}分别为 VD_6、VD_7 的正向导通压降，由上式推导出：

$$N_F=\frac{V_{FB}+V_{F7}}{V_o+V_{F6}+I_oR_6}N_S$$

在恒流的模式下，当负载加大（即将负载电阻减小）时，V_o 和 V_{FB}会自动降低，以维持恒流输出。为使电源从恒流模式转换到重新启动状态，要求 V_{FB}至少比在恒流模式下控制电压高出 3V。

设 $V_{FB}=9\text{V}$，$V_o=V_{o\,min}=4\text{V}$，$V_{F6}=0.6\text{V}$，$V_{F7}=1\text{V}$，$R_6=0.33\Omega$

$N_S=12$ 匝（N_S 为二次绕组匝数），代入上式：

$$N_F=\frac{(9+1)\times12}{4+0.6+2.0\times0.33}=\frac{120}{5.25}=22.8\approx23$$

在恒压模式下 $V_o=7.5\text{V}$，最大输出电流 $I_{omax}=2.05\text{A}$

则
$$V_{FB}=(V_o+V_{F6}+I_oR_6)\frac{N_F}{N_S}-V_{F7}=(7.5+0.6+2.0\times0.33)\text{V}\times\frac{23}{12}-1\text{V}$$
$$=15.79\text{V}\approx16\text{V}$$

这就是反馈电压额定值，选用光耦合器时，它的反向击穿电压必须大于 2 倍的 V_{FB}。图 1-57中所用的 PC817A 的反向击穿电压为 35V，是安全的，完全满足要求。

第 2 章 开关电源元器件的特性与选用

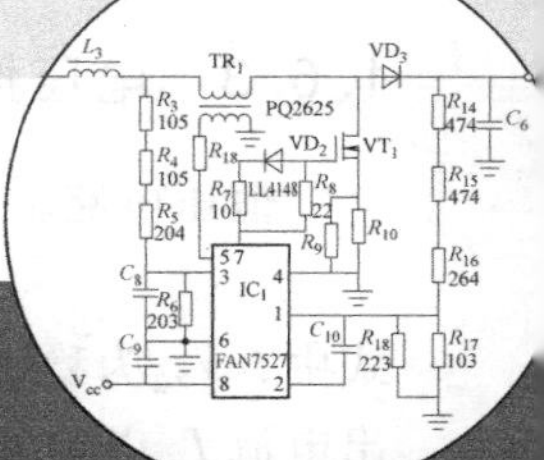

选用好元器件，是决定开关电源质量的关键。往往设计的开关电源在实验室中是成功的，一到生产线上进行规模生产时，就会出现各种问题。当然，有设计方面的，有工艺方面的，还有焊接方面的，但多数是元器件选用问题。元器件质量的差异是影响开关电源质量的一个重要原因。这里将讨论各种元器件的规格、特性及选用的原则。

开关电源中的功率开关晶体管是影响电源可靠性的关键器件。开关电源所出现的故障中约 60%是功率开关晶体管损坏引起的。主电路中用作开关的功率管主要有双极型晶体管和 MOSFET 两种。随着绿色开关电源的发展，绝缘栅双极型晶体管（IGBT）、双极型静电感应晶体管（BSIT）及联栅晶体管（GAT）等新型功率开关器件也在不断地涌现，开关电源的发展前景非常广阔。

2.1 功率开关晶体管的特性与选用

2.1.1 MOSFET 的特性及主要参数

现在 MOSFET 在电子电路中被广泛应用，是因为单晶硅的结面积较大，能实现垂直传导电流，使得电流的容量加大，焊接在 PN 结面的单晶硅具有高阻移动范围，提高了结区耐压量级，沟道电阻减小，开关速度提高，栅极电压不以漏源间隙增加而变化，所以漏源电压大大提高，极间电容减小。

MOSFET 分 P 沟道耗尽型、N 沟道耗尽型和 P 沟道增强型、N 沟道增强型 4 种类型。增强型 MOSFET 具有应用方便的“常闭”特性（即驱动信号为零时，输出等于零）。在开关电源中，用作功率开关管的 MOSFET 几乎全部都是 N 沟道增强型器件。这是因为 MOSFET 是一种依靠多数载流子工作的单极型半导体器件，不存在二次击穿和少数载流子的存储时间问题，所以具有较大的安全工作区，良好的散热稳定性。MOSFET 用在开关电源电路中作为功率开关管，与双极型功率晶体管相比具有一定的优势。所有类型的功率驱动、有源功率因数校正、功率开关都是用 MOSFET 来设计的。

由于 MOSFET 没有少数载流子存在，极间电容极小，开关速度快，所以它适用于大功率驱动。

MOSFET 的主要参数如下：

（1）漏源反向击穿电压 $V_{(BR)DS}$

漏源反向击穿电压就是 PN 结上的反偏电压，该电压决定了器件的最高工作电压，在 MOS 结构中，它用于衡量漏极 PN 结的雪崩击穿能力。栅极电压高低对漏沟道区反向偏置耗尽型电场的分布电荷有决定作用。$V_{(BR)DS}$是随着温度变化而变化的，在一定温度范围内，PN 结温度每升高 10℃，$V_{(BR)DS}$值将增加 1%。所以结温上升，MOSFET 的耐压上升，这是该管的最大优点，而双极型晶体管则是相反。

（2）最大漏极电流 I_{Dmax}

在 MOSFET 工作曲线上，当工作电流输出达到最大值，输出特性曲线进入饱和区，这时漏极电流最大值为 I_{Dmax}。漏极电流越大，MOSFET 沟道越宽。

（3）导通电阻 R_{ON}

导通电阻是 MOSFET 的一个重要参数。决定 R_{ON}有两个主要因素：一个是沟道电阻 r_c，另一个是漂移电阻 r_d。改变 PN 结的结构和几何尺寸，可以改变沟道电阻 r_c 和漂移电阻 r_d。

导通电阻 R_{ON}是决定开关电源输出损耗和 MOSFET 功耗的主要因素，R_{ON}小、$V_{(BR)DS}$高的 MOSFET 就是优质 MOSFET。R_{ON}与温度呈线性关系，受温度影响也大，制作的开关电源的效率低。

（4）跨导 g_m

跨导是指 MOSFET 的漏极输出电流变化量 ΔI_D 与栅源极间电压的变化量 ΔV_{GS}之比：$g_m = \Delta I_D / \Delta V_{GS}$。

跨导 g_m 这一参数是对 MOSFET 漏极控制电流的控制能力的重要量度，g_m 越大，MOSFET 性能越好。

（5）开通时间 t_{on}和关断时间 t_{off}

我们知道，场效应晶体管是依靠多数载流子传导电流的，影响开关速度的主要因素是器件的输入电阻 R_{in}和输入电容 C_{in}，这两个参数是影响器件开关速度的主要因素，为了提高开关速度，必须尽最大努力减小 MOSFET 的各种极间电容，一般 VMOS 器件的开关速度比场效应晶体管和双极型晶体管要高很多。

（6）最高工作频率 f_{max}

场效应晶体管工作频率越高，开关电源输出电压越高，效率越高。为了提高器件的工作频率，一般器件采用高散射极限速度和高迁移率的材料制造，这样可以提高跨导 g_m，降低极间电容，这为提高器件工作频率创造了条件。

2.1.2 MOSFET 驱动电路及要求

降低开关电源的损耗和实现真正完整的信号传递，驱动电路在这里起关键作用，场效应晶体管主要采用如下的驱动方式：

（1）直接驱动

图 2-1 所示用晶体管驱动 MOSFET。为了使驱动电路获得较大的增益和工作在较宽的频带，减少晶体管 VT_1、VT_2 在开关状态下的上升和下降时间，该电路的特点是对场效应晶体管 VT_3 的栅极电容 C_1 充电，这样产生密勒效应向 VT_3 提供足够大的开通和关断的电流，使场效应晶体管不产生误动作。

（2）变压器驱动

利用变压器驱动是电子电路最常见的一种驱动方式，对开关电源电路，常用在推挽式和桥式电路。图 2-2 是利用变压器耦合驱动混合式电路，R_1、R_3 是晶体管 VT_1 集电极电流和场效应晶体管 VT_3 漏极电流的限流电阻并具有抑制振荡、加速晶体管开关的作用。由于变压器 TR 的极性关系，场效应晶体管 VT_3 处于反向工作状态，即 VT_3 截止时，VT_1 导通。图中 VT_1、VT_2 组成射极跟随器。R_2、R_4 是 VT_3 栅极电位钳制电阻，可防止寄生振荡，并产生电压负反馈。另外，MOSFET 在开关电路中得到广泛应用，是因为它的工作频率比较高。但是这样的结果，容易产生寄生振荡，在设计制作开关电源时必须注意：第一，减少 MOSFET 各接点连接线的长度。第二，由于 MOSFET 的输入阻抗高，防止电路出现正反馈而引起振荡。开关电路对场效应晶体管的控制实质是对输入电容 C_{in} 的充、放电控制，所以驱动电路无需不间断地提供电流，因此要求电源输出内阻要小。第三，MOSFET 的栅源极的耐压是有限的，如果输入电压超过了额定值，就会击穿，所以要求输入电压在 20～30V 之间。

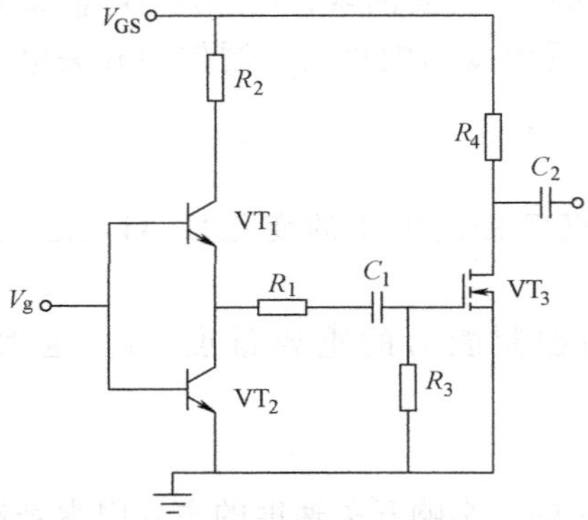

图 2-1 晶体管直接驱动 MOSFET

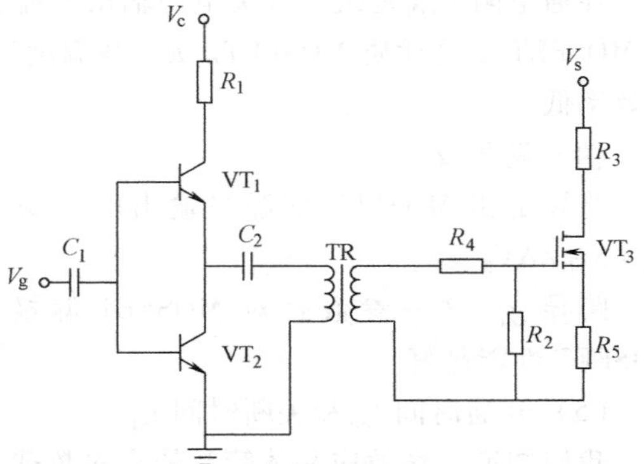

图 2-2 变压器耦合驱动 MOSFET

2.1.3 绝缘栅双极型晶体管（IGBT）的特性及主要参数

绝缘栅双极型晶体管（Insulated Gate Bipolar Transistor，IGBT）是一种电流控制器件。为了提高 IGBT 工作频率，设计电路时，工作在准饱和状态，所谓准饱和状态是指工作点在深饱和与放大区之间一个区域。若准饱和区工作电流增益开始下降，但电路依然是源极处于正偏置，漏极处于反偏置，这样开关速度大大提高。

IGBT 是一种大电流密度、电压激励场效应控制器件，是美国 GE 公司于 20 世纪 90 年代中期推出的耐高压、大电流模块化可控的第三代产品。它最高耐压可达 1800V、电流容量达 450A、关断时间低于 0.2μs，在电力、通信领域得到广泛应用。

其主要性能如下：

1）电流密度大，是 MOSFET 的几十倍。

2）输入阻抗高，栅极驱动电流小，驱动电路简单。不需外加限流，防自激振荡，自触发。

3）击穿电压高，安全工作区大，能防止和抑制瞬态干扰时出现的大电流冲击。

4）导通电阻低。在相等的芯片尺寸和相同 $V_{(BR)DS}$ 的条件下，IGBT 的导通电阻 $R_{DS(on)}$ 只有 MOSFET 的 10%。

5）开关速度快，关断时间短，损耗低。1kV IGBT，它的关断时间只有 1μs，一般关断时间只有 0.2μs，开关频率为 100kHz 时，IGBT 的功率损耗只有 MOSFET 的 30%。

IGBT 是在 MOSFET 的 PN 结层面上再焊接一层 PN 结，结的层数加多，而且传导面积加大，使 P 区向 N 区发射的载流子增多，而且载流子在缓冲区停留的时间缩短，这就是它的电流密度大、击穿电压高、导通电阻低的原因。IGBT 与一般晶体管的伏安特性曲线一样，有饱和区、阻断区（截止区）、有源区（放大区），如图 2-3 所示，同样与晶体管的开关波形相似，如图 2-6b 所示，MOSFET 与 IGBT 的特性比较见表 2-1。

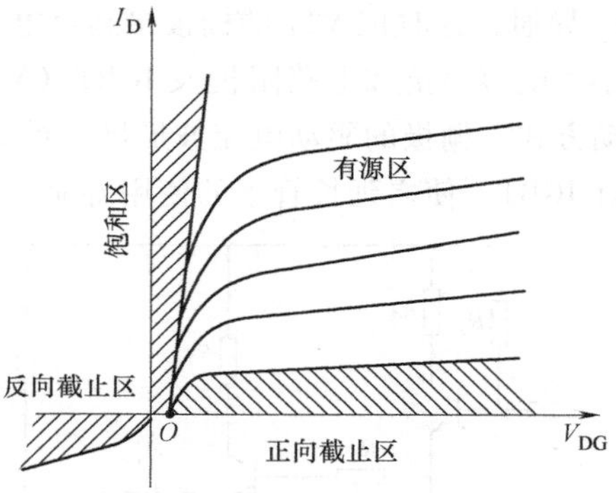

图 2-3 IGBT 伏安特性曲线

表 2-1 MOSFET 与 IGBT 的特性比较

项目 \ 区别 \ 器件	MOSFET	IGBT
图形符号	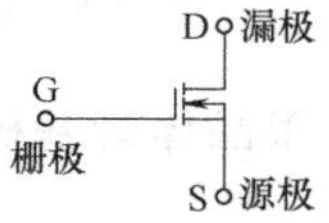	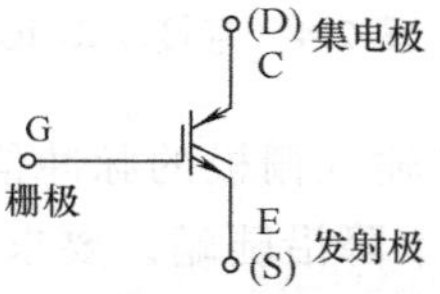
驱动方式	电压驱动，设计较简单，驱动功率很小	输入阻抗大，驱动功率很小，集电极-发射极导通电压小于 3V
开关速度	无少数载流子存储效应，温度影响小，开关频率达 150kHz 以上	开关速度快，关断时间短（0.2μs），工作频率高达 500kHz
安全工作区	无二次击穿，安全工作区大	耐压为 1kV，安全工作区大，损耗低
开通电压	高压型 MOSFET 的开通电压较高，有正温度系数	电流为 100～400A，其电流密度是 MOSFET 的几十倍
峰值电流	在开关电源中用作开关时，在启动和稳态工作时，峰值电流较低	在大功率开关电源中，它的峰值电流高达 1kA
产品成本	较高	较高
产品种类	日益增加，更新潜力大	适用于大功率开关电源，新产品越来越多，市场广阔

2.1.4 IGBT 驱动电路

IGBT 驱动方式有隔离式和直接式两种。直接式是驱动电路直接与主电源电路连接。图 2-4 所示的 VT_2、VT_3 组成推挽式前置放大器，R_8、C_2 组成微分电路，加速 IGBT（VT_4）的关断和导通，提高开关速度，降低驱动损耗。图 2-4 所示为浮动开关晶体管隔离式驱动电路。它的工作过程是这样的：当变压器 TR 的二次侧出现正脉冲电压 V_g 时，这时栅极驱动电流 I_{g1} 流进驱动 IGBT（VT_2）的栅极，使之导通，电阻 R_1 将流入 IGBT 的电流限制在额定范围内，集电极电流 I_d 迅速地给电容 C_2 充电，充电电压为

$$V_c = V_g - V_{ge} - V_d$$

式中，V_g 是变压器二次电压，也称驱动电压；V_{ge} 为 IGBT 的栅极-发射极的饱和电压；V_d 是二极管的正向偏置电压，一般为 0.7V。

如果变压器的二次电压为零时，则电容器 C_2 使 VT_2 的栅极经电阻 R_1、L_2 处于正向偏压，

使 VT_2 导通，这时把 VT_1 的栅极接到负电位，因而栅极电流 I_{g2} 得到提高，如图 2-5 所示。I_{g2} 的大小由电容容抗和电路阻抗及 IGBT（VT_1、VT_2）的特性来决定。凡是 IGBT 电路，不管哪种驱动方式，栅极的驱动电流波形极为重要，什么波形为最好呢？好的栅极触发波形，不但是保护好 IGBT，使之延长管子的使用寿命，更重要的降低电路电能损耗，提高电源效率。

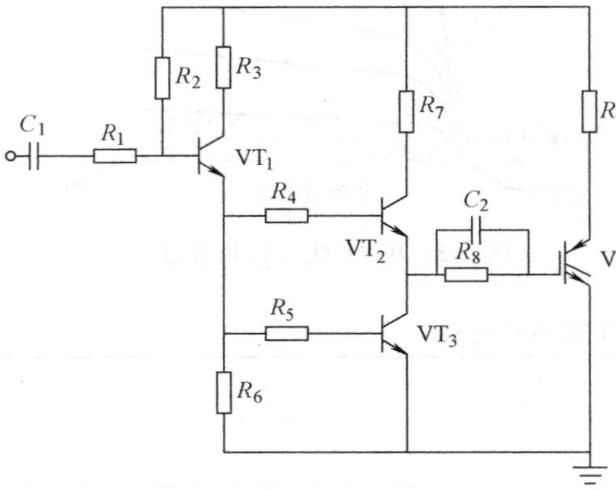

图 2-4 直接驱动 IGBT 电路

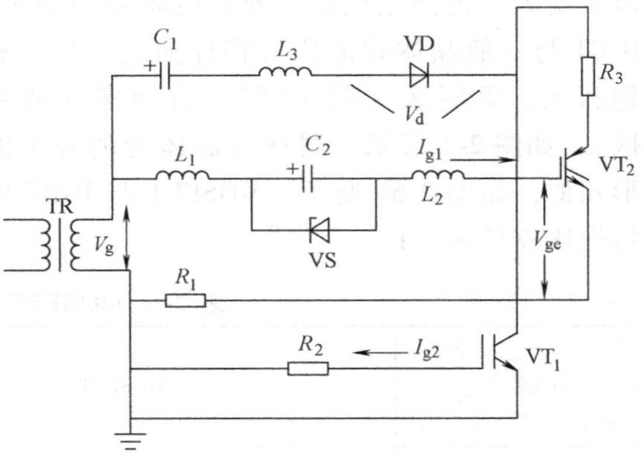

图 2-5 隔离式阻容驱动 IGBT 电路

IGBT 输入栅极的脉冲信号，希望是矩形波，跟晶体管基极输入波形一样并且要求上升沿竖直，下降沿陡峭，要求存储时间 t_s 越短越好。

2.1.5 晶体管的开关时间与损耗

晶体管的开关作用与晶体管的放大作用是不同的。放大只是对电流或电压的作用，在共发射极电路中，输出波形与输入波形之间有 180°的相位差；而对于晶体管的开关作用，虽然输出与输入波形之间有 180°的相位差，但它的波形不是一个正弦波或三角形，而是一个被时间拖延了的矩形波。为了表述它的波形特征，引入了 4 个时间参数。图 2-6 所示就是 4 个时间参数的开关波形。

1）延迟时间 t_d：从输入信号 V_{in} 开始变正起到集电极电流 I_C 上升到最大值 I_{CM} 的 10%所需要的时间。

2）上升时间 t_r：集电极电流 I_C 从 10%I_{CM} 上升到 90% I_{CM} 所需的时间。

3）存储时间 t_s：从输入信号 V_{in} 开始变负起到集电极电流 I_C 下降到 90% I_{CM} 所需要的时间。

4）下降时间 t_f：集电极电流 I_C 从 90% I_{CM} 下降到 10% I_{CM} 所需要的时间。

根据实际，晶体管有两个时间参数，即开启时间和关断时间。开启时间为 $t_{on}=t_d+t_r$，关断时

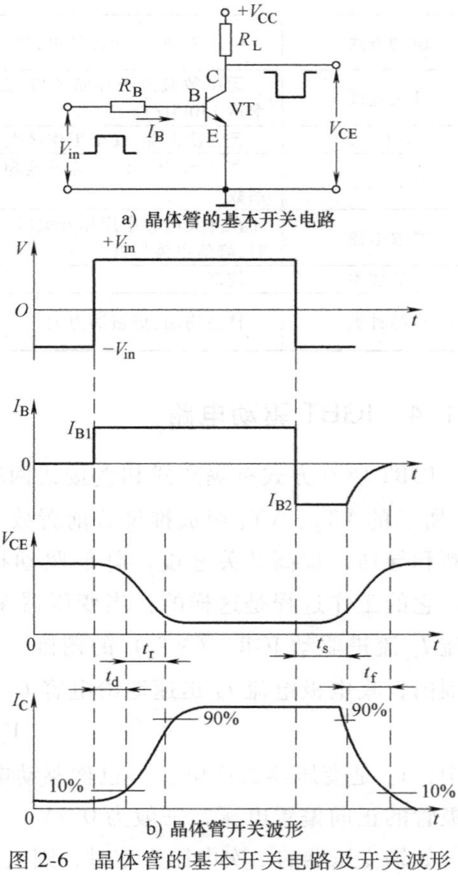

图 2-6 晶体管的基本开关电路及开关波形

间为 $t_{off}=t_s+t_f$。在晶体管的 4 个时间参数中，存储时间最长，它最决定开关速度的主要因素。

晶体管作为开关应用时，在每一个周期内，晶体管工作在 3 个不同区域，即放大区、饱和区和截止区。因此，晶体管的功率损耗也由 3 部分构成：

1）通态损耗。当晶体管饱和导通时，虽然有较大的集电极电流 I_{CES} 流过管子，但这时晶体管的饱和压降 V_{CES} 很小（硅管为 0.3V，锗管为 0.7V），管子的功率损耗（$I_{CES}V_{CES}$）很小，变化余地不大。

2）断态损耗。当晶体管截止时，虽然 V_{CE} 很大，但管子的漏电流 I_{CEO} 很小（nA 级），此时管子的损耗（$V_{CE}I_{CEO}$）也是非常小的。

3）开关损耗。晶体管由饱和转为截止，或由截止转为饱和时的损耗称为开关损耗。通常，这种损耗也称为渡越损耗。在开启和关闭这两段时间内，晶体管的压降和电流都很大，因此，管耗也较大。对于高频开关电源来说，开关管的渡越损耗占晶体管整个损耗的 80%，而且与电路中的参数选择有很大的关系。在开关电源电路中，选用晶体管的依据是型号、集电极-发射极的击穿电压 $V_{(BR)CEO}$、电流增益 h_{FE}、存储时间 t_s、下降时间 t_f、集电极电流 I_C 等参数。不同功率的开关电源所用晶体管见表 2-2。

表 2-2 不同功率的开关电源所用晶体管（包括 MOSFET）

功率 / 型号 / PFC①	5~20W	20~40W	40~100W	100~200W	>200W
不带 PFC 升压变压器	SID1NA 60-1	IRF720	IRF820	IRF830	IRF840
	SID2NA 60-1	IRF820	IRF830	IRF830	IRF850
	SID3NA 60	BUZ74	BUZ74	IRF730	IRF830
	2SC246	2SK787	BUZ515	BUZ215	BUZ60
	2SC1942	BUZ515	BUZ215	BUZ60	BUZ205
	2SK386	STP4NA40	STP4NA40	BUZ41A	BUZ215
	BUZ41A	STPNA40F2	STP7NA40F2	STP8NA50	BUZ45
	IRF710	STP8NA40F2	STP6NA50	STP6NA50	STP8NA40
	MTP3N50	STP5NA50	STP10NA40F2	STP9NA50	STP6NA50
	SI9433D	STP4NA60	STP8NA50	STP10NA40F2	STP9NA50
	S294200Y	SI94200Y	MTP8N50	IRF820	STP10NA40F2
带有 PFC① 升压变压器	IRF820	IRF820	IRF830	MTP8N50	IRF840
	IRFBC20	IRFBC20	MTP8N50	IRF830	SSP6N60A
	BUZ74	BUZ74	SSP4N60A	SSP6N60A	BUZ331
	BUZ77	BUZ77	BUZ41A	BUZ41A	BUZ94
	BUZ92	BUZ92	BUZ215	BUZ215	STP6NA50
			BUZ90	BUZ90	STP8NA50

① PFC 为功率因数校正。

2.2 软磁铁氧体磁心的特性与选用

软磁铁氧体材料常用在高频变压器、电感、脉冲变压器以及 PFC 升压电感等中，在开关电源中是一种非常重要的元件。但是，我们不能十分有把握地掌握磁性材料的特性，以及这种特性与温度、频率、气隙等的依赖性和不易测量性。在选择铁氧体时，它不像电子元器件那样可以测量，它的具体的参数、特性曲线在显示测量仪器上也不是一目了然。为什么高频变压器、电感器要自己设计呢？因为所涉及的参数太多，例如电压、电流、温度、频率、电感量、电压比、电流比、漏感、磁性材料参数、铜损、铁损、交流磁场强度、交流磁感应强度、真空磁导率、矫顽力等十几种参量。铁氧体受到的影响因素多，元器件选用以及电路板上元器件的布置和走线的方式等对此都有影响。对于铁氧体磁心的颜色、绕组的屏蔽是否合适，散热处理是否得当……设计工程师不可能完全无误地为用户生产出好产品。

总之，即使生产商有现货供应，而且也介绍了磁性元件的特性、参数及使用条件等，用户也无法挑选磁性材料。因此，最好的办法是委托设计加工。在设计高频变压器时，必须正确选择磁心材料的特性、形状以及外形尺寸，若选用不当，就会增加损耗、降低效率，严重时输出功率达不到设计要求，甚至不能工作。

2.2.1 磁性元件在开关电源中的作用

磁性元件在电源变换中是必需的元件，广泛用于高频振荡变压器、低通滤波电感、电源输出平波电抗器，还有有源功率因数校正升压电感，所有这些作用功能，对变换器的性能质量起着至关重要的作用。当磁心用于变压器时，它起的作用如下：

1）电磁耦合。传递电能，有了磁心，电能传输畅通。

2）实施电气隔离。变压器的一次电压和二次电压是不同电位的电压，有了它，可保证变压器在变换电路中的安全，起着高低电压隔离的目的。

3）按使用需要，改变变压器电压比，达到电压升降。

4）由于磁性元件的作用，变压器二次大电流整流经过移相，使二次电流输出纹波电压减少。抑制尖峰电压，保护开关管免受冲击电流而损坏，所以常说，磁性变压器有限流作用。

5）开关电源的电子开关，通过充电放电向变压器二次侧不停地传输电能，在这过程中是由于它具有储能，才能释能，储能的大小与磁性元件的饱和磁感应强度以及初始磁导率成正比。另外，由于变压器的一次侧和二次侧存在电感，很方便地与电路电容构成谐振，谐振波一方面传递电能，改变电流或电压的方向，向负载输出，另一方面也改变电压的等级。所有这些，都是磁性元件在变换过程中所起的作用。但是磁性元件的工况性能是不易完全掌握的，它不像其他电子元器件那样容易测量选择，繁琐的技术数据，分散性、易变性很大的参数，将使挑选者无从下手。因此，只能通过生产实验、科学设计，才能发挥磁性元件最大作用功能。

2.2.2 磁性材料的基本特性

开关电源变压器磁心都是运行在低磁场、高频率环境条件下的软磁铁氧体材料，这种磁性材料具有矫顽力低、电阻率高和磁导率高的基本特点。这就意味着，流过变压器绕组的励磁电流会产生较高的磁感应强度，因此，在一定输出功率条件下，可以极大地降低磁心的体积。矫顽力低，磁心的磁滞回环面积就小，这样铁损低。同样，电阻率高、涡流小，铁损也低。但磁性材料的电阻率高，适合用在航空航天领域里。

1）磁场强度 H 与磁感应强度 B。磁场强度是表示磁场强弱与方向的一个物理量，其单位为安/米（A/m）。磁感应强度是表示磁场作用于磁性物质上的作用力的大小，其单位为特斯拉（T）。温度越高，磁感应强度越低。

2）饱和磁感应强度 B_s。磁心在磁场的作用下，当磁场强度 H 增加时，磁心出现饱和时的 B 值，称为饱和磁感应强度 B_s。

3）初始磁导率 μ_i。磁性材料在磁化曲线上的始端磁化率的最大值，即

$$\mu_i=\frac{1}{\mu_o}\lim_{H\to 0}\frac{B}{H}$$

式中，μ_o 表示磁性材料的真空磁导率（$\mu_o=4\pi\times10^{-7}$H/m）。

4）有效磁导率 μ_e。磁心在闭合磁路中（不计漏磁），磁心的导磁能力称为有效磁导率。

即
$$\mu_e=\frac{Ll}{4\pi N^2A_e}\times10^7$$

式中，L 为绕组的电感量（mH）；$\frac{l}{A_e}$ 为磁路长度与磁心面积之比，是常数。

5）居里温度 T_c。磁心的磁状态由铁磁性转为顺磁性（见图 2-7）时，在 μ-T 曲线上，磁导率最大值的 80% 和最大值的 20% 的连线与磁导率等于 1 的直线的交点相对应的温度称为居里温度。温度越高，初始磁导率也越高，当超过 130℃时，初始磁导率为零，如图 2-8a 所示。

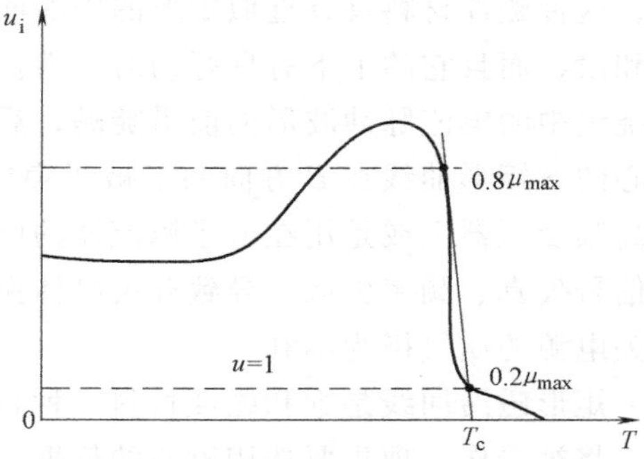

图 2-7 居里温度 T_c 的定义图

磁心在高频作用下，会产生剩磁，剩磁是产生热磁心的最大原因，热磁是磁心铁损发源地。该磁心这时的工作磁感应强度应为

$$B_w=\frac{V_s}{4.44fN}\frac{1}{A_e}\times10^5$$

$$推导出\ N=\frac{V_st_{on}\times10^5}{4.44B_wA_eD}$$

式中，f 为磁心的工作频率（kHz）；A_e 为磁心有效截面积（mm²）；V_s 为绕组两端电压（V）；N 为绕组匝数。

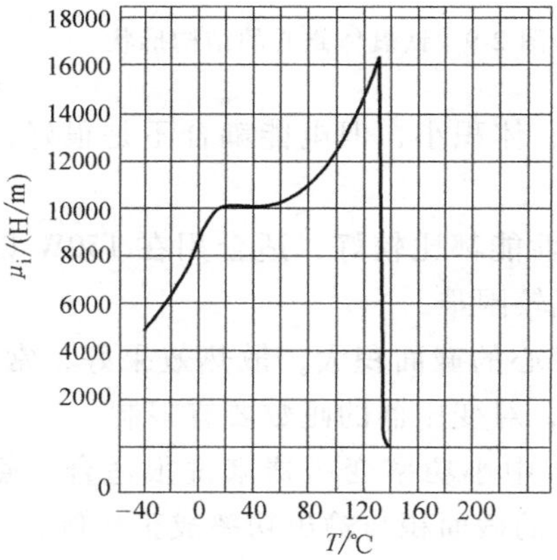

a) 初始磁导率 μ_i 与温度的关系

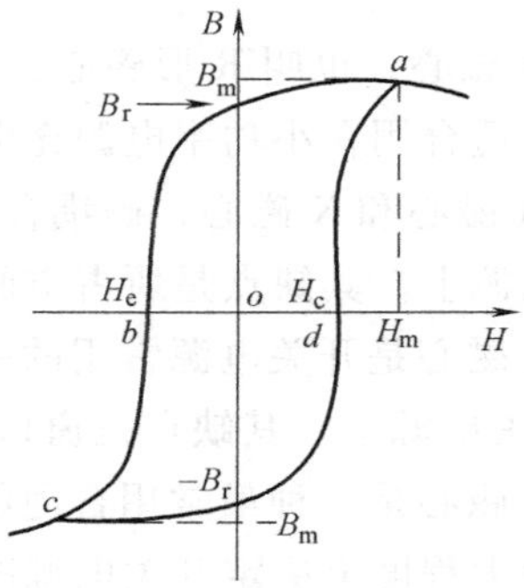

b) 磁铁的磁滞回线

图 2-8 磁性材料的特性

6）矫顽力 H_c。磁心从饱和状态除去磁场后继续反向磁化，直到磁感应强度减小到零，此时的磁场强度称为矫顽力（保磁力）。

7）磁通 Φ。磁感应强度与垂直于磁场方向的面积的乘积叫磁通，$\Phi=BS$。

8）磁感应强度 B_s。单位面积上所通过磁通的大小叫作磁感应强度（也称为磁通密度），单位为特斯拉（T）。

饱和磁性材料具有良好的开关特性，如用在高频振荡电路里，可以产生优良的振荡波形，这种磁性材料具有近似矩形的磁滞回线（见图2-8b）。这种磁滞回线有明显的饱和点和饱和段，而且它的上下有良好的对称性。近似矩形的磁滞回线在执行脉冲电信号传递时，可使绕组中的电流脉冲波形的前沿陡峭，后沿拖尾短小，能完整地传递各种波形电信号。如果磁心的S矩形曲线在 B 方向向下被压扁或是向上被拉伸，这种形变曲线的磁心用在开关电源高频变压器上或是用在电子镇流器的脉冲变压器上，将会严重影响变压器的振荡波形，产生信号失真、频率失调、导致开关晶体振荡管温度上升，变压器的铁损和铜损加剧，这对于开关电源的质量极为不利。

矩形磁滞回线是饱和磁性材料一种特殊的曲线。磁滞回线的形状非常重要，在选用磁心时，将被看作一项重要选用磁心的依据，只有用高频铁氧体磁心特性曲线测试仪方可测出。

2.2.3 磁心的结构及选用原则

磁心的结构种类繁多、形状各异。铁氧体磁心是开关电源用得比较多的一种材料。图2-9是铁氧体磁心的结构形状。下面对一些主要磁心结构加以说明。

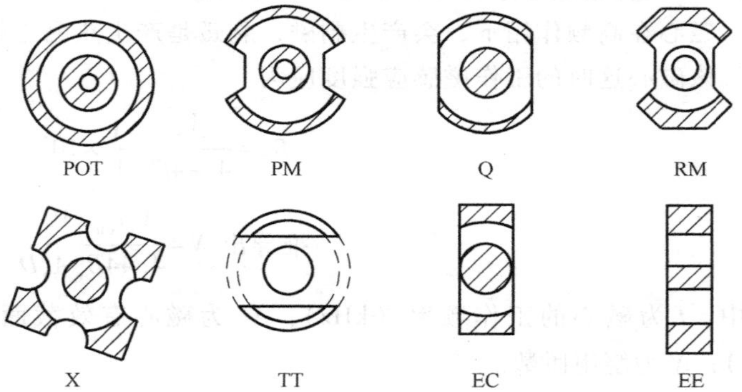

图 2-9 铁氧体磁心的结构形状

1）POT是罐形磁心，铜线绕在变压器磁心内，外面由磁铁包围。它的最大优点是导磁感应好，传递电能佳，可大量降低电磁干扰（EMI）；缺点是散热效果极差，温升很高。这种磁心只能用在小功率开关电源上。

2）PM磁心，也叫R形磁心，它结构紧凑、体积小，但电能耦合不是很好，散热性能也不很好，适合用在小功率电源充电器上。

3）RM磁心和X磁心，磁耦合能力和散热性能都比较好，适合用在150W以上的大中功率开关电源上。其缺点是所占空间大，放置比较困难。

4）EC磁心是开关电源常用的一种磁心，磁心的截面积大，散热效果好，常用在150～200W的开关电源上。其缺点是窗口面积比较小，对变压器的匝数要有限制。

5）EE磁心是一种最常用普通的磁心，对于中小功率变压器来说很适合，磁心截面积的大小在很大程度上决定开关电源的功率。磁心的截面积与输出功率成正比例，磁心截面积越大，输出功率也越大。表2-3是输入功率与EE磁心尺寸对照表，仅供选用时参考。

变压器磁心大小取决于输入功率、变压器温升以及工作频率、磁心材料等参量，现将计算公式推出如下：

$$P_E = Kfn_P B\sqrt{A_e} I_o \times 10^{-6}$$

式中，K 为振荡波系数，一般为 0.12~0.16；f 为工作频率（kHz）；n_P 为变压器一次绕组匝数（匝）；I_o 为输出电流（A）；A_e 为磁心窗口截面积（mm^2）；B 为磁心的磁感应强度（T），B=2000~3500T。

表 2-3 输入功率与 EE 磁心尺寸的关系

尺寸 / 磁心型号	A/H (max) /mm	B/h (max) /mm	C (max) /mm	D (max) /mm	有效截面积 A_e /mm^2	输入功率 P_i/W				窗口面积 B_e/mm^2
						50kHz	100kHz	150kHz	200kHz	
EE12	12/6	8/4	3	3	9	6	10	13	15	12
EE16	16/8	12/6	4	4.5	18	8	12	16	18	9
EE19	19/7	14/6	4	5	20	15	20	30	40	12.5
EE22	22/11	19/8	6	6	36	20	30	50	80	19.5
EE25	25/17	19/13	7	6	42	40	55	90	130	18
EE28	28/17	20/8	7.5	10.2	78	60	90	140	200	31.9
EE30	30/21	21/17	10.24	10.5	107.5	95	130	210	260	52.9
EE35	35/20	28/18	10	10	100	120	170	300	440	42.5
EE40	40/27	35/21	12	11.5	138	190	290	420	550	66.15
EE45	45/30	38/23	13	12	156	220	350	510	650	75
EE50	50/33	43/24.5	15	15	225	180	200	240	300	105
EE60	60/38	45/28	16	16	256	240	260	300	400	116

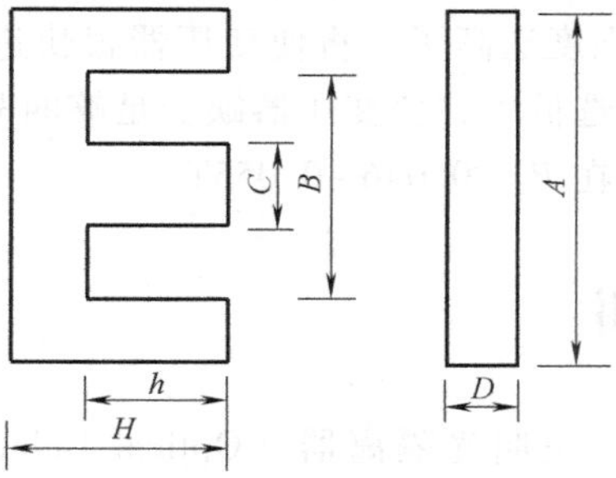

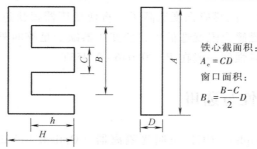

铁心截面积：
$A_e = CD$
窗口面积：
$B_e = \frac{B-C}{2}D$

式中的 B 是由软磁铁生产厂商给出的，其余是由设计工程师根据实际和工作经验给出的。高的电感量可以得到大的输出功率、较小的变压器体积。低铁损、铜损，大大降低温升。对于反激式开关电源的变压器，要考虑变压器绕组存储电能能力。其存储电能能力的大小决定于铁氧体磁心材料的磁感应强度 B_m 或变压器一次电感量 L_P，另一个因数是磁场强度或工作电流。存储电能的计算公式是 $W_D = L_P I^2/2$。

选用磁性材料时，要选用饱和的磁性材料。这种材料具有良好的开关特性，可以产生优良的振荡波形，还要求磁心具有近似矩形的磁滞回线，如图 2-8b 所示。磁性材料的磁滞回线有明显的饱和点和饱和段，而且有良好的对称性。近似矩形的磁滞回线可使绕组中的电流波形前后沿陡峭，能很好地传递各种波形电信号。如果磁心的 S 矩形曲线在 B 方向上向下被压扁，将会严重影响变压器的振荡波形，导致开关晶体管温升加剧。

磁性材料的使用一定要在一定的居里温度以内，这是首先要考虑的问题，其次是注意磁心的结构、脆度、硬度、稳定性、磁导率及磁感应强度。在设计时，对工作频率和噪声干扰应十分注意。在强磁场强度的作用下，磁性材料会收缩或膨胀，很可能会出现磁共振，所以磁心变压器装在印制电路板上时，要注意切实黏接牢固，防止出现机械噪声和电磁噪声。归纳起来如下：

1）选用较低的矫顽力（保磁性）。这是因为矫顽力低，磁滞回环面积小，铁损低。

2）选用较高的电阻率。在一定的工作频率下，磁性材料的涡流损耗与电阻率成反比。为降低磁性元件的损耗，选用磁性材料电阻率在100~800Ω·cm之间。

3）居里温度应足够高。如果磁心材料的居里温度偏低，必然使磁心的温升接近居里温度，这样促使初始磁导率μ_i太低，饱和磁感应强度B_s和电感值急剧下降，使电源的功率开关管温度急剧上升，破坏振荡频率，以致电源无法正常工作。为确保开关电源内部温度远低于磁心的居里温度，宜选用居里温度T_e>180℃的磁心元件。

4）适中的初始磁导率μ_i。初始磁导率的选取，必须满足居里温度的要求。一般来说，磁导率在4000H/m以上的材料和磁导率低于3000H/m的材料的居里温度一般可达180℃以上。因此，选用μ_i为2000~3000H/m的磁心用作电源变压器和滤波用的电感元件是比较合适的。当然，磁性材料的初始磁导率适当高一些，可以减少变压器绕组的匝数，从而有利于减小分布电容和漏感，达到改善驱动波形。

5）合适的温度系数。有些磁性材料温度在80℃时，呈现负值，即温度升高，铁损反而降低，这种材料对大功率开关电源是非常好的。一般开关推动管的电流增益h_{FE}随温度升高而增大，若选用具有负温度系数的磁性材料，则抵消了晶体管的h_{FE}的正温度系数，使开关管工作点保持稳定。

6）恰当的磁感应强度。磁感应强度选高了，将使变压器很快进入饱和，导致变压器温度快速升高而发生烧毁；磁感应强度选低了，使变压器缺少足够的驱动功能，输出功率达不到设计要求。合适的磁感应强度一般在B_s=0.046~0.055T。

2.3 光耦合器的特性与选用

光耦合器（Optical Coupler，OC）也叫光隔离器（Optical Isolation，OI），简称为光耦。它是一种以红外光进行信号传递的器件，由两部分组成：一部分是发光体，实际上是一只发光二极管，受输入电流的控制，发出不同强度的红外光；另一部分是受光器，受光器接收光照以后，产生光电流，并从输出端输出。它的光-电反应也是随着光的强弱改变而变化的。这就实现了“电—光—电”功能转换，也就是隔离信号传递。光耦合器的主要优点是单向信号传输，输入端和输出端完全实现了隔离，不受其他任何电气干扰和电磁干扰，具有很强的抗干扰能力。因为它是一种发光体，而且用低电平的电源供电，所以它的使用寿命长，传输效率高，而且体积小，可广泛用于级间耦合、信号传输、电气隔离、电路开关以及电平转换等。在仪器仪表、通信设备及各种电路接口中都应用到了光耦合器。在开关电源电路中，利用光耦合器构成反馈回路，通过光耦合器来调整、控制输出电压，达到稳定输出电压的目的；通过光耦合器进行脉冲转换。

2.3.1 光耦合器的分类

光耦合器有多种，根据不同的用途，可选用不同类型的光耦合器。光耦合器有双排直插式、管式、光导纤维式等多种封装，其型号有无基极引线通用型、有基极引线通用型、达林顿型、光电集成电路型、光控晶闸管型等，如图 2-10 所示。

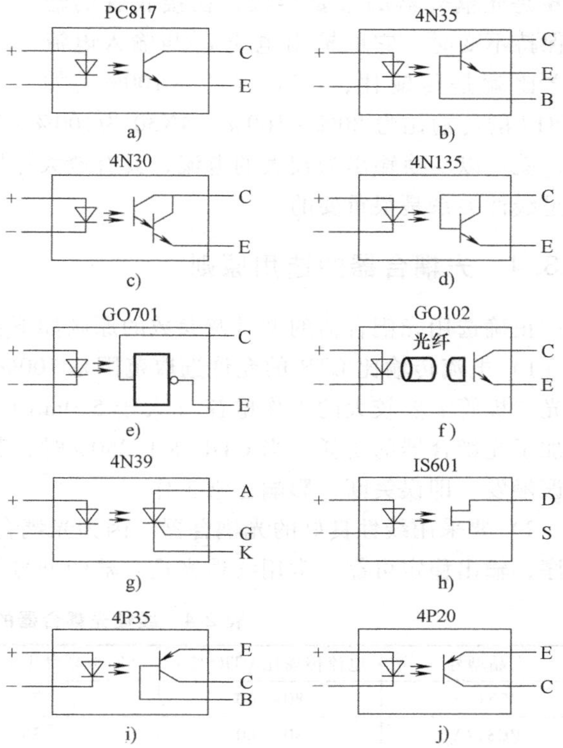

图 2-10 光耦合器的类型及内部结构

2.3.2 光耦合器的工作原理

光耦合器是由两种不同器件组合成的，一种是发光二极管，硅材料在一定电流作用下，发出一种不可见的光波，而且它随着电压的增加，二极管的发光“亮度”成比例地增加。另一部分为接收晶体管，也称受光器，发光二极管发出的光与受光器（光敏晶体管）产生电流，这种电流也与发光二极管的发光亮度成比例，也就是受光器所产生的电流与加在发光二极管上的电压成比例，从而实现了“电—光—电”的传递，利用这一特性，广泛用于信号传递、光电开关、电平转换、脉冲放大、电性隔离及微机传输接口等，这种光耦合器具有安全可靠、传输距离远、抗干扰能力强、使用效率高、寿命长等特点。

光耦合器的主要参数是电流传输比，是当输出电压保持恒定时，光耦合器的输出电流 I_o 与输入电流 I_i 之比，公式为 $CTR=\frac{I_o}{I_i}\times100\%$。

对开关电源的采样控制，采用线性较好的光耦合器，它对输出负载的稳定起着决定性的作用，典型产品型号有 PC817、PC816、4N35 等。

2.3.3 光耦合器的主要参数

光耦合器的主要参数有电流传输比 CTR（>100%）、绝缘电压 V_{DC}（>1550V）、最大正向电流 I_{FM}（>60mA）、反向击穿电压 $V_{(BR)CEO}$（>30V）、饱和压降 V_{CES}（<0.3V）、暗电流 I_R（=50μA）。在这些参数里，前两个参数比较重要，设计电路时也要考虑 I_{FM} 和 V_{CES}。

根据光耦合器的结构和内部电路，可用万用表的 $R\times1k$ 档测量发光二极管的正、反向电阻，其中正向电阻为 2kΩ 左右，反向电阻为无穷大；接收晶体管 CE 极的电阻为无穷大。绝缘电阻可用 2500V 的 ZC11-5 型绝缘电阻表进行测量，若测得的绝缘电阻大于 $10^{10}\Omega$，证明质量很好。

NEC-2501 的引脚排列如图 2-11 所示。靠近黑圆点的为第一脚，它是发光二极管的正极，然后按逆时针数各个脚位。电流传输比 CTR 是光耦合器的重要参数，在接收管的输出保持不变时，它的输出电流 I_o 与输入电流 I_i 之比就是传输比，$CTR = I_o / I_i \times 100\%$。如 PC817 的传输比为 80%~160%，4N30 为100%~5000%。可见，4N30 只需要较小的输入电流，就可以变换输出为较大的电流，具有放大作用，因此选择合适的电压或电流传输信号而且呈线性关系是很重要的。

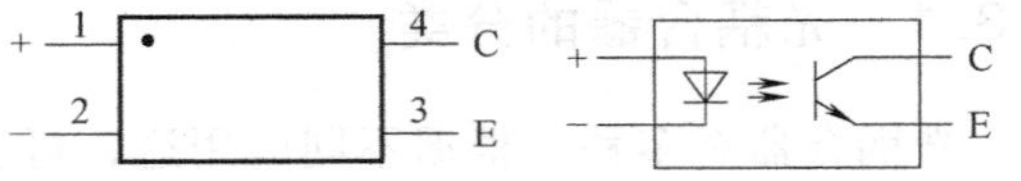

a) 引脚排列　　b) 内部电路

图 2-11　NEC-2501 光耦合器

2.3.4　光耦合器的选用原则

正确选用光耦合器的型号及参数的原则如下：

1）电流传输比 CTR 的允许选取范围是 100%~200%。当 CTR 为 80%时，光耦合器中的发光二极管需要较大的工作电流（大于 5.0mA）才能控制电路的占空比。这样做的结果是增加了光耦合器的功耗。当 CTR 高于 250%时，若启动电流或输出负载发生突变，有可能发生误触发，即误关断，影响正常工作。

2）要采用线性良好的光耦合器。因为光耦合器具有良好的线性时，电源控制调整十分有序，输出稳定可靠。常用线性光耦合器的型号及主要参数见表 2-4。

表 2-4　线性光耦合器的型号及主要参数

产品型号	电流传输比 CTR(%)	反向击穿电压 $V_{(BR)CEO}$/V	生产厂商	封装形式
PC816A	80~160	70	Sharp	DIP-4
PC817A	80~160	35	Sharp	DIP-4
SFH610A-2	63~125	70	Siemens	DIP-4
SFH610A-3	100~200	70	Siemens	DIP-4
NEC2501-H	80~160	40	NEC	DIP-4
CNY17-2	63~125	70	Motorola	DIP-6
CNY17-3	100~200	70	Siemens、Toshiba	DIP-6
SFH600-1	63~125	70	Siemens	DIP-6
SFH600-2	100~200	70	Siemens	DIP-6
CNY75GA	63~125	90	Vishay	DIP-6
CNY75GB	100~200	90	Vishay	DIP-6
MOC8101	50~80	30	Motorola	DIP-6
MOC8102	73~117	30	Motorola	DIP-6
PC702V2	63~125	70	Sharp	DIP-6
PC702V3	100~200	70	Sharp	DIP-6
PC714V1	80~160	35	Sharp	DIP-6
PC110L1	50~125	35	Sharp	DIP-6
PC110L2	80~200	70	Sharp	DIP-6
PC112L2	80~200	60	Sharp	DIP-6
CN17G-2	63~125	35	Vishay	DIP-6
CN17G-3	100~200	32	Vishay	DIP-6

2.4 二极管的特性与选用

二极管在电子电路中用得较多，功能各异。从结构上来分，有点接触型和面接触型二极管。面接触型二极管的工作电流比较大，发热比较严重，它的最高工作温度不允许超过100℃。按照功能来分，有快速恢复及超快速恢复二极管、整流二极管、稳压二极管及开关二极管等。下面谈谈各种二极管的特点及检测方法。

2.4.1 开关整流二极管

开关二极管用在高速运行的电子电路中，起信号传输作用，在模拟电路中起钳位抑制作用。高速开关硅二极管是高频开关电源中的一个主要器件，这种二极管具有良好的高频开关特性。它的反向恢复时间 t_{rr} 只有几纳秒，而且体积小、价格低。在开关电源的过电压保护、反馈控制系统中常用到硅二极管，如1N4148、1N4448。整流二极管的选用参照表2-5。

表2-5 硅整流二极管技术参数指标

型号	最高反向工作电压 V_{RM}/V	额定整流电流 I_F/A	最大正向压降 V_{FM}/V	最高结温 T_{JM}/℃	国产型号	封装形式
1N4001	50					
1N4002	100					
1N4003	200					
1N4004	400	1.0	1.0	175	2CZJ1-2CZ11J 2CZ55B-M	DO-41
1N4005	600					
1N4006	800					
1N4007	1000					
1N5391	50					
1N5392	100					
1N5393	200					
1N5394	300					
1N5395	400	1.5	1.0	175	2CZ86B-M	DO-15
1N5396	500					
1N5397	600					
1N5398	800					
1N5399	1000					
1N5400	50					
1N5401	100					
1N5402	200					
1N5403	300					
1N5404	400	3.0	1.0	175	2CZ12-2CZ12J 2CZ2-2CZ2D 2CZ56B-M	DO-27
1N5405	500					
1N5406	600					
1N5407	800					
1N5408	1000					

硅二极管的主要技术指标如下：

1）最高反向工作电压 V_{RM} 和反向击穿电压 V_{BR}：这两个参数越大越好。

2）最大管压降 V_{FM}：小于0.8V。

3）最大工作电流 I_d：大于 150mA。

4）反向恢复时间 t_{rr}：小于 50ns。

5）交流电阻 R_D：交流电压的变量 ΔV_D 与相应的电流变量 ΔI 之比，即 $R_D = \Delta V_D / \Delta I_D$，$R_D$ 变化范围为 6~20Ω。

6）二极管极间电容 C_B：二极管正向电阻大时，极间电容小，反之就大。高频时 C_B 较大，容易引起电路振荡。

2.4.2 稳压二极管

稳压二极管又叫齐纳二极管（Zener Diode），具有单向导电性。它工作在电压反向击穿状态。当反向电压达到并超过稳定电压时，反向电流突然增大，而二极管两端的电压恒定，这就叫作稳压。它在电子电路中用作过电压保护、电平转换，也可用来提供基准电压。

稳压二极管分为低压和高压两种。稳压值低于 40V 的叫作低压稳压二极管；高于 200V 的叫作高压稳压二极管。现在市面上 2.4~200V 各种型号规格齐全。稳压二极管的直径一般只有 2mm，长度为 4mm。它的稳压性能好、体积小、价格便宜。稳压二极管从材料上分为 N 型和 P 型两种。选用稳压二极管的原则是：第一，注意稳定电压的标称值；第二，注意电压温度系数。

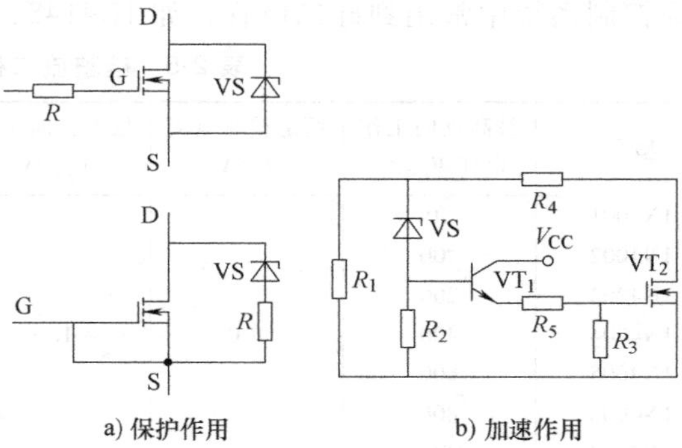

图 2-12 稳压二极管的作用

稳压二极管具有如下作用：第一，对漏极和源极进行钳位保护，如图 2-12a 所示；第二，起到加速开关管导通的作用，如图 2-12b所示；第三，在开关电源中常用高压稳压二极管代替瞬态电压抑制器（TVS）对一次回路中产生的尖锋电压进行钳位；第四，在晶体管反馈回路中，常常在晶体管的发射极串联一只稳压二极管作为电压负反馈，提高放大电路的稳定性。

稳压二极管的主要参数如下：

1）稳定电压 V_Z。设计人员根据需要选用。

2）稳定电流 I_Z。

3）温度系数 α_t。温度越高，稳压误差越大。

表 2-6 列出了常用稳压二极管的型号及主要参数。

表 2-6 稳压二极管的型号及主要参数

产品型号	稳定电压 V_Z /V	稳定电流 I_Z /mA	最大稳定电流 I_{ZM} /mA	动态电阻 R_{ZM} /Ω	温度系数 α_t /(%/℃)
1N5988B	3.3	10	128	100	-0.09
1N5990B	3.9	10	109	80	-0.08
1N5992B	4.7	10	90	60	-0.07
1N5993B	5.1	5	83	50	0.05
1N5995B	6.2	5	68	15	0.06

（续）

产品型号	稳定电压 V_Z /V	稳定电流 I_Z /mA	最大稳定电流 I_{ZM} /mA	动态电阻 R_{ZM} /Ω	温度系数 α_t /(%/℃)
1N5999B	9.1	5	47	20	0.081
1N6001B	11	5	39	30	0.088
1N6002B	12	5	35	30	0.09
1N6008B	22	5	19	60	0.105
1N6011B	30	5	14	80	0.108
1N6024B	100	1	4.3	400	0.155
1N5949B	100	3.7	14	250	
1N6026B	120	1	3.5	800	0.155
1N5951B	120	3.1	11	380	
1N5953B	150	2.5	9	600	
1N6031B	200	1	2.1	2k	0.155
1N5954B	200	1.9	7	1.2k	

2.4.3 快速恢复及超快速恢复二极管

快速恢复二极管（Fast Recovery Diode，FRD）和超快速恢复二极管（Superfast Recovery Diode，SRD）是很多电子设备中常用的器件，在开关电源中也经常用到。这两种二极管具有开关特性好、耐压高、正向电流大、体积小等优点，常用在电子镇流器、不间断电源、变频电源、高频微波炉等设备的整流、续流、限流等电路中。

它的性能指标特点如下：

1）反向恢复时间 t_{rr}：通过二极管的电流由零点正向转反向后，再由反向转换到规定值的时间。在图 2-13 中，I_F 是正向电流，I_{RM} 为最大反向恢复电流，I_{rr}为反向恢复电流。规定 $I_{rr}=0.1I_{RM}$，当 $t \leqslant t_o$ 时，正向电流 $I=I_F$。当 $t>t_o$ 时，由于整流二极管的正向电压突变为反向电压，正向电流迅速减小。在 $t=t_1$ 时，$I=0$，整流二极管上的反向电流 I_R 逐渐增大，在 $t=t_2$ 时达到最大反向恢复电流 I_{RM}。以后在正向电压的作用下，反向电流逐渐减小，在$t=t_3$ 时达到规定值 I_{rr}。从 t_1 到 t_3 的时间为反恢复时间。

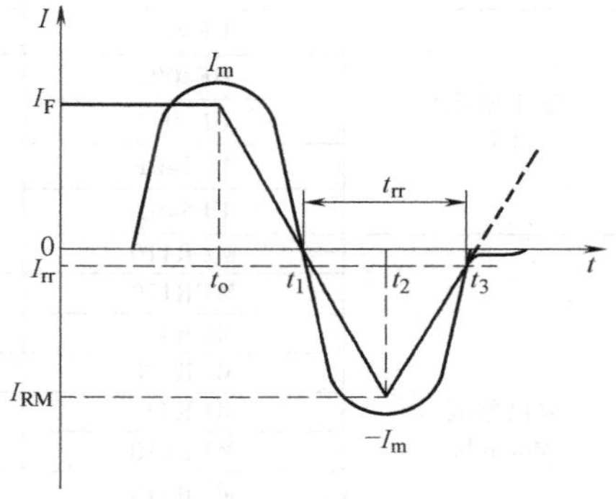

图 2-13 超快速恢复二极管反向恢复电流的波形

2）平均整流电流 I_d：这是选用二极管的又一个主要指标。一般来说，选用管子的整流电流是设计输出电流的 3 倍以上。

3）恢复和快速恢复二极管有 3 种结构，即单管、共阴极对管和共阳极对管。所谓共阴极、共阳极是指两只二极管接法不同。

检测方法及选用原则如下：

1）检测方法：利用万用表的电阻档或数字万用表的二极管检测档，能够检查二极管的单向导电性，并测出正向导通压降；用绝缘电阻表能测出反向击穿电压。一般正向电阻为

6Ω，反向电阻为无穷大，可从读出的负载电压计算出正向导通压降。

2）选用原则：超快速恢复二极管在开关电源中可作为阻塞二极管和二次侧输出电压的整流二极管。超快速恢复二极管的反向恢复时间在20~50ns之间；整流电流 I_d 为最大输出电流 I_{OM} 的3倍以上，即 $I_d>3I_{OM}$；最高反向工作电压 V_{RM} 为最大反向峰值电压 $V_{(BR)S}$ 的2倍以上，即 $V_{RM}>2V_{(BR)S}$。常用超快速恢复二极管的型号及主要参数见表2-7。

表2-7 常用超快速恢复二极管的型号及主要参数

用途及生产厂商	产品型号	V_{RM}/V	I_d/A	t_{rr}/ns
阻塞二极管 GI	UF4004	400	1	50
	UF4005	600	1	30
	UF4006	800	1	75
	UF4007	1000	1	75
	UF5406	600	3	50
	UF5408	1000	3	50
阻塞二极管 Philips	BYV26A	200	2.3	30
	BYV26B	400	2.3	30
	BYV26C	600	2.3	30
	BYV26D	800	2.3	75
	BYV26E	1000	2.3	75
阻塞二极管 Motorola	BUR130	300	1	
	BUR140	400	1	
	BUR150	500	1	
	BUR160	600	1	
	BUR170	700	1	
	BUR180	800	1	
	BUR820	200	8	60
	BUR8100	1000	8	35
输出整流 GI	UF4001	50	1	25
	UF4002	100	1	25
	UF4003	200	1	25
	UF5401	100	3	50
	UF5402	200	3	50
输出整流 Motorola	MUR110	100	1	
	MUR120	200	1	
	MUR410	100	4	
	MUR420	200	4	
	MUR440	400	4	
	MUR610	100	6	
	MUR810	100	8	
	MUR820	200	8	
	MUR1610	100	16	35
	MUR1620	200	16	35
输出整流 Philips	BYV27-100	100	2	25
	BYV27-150	150	2	25
	BYV27-200	200	2	25
	BYV32-200	200	20	35
输出整流 GI	UGB8BT	100	8	20
	UGB8CT	150	20	20
	UGB8DT	200	5	20
反馈电路整流 Motorola	MUR120	200	1	
	BAV21	200	0.25	

2.4.4 肖特基二极管

肖特基二极管（Schottky Barrier Diode，SBD）是一种N型半导体器件，工作在低电压、大电流状态下，反向恢复时间极短，只有几纳秒，正向导通压降为0.4V，而整流电流达数百安。它是最近在开关电源中应用得最多的一种器件。区分肖特基二极管和超快速恢复二极管的方法是两者的正向压降不同，肖特基二极管的正向压降是0.4V，超快速恢复二极管的正向压降是0.6V。值得注意的是，肖特基二极管的最高反向工作电压一般不超过100V，它适合用在低电压、大电流的开关电源中。表2-8给出了肖特基二极管的型号及主要参数。

表2-8 肖特基二极管的型号及主要参数

产品型号	反向峰值电压 V_{RM}/V	平均整流电流 I_d/A	反向恢复时间 t_{rr}/ns	生产厂商
UF5819	40	1	<10	GI
UF5822	40	3	<10	
MBR360	60	3	<10	Motorola
MBR650	50	6	<10	
MBR745	45	7.5	<10	
MBR1045	45	10	<10	
MBR1050	50	10	<10	
MBR1060	60	10	<10	
MBR1645	45	16	<10	
MBR3045	45	30	<10	
MBR3050	50	30	<10	
MBR20100	100	20	<10	
MBR30100	100	30	<10	
50SQ100	100	5	<10	

2.4.5 瞬态电压抑制器

瞬态电压抑制器（Transient Voltage Suppressor，TVS）是一种电压保护器件。由于它在电路中的响应速度快、体积小、价格低，在开关电源和其他一些家用电器中得到了应用。瞬态电压抑制器是一种用硅材料制成的器件，它与硅整流二极管一样都具有PN结；封装形式有DO-41、A27K、A37K；在75℃温度下额定脉冲功率为2W、5W、15W；在25℃温度下承受的浪涌电流达到50A、80A、200A；最大功率可达60kW，承受瞬态高能电压（如浪涌电压、雷电干扰尖峰电压）时，能迅速反向击穿，由高阻态变为低阻态，把干扰脉冲钳位到规定值，使设备不受外界条件影响，保护设备安全。

TVS有单向瞬态电压抑制和双向瞬态电压抑制两种。它的主要技术指标有：反向击穿电压 V_B（这是选择时首先考虑的参数）、脉冲电流 I_P（如果选小了，TVS将会击穿）、钳位时间（越短，安全性越好，一般仅为1ns）。如果反向电压达不到，可以用两只或三只TVS串联起来使用。表2-9给出了TVS的型号及主要参数。

表 2-9 TVS 的型号及主要参数

型　号	V_B/V	P_P/W	I_T/mA	V_R/V	I_R/mA	I_P/A	α_t/(%/℃)
TVP526	100	400	1	81	5	3.5	0.10
TVP434	200	400	1	162	5	1.7	0.10
TVP1034	200	500	1	162	5	3.5	0.10
5KP100	122	500	5	100	10	26	0.14
P6KE90	90	400	6	150	10	30	
P6KE150	150	500	6	200	10	30	
P6KE200	200	600	6	250	10	30	
P6KE120	120	600	6	250	5	30	
1.5KE120A	120	600	1.5	250	5	4	
1.5KE200A	200	600	1.5	150	5	4	

注：V_B 为反向击穿电压；P_P 为峰值功率；I_T 为测试电流；V_R 为反向漏电电压；I_R 为反向漏电电流；I_P 为脉冲电流；α_t 为温度系数。

2.5 自动恢复开关的特性与选用

自动恢复开关（Resettable Switching，RS）又叫自动恢复熔丝，它是一种过电流保护器件。当电路发生短路或用电电流超过极限值时，它起保护作用。它具有开关特性好、使用安全、不需维护、可自动恢复、可反复使用等特点。自动恢复开关的类型及安装方式见表 2-10。

表 2-10 自动恢复开关的类型及安装方式

类　型	工作电流/A	工作电压/V	安装形式	用　途
RGE	3.0~24	<16	插件	一般电器
RXE	0.1~3.75	<60	插件	开关电源
RUE	0.9~9	<30	插件	开关电源
SMD	0.3~2.6	15/30/60	表面安装	计算机/一般电器
miniSMD	0.14~1.9	6/13.2/15/30/60	表面安装	计算机/开关电源
SRP	1.0~4.2	<24	片状	电池组
TR	0.08~0.18	<250/600	插件	通信器材

2.5.1 自动恢复开关的工作原理

自动恢复开关是由高分子晶状聚合物和导电链构成的，它将聚合物紧密束缚在导电链上，在常态下它的电阻值非常低，只有 0.2Ω，工作电流通过开关时功耗也很小，它所产生的热量很少，不改变聚合物内部的晶状结构。当电路电流超过最大设计值或发生短路故障时，电流增加，导电链产生的热量使聚合物从晶体状态变为非晶体状态，原来被束缚的导电链自动分离断裂，它的内阻迅速增加至数千欧，使电路进入开路状态，立即将电路电流切断，对电路起到保护作用。当故障排除以后，它又能很快恢复到低电阻状态。这种可持续性的转换器件能反复使用而不损坏。自动恢复开关可在家用电器、计算机、通信设备以及开关电源上用作过电流保护。通常，将自动恢复开关串接在低压直流输出端，此时交流输入端的熔断器可省去。这里应特别注意：自动恢复开关只能进行低压过电流保护，而不能接在220V或110V交流电压上，否则将使开关烧坏。荧光灯断路或漏气时，镇流器的工作电流是正常工作电流的3倍以上，这时只要在镇流器的输出端与灯之间的电路中串联一只自动恢复开关，就能非常有效地进行过电流保护，提高电子镇流器的可靠性。

2.5.2　自动恢复开关的检测方法和选用原则

1. 电阻检查

用数字万用表的电阻档直接测量它的直流电阻，电阻值越小，自动恢复开关的容量越大。它的阻值范围见表2-11。

表2-11　自动恢复开关的阻值

类　型	RGE	RXE	RUE	SMD	miniSMD
R/Ω	0.002～0.075	0.03～4.50	0.005～0.120	0.025～4.800	0.024～5.00

2. 过电流后自动恢复能力的检查

在直流稳压电源输出端，将自动恢复开关与电流表串联，要求稳压电源的输出电流必须大于自动恢复开关的电流 I_H。稳压电源的输出电压从零开始逐渐升高，这时注意电流表的电流读数也在不断增加。当稳压电源的输出电流接近或超过自动恢复开关的电流时，电流表上的电流读数突然减小，此时自动恢复开关已进入高阻抗状态。关断电源后，稳压电源的输出电压又从零点几伏开始上升。观察电流表，如果一段时间后电流表上的电流读数升到一定值，这段时间就是自动恢复开关的自动恢复时间。自动恢复开关的选用原则如下：

1）根据设计电路的平均工作电流、工作电压，依照表2-10选择器件的类型和安装方式。

2）将工作电流换算成器件的动作电流，见表2-12。

表2-12　不同环境温度下的电流换算率

类　型	-20℃	0℃	20℃	30℃	40℃	50℃	60℃	70℃	80℃
RGE	132%	120%	105%	96%	88%	80%	71%	61%	47%
RXE	136%	119%	100%	90%	81%	72%	63%	54%	40%
RUE	130%	115%	100%	91%	83%	77%	68%	61%	52%
SMD	134%	117%	100%	92%	83%	75%	66%	58%	45%
miniSMD	135%	118%	100%	93%	87%	80%	73%	65%	57%
SRP	135%	118%	100%	92%	85%	77%	69%	60%	50%

3）根据最高工作电压 V_{max}、最大电流 I_{max}、最大功耗 P_{Dmax}、最小电阻 R_{min}、最大电阻 R_{max} 选择合适的自动恢复开关。miniSMD产品的规格见表2-13。

如某电子设备的工作电流为0.1A，电压为3.3V，环境温度 $T_A=40$℃，选用miniSMD自动恢复开关。查表2-12可知，40℃时的换算率为87%，所以 $I_H=0.1\text{A}/87\%\approx0.115\text{A}$，可选miniSMD020。由图2-14可知，miniSMD020的短路电流达2A，其动作时间为0.2s。

表 2-13 miniSMD 产品的规格

类 型	规 格	I_H/A	V_{max}/V	I_{max}/A	P_{Dmax}/W	R_{min}/Ω	R_{max}/Ω
miniSMD	CO14	0.14	60.00	10	0.8	1.5	5
miniSMD	020	0.20	30.00	10	0.8	0.8	5
miniSMD	CO35	0.35	6	40	0.6	0.32	1.30
miniSMD	CO50	0.50	15	40	0.8	0.15	1.00
miniSMD	075	0.75	13	40	0.8	0.11	0.45
miniSMD	E190	1.90	16	100	1.5	0.024	0.08

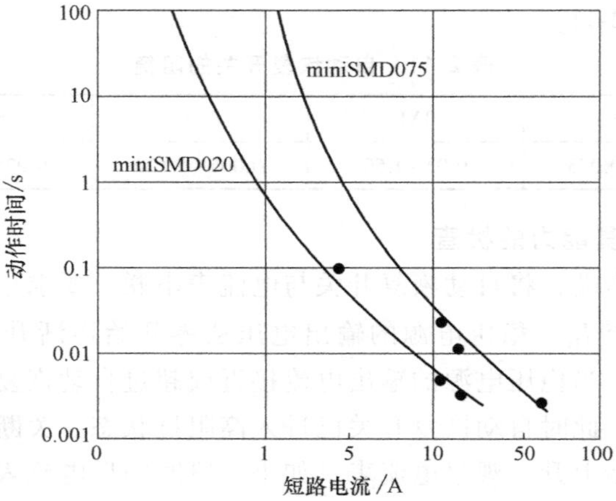

图 2-14 短路电流

2.6 热敏电阻

热敏电阻是由锰钴镍的氧化物烧结而成的半导体陶瓷制成的，具有负温度系数，随着温度的升高，其电阻值降低。热敏电阻的主要参数如下：

1）R_{T0}：零功率电阻值，表示室温为25℃时的电阻值。R_{T0}越低，稳定性越好，但敏感性差。

2）α_T：零功率电阻温度系数，表示零功率下温度每变化1℃所引起电阻值的相对变化率（%/℃）。

3）δ：耗散系数，指热敏电阻的温度每变化1℃所消耗功率的相对变化量（mW/℃）。

热敏电阻在开关电源中起过热保护和软启动的作用。过热保护时将热敏电阻并接在输入电路中。刚启动时，温度低，电阻值高，相当于开路。如果电路输入电压超高，热敏电阻就会发热，其电阻值降低，对输入电流分流。当发热超过极限值时，整流后的输出电压降低，开关电源高频振荡停振，或是由于热敏电阻阻值降低后，将电路熔丝熔断，电路与供电电源断开，起到热保护作用，如图 2-15 所示。所谓软启动是指电源刚通电时，因滤

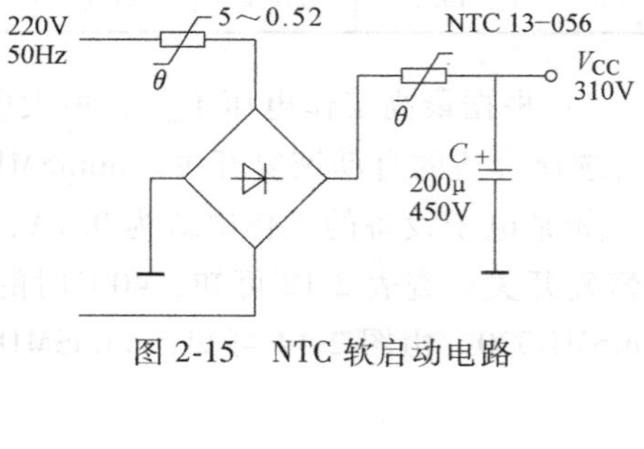

图 2-15 NTC 软启动电路

波电容 C 的电压不能突变，容抗趋于零，瞬时对电容充电的电流很大，容易损坏电解电容。为了解决这一问题，一般是在电路中串联几欧的电阻，在启动瞬间对电流加以限制。但是，由于电阻功耗上升，电源效率下降。如果将电阻换为热敏电阻，就可解决这一问题。电路刚通电时，热敏电阻的温度低，阻值很大，瞬时能对充电电流加以限制。随着电流通过发出热量，热敏电阻的阻值迅速减小，启动成功，功耗降低。这就是热敏电阻限流软启动的作用。热敏电阻的型号及主要参数见表 2-14。

表 2-14 热敏电阻的型号及主要参数

型号	常温电阻值/Ω	最大工作电流/A	适用开关电源功率/W	生产厂商
7NSP16	16	0.7	≤12	威海环翠电子材料厂
7NSP22	22	0.6		
7NSP33	33	0.5		
9NSP10	10	2.6	20~35	
9NSP16	16	1	≤20	
9NSP22	22	1	≤20	
9NSP33	33	0.8	≤20	
11NSP10	10	3.0	40~80	
11NSP16	16	2.5	40~80	
11NSP22	22	2.0	20~40	
11NSP33	33	1.5	20~40	
NTC16D-7	16	0.7	≤11	南京科敏电子电器厂
NTC22D-7	22	0.6		
NTC33D-7	33	0.5		
NTC10D-9	10	2.0	20~40	
NTC16D-9	16	1	≤20	
NTC22D-9	22	1		
NTC33D-9	33	0.8		
NTC10D-11	10	3.0	40~80	
NTC16D-11	16	2.5		
NTC22D-11	22	2.0	20~40	
NTC33D-11	33	1.5		
NSP8D05R	5	1.0	20~40	浙江省东阳市三星电子公司
NSP8D10R	10	0.8		
NSP8D15R	15	0.7		
NSP8D22R	22	0.6		
NSP8D33R	33	0.5		
NSP10D10K	10	3.0	40~80	
NSP10D15K	15	2.5		
NSP10D22K	22	2.5		
NSP10D33K	33	1.5		
NSP13D05R	5	4.0	80~160	
NSP13D10R	10	4.0		
NSP13D20R	20	3.0		

2.7 TL431 精密稳压源的特性与选用

TL431 是由美国德州仪器（TI）公司和摩托罗拉（Motorola）公司联合生产的，为

2.50~36V可调式精密并联稳压源，广泛用于开关电源、电子仪器和各种检测仪表中。在电子电路中，TL431可以用来设计延时电路、电压比较器、精密恒流源、大电流稳压源等；在开关电源中，可构成外部误差放大器，再与光耦合器组成隔离式反馈电路，使电源电压稳定输出。

2.7.1 TL431的性能特点

TL431共有以下几种型号：TL431C、TL431AC、TL431I、TL431M、TL431Y。它们的内部结构一样，只是技术指标有点差异，其特点如下：

1）动态阻抗低，典型值为0.2Ω；输出噪声低。

2）阴极工作电压范围是2.50~36V，极限值为37V；阴极工作电流 I_{AK} =1~100mA，极限值为150mA；额定功率为1W，T_A>25℃时，则按8.0mW/℃的规律递减。

2.7.2 TL431的工作原理

TL431的基本电路接线如图2-16所示。它相当于一只可调节的齐纳稳压二极管，输出电压由外部的 R_1、R_2 来设定，$V_o=V_{KA}=(1+R_1/R_2)V_{REF}$。$R_3$ 是限流电阻，V_{REF} 是常态下的基准稳压端（电压 V_{REF} 为2.5V）。图2-17所示是TL431的等效电路，它主要由误差放大器A、外接电阻分压器上所得到的取样电压、2.50V基准稳压源 V_{REF}、NPN型晶体管VT（用以调节负载电流）和保护二极管VD（防止A、K间极性接反，起保护作用）组成。TL431的工作原理是这样的：当输出电压 V_o 上升时，取样电压 V_{sample} 也随之上升，使取样电压大于基准电压 V_{REF}，致使晶体管VT导通，其集电极电位下降，即输出电压 V_o 下降。

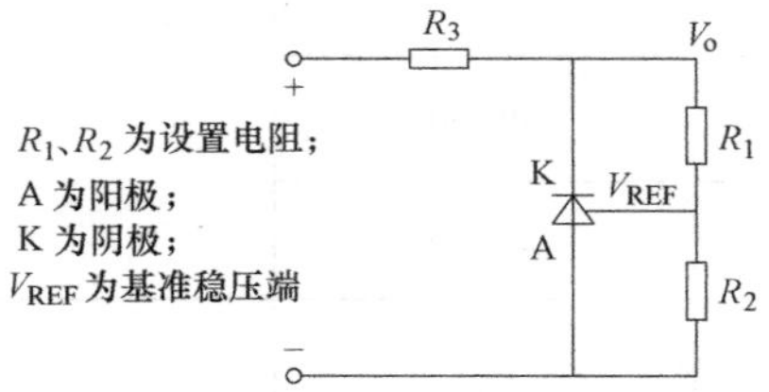

图2-16 TL431的基本电路接线

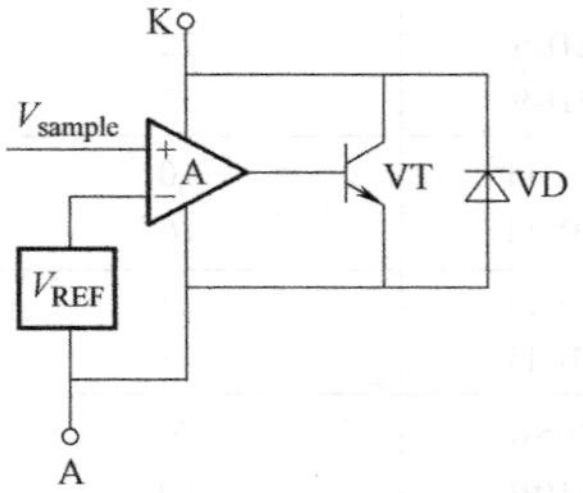

图2-17 TL431的等效电路

2.7.3 TL431的应用

1. TL431能实现可调的输出电压

如图2-18所示，将L7805三端稳压器接在TL431的阴极上，调节 R_1 来改变输出电压。输出电压的大小仍用上述公式计算，最低输出电压 $V_{omin}=V_{REF}+5V=2.5+5V=7.5V$，最高输出电压是L7805的输出电压的最大值35V加上 V_{REF}，所以 $V_{omax}=35V+2.5V=37.5V$。

2. 可以制成输出电压为5V、电流为1.5A的精密稳压源

如图2-19所示，将TL431接在LM317三端稳压器的调整端与地之间。LM317的静态工作电流只有50μA，小于1mA，无法为TL431提供正常的阴极电流。在电路中加入 R_3 后，输出电压 V_o 经 R_3 向TL431的阴极提供电流 I_{KA}，保证TL431正常工作。图2-20所示是大电流并联稳压电路。

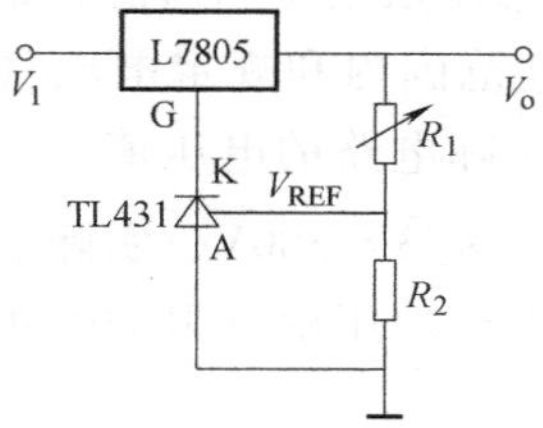

图 2-18 可调输出电压

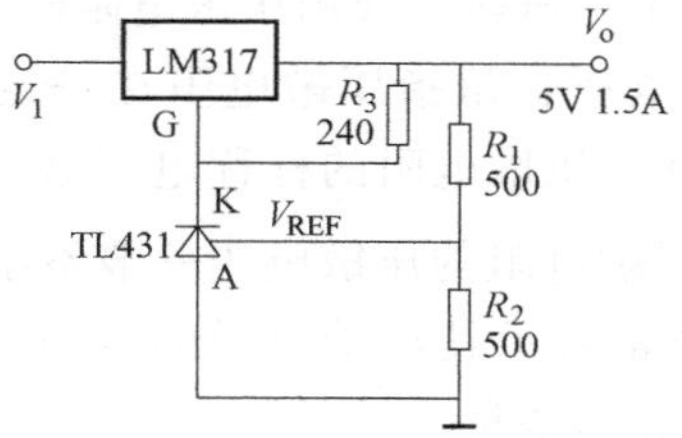

图 2-19 大电流稳压电路

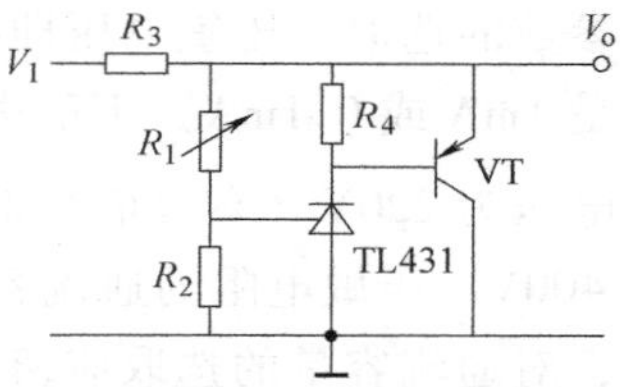

图 2-20 大电流并联稳压电路

2.7.4 TL431 的检测方法

利用万用表的电阻档可以检测 TL431 质量的好坏。从等效电路图知道，TL431 实际上是一只二极管，因此 A、K 极之间呈现出单向导电的特性。选用 $R\times1k$ 档，黑表笔接 K 极，红表笔接 A 极，这时测量出的电阻为无穷大；调换表笔后测出的电阻为 5kΩ 左右。再用黑表笔接 V_{REF}极，红表笔接 K 极，这时显示电阻为 7.5kΩ，具体见表 2-15。

表 2-15 TL431 的检测方法

黑表笔位置	红表笔位置	正常电阻值/kΩ	黑表笔位置	红表笔位置	正常电阻值/kΩ
K	A	∞	K	V_{REF}	∞
A	K	5~5.1	V_{REF}	A	26~29
V_{REF}	K	7.5~7.6	A	V_{REF}	34~36

2.8 压敏电阻

2.8.1 压敏电阻的特性与选用

压敏电阻是在某一特定的电压范围内，随着电压的增加，电流急剧增大的敏感元件。它常并联在两根交流电压输入线之间，置于熔丝之后的输入回路中。压敏电阻的种类很多，其中具有代表性的是氧化锌压敏电阻。用作交流电压浪涌吸收器时，压敏电阻具有正反向对称的伏安特性，如图 2-21 所示。在一定的电压范围内，其阻抗接近于开路状态，只有很小的漏电流（微安级）通过，故功耗甚微。当电压达到一定值后，通过压敏电阻的电流陡然增大，而且不会引起电流上升速率的增加，也不会产生续流和放电延迟现象。压敏电阻的瞬时功率比较大，但平均持续功率却很小，所以不能长时间工作于导通状态，否则有损坏的危险。

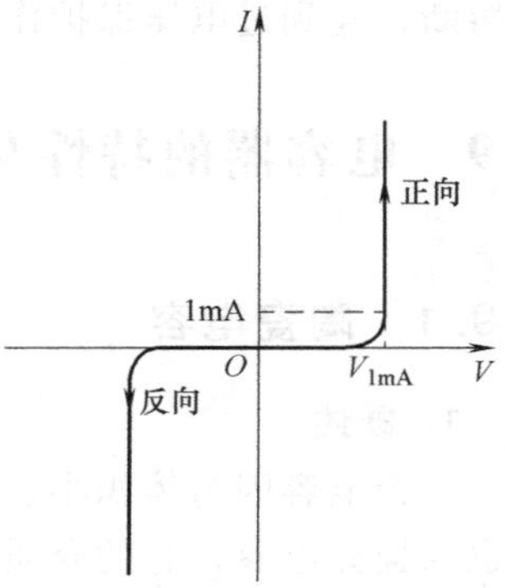

图 2-21 压敏电阻的伏安特性曲线

开关电源交流输入电压一旦因电网附近的电感性开关或雷电等原因而产生高压尖峰脉冲干扰，或因错相而引入 380V 的瞬变电压，具有可变电阻作用的压敏电阻就从高阻关断状态立即转入低阻导通状态，瞬间流过大电流，将高压尖峰脉冲或市电过电压吸收、削波和限幅，从而使输入电压达到安全值。当压敏电阻中通过大电流时，往往还会熔断熔丝，这就避免了对开关电源中的电子元器件造成致命的损坏。选用压敏电阻时，要注意压敏电压和通流容量两个参数的选取。压敏电压即标称电压，是指压敏电阻在一定的温度范围内和规定电流（通常是 1mA 或 0.1mA）下的电压降。压敏电阻的标称电压必须高于实际电路的电压值。当输入电压为 220V（有效值）时，压敏电阻的压敏电压一般不小于 $220V\times\sqrt{3}\approx380V$，实际上选用 400V。压敏电阻的通流容量通常表示其承受浪涌的能力。为了不影响压敏电阻的使用寿命，对通流容量的选取应留有充分的裕量。

压敏电阻的外形与普通金属膜电阻一样。在常温下测试时，它的阻值为几百千欧，甚至为兆欧级。压敏电阻损坏后，必须用相同规格的产品进行更换，千万不可用普通电阻替换。

2.8.2 压敏电阻的主要参数

开关电源上的压敏电阻主要作用是对过电压保护，而产生过电压的原因是空中雷击、电焊火花、电网浪涌电压。因为它关系到人身设备安全，对技术参数要求较为严格。

1. 漏电流

$$I_{eak}=2\pi fVC_y$$

式中，V 为高端测试电压值；f 为供电电网频率，50Hz 或 60Hz。C_y 为跨接在输入网线上相线到地、中线到地、一次侧到二次侧所接的总电容量。

2. 标称电压

压敏电阻通过 1mA 电流时，压敏电阻两端所产生的电压称为标称电压。选择标称电压的原则是，对于交流电压应选用 2.2 倍输入电压；对于峰值电压应选用 1.5 倍 V_{PP}；对于直流电压应选用 2.6 倍 V_{iDC}。

3. 流通量

所谓流通量，是在一定时间内，允许流入峰值电流和峰值电压的乘积。

2.8.3 压敏电阻的分类

压敏电阻分稳压型、防雷型、消磁型和穿透型等。如 MYL1-1 表示防雷型压敏电阻，它的规格有 850V、1000V、1500V、3500V 等规格。一般压敏电阻安装在低通滤波器前面，小功率电源不常用，它有一定的功耗。稳压热敏电阻，它可用于交直流电路，可作为电路双向限幅或稳压。穿透型压敏电阻，当输入电压超过它的标称电压 1.2 倍时被击穿，外串联熔断器熔断，起到过电压保护作用，但它不因过电压而烧坏，可长期使用。

2.9 电容器的特性与选用

2.9.1 陶瓷电容

1. 概述

陶瓷电容因为体积小、寿命长、使用频率高等优点，在开关电源中应用比较多。陶瓷电容也叫瓷介电容，它的介质是一种天然物质陶瓷。陶瓷电容器有多种结构形式，其原理大体一样，主要是根据陶瓷的理化性质严格控制陶瓷片的厚度、面积、光滑度和平整度，然后经过现代技术进行精细加工而成。陶瓷的种类很多，根据成分不同，可分为钛康陶瓷、热康陶瓷及钛酸钡陶瓷等，钛康材料的介电常数较高，具有负温度系数。热康材料的介电常数较低，负温度系数较小，电容的稳定性好。偏钛酸钡材料介电常数最高，温度系数也很大，电容器的稳定性很差，一般高新电子产品不用这种电容。陶瓷电容在开关电源电路中常用来抑制共态噪声，常接在电路与地之间，即 Y 电容，如图 2-22 所示。

2. 陶瓷电容在电路中的作用

一般说，电容有隔直流信号，传递交流信号的作用，它对防止和滤除噪波、高频电磁干扰和稳定电气性能起着十分重要的作用，陶瓷电容在电子电路中起如下的作用：

1）平滑纹波电流。开关电源输出电能，都是脉动直流，电流纹波较大，开关电路常采用大电容量的电解电容，随着开关电源的高频化与小型化，对电源输出参数要求也越来越高，目前均已采用叠层陶瓷电容，这种电容器的内部采用镍，经过碳膜化高温处理使电容量、耐电压等级及漏电流降低得到极大的改善。叠层陶瓷电容的容抗跟铝电解电容相比非常小，在电路中用作平滑纹波的效果非常好，电容自身的发热量很低，对输出 100~500kHz 的纹波电流的平滑度有显著提高。一般来说，铝电解电容随着使用时间的延长，它的电容量随电解质干涸而减小，而陶瓷电容的电容量几乎不随时间变化。

2）旁路噪声干扰。为了阻止噪声由输出回路进入负载或者低频电磁波由输入电路进入电源，一般在电路中接入陶瓷电容，用它来抑制正态噪声和用于低通滤波。这种作用的电容称为旁路电容，它配接在主电路的输出电路中，其旁路效果比较好。这种电容的电容量一般为 220~3300pF，耐压范围视电路作用而定，一般为 500V~1.2kV。

3）滤除噪声。开关电源的输入回路常接有交流电路滤波器，它的作用是滤除外部噪声的进入与内部噪声的传出，这种滤除噪声的电容都用陶瓷电容。接在电源进线的电容，抑制噪声的频率较低，所需的电容量较大，耐压为 275V，称它为 X 电容，如图 2-22 所示。

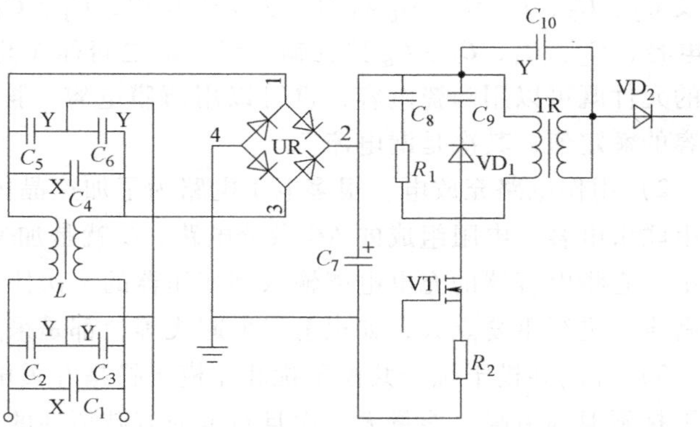

图 2-22　电容在开关电源的位置

3. 陶瓷电容的特点

1）结构简单，加工生产工艺要求不高，原料丰富，价格便宜。

2）电容的绝缘性能强，绝缘电阻大，可制成耐压很高的电容，能耐压高达 2kV。

3）具有良好的耐热性，有耐高温的特点，可在高达 500~600℃ 的条件下正常稳定工作。

4）温度系数范围很宽，可以生产出不同温度系数的电容，以适用于不同的场合。

5）陶瓷电容还有耐酸、耐碱、耐盐的特点，若受水的侵蚀，也能长期正常地工作，不易老化。

6）陶瓷材料的介电系数很大，一般从几十皮法到数百皮法，有的介电系数高达几千皮法，这使得瓷介电容器的体积可以做得很小，如果采用多叠层的方式，电容器的容量可扩展很大。

7）陶瓷电容的瓷介质材料不可以卷曲，电容器本身不带电感性，这样生产出来的陶瓷电容高频特性较高，广泛用于航天通信。

8）陶瓷电容的损耗角正切值与频率的关系很小，损耗值不随频率的升高而上升。但是，它的机械强度低，容易破裂损坏。

2.9.2 薄膜电容

1. 概述

有机薄膜就是塑料薄膜，以有机介质材料制造的电容就是薄膜电容。

薄膜电容有十几种，有聚苯乙烯电容、聚四氟乙烯电容、聚酯（涤纶）电容、聚丙烯电容等。聚苯乙烯电容器的种类很多，CB10 型、CB11 型为普通聚苯乙烯电容器，CB14 型、CB15 型为精密聚苯乙烯电容器。聚四氟乙烯电容器使用的材料价格昂贵，生产成本高，通常只在特殊场合选用这种电容器，例如高温、高绝缘、高频电路中使用。聚酯电容器就是涤纶电容，它性能稳定、体积小，常常被用在高级电子设备中。

2. 薄膜电容在电路中的作用

薄膜电容有很多优点，被广泛用于开关电源电路中。

1）抑制正态噪声。电源输入回路的低频噪声波以及电磁杂波，是一种频率低于 5MHz 的干扰信号，抑制这种信号的能力，就是电子设备电磁兼容性（EMC）指标的高低，要保证电子设备既不受周围环境噪声的影响，也不能对周围设备产生干扰，图 2-22 中的 C_1、C_4 以及 C_2、C_3、L、C_5、C_6 将起着决定性作用，C_1、C_4 与交流输入线并接，抑制正态噪声叫 X 电容，C_2、C_3、C_5、C_6 接在输入线与地之间称 Y 电容，也起着抑制正态噪声的作用，这里的元件既可以用陶瓷电容，也可以用薄膜电容。抑制正态噪声的 Y 电容的选用，要注意电容的额定值，其次是漏电流。

2）用作电路充放电。很多电子电路为了加速晶体管的导通和截止，一般在晶体管的基极串联由电容、电阻组成的 RC 微分电路，C 就是加速充电电容。用于晶闸管的高压点火过程中，它将电容器的充电电能输入到变压器的一次侧，经变压器耦合升压，使它的二次侧获得高压，进行重复点火，如火箭发射起飞等，都是采用光放电原理。

3）抑制共模干扰。共模干扰和差模干扰是开关电源防止干扰常见的一种物理现象，这种干扰不但幅值高、能量大，而且对电源有破坏性的损害作用，只有聚四氟乙烯薄膜电容才能抑制这种干扰。图 2-22 中的 C_{10} 就是为抑制这种干扰而设计的。

3. 薄膜电容的特性

1）耐压范围宽。薄膜电容一般耐压范围在 30V～15kV 内。普通聚苯乙烯电容的额定电压为 100V；高压型聚苯乙烯电容的工作电压可高达 40kV，专供高压电子设备使用。

2）绝缘电阻高。聚苯乙烯电容的容抗一般大于 $10^{11}\Omega$，所以它的漏电流很小，电容在充电后静置 1000h，仍能保持 95%以上的电荷。而纸介质电容充电后静置 200h，充电电荷量几乎全部放完。所以聚苯乙烯电容广泛用于航空航天、金属冶炼及超低温寒冷环境。

3）电容器的损耗很小，通常 $\tan\delta=5\times10^{-4}\sim12\times10^{-4}$，所以用在高频电路或要求绝缘电阻很大的电子产品里。

4）电容的制造工艺简单，用于制造电容的材料丰富，而且电容的容量范围宽，一般可生产的容量为 50pF～500μF。

5）制造出的电容精度很高，这是因为金属膜聚苯乙烯的厚度、平整度和均匀度容易控制。

电容器的误差等级为±1%、±2%和±5%。特殊需要时，电容器的误差可控制到±0.3%，甚至±0.1%。

6）聚苯乙烯电容的温度系数极小，一般为$-70\times10^{-6}\sim200\times10^{-6}$（1/℃）。电容在电路中工作极为稳定，但是工作温度不能超过100℃，否则电容的损耗加大。抗酸碱、耐腐蚀、耐潮湿也是聚苯乙烯电容的一大优点。当电容器两片极板因电压过高而将局部击穿时，聚苯乙烯金属膜层能使击穿点的金属层面恢复到击穿点之外，从而达到自愈，能消除因击穿造成的短路，保证了电路安全。

2.9.3 铝电解电容

铝电解电容也是由极板和绝缘介质组成的。它的绝缘介质一般是铝酸溶液。铝电解电容是在开关电源电路里使用比较多的一种元件，它的质量好坏也是整个电源质量好坏的关键。如果对它的功能特性、选用原则不十分了解，很难在电子设备中发挥它的作用，甚至可能起到相反的作用。设计工程师必须把握铝电解电容的电气参数与性能特点，才能正确地设计出高品质开关电源和其他电子产品。

1. 铝电解电容的功能特性

铝电解电容和其他电容一样，也有传递电能、滤除交流的作用。常常由于温度、湿度、工作电压以及频率的影响，使电容的寿命、效果发生质的变化，因此，提高铝电解电容的质量、缩小体积是所有生产厂家主攻的难题。他们在生产工艺上采用了许多新技术，其中有扩大电极箔的蚀刻倍率、开发耐热性能好的高电导率电解液；提高电解体隔膜的化学性能和热稳定性；采用高气密性、耐腐蚀、耐高温的封口材料；对生产工艺和监测环节采用全程自动化跟踪生产，以提高产品的质量。影响铝电解电容器的是温度和随着时间而延长的电解液的导电性能，它们影响铝电解电容的工作电压和体积的蚀刻倍率，因此增大电解体的有效表面积，增大电极箔的单位面积，是增加电容静电容量，提高电容极片的耐压等级的主要手段。

铝电解电容的电解液是通过高沸点溶液媒介和电离子离解度物质融合并添加高温稳定剂而成的。电解电容的封口衬垫用来控制电容里的电解质溶液挥发而设定，衬垫材料的选择对电容的寿命至关重要。铝电解电容的性能主要决定于电解液的性能、阳极箔蚀刻倍率以及封口材料等因素。

2. 铝电解电容的电气参数

1）额定工作电压。铝电解电容的额定（直流）工作电压是衡量电容动态品质重要参数，如果电路施加在电容的最高峰电压高于电容的额定电压，电容器的漏电流将增大，传递电能的能力将下降，电气特性将会破坏，严重超压时，在很短的时间使电容爆裂损坏。

2）标称静电容量及允许偏差。开关电源整流滤波的电容量较大，而且是随着输出功率的变化而改变的，它是为减小整流后的电压纹波而设立的，起着平波作用。在电容的额定电压一定时，电容的容量越大，体积越大，价格也越高。如果滤波电解电容量太小，不仅对直流纹波电压起不到滤波的作用，还会引起开关管的损坏，很可能会导致输出波峰电流超过安全标准。开关电源对电解电容器容量偏差有严格的要求，一般允许偏差±10%，高级的电源为±5%。

3）使用温度范围。开关电源的温升一般只能达到60℃，由于电源胶壳内部空间有限，元器件排列拥挤，散热条件较差，当环境温度超过35℃时，开关电源壳内温升超过80℃，加上电解电容器自身的热量，电容表面温度会超过 90℃，这对电解电容器的质量是一个很大考验。从可靠性和安全性考虑，注意电容器所标明的温度范围。除此以外，还要注意电容器内部电解液受温度影响，通过封口，从缝隙可看到漏逃逸的程度。还要求具有防爆装置。

4）漏电流。漏电流是所有电容的一个重要技术指标，如果漏电流偏大，电容的容量将随着时间的延长急剧减小，使寿命也越来越短，对整个电源的使用时间产生重大影响，铝电解电容将漏电流视为生命电流，可见漏电流的大小非同一般。

5）损耗角正切值。电容的损耗角正切值是电容容抗的一种表述，电子电路有阻抗、容抗和感抗，统称为电抗，损耗角正切是功率损耗一个参量。

6）耐高频脉冲电流能力。任何一只电解电容，把它视为一个理想的电容器电抗与一只电阻串联，当开关电源采用 APFC 电路时，要求 APFC 变换器输出的滤波电容不仅能承受 400V 以上的直流高压，而且还必须能通 100kHz 以上的脉冲电流，这种高频脉冲电流在对电解电容进行充放电的过程中，将会产生大量的热耗损失，并使电解电容温度升高，这种温升的高低，就是 ESR 技术指标，ESR 越小，电容器耐高频脉冲电流的能力越强。

7）高温存储特性。电解电容放在 105℃ 的无负载的环境中，经过 720h，再骤降至 25℃，电容器的静电容量的变化率在初始值±15%以内；额定电流等于初始规定值；电容的漏电电流不发生明显的改变。

3. 铝电解电容的选用

根据开关电源电路各个回路工作区域的不同，结合铝电解电容的功能特性和技术参数，对铝电解电容的选用作如下规定：

1）额定工作电压的确定。对于交流输入用于单个电容器直流滤波，则要求电解电容器的耐压不低于最高输入电压的$\sqrt{2}$倍。如果开关电源采用升压式有源功率因数校正（APFC）输出滤波电容器，要求电容器的耐压不低于输入电压最大值的$\sqrt{2.8}$倍。其他用于滤波的电容耐压大于 1.2 倍的输出电压。

2）电容容量选择计算。滤波用电解电容器的容量大一些，有利于减小直流电压的纹波，对电源桥式整流输出的脉动电压有稳压作用，使开关功率管在工作区域里，发挥最大的脉冲调制和功率驱动作用，其电容容量的大小与输出功率有一定关系，对于 5~10W 的开关电源，用电解电容按 1.47μF/W 计算选用；对于 10~50W 的开关电源，按 2.0μF/W 的容量计算选用；对于 50~100W 的开关电源，按 2.5μF/W 的容量计算选用；对 100~150W 的开关电源，按 3.0μF/W 的容量计算选用。值得注意的是，有些开关电源的功率因数和电源的谐波含量达不到技术指标，设计工程师不知所措，其原因就是电源滤波电容容量太小所致。电解电容静电容的允许偏差一般选用±10%，要求高的开关电源可选用±5%。

3）电容器使用温度的考虑。开关电源所有的元器件都处在比较高的温度环境下工作，电解电容属于高发热元件，仅次于振荡变压器和开关功率管，如果电解电容的标称温度选用低了，不但是降低了开关电源技术指标，还使电源的使用寿命大大缩短，严重时将会产生爆炸。因此，从可靠性与安全性考虑，电解电容必须选用−25~105℃的高温型铝质电容。对直径大于 8mm 的中高压高温型铝电解电容，要求具有防爆结构或防爆装置。

4）漏电流的估算与测试。如果电解电容的漏电流偏大，电容会发生早期失效，开关电源的输出电压偏低，波动加大，这是常见的现象。在选用时，对电容必须进行测试。如果没有电容参数测试仪，可用普通万用表 R×1k 电阻档进行测量，指针偏离越大，接近“0”停留时间越长，说明电容越大，然后，缓慢回到“∞”位置，距离“∞”位置越近，则漏电流越小，相反漏电流越大。除此以外，还可对电解电容漏电流估算：当电容 $C=33\mu F$ 时，其漏电流 $I_d \leqslant 0.02\sqrt{CV}$；当 $C \geqslant 49\mu F$ 时，$I_d \leqslant 3\sqrt{CV}$。C 是电容容量，单位是 μF，V 的单位是 V。

总之，选择铝电解电容器时要考虑电容的额定容量，其次是耐压，再次是标称温度，最后是漏电流。

凡是能经受住各种试验检验的铝电解电容器，在实际应用中很少会损坏。铝电解电容器在高频电路中的选用类别见表 2-16。

表 2-16　适用于高频电路的铝电解电容器的类别

6.3V,使用温度 85℃				10V,使用温度 85℃			
容量/μF	损耗角正切值(120Hz)	阻抗/(Ω/100kHz)	允许纹波电流(有效值)/mA	容量/μF	损耗角正切值(120Hz)	阻抗/(Ω/100kHz)	允许纹波电流(有效值)/mA
120	0.22	1.2	205	82	0.19	1.2	175
150	0.22	0.90	235	120	0.19	0.90	214
220	0.22	0.60	290	180	0.19	0.59	290
330	0.22	0.40	400	270	0.19	0.40	306
390	0.22	0.34	488	330	0.19	0.33	445
560	0.22	0.24	617	470	0.19	0.24	575
820	0.22	0.19	800	560	0.19	0.18	807
470	0.22	0.27	613	390	0.19	0.25	620
680	0.22	0.21	734	560	0.19	0.21	795
1200	0.24	0.12	1010	820	0.19	0.12	1010
1500	0.24	0.10	1190	1200	0.21	0.10	1190
2200	0.24	0.092	1440	1500	0.21	0.090	1440
2200	0.26	0.084	1400	1000	0.19	0.12	1010
2700	0.26	0.070	1690	1800	0.21	0.083	1400
3900	0.28	0.063	1950	2200	0.23	0.067	1690
4700	0.30	0.052	2390	2700	0.23	0.062	1950
5600	0.32	0.045	1310	3300	0.25	0.050	2200
2200	0.26	0.090	1660	3900	0.25	0.043	2390
3900	0.28	0.070	2070	1500	0.21	0.090	1320
5600	0.32	0.060	2350	3300	0.25	0.070	1730
6800	0.34	0.044	2550	3900	0.25	0.060	2070
8200	0.38	0.040	2970	4700	0.27	0.045	2280
10000	0.40	0.032	1460	6800	0.31	0.037	2550
3300	0.28	0.075	1850	8200	0.35	0.031	2900
5600	0.32	0.060	2120	2200	0.23	0.075	1480
6800	0.34	0.050	2200	3300	0.25	0.060	1860
				4700	0.27	0.049	2150

2.9.4 固态电容

铝电解电容的电解质是硅酸铝，它的容量、寿命、漏电流受温度影响较大，尤其是开关电源的使用寿命很难突破 50000h 的主要原因是电解电容的影响。固态电容（Solid Capacitors）的电解质采用的是高分子聚合物，该材料不会与氧化铝发生反应，通电后不会发生爆炸，也不存在受热膨胀而影响电容传递电能或产生爆裂。固态电容具有环保、低阻抗、高低温稳定、耐高脉冲冲击等优点。固态电容的耐温达 260℃，且它的导电性、频率特性及电容使用寿命均不受温度影响。它适用于摄像机、工业计算机等领域。

1. 固态电容分类

按电容的介质来分，分为有机介质、无机介质和铝电解电容三大类。

1）无机介质电容：包括陶瓷和云母两种。陶瓷固定电容常用在 CPU 上，也可用在 GHz 级别的超高频器件上。

2）有机介质电容：例如固体薄膜电容，其特点是容量精度高、耐高温、防潮湿等特点，常用在节能灯开关电源等电子设备上。

3）铝电解电容：电解电容的分类为电解液、二氧化锰、TCNG 有机半导体、固体聚合物等。固态电容在我国发展迅速，它可以替换普通的钽电容，应用范围越来越广阔。采用固态电容的计算机，全天候 24 小时开机它的寿命可达到 23 年，是一般铝电解电容的 6 倍多。

2. 固态电容结构特点

固态电容采用固态导电高分子材料代替电解液作电容的阴极。导电高分子材料的导电能力比电解液高 3~4 个数量级，应用这种固态电容可以大大降低等效串联电阻，改善温度频率特性，由于电容结构使用电导率高的材料，在高频下的容抗很低，耗电低，易于提高设备的效率。有机固态电解电容的结构与液态铝电解电容相似，多采用直插立式方式。不同之处在于固态聚合物电解电容的阴极材料用固态有机半导体浸膏替换电解液，在提高各项有关电气性能的同时，有效解决了电解液蒸发、泄漏、易燃等难题。

由于采用了新型的固态电解质，固态电解电容具有液态电解电容无法比拟的优良特性。这些电气性能对于提高电子设备以高频为特征的使用显得尤为重要，可在开关电源得到应用。

3. 固态电容的选用

知道了固态电容的各项优良特性后，还需懂得焊接经验，掌握选用元器件的方法，在发现电容有漏液、失效情况时，首先应找到电路导致电容失效的原因，才能更换电容，否则不能彻底解决问题。固态电容的选用方法如下：

1）注意产品的标识标准，固态电容标识：第一部分是产品名称，用字母 C 表示电容；第二部分标识材料，钽材料为 A，铝材料为 D；第三部分标识容量；第四部分是耐压。

2）电容的顶部是否有十字形的防爆凹槽。固态电容顶部没有十字形凹槽。

3）注意封装形式：有两种封装形式，一种是直插式封装，另一种是带橡胶底座垂直安装形式。近期松下公司推出的 TS-EE 系列固态铝电解电容其耐压高达 400~450V，将额定的纹波电流降低了 1.5 倍，有效控制了自身发热，其电容使用寿命可达到 92000h。

2.9.5 超级电容器

超级电容器是一种电容量可达数千法拉的极大容量电容器。根据电容器的原理，电容量取决于电极间距离和电极的表面积，为达到这种容量，只有缩小电极间距离，增加电极面积，为此，采用双层和活性炭多孔化电极。电容器双层介质，在电容器的两个电极上施加电压，在靠近电极介质表面上产生的电荷极性相反的电荷被束缚在介质界面上，形成电容器的两个电极；同时，活性炭多孔化电极可以获得极大的电极表面积，因而这种结构的超级电容器具有极大的电容量，并能存储很大的静电能量。超级电容器充、放电速度快，而且容量大，能够用于备用电源、动力电池、相机闪光灯、混合动力电动汽车等各种节能环保领域。

1. 超级电容器的特点

1）充电速度快：10min 内可充到额定容量的 95%以上。

2）大电流放电能力强，大电流能量循环效率大于 95%。

3）功率密度高：可达 300~6000W/kg，相当于电池的 10 倍以上，其容量范围为 0.1~1000F。

4）超低温性能好：使用温度范围为-40~+80℃，其循环使用寿命高达 500 万 h 以上。

2. 超级电容器的主要参数

1）寿命：超级电容器的内阻增加，则容量降低。在规定的参数范围内，它的有效使用时间是可以延长的，一般跟它的特点第 4 条所规定的有关。影响寿命的是活性干涸、内阻加大，存储电能能力下降至 63.2%称为寿命终结。

2）电压：超级电容器有一个推荐电压和一个最佳工作电压。如果使用电压高于推荐电压，将缩短电容器的寿命，但是电容器能连续长期工作在过高压状态下，电容器内部的活性炭将分解形成气体，有利存储电能，但不能超过推荐电压的 1.3 倍，否则将会因电压超高而损坏超级电容器。

3）温度：超级电容器的正常操作温度是-40~70℃。温度与电压是影响超级电容器寿命的重要因素。温度每升高 5℃，电容器的寿命将下降 10%。在低温下，提高电容器的工作电压，电容器的内阻不会上升，可提高电容器的使用效率。

4）放电：在脉冲充电技术里，电容内阻是重要因素；在小电流放电中，容量又是重要因素，用公式表达如下：

$$V_{\mathrm{drop}}=I\left(R+\frac{t}{C}\right)$$

式中，V_{drop}是起始工作电压与截止工作电压之差；I 是放电电流；R 是电容器的直流内阻；t 是放电时间；C 是电容容量。

为降低电压跌落，需选用大容量超级电容器。

5）充电：电容充电有多种方式，如恒流充电、恒压充电、脉冲充电等。在充电过程中，在电容回路串接一只电阻，将降低充电电流，提高电池的使用寿命。电池不允许瞬间大电流放电，一只超级电容器并接在电池的充电电流计算公式如下：

$$I_{\mathrm{m}}=V_{\mathrm{W}}/(5R_{\mathrm{C}})$$

式中，I_{m} 是推荐最大充电电流；V_{W} 是充电电压；R_{C} 是电容的直流内阻。

持续采用大电流、高电压充电将影响电容寿命。

3. 超级电容器的选用

超级电容器是一种新能源装置，它有两个应用指标：一是高功率脉冲，二是瞬时功率保持。下面是两种计算公式和应用实例：

1）瞬时保持所需的电能：$W_B=\frac{1}{2}I(V_{work}+V_{min})$

2）减少电能能量：$W_J=\frac{1}{2}C(V_{work}-V_{min})$

式中，V_{wrok}为正常工作电压；V_{min}为最低输入电压。

超级电容器的容量：$C=(V_{work}+V_{min})It/(V_{wrok}-V_{min})$

式中，I为电路维持电流；t为维持时间。

例如，有一充电设备，用超级电容器作备用电池，若超级电容器的维持电流 $I=0.1A=100mA$，维持时间 $t=10s$，最低输入电压 $V_{min}=4.2V$，工作电压 $V_{work}=5V$。计算充电设备需配多大的超级电容器容量 C。

根据上述容量计算公式：

$$C=(5+4.2)\times0.1\times10/(5-4.2)F=11.5F$$

根据计算结果，可选用6V、11.5F电容。

2.10 磁珠

2.10.1 磁珠的特性

开关电源尤其是大功率开关电源，它们的工作频率一般为100kHz，有的高达1MHz。在高频的作用下，电源的输出整流管，在关断期间反向恢复过程中，会产生噪声和反向峰值电流，非常容易击穿整流二极管或MOS管，还容易在二极管或MOS管导通期间向外辐射高频率的干扰信号。人们虽然在整流二极管的两端并联阻容元件组成高频旁路电路，但作用效果不太理想。相反，由于增加了电阻、电容，在高频率的作用下造成损耗。近年来，研发人员找到在二次侧滤波器输出线上套上一只磁珠，有力地抑制了噪声和干扰信号，还具有静电脉冲吸收能力。

磁珠的主要原料为铁氧体，是一种晶体结构亚铁磁性材料，它在低频时呈现电感特性，损耗很小；在高频时呈现电抗特性抵抗高频辐射。它的性能参数与铁氧体磁心一样，为磁导率和磁通密度。当导体穿过铁氧体磁心时，所形成的电抗是随着频率升高而增加，不同的频率其受理作用不一样。磁珠在高频下的磁导率较低，电感量也小，干扰电磁波吸收很大；在低频时作用相反。总而言之，磁珠器件具有低损耗、高品质因数的特性，可防止电磁辐射。

2.10.2 磁珠的主要参数

1）标准值：磁珠的单位是按照在某一频率下所产生的阻抗来标定的，它的单位是Ω，一般以100MHz为标准。如2012B601是指100MHz磁珠的阻抗为600Ω。

2）额定电流：是保证电路正常工作允许通过的电流。

3）感抗：磁珠在100MHz的高频下，在一闭环电路里，磁珠的两端所产生的电感量。电感量的大小表示储能的能力大小。

4）Q值：品质因数。

5）自谐振频率：由于电感有分布电容的作用，将形成 LC 振荡电路而起振，称之为自谐振频率。

6）超载电流：表示电感器正常工作时的最大电流的 2.2 倍。

7）封装形式及尺寸：在 PCB 上多使用表贴封装元器件，这种形式具有良好的闭合磁回路和电磁特性。

8）磁通量：磁珠在低频下承受电流越大，感抗随交流变化而呈容抗，磁珠发热而造成电路损耗。初始磁通量与品质因数 Q 得不到平衡。

9）居里温度：一般磁珠的居里温度为 110℃，达到这一温度后即失去磁性，恢复室温后，磁导率降低 10%。通过实验，55℃视为正常温度。

2.10.3　磁珠的选用

电磁干扰是所有电子设备必须重视的重要问题，软磁材料已成为 EMI 滤波器中不可缺少的元件，起着举足轻重的作用，软磁材料具有独特的性能，致使在抗 EMI 领域里发挥重要作用。但软磁材料种类繁多，各有自身的磁特性，主要有磁损耗、电阻率、磁导率、频宽、阻抗等，选择时，根据频段选择适合的材料。

选择磁珠时要注意通过电流的大小。磁珠通过的电流正比于元件的体积，否则会造成磁饱和。

磁珠的内径尺寸一定要与电缆线的外径尺寸紧密配合，不能有大的间隙，否则产生漏感，对抑制电磁干扰效果不利。

选择磁珠要充分了解电路以及电路的负载阻抗。哪段频率干扰超标、噪声衰减量是多少都要经过测试配置磁珠，不可随意乱用，最后还需考虑环境温度、湿度、器件的结构强度等。

2.10.4　磁珠的分类

磁珠由软磁铁氧体构成。磁珠分类有以下几种：

1）普通型：这是应用最广泛的一类，1608、2012 是目前的主要规格，同时还有 3216、3225 等规格。

2）大电流型：普通型磁珠只有几安培，大电流型达到几十安培，计算机主机电源要求磁珠承受几安培电流，常采用叠层片式磁珠，它的阻抗较低，能消除高低频噪声。

3）尖峰型：有些电子设备在某一频段上存在着强烈的干扰噪声，这时可以在电子线路上加一个谐振频率恰巧在干扰噪声频段的尖峰型磁珠，可将干扰噪声完全抑制在电子线路上。

4）高频型：很多电子设备的工作频率都在提高，导致辐射干扰的频率往往超过 1GHz 的高频，如果使用普通型磁珠，三次谐波信号被大量衰减，致使时钟脉冲信号被钝化，会引起误操作，这时使用高频型磁珠，可将 EMI 进行抑制，而 500MHz 以下的信号可无衰减通过，而对 1GHz 以上的干扰噪声产生大量衰减。

2.11　大功率散热器

开关电源长期安全运行的关键，除了电路设计之外，再就是散热器设计，散热器是将功率开关管、整流二极管产生的热量及时地散发掉，避免因散热不良致使管心温度超过结温，无法工作，甚至烧毁管子。

2.11.1 散热器的基本原理

热传递主要有三种方式：

1）热传导：物质本身或物质与物质相接触时，将其能量传递，称之为热传导，它是由能量较低的粒子和能量较高的粒子通过接触将能量进行传递。热传导的基本公式是 $Q=K\cdot A\cdot\Delta T/\Delta L$。式中，$K$ 为热传导系数，传导系数越高，其比热的数值越低；ΔT 是温度差；ΔL 是传递物体与传递物体的距离。从公式知道，热量传递快慢与热传导系数、传热面积成正比，与距离成反比。

2）对流：对流是流体与固体表面接触，使流体从固体表面带走热所形成的热传递。对流分为自然对流和强制对流。对流的计算公式是 $Q=H\cdot A\cdot\Delta T$。式中，H 为对流系数；A 为热对流有效接触面积；ΔT 为固体与流体之间的温度差。热对流系数越高、有效接触面积越大、温差越高，所带走的热量越多，效果越好。

3）热辐射：热辐射是一种不需接触，就能够发生热交换的传递方式。热辐射是通过短波来传递热能的，频率越高、波长越短，热辐射强度越大。热辐射的公式为 $Q=E\cdot S\cdot F(\Delta T_A-\Delta T_B)$。式中，$E$ 为物体表面热辐射系数，它与物体表面光洁度、颜色有关；S 是物体的表面积；F 是辐射热交换的角度及它的表面函数；$\Delta T_A-\Delta T_B$ 是两物体表面温度之差，也叫差度。

2.11.2 散热器的设计

散热器是很多电子设备的重要器件，工作状态的好坏直接影响整机的可靠性。大功率开关管发热量大，仅靠自身的外壳散热无法满足要求，需要配置合理的散热器才能有效地散热，而散热器的选择是否合理，将直接影响功率器件的可靠性，因此，仔细分析散热器的散热性能，有利于合理选取散热器。

1. 散热器的选取

散热器的选取首先考虑的是结构简单，加工方便，散热效果好。散热器的一般依据散热器的热阻来合理选择，还要考虑散热器的空间、气流流量和散热器的成本。散热器的效果与散热器的热阻大小密切相关，而热阻除了与散热器的材料有关之外，还与散热器的形状、尺寸大小、安装方式及环境通风等条件有关。而散热器的有效面积与散热几何参数密切相关。

2. 散热器的热性能几何因素分析

散热器的几何因素对散热器的散热性能有很大影响，现以典型材料进行分析：功率器件LM317为热源，工作在自然冷却环境下，环境温度为30℃，功耗为3.2W，散热器材为SYX-YDE。热源与散热器表面接触热阻为0.9℃/W，根据开关电源视在功率计算出散热材料要上升的温度确定尺寸大小，利用散热器优化设计软件，比较优化前后几何参数的变化及对散热器热阻的影响。

计算覆铜板的热阻公式：

$$R_{Cu}=\frac{1}{1.16K_S LBN}+\frac{[1-0.152(v_S L)^{-\frac{1}{10}}]L^{\frac{1}{5}}}{5.12v_S^{\frac{4}{5}}A}$$

式中，K_S 为导热系数，$K_S=332\text{kcal}/(\text{h}\cdot\text{m}\cdot℃)$；$L$、$B$、$N$ 为覆铜板长（m）、宽（m）、厚（m）；v_S 为风速（m/s）；A 为总表面积（m^2）。

上式与封装形式有关，当引脚直接焊到覆铜板时，为 38℃/W；如果引脚不与敷铜板焊接时，接触热阻将达到 62℃/W。

3. MOSEFT 所用的散热计算

由多个散热片组成的散热器，通过热传导、对流、热辐射带来较多的散热效果。对于上述理论而言，接触面积无限大的散热器的热阻等于零，实际上是无法做到的，因为散热器占有空间有限，这就要求合理地选择散热器和计算其面积：

$$P_{M(max)}=(T_{j(max)}-T_{A(max)})/\theta$$

式中，$P_{M(max)}$ 为 MOSEFT 最大耗散功率（查资料手册）；$T_{j(max)}$ 为 MOSEFT 所允许承受的最高温度；$T_{A(max)}$ 为设计电路工作时所处的最高环境温度；θ 为热流所经过的总热阻：

$$\theta=\theta_{jc}+\theta_{cs}+\theta_{sa}$$

式中，θ_{jc} 为 MOS 管的 PN 结到外壳的热阻（℃/W）；θ_{cs} 为外壳到散热器的热阻（℃/W）；θ_{sa} 为散热表面到周围空气的热阻（℃/W）。

常用的铝散热板及散热材料特性，在散热器优化设计过程中，合理选择散热器的几何尺寸，要保证散热器在体积小、重量轻的情况下达到最佳散热效果，如图 2-23 所示，为铝散热器与周围空气热阻关系曲线图。

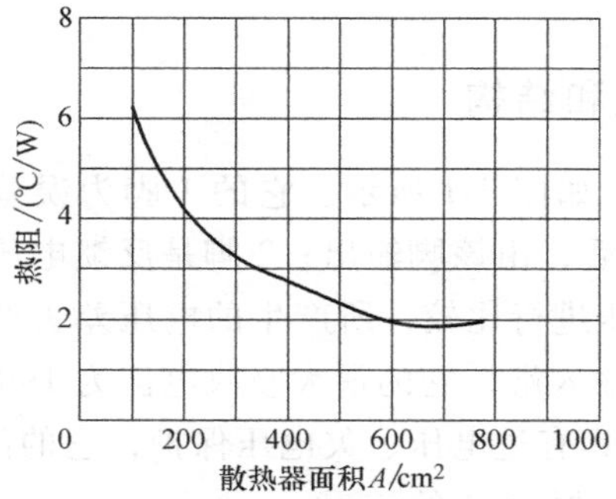

图 2-23 铝散热器与周围空气热阻关系曲线

第 3 章 不同输出功率电源设计

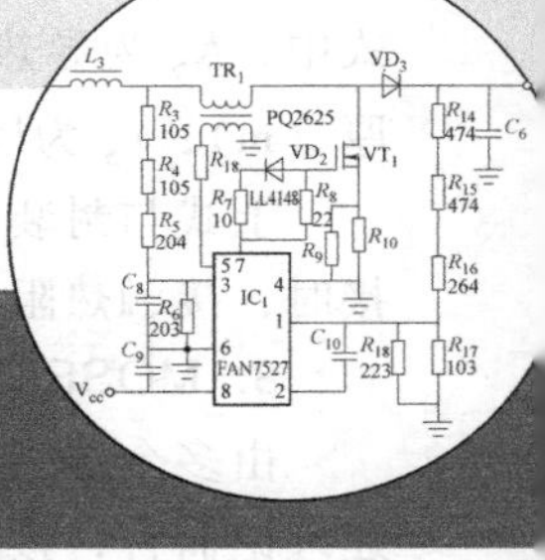

3.1 基于 UC3842 构成的 46W、工作频率 500kHz 的电源设计

UC3842 是应用比较广泛的一种电源芯片，由美国尤尼创（Unitrode）公司开发，它利用固定工作频率调节占空比控制输出电压。控制芯片既可用作正激式电源变换，也可以用作反激式电源变换。其结构较简单，制作容易，生产成本低廉，可用于医疗器械、工业自动化仪表、电信等各个领域。

UC3842 电源电路的一个主要优点是电压调整率和负载调整率都非常好，它的工作频率可高达 500kHz，而启动电流小于 1.5mA，利用高频变压器可实现离线式变换，输出电功率可达 65W 以上。

3.1.1 UC3842 电路特点和结构

UC3842 采用 DIP-8 封装，如图 3-1 所示。它的 1 脚为误差放大器输出端，片内的基准电压与片外的反馈电压经比较后，由该脚输出；2 脚是反馈电压输入端，输入电压与误差放大器同相端的 2.5V 的基准电压进行比较，所产生的电压差去调整脉冲宽度，达到控制输出电压的目的；3 脚为电流检测输入端，它的最大吸收电流为 190μA，最小吸收电流为 60μA，不但具有过电流保护，而且还具有过电压、欠电压保护，它的门控电流为 600μA，门控电压为 0.5V；4 脚为定时端，内部振荡器的工作频率由外接阻容时间常数决定；5 脚为公共接地端；6 脚为脉宽调制输出端，片内由双三极晶体管并联放大后有较大的电流输出；7 脚为直流电源供电端，电源接通时，直流电压经 R_1、R_2 降压，给电容 C_8 充电，充电电压升到一定的量后，芯片开始工作，它的工作电压 $V_{wor}=16V$，随后振荡变压器开始振荡，于是 TR_1 的反馈线圈产生感应电压，此电压经（VD_6）整流，C_8 滤波，于是 IC_1 的工作电压建立；8 脚为 5V 电压输出端，它与 4 脚串接一电阻，为片内提供固定的工作频率。图 3-2 是电源电路的原理图。交流电压由 C_1、C_2、L_1 进行低通滤波。

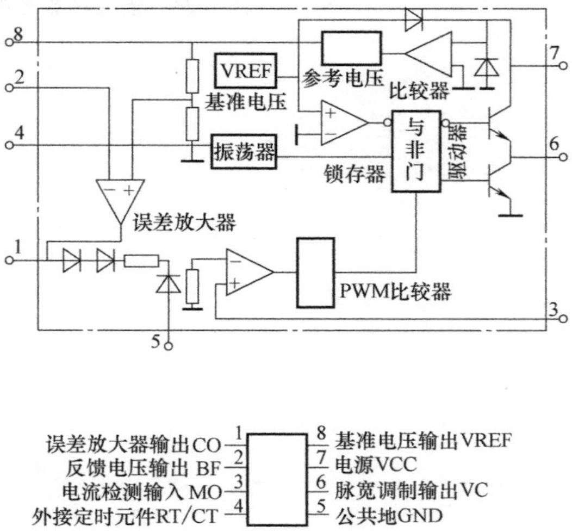

图 3-1 UC3842 的封装结构

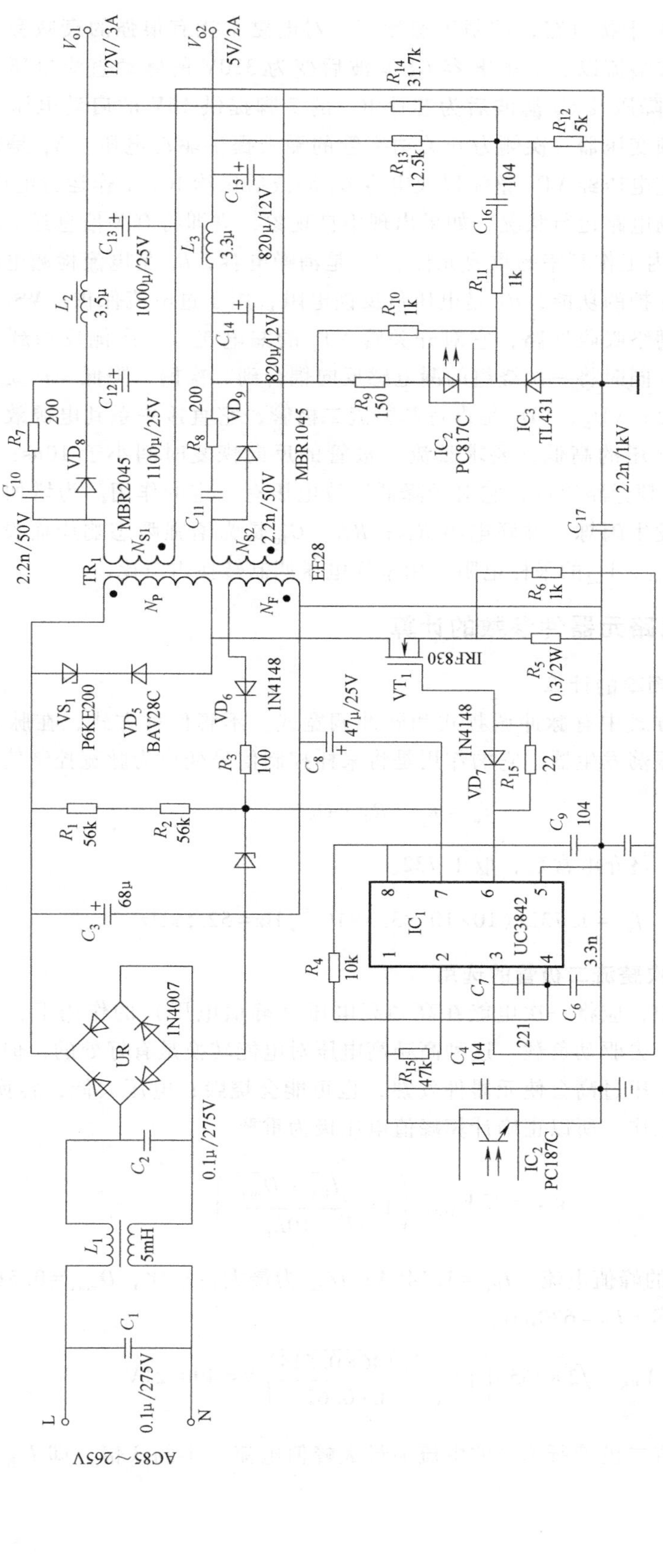

图 3-2 基于 UC3842 的电源电路原理图

C_1、C_2、L_1 组成抗串模干扰电路，抑制正态噪声，对电磁干扰有很强的衰减旁路作用。滤波后的交流电压经桥式整流以及电解电容 C_3 滤波后变为 310V 的脉动直流电压。此电压分两路：一路经 R_1、R_2 降压及 C_8 滤波后为芯片 IC_1 的 7 脚提供 16V 的启动电压、1mA 的启动电流；另一路经高频变压器一次侧为开关功率管的漏极提供驱动电压。N_F 是反馈电路绕组，振荡启动后的感应电压经 VD_6 整流以及电容 C_8 滤波后供给 IC_1 工作运行电压。N_F 的另一个作用是监视、检测电路运行状况，如果出现不良现象，立即将有关信息送到 IC_1 进行处理。R_4、C_6 是决定片内工作频率的重要元件。C_9 是消噪电容，R_6 是电流检测电阻，该电阻具有过电压、欠电压保护的功能，R_5 是电压负反馈电阻，用于过电流保护。VS_1、VD_5 是一次绕组峰值电压缓冲网络吸收回路，它对开关管 VT_1 的漏电流、二次侧反馈到一次侧的峰值电流进行吸收旁路，同时将一次绕组的漏电感反向耦合到二次侧，降低一次绕组的负载矢量，它的存在极为重要；VD_8、VD_9 是肖特基整流二极管，它直接关系到电源效率、电源的稳定性以及输出纹波电压的高低，要求整流二极管的反向恢复时间小于 10ns；C_{10}、R_7 及 C_{11}、R_8 是二次整流高频旁路组件，它对于降低纹波电压有一定的作用。为增加采样的稳定性，使发光二极管不发生闪烁，并联电阻 R_{10}；R_{11}、C_{16}是为增强瞬态响应而设立的；R_{12}、R_{13}、R_{14}是输出电压 V_{o1}、V_{o2}的采样电阻，用采样电压调制转换占空比。

3.1.2 UC3842 电路元器件参数的计算

1. UC3842 工作频率的计算

开关电源的变换方式中有脉冲调频式和脉冲调宽式。不管何种方式，在脉宽调制过程中，都必须具有频率振荡发生器，它的作用是将采样控制信号变换为脉宽控制信号。

$$f_{wo}=K_i/(R_4 \cdot C_6)$$

式中，K_i 为 RC 振荡电路介电常数，取 1.732。

$$f_{wo}=1.732/(10\times10^3\times3.3\times10^{-9})\text{Hz}=52.5\text{kHz}$$

2. 峰值电压及一次整流二极管的选用

电源在转换过程中，应将一次电能在高频高电压（峰值电压）的作用下，最快最有效地传递到二次电路中，去驱动负载。这种高频高电压对电能转换是有好处的，但对电路中的元器件是一种考验。电压过高会使元器件发热，也可能会烧毁；电压太低，转换速度较慢，效率低，也可能不能工作。所以正确计算峰值电压极为重要。

$$V_{PK}=\sqrt{2}V_{ACmax}\left(1+\sqrt{\frac{I_{PK}\cdot D_{max}}{10L_P}}\right)$$

式中，I_{PK}为一次绕组的峰值电流，$I_{PK}=1.146$A；D_{max}为最大占空比，$D_{max}=0.514$；L_P 为高频变压器一次绕组电感，$L_P=620\mu$H。

$$V_{PK}=\sqrt{2}\times265\times\left(1+\sqrt{\frac{1.146\times0.514}{10\times0.62}}\right)\text{V}=490.21\text{V}$$

经计算，选用整流二极管所承受的电流为最大峰值电流一半的 3 倍，即 $I_{DK}=\frac{1}{2}I_{PK}\times3=$

$\frac{1}{2}\times 1.146\times 3\text{A}=1.719\text{A}$；所承受的电压为峰值电压一半的 2 倍，即 $V_{DK}=\frac{1}{2}V_{PK}\times 2=\frac{1}{2}\times 490.21\times 2\text{V}=490.21\text{V}$。根据计算结果选用 N5406，它的最高反向工作电压 $V_{RM}=600\text{V}$，额定整流电流 $I_F=3\text{A}$。

3. 低通输入电路的计算

（1）低通滤波电容容量的计算

$$C_{in}=C_1/\!/C_2=0.1\mu\text{F}/\!/0.1\mu\text{F}=0.1\times 0.1/(0.1+0.1)\mu\text{F}=0.05\mu\text{F}$$

（2）低通滤波最大阻抗的计算

$$R_{in}=V_{i(max)}\cdot\eta/I_{PK}=374.71\times 0.85/1.146\Omega=277.93\Omega$$

注：I_{PK}可根据 3.1.4 节的方法 1 得到。

（3）低通滤波高低频段的计算

通过对高低频段计算，来核定 UC3842 对输入交流电所串入的干扰频道的抗共模干扰能力。频道越宽，抗干扰的范围越大。

$$f_L=1.8\times 10^3/(2\pi\sqrt{R_{in}\cdot C_{in}})=1.8\times 10^3/(6.28\sqrt{0.05\times 10^{-6}\times 277.93})\text{Hz}=76.9\text{kHz}$$

$$f_H=1.8\times 10^3/(2\pi\sqrt{L_1\cdot C_{in}})=1.8\times 10^3/(6.28\sqrt{0.05\times 10^{-6}\times 5\times 10^{-3}})\text{Hz}=18.1\text{MHz}$$

（4）PWM 转换元件的计算

1）IC_1 供电降压电阻 R_1、R_2 的计算

$$R_1+R_2=V_{i(min)}/I_{sta}=120.19/1\times 10^{-3}\Omega\approx 120\text{k}\Omega\text{，取 }R_1=R_2=56\text{k}\Omega$$

2）一次整流滤波电容 C_3 的计算

$$C_3=\frac{1.8\times 10^6\cdot P_o 2\pi(T-t_o)\times 10^{-3}}{(V_{i(max)}-V_{i(min)})^2\cdot\eta}=\frac{1.8\times 10^6\times 46\times 6.28\times(10-3)\times 10^{-3}}{(374.71-120.19)^2\times 0.85}\mu\text{F}=66.1\mu\text{F}\text{，取 }68\mu\text{F}$$

4. 电流检测电阻 R_5 的计算

IC_1 的 3 脚为片内脉宽调制电流检测输入，输入信号经比较器后的电流去驱动触发器，控制片内 PWM 的开启与关闭，从而起到脉宽调制和过电流保护的作用。它的吸收电流小于 190μA，门控电压为 0.5～1.5V。

$$R_5=V_{door}/1.3I_{PK}=0.5/(1.3\times 1.146)\Omega=0.336\Omega\approx 0.3\Omega$$

5. 检测电流变换电压的电阻 R_6 的计算

查看 UC3842 的技术资料可知，3 脚的门控电流 $I_{door}=600\mu\text{A}$，设门控电压 $V_{door}=0.6\text{V}$，得到 $R_6=V_{door}/I_{door}=0.6/(600\times 10^{-6})\Omega=1\text{k}\Omega$。

6. IC_1 的供电阻流电阻 R_3 的计算

设 UC3842 的工作电流为 20μA

$$V_{R3}=V_F-V_{wor}=17.963\text{V}-16\text{V}=1.963\text{V}$$

$$R_3=V_{R3}/I_{wor}=1.963/(20\times 10^{-3})\Omega=0.098\times 10^3\Omega\approx 100\Omega$$

7. 光电接收晶体管高频脉冲旁路电容 C_4 的计算

光电转换接收晶体管很容易受到采样转换过程中的杂乱脉冲或外界干扰信号的影响，C_4 是为加快信号传输、防止信号干扰而设计的。

$$C_4=K_{ce}t_{ce}I_{oc}/(K_{rip}V_{ce}r_{MOS})$$

式中，K_{ce}为输入充电信号对芯片内的误差放大器充电系数，取 1.8；t_{ce}为接收晶体管集电极充

电到最大值所需的时间，为 1.5ms；I_{oc}为软启动电流，为 1.2mA；V_{ce}为芯片的 1 脚内的输出电压，设为 3.0V；r_{MOS}为 UC3842 的输入阻抗，为 110Ω；K_{rip}为芯片输入纹波系数，$K_{rip}=10\%$。

$$C_4=1.8\times1.5\times10^{-3}\times1.2\times10^{-3}/(10\%\times3\times110)\,\mathrm{F}\approx0.1\times10^{-6}\,\mathrm{F}=0.1\mu\mathrm{F}$$

3.1.3 输出控制电路元器件的计算

1. 发光二极管限流电阻 R_9 的计算

$$R_9=(V_{o2}-V_{REF}-V_{LED})/I_F$$

式中，V_{LED}为发光二极管的管压降，取 0.3V；I_F 是光耦合工作电流，为 15mA。

$$R_9=(5-2.5-0.3)/(15\times10^{-3})\,\Omega=147\Omega，取 150\Omega$$

2. 取样电阻 R_{15}、R_{14}的计算

总的反馈电流

$$I_F=V_{REF}/R_{12}=2.5/(5\times10^3)\,\mathrm{A}=500\mu\mathrm{A}$$

两路反馈系数

$$K_1=I_{o1}/(I_{o1}+I_{o2})=3/(3+2)=0.6$$

$$K_2=I_{o2}/(I_{o1}+I_{o2})=2/(3+2)=0.4$$

计算各路反馈电流

$$I_{F1}=K_1\cdot I_F=0.6\times500\times10^{-6}\,\mathrm{A}=300\times10^{-6}\,\mathrm{A}$$

$$I_{F2}=K_2\cdot I_F=0.4\times500\times10^{-6}\,\mathrm{A}=200\times10^{-6}\,\mathrm{A}$$

计算 R_{13}、R_{14}的阻值

$$R_{13}=(V_{o2}-V_{REF})/I_{F2}=(5-2.5)/(200\times10^{-6})\,\Omega=12.5\mathrm{k}\Omega$$

$$R_{14}=(V_{o1}-V_{REF})/I_{F1}=(12-2.5)/(300\times10^{-6})\,\Omega=31.7\mathrm{k}\Omega$$

3. 滤波电感 L_2 的估算

$$L_2=2\pi(V_S-V_D-V_o)/(I_{o1}\cdot t_{on})$$

式中，$t_{on}=D_{on}/f$，$D_{on}=V_o/(V_S+V_D)=12/(17.963+0.4)=0.654$

$$t_{on}=0.654/(200\times10^3)\,\mathrm{s}=3.27\mu\mathrm{s}$$

$$L_2=2\times3.14\times(17.963-0.4-12)/(3\times3.27\times10^{-6})\,\mathrm{H}=3.56\times10^{-6}\,\mathrm{H}，取 3.5\mu\mathrm{H}$$

4. 二次输出滤波电容 C_{12}、C_{13}容量的计算

$$C_P=2\pi\times10^{-9}\sqrt{I_o\cdot V_{rip}}/t_{on(max)}$$

式中，V_{rip}为纹波电压，是输出电压的 3%，$V_{rip}=V_o\times3\%=12\mathrm{V}\times3\%=0.36\mathrm{V}$；$t_{on(max)}$ 为整流二极管的导通时间，$t_{on(max)}=D_{max}/(2f_{wor})=0.654/(2\times100\times10^3)\,\mathrm{s}=3\mu\mathrm{s}$

$$C_P=2\pi\times10^{-9}\sqrt{3\times0.36}/(3\times10^{-6})\,\mathrm{F}=2175\mu\mathrm{F}\approx2100\mu\mathrm{F}$$

C_{12}取 1100μF，C_{13}取 1000μF。

5. 瞬态响应时间 C_{16}的计算

电源的灵敏度就是电源对负载的变化反应的快慢，瞬态响应反映的就是电源的灵敏度。C_{16}是影响电源瞬态响应时间的重要电容，同时 C_{16}对电源电压的调整率和负载调整率也有一定的影响，它与 R_{11}组成对信号采样的一个稳定网络平台。

$$C_{16}=1/(2\pi f_{os}\cdot R_{37}\cdot K_{ce})$$

式中，K_{ce}为网络对C_{16}充电时间常数，它与电容的容量和电容的材料有关，取$K_{ce}=0.16$；f_{os}为误差放大器的振荡频率，取$f_{os}=10\text{kHz}$。

$$C_{16}=1/(2\times3.14\times10\times10^3\times1.2\times10^3\times0.16)\text{F}=0.0829\times10^{-6}\text{F}\approx0.1\mu\text{F}$$

6. 二次整流高频旁路频率的计算

C_{10}、R_7组成高频旁路吸收回路，对二次整流出现的谐波电压起到抑制作用，有利于降低二次整流输出的纹波电压，也有利于输出电压的稳定。

$$f_{os}=1.8\times10^4/(2\pi\sqrt{C_{10}\cdot R_7})=1.8\times10^4/(2\pi\sqrt{2.2\times10^{-9}\times200})\text{Hz}=4.32\text{MHz}$$

3.1.4 UC3842电源高频变压器的设计计算

输入参量：AC 85~265V，50Hz

输出参量：$V_{o1}=12\text{V}$，$I_{o1}=3\text{A}$；$V_{o2}=5\text{V}$，$I_{o2}=2\text{A}$，$\eta=85\%$

$f_{wo}=100\text{kHz}$；$P_o=V_{o1}I_{o1}+V_{o2}I_{o2}=12\times3\text{W}+5\times2\text{W}=46\text{W}$；$P_i=P_o/\eta=46\text{W}/0.85=54.12\text{W}$

查表3-1得$V_{\text{Bmin}}=138.22\text{V}$，$V_{\text{Bmax}}=281.03\text{V}$，$I_{PO}=P_o/(V_{\text{Bmin}}\cdot\eta)=46/(138.22\times0.85)\text{A}=0.392\text{A}$

表3-1 输出功率与变压器一次感应电压的关系

输出功率/W	最低输入电压/V	最高输入电压/V	二次反激到一次的反激系数K
20W	$V_{\text{Bmin}}=85\times1\times\sqrt{2}=120.19$	$V_{\text{Bmax}}=265\times0.65\times\sqrt{2}=243.56$	0.934
35W	$V_{\text{Bmin}}=85\times1.1\times\sqrt{2}=132.21$	$V_{\text{Bmax}}=265\times0.7\times\sqrt{2}=262.30$	0.941
50W	$V_{\text{Bmin}}=85\times1.15\times\sqrt{2}=138.22$	$V_{\text{Bmax}}=265\times0.75\times\sqrt{2}=281.03$	0.943
100W	$V_{\text{Bmin}}=85\times1.25\times\sqrt{2}=150.24$	$V_{\text{Bmax}}=265\times0.81\times\sqrt{2}=303.52$	0.947
150W	$V_{\text{Bmin}}=85\times1.35\times\sqrt{2}=162.26$	$V_{\text{Bmax}}=265\times0.86\times\sqrt{2}=322.25$	0.950
200W	$V_{\text{Bmin}}=85\times1.45\times\sqrt{2}=174.28$	$V_{\text{Bmax}}=265\times0.91\times\sqrt{2}=340.99$	0.952
250W	$V_{\text{Bmin}}=85\times1.50\times\sqrt{2}=180.29$	$V_{\text{Bmax}}=265\times0.92\times\sqrt{2}=344.73$	0.953
300W	$V_{\text{Bmin}}=85\times1.55\times\sqrt{2}=186.30$	$V_{\text{Bmax}}=265\times0.95\times\sqrt{2}=355.97$	0.955

方法1

（1）计算变压器匝比n及最高最低占空比

$$n=(V_{\text{Bmin}}-V_{\text{DS(on)}})/[(V_o+V_D)\eta]$$

式中，$V_{\text{DS(on)}}$为开关MOS管截止电压，取10V；V_D为整流二极管电压降，取0.4V。

$$n=(138.22-10)/[(12+0.4)\times0.85]=12.165$$

开关管导通时间

$$D_{max}=1\Big/\left(\frac{V_{\text{Bmin}}}{V_o\cdot n}+1\right)=1\Big/\left(\frac{138.22}{12\times12.165}+1\right)=0.514$$

$$t_{on(max)}=D_{max}/f_{wo}=0.514/100\times10^3\text{s}=5.14\mu\text{s}$$

$$D_{min}=1\Big/\left(\frac{V_{\text{Bmax}}}{V_o\cdot n}+1\right)=1\Big/\left(\frac{281.03}{12\times12.165}+1\right)=0.342$$

$$t_{on(min)} = D_{min}/f_{wo} = 0.342/100\times10^3\text{s} = 3.42\mu\text{s}$$

（2）计算一次绕组峰值电流

$$I_{PK} = I_{PO}/D_{min} = 0.392/0.342\text{A} = 1.146\text{A}$$

（3）计算磁心磁感应强度

$$\Delta B = V_{Bmax}\cdot K/V_{Bmin}$$

式中，K 为磁电转换系数，取 0.106。

$$\Delta B = 281.03\times0.106/138.22\text{T} = 0.215\text{T}$$

（4）计算变压器一次绕组电感

$$L_P = V_{Bmin}\cdot t_{on(max)}/I_{PK} = 138.22\times5.14/1.146\mu\text{H} = 620\mu\text{H}$$

（5）计算变压器一次绕组匝数

$$N_P = V_{Bmin}\cdot t_{on(max)}/(\Delta B\cdot A_e)$$

式中，A_e 为磁心截面积，$A_e = \pi^2 t_{on(max)}\Delta B\sqrt{P_i} = 3.14^2\times5.14\times0.215\sqrt{54.12} = 80.157\text{mm}^2$，查表 2-3 选用 EE28，$A_e = 78\text{mm}^2$。

$$N_P = 138.22\times5.14/(0.215\times78) = 42.364$$

（6）计算变压器二次绕组及反馈绕组电压

$$V_S = (V_o+V_D+V_L)/K$$

式中，K 为对二次半波整流，工作频率为 200kHz 的整流系数，$K=1/\sqrt{2}=0.707$；对 50Hz 的工频，整流系数 $K=\sqrt{2}/\pi = 1.414/3.14 = 0.45$。

$$V_{S1} = (12+0.4+0.3)/0.707\text{V} = 17.963\text{V}$$

$$V_{S2} = (5+0.4+0.3)/0.707\text{V} = 8.062\text{V}$$

$$V_F = (V_{FD}+V_{R3}+V_D)/K = (15+100\times10\times10^{-3}+0.4)/0.707\text{V} = 23.197\text{V}$$

（7）计算二次绕组及反馈绕组匝数

$$N_{S1} = N_P\cdot V_{S1}/(V_{Bmax}\cdot D_{min}) = 42.364\times17.963/(281.03\times0.341) = 7.94$$

$$N_{S2} = N_P\cdot V_{S2}/(V_{Bmax}\cdot D_{min}) = 42.364\times8.062/(281.03\times0.341) = 3.654$$

$$N_F = N_P\cdot V_F/(V_{Bmax}\cdot D_{min}) = 42.364\times23.197/(281.03\times0.341) = 10.255$$

（8）计算变压器磁心气隙

$$\delta = 4\pi\times10^{-7}\times N_P^2\cdot A_e/L_P = 4\times3.14\times10^{-7}\times42.364^2\times78/620\text{m} = 0.284\text{mm}$$

（9）计算一、二次及反馈绕组线径

$$D_P = K_{Cu}\cdot I_{PK}/J_T$$

$$D_S = K_{Cu}\cdot I_o/J_T$$

式中，K_{Cu} 为变压器耦合系数，取 1.2；J_T 是高强漆包线电流密度，取 5.5A/mm^2。

$$D_P = 1.2\times1.146/5.5\text{mm} = 0.250\text{mm}$$

$$D_{S1} = 1.2\times3/5.5\text{mm} = 0.655\text{mm}$$

$$D_{S2} = 1.2\times2/5.5\text{mm} = 0.436\text{mm}$$

反馈线圈电流小不用计算。

（10）计算一、二次绕组导线面积

$$S_P=\sqrt{\frac{D_P\times4}{\pi}}=\sqrt{\frac{4\times0.25}{3.14}}\text{mm}^2=0.564\text{mm}^2$$

$$S_{S1}=\sqrt{\frac{D_{S1}\times4}{\pi}}=\sqrt{\frac{4\times0.655}{3.14}}\text{mm}^2=0.913\text{mm}^2$$

$$S_{S2}=\sqrt{\frac{D_{S2}\times4}{\pi}}=\sqrt{\frac{4\times0.436}{3.14}}\text{mm}^2=0.745\text{mm}^2$$

方法2

（1）计算高频变压器匝比及占空比

$$n=(V_{Bmin}+V_{DS})/(V_o-V_D)$$

式中，V_{DS}为MOS管导通压降，取2.5V。

$$n=(138.22+2.5)/(12-0.4)=12.131$$

$$D_{max}=1\Big/\left(\frac{V_{Bmin}}{V_o\cdot n}+1\right)=1\Big/\left(\frac{138.22}{12\times12.131}+1\right)=0.513$$

$$D_{min}=1\Big/\left(\frac{V_{Bmax}}{V_o\cdot n}+1\right)=1\Big/\left(\frac{281.03}{12\times12.131}+1\right)=0.341$$

$$t_{on(max)}=D_{max}/f_{wo}=0.513/(100\times10^3)\text{s}=5.13\times10^{-6}\text{s}$$

$$t_{on(min)}=D_{min}/f_{wo}=0.341/(100\times10^3)\text{s}=3.41\times10^{-6}\text{s}$$

（2）计算变压器一次绕组峰值电流

$$I_{PK}=2P_o/(V_{Bmax}\cdot D_{min}\cdot\eta)=2\times46/(281.03\times0.341\times0.85)\text{A}=1.129\text{A}$$

（3）计算变压器一次绕组电感

$$L_P=V_{Bmin}^2\cdot t_{on(max)}\cdot D_{min}\cdot\eta/P_o=138.22^2\times5.13\times0.341\times0.85/46\mu\text{H}=618\mu\text{H}$$

（4）计算磁心的磁感应强度

$$\Delta B=V_{Bmin}\cdot D_{max}\cdot\eta/V_{Bmax}=138.22\times0.513\times0.85/281.03\text{T}=0.214\text{T}$$

（5）计算变压器一次绕组匝数

$$N_P=L_P\cdot I_{PK}/(\Delta B\cdot A_e)=618\times1.129/(0.214\times78)=41.8$$

（6）计算二次绕组及反馈绕组电压

$$V_{S1}=V_{o1}\cdot L_P\cdot V_{Bmin}/(n\cdot t_{on(min)}\sqrt{2})=12\times0.618\times138.22/(12.131\times3.41\times\sqrt{2})\text{V}=17.524\text{V}$$

$$V_{S2}=V_{o2}\cdot L_P\cdot V_{Bmin}/(n\cdot t_{on(min)}\sqrt{2})=6\times0.618\times138.22/(12.131\times3.41\times\sqrt{2})\text{V}=8.76\text{V}$$

$$V_F=V_{FO}\cdot L_P\cdot V_{Bmin}/(n\cdot t_{on(min)}\sqrt{2})=15\times0.618\times138.22/(12.131\times3.41\times\sqrt{2})\text{V}=21.905\text{V}$$

（7）计算二次绕组及反馈绕组匝数

$$N_{S1}=(V_{S1}+V_D)(1-D_{max})N_P/(V_{Bmin}\cdot D_{min})=$$
$$(17.524+0.4)(1-0.513)\times41.8/(138.22\times0.341)=7.741$$

$$N_{S2}=(V_{S2}+V_D)(1-D_{max})N_P/(V_{Bmin}\cdot D_{min})=$$
$$(8.76+0.4)(1-0.513)\times41.8/(138.22\times0.341)=3.96$$

$$N_F=(V_F+V_D)(1-D_{max})N_P/(V_{Bmin}\cdot D_{min})=$$
$$(21.905+0.4)(1-0.513)\times 41.8/(138.22\times 0.341)=9.633$$

(8) 计算磁心气隙

$\delta=0.4\pi\cdot L_P\cdot I_{PK}^2/(\Delta B^2\cdot A_e)=0.4\times 3.14\times 0.618\times 1.129^2/(0.214^2\times 78)\text{mm}=0.277\text{mm}$

方法 3

(1) 计算高频变压器匝比及占空比

$n=(V_{Bmin}+V_{DS})/(V_o-V_D)=(138.22+2.5)/(12-0.4)=12.131$

$$D_{max}=1\Big/\left(\frac{V_{Bmin}}{V_o\cdot n}+1\right)=1\Big/\left(\frac{138.22}{12\times 12.131}+1\right)=0.513$$

$$D_{min}=1\Big/\left(\frac{V_{Bmax}}{V_o\cdot n}+1\right)=1\Big/\left(\frac{281.03}{12\times 12.131}+1\right)=0.341$$

(2) 计算一次绕组电感

$$L_P=V_{Bmax}^2\cdot \eta^2/2P_o=281.03^2\times 0.85^2/(2\times 46)\mu\text{H}=620\mu\text{H}$$

(3) 计算一次绕组峰值电流

$$I_{PK}=V_{Bmin}\cdot t_{on(max)}/L_P=138.22\times 5.13/620\text{A}=1.144\text{A}$$

(4) 计算磁心磁通密度（即磁感应强度）

$$\Delta B=(V_{i(min)}+V_{DS(on)})/L_P=(120.19+10)/620\text{T}=0.210\text{T}$$

(5) 计算一次绕组匝数

$$N_P=L_P\cdot D_{min}/(4\pi\cdot I_{PO})=620\times 0.341/(12.56\times 0.392)=42.94$$

(6) 计算二次绕组及反馈绕组电压

$$V_{S1}=\pi V_{o1}/(\Delta B\cdot n\cdot \eta)=3.14\times 12/(0.21\times 12.131\times 0.85)\text{V}=17.401\text{V}$$
$$V_{S2}=\pi V_{o2}/(\Delta B\cdot n\cdot \eta)=3.14\times 5/(0.21\times 12.131\times 0.85)\text{V}=7.250\text{V}$$
$$V_F=\pi V_{FO}/(\Delta B\cdot n\cdot \eta)=3.14\times 15/(0.21\times 12.131\times 0.85)\text{V}=21.751\text{V}$$

(7) 计算二次绕组及反馈绕组匝数

$$N_{S1}=(V_{S1}+V_{DS})/(\Delta B\cdot n)=(17.401+2.5)/(0.21\times 12.131)=7.812$$
$$N_{S2}=(V_{S2}+V_{DS})/(\Delta B\cdot n)=(7.25+2.5)/(0.21\times 12.131)=3.827$$
$$N_F=(V_F+V_{DS})/(\Delta B\cdot n)=(21.751+2.5)/(0.21\times 12.131)=9.519$$

(8) 计算磁心磁间隙

$$\delta=4\pi\times 10^{-4}\cdot N_P\cdot I_{PK}/\Delta B=12.156\times 10^{-4}\times 42.94\times 1.144/0.21\text{mm}=0.284\text{mm}$$

方法 4

(1) 计算高频变压器一次绕组反向匝比及占空比（利用输出电压和开关管 D-S 电压降之差与一次绕组最低感应电压之比）

$$n=(\pi V_o-V_{DS(on)})/V_{Bmin}=(3.14\times 12-10)/138.22=0.200$$

$$D_{max}=1\Big/\left(\sqrt{\frac{V_{Bmin}\cdot n}{K\cdot V_o+V_{DS(on)}}}+1\right)$$

式中，K 为二次线圈电压变换输出电压系数$\sqrt{2}$。

$$D_{max}=1\Big/\left(\sqrt{\frac{120.19\times 0.2}{\sqrt{2}\times 12+10}}+1\right)=0.514$$

$$D_{min}=1\Bigg/\left(\sqrt{\frac{V_{i(max)}\cdot n}{K\cdot V_o+V_{DS(on)}}}+1\right)=1\Bigg/\left(\sqrt{\frac{374.71\times0.2}{\sqrt{2}\times12+10}}+1\right)=0.375$$

（2）计算一次峰值电流

$$I_{PK}=D_{max}P_o/(V_{i(min)}\cdot n\cdot\eta)=0.514\times46/(120.19\times0.2\times0.85)=1.157\text{A}$$

（3）计算一次绕组电感

$$L_P=(V_{Bmin}\cdot D_{min}+2V_{DS})/(2P_o)=(138.22\times0.375+2\times2.5)/(2\times46)\mu\text{H}=0.618\mu\text{H}$$

（4）计算一次绕组匝数

$$N_P=(L_P\cdot V_{Bmax}+V_{DS(on)})\eta/t_{on(min)}=(0.618\times281.03+10)\times0.85/3.75=41.633$$

（5）计算磁心磁通密度

$$\Delta B=0.2D_{min}\cdot V_{i(min)}/N_P=0.2\times0.375\times120.19/41.633\text{T}=0.217\text{T}$$

（6）计算二次绕组及反馈绕组电压

$$V_{S1}=(V_o+V_D+V_L)\eta/(0.4\pi\cdot D_{max})$$

$$=(12+0.4+0.3)\times0.85/(0.4\times3.14\times0.514)\text{V}=16.721\text{V}$$

$$V_{S2}=(V_{S2}+V_D+V_L)\eta/(0.4\pi\cdot D_{max})$$

$$=(5+0.4+0.3)\times0.85/(0.4\times3.14\times0.514)\text{V}=7.505\text{V}$$

$$V_F=(V_F+R_3\cdot I_{wo}+V_D)/(0.4\pi\cdot D_{max})$$

$$=(15+100\times10\times10^{-3}+0.4)/(1.256\times0.514)\text{V}=25.403\text{V}$$

（7）计算二次绕组及反馈绕组匝数

$$N_{S1}=V_{S1}\cdot n/D_{min}=16.721\times0.2/0.375=8.92$$

$$N_{S2}=V_{S2}\cdot n/D_{min}=7.505\times0.2/0.375=4.003$$

$$N_F=V_F\cdot n/D_{min}=25.403\times0.2/0.375=13.548$$

（8）计算变压器磁心气隙

$$\delta=D_{max}\cdot I_{PK}/(10\Delta B)=0.514\times1.157/(10\times0.217)\text{mm}=0.274\text{mm}$$

方法 5

（1）计算变压器绕组反向匝比（利用输出电压和开关管 D-S 电压降之和与输入最低电压之比）

$$n=(V_o+2V_{DS})/(V_{i(min)}\cdot K)=(12+2\times2.5)/(120.19\times0.707)=0.200$$

$$D_{max}=1\Bigg/\left(\sqrt{\frac{V_{i(min)}\cdot n}{\sqrt{2}V_o+V_{DS(on)}}}+1\right)=1\Bigg/\left(\sqrt{\frac{120.19\times0.2}{\sqrt{2}\times12+10}}+1\right)=0.514$$

$$D_{min}=1\Bigg/\left(\sqrt{\frac{V_{i(max)}\cdot n}{\sqrt{2}V_o+V_{DS(on)}}}+1\right)=1\Bigg/\left(\sqrt{\frac{374.71\times0.2}{\sqrt{2}\times12+10}}+1\right)=0.375$$

（2）计算一次绕组峰值电压

$$I_{PK}=2P_o\cdot\eta/[(V_{Bmin}-2V_{DS})\cdot D_{max}]=2\times46\times0.85/[(138.22-2\times2.5)\times0.514]A=1.142A$$

（3）计算一次绕组电感

$$L_P=(V_{Bmax}\cdot D_{min}-2V_{DS})\eta/(3P_o)=(281.03\times0.375-2\times2.5)\times0.85/(3\times46)\mu H=0.618\mu H$$

（4）计算磁心磁感应强度

$$\Delta B=(V_{Bmax}\cdot D_{min}+2V_{DS})/(L_P\times10^3\cdot\eta)=(281.03\times0.375+2\times2.5)/(0.618\times10^3\times0.85)T=0.210T$$

（5）计算变压器一次绕组匝数

$$N_P=V_{Bmax}\cdot A_e/(L_P\times10^3\cdot\eta)=281.03\times78/(0.618\times10^3\times0.85)=41.729$$

（6）计算二次绕组及反馈绕组电压

$$V_{S1}=\eta(V_{o1}-3V_D)/D_{max}=0.85\times(12-3\times0.4)/0.514V=17.86V$$

$$V_{S2}=\eta(V_{o2}-3V_D)/D_{max}=0.85\times(5-3\times0.4)/0.514V=6.284V$$

$$V_F=\eta(V_{FO}-3V_D)/D_{max}=0.85\times(15-3\times0.4)/0.514V=22.821V$$

（7）计算二次绕组及反馈绕组匝数

$$N_{S1}=(V_{S1}+V_{DS(on)})/t_{on(min)}=(17.86+10)/3.75=7.429$$

$$N_{S2}=(V_{S2}+V_{DS(on)})/t_{on(min)}=(6.284+10)/3.75=4.342$$

$$N_F=(V_F+V_{DS(on)})/t_{on(min)}=(22.821+10)/3.75=8.752$$

（8）计算变压器磁心气隙

$$\delta=4\pi\cdot A_e\left(\frac{N_P^2}{10000L_P}-\frac{1}{10000A_L}\right)$$

式中，A_L 为变压器磁感应系数，有气隙时，在高频作用下直流磁感应强度下降，而交流磁感应强度增加，有气隙时 $A_L=4.2nH/匝^2$，$\delta=12.56\times78\times\left(\frac{41.729^2}{10000\times618}-\frac{1}{10000\times4.2}\right)mm=0.253mm$，无气隙时 $A_L=2.4nH/匝^2$。

总之，通过上面5种计算方法，40多道计算公式，得到的小型开关电源所有数据的误差相差很小，这说明高频变压器的设计方法灵活，计算公式很多。

3.2 基于UC3843构成的100W恒功率电源设计

目前对于中功率开关电源，常常利用变压器屏蔽绕组对变压器屏蔽的方法来降低开关管的漏电流，抑制EMI，这种方法是提高产品质量，降低生产成本的一种主要手段。在AC/DC开关电源变换中，漏电流主要来自Y电容，设计工程师对变压器进行屏蔽或在电源电路的输入端设计一个计算好了的阻容滤波电路，可以大大降低Y电容在电源转换过程中所存储的电能。UC3843恒功率开关电源的首要任务是降低或消除漏电流，其次是抑制EMI，除此以外，还要对电路进行全程检测、调节，以确保电源的各项技术指标达标，能使电源电压恒定输出。

3.2.1 UC3843功能简介及引脚特点

由二次侧LM393组成的电压判别检测电路，对于电源的使用寿命有很大的帮助。恒压源的主要缺点是电源在开启的瞬间会产生一个大的冲击电流，电流流进IC内部使内部的脉宽调制部件发热，改变了调制脉宽的波形，这使所有的变换器不允许的。LM393有着抑制平衡冲击电流的功能。

UC3843与UC3842的结构极为相似，但在内部结构中，在驱动器的后面增加一只MOS管和一只NPN型晶体管，如图3-3所示，大大增加了变换功率的总量。为防止变换器功率容量随输入电压变化，采用了输入前馈补偿技术，在轻载时，电路采用了精密稳压源加LM393放大输出，保证了输出电源的稳定。

UC3843采用8脚DIP封装，引脚排列如图3-3所示。

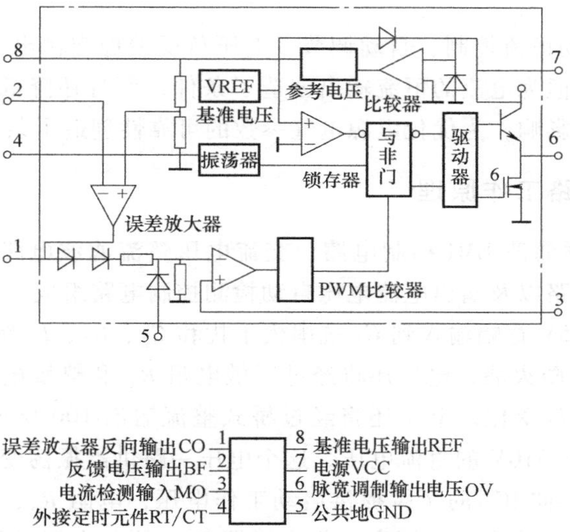

图3-3 UC3843的封装结构

1脚（CO）：误差放大器反向输出。

2脚（BF）：反馈电压输出。一般可接“地”。

3脚（MO）：电流检测输入。它的最低启动电压为6.5V，最大启动电流为1.2mA；门控电压为0.6~0.85V，门控电流为600μA，吸收电流小于200μA。

4脚（RT/CT）：外接定时元件。通过外接电阻、电容可计算片内振荡频率。

5脚（GND）：公共地。信号地、电源地接在GND。

6脚（OV）：脉宽调制输出电压。

7脚（VCC）：电源。它的启动电流为62μA，启动电压为6.5V，供电电压为12V左右。

8脚（REF）：基准电压输出。它与4脚组合外接阻容元件构建片内振荡。

3.2.2 电路特点

1）电路结构利用反激式电能转换形式，通过输出电压采样、光耦合，经UC3843内部比较、整形处理，调制占空比，驱动功率开关管，输出恒定电压，这一复杂工艺过程只需要十几毫秒时间，速度快，控制准确，比普通电源控制芯片要高出一两个等级。

2）工作频率可在50kHz以上而不发生磁饱和，电源的负载调整率达到7%，电压调整率可达到0.01%，启动电源小于1mA。芯片可工作在50℃的温度环境下，电路输出的电流、电压保持恒定。

3）输入电压的范围宽，为AC 65~265V（50/60Hz），这个特点使芯片适用于全球各个国家，市场需求非常大。

4）恒功率输出，适用于笔记本电脑、汽车蓄电池用充电器、医疗卫生诊断仪和工业自动控制等设备，应用较为广泛。

5）可靠性高、成本低、稳定性好、效率高，这是广大用户所需求的电源设备目标，但是，真正达到这一目标是比较困难的。UC3843、UC3842进入应用市场的时间较长，目前市场运用的广泛性、适用性、性价比是很多新电源控制芯片不可比拟的，而且其在制作调试上非常简便。

6）电路采用了自动恒流控制，自动调节，电压负反馈稳定输出，使通过MOSFET的峰值电流大大降低，它不但为电流的恒流输出创造了条件，而且还降低了功率开关管的管温、管耗，不受现场环境的影响，为优化电源电气参数的可靠性创造了条件。

3.2.3 UC3843电路工作原理

UC3843电路由低通滤波EMI抑制电路、交流电压整流滤波电路、反激式AC/DC变换电路、输出整流滤波电路以及输出电流电压自动检测控制电路组成。其工作原理如图3-4所示。交流电压从85~265V宽幅输入到C_1抗串模干扰和C_2、C_3、L_1组成的抗共模干扰电路，它是抑制EMI的第一道防火墙，电压还将经过压敏电阻R_V和热敏电阻R_T以防御浪涌峰值电压和高温环境下的异常变化，电压还将经过桥式整流输出100Hz的脉动直流电压，并经过电解电容C_4滤波变为310V的直流电压，这个电压一路供给振荡变压器TR_1的一次绕组，另一路由电阻R_3降压，向IC_1的7脚提供启动工作电压，电阻R_6、电容C_5以及阻塞二极管VD_1组成的缓冲网络吸收电路，用来吸收变压器TR_1的一次侧以及二次侧反向感应给一次侧的漏电感和尖峰电压。电阻R_{11}是电流检测电阻，R_4、R_5是输入电压降压检测电阻，用它们来检测电路所出现的各种异常现象。反馈绕组N_F、电容C_6、电阻R_7以及二极管VD_2所组成的电路向IC_1提供工作电压，R_7的作用是滤波和抑制低频噪声。R_9、C_{11}是电路工作振荡元件。R_8、C_9是保证误差负反馈信号不失真稳定地传给IC_1的1脚。R_{10}、VD_3为开关功率管加速翻转提供通路。C_7降低IC_1的基准电压耦合，防止杂波信号侵入。C_{20}、R_{20}为反馈电压提供频率补偿，R_{19}是PC817C的限流电阻，R_{18}用于稳定TL431的工作电流，当电源输出超载或出现短路时，PC817C的发光二极管不会出现零电流，使TL431稳定。由R_{24}、R_{22}、R_{23}、R_{28}、R_{27}、R_{29}、IC_{2B}组成恒流输出电路，当输出负载电流增加时，流过R_{15}的电流跟着增加，电流在R_{15}的压降上升，该电压经过R_{30}送到IC_{2B}的反相输入端3脚，运算放大器IC_{2B}的1脚输出高电平，R_{29}给VT_3的基极提供驱动电流，VT_3由此导通。由VT_3、IC_{2B}与R_{21}并联的等效电阻降低，使输出电流也降低。同时1脚输出的高电平也送到IC_{2A}的5脚同相输入端，同样R_{24}、R_{22}、R_{23}、R_{26}向IC_{2A}的7脚提供高电平，通过VD_7、R_{27}加到IC_3的精准电压输出端，此电压与原先的取样电压相加控制输出电压，以上电路就是恒流、恒压的控制基本原理，如图3-4所示。

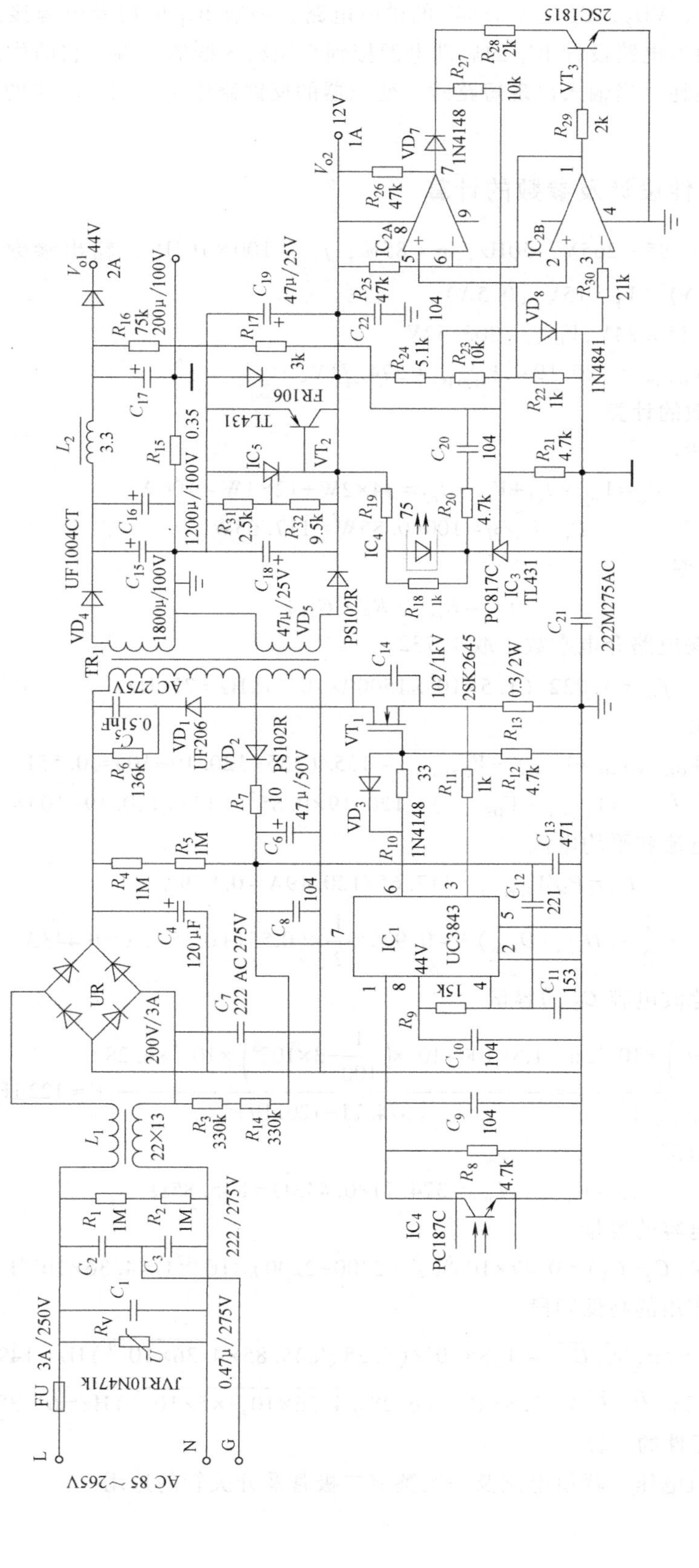

图 3-4 基于 UC3843 的电源电路原理图

振荡变压器 TR_1、VD_2、C_6 是 UC3843 的供电电路。一般 IC_1 的启动电源接到桥式整流的高压直流线上，而本电路设计 IC_1 的启动电源接到交流输入线的一端，它的优点是降低了因接到直流高压的损耗。当输入出现短路时，变压器的反馈绕组不会因为输出的异常而影响 IC_1 的供电。

3.2.4 电路元器件设计及参数的计算

设输入参数：AC 85～265V，50Hz，$\eta=85\%$，$f_{wo}=100\times10^3$Hz，输出参数：$V_{o1}=44$V（2A），$V_{o2}=12$V（1A），$V_F=15$V（0.5A）。

查表 3-1，$V_{Bmin}=150.24$V，$V_{Bmax}=303.52$V。

直流输入电压：$V_{i(min)}=120.19$V，$V_{i(max)}=374.71$V。

1. 低通输入参数的计算

（1）输入输出功率

$$P_o=V_{o1}\cdot I_{o1}+V_{o2}\cdot I_{o2}=44\times2\text{W}+12\times1\text{W}=100\text{W}$$

$$P_i=P_o/\eta=100/0.85\text{W}=117.65\text{W}$$

（2）IC_1 振荡频率

$$f_{osc}=K_{osc}/(R_9\cdot C_{11})$$

式中，K_{osc} 为 RC 振荡电路介电常数，取 1.732。

$$f_{osc}=1.732/(1.5\times10^3\times15000\times10^{-9})\text{kHz}=77\text{kHz}$$

（3）矢量占空比

$$D_{max}=V_{OR}/(V_{OR}+V_{i(min)}-V_{DS(on)})=135/(135+120.19-10)=0.551$$

$$D_{min}=V_{i(min)}\eta^2/(V_{OR}+V_{i(min)}-V_{DS(on)})=120.19\times0.85^2/(135+120.19-10)=0.354$$

（4）输入有效电流和平均电流

$$I_{eff}=P_i/V_{i(min)}=117.65/120.19\text{A}=0.979\text{A}$$

$$I_{ave}=I_{eff}\cdot\frac{1}{2}\times(D_{max}+D_{min})\text{A}=0.979\times\frac{1}{2}\times(0.551+0.354)\text{A}=0.443\text{A}$$

（5）一次整流滤波电容 C_4 的容量

$$C_4=\frac{1.8P_o\times10^6\left(\frac{1}{2f}-t_c\right)\times10^{-3}2\pi}{(V_{i(max)}-V_{i(min)})^2}=\frac{1.8\times100\times10^6\times\left(\frac{1}{100}-3\times10^{-3}\right)\times10^{-3}\times6.28}{(374.71-120.19)^2}\text{F}\approx122\mu\text{F},取\ 120\mu\text{F}$$

（6）输入负载阻抗

$$r_{LC}=V_{i(max)}/I_{ave}=374.71/0.443\Omega=845.85\Omega$$

（7）低通滤波电容的容量

$$C_{fr}=C_1/\!/(C_2+C_3)=0.47\times10^{-6}\text{F}/\!/(2200+2200)\times10^{-12}\text{F}=4.36\times10^{-9}\text{F}$$

（8）低通滤波作用的高低频段

$$f_L=1.8\times10^3/(2\pi\sqrt{r_{LC}C_{fr}})=1.8\times10^3/(6.28\sqrt{845.85\times4.36\times10^{-9}})\text{Hz}=149\text{kHz}$$

$$f_H=1.8\times10^3/(2\pi\sqrt{C_{fr}L_3})=1.8\times10^3/(6.28\sqrt{4.36\times10^{-9}\times5\times10^{-3}})\text{Hz}=61.389\text{MHz}$$

2. PWM 转换元件的计算

（1）转换的峰值电压、峰值电流及一次整流二极管及开关管的选用

峰值电流 I_{PK}

$$I_{PK}=P_o/(V_{Bmin}\cdot\eta\cdot D_{min})=100/(150.24\times0.85\times0.354)\text{A}=2.237\text{A}$$

峰值电压 V_{PK}

$$V_{PK}=V_{i(max)}\left(1+\sqrt{\frac{I_{PK}\cdot D_{max}}{10L_P}}\right)$$

式中，$V_{i(max)}=265\times\sqrt{2}\text{V}=374.71\text{V}$，$D_{max}$和 L_P 可根据 3.2.5 节方法 1 得到。

$$V_{PK}=374.71\times\left(1+\sqrt{\frac{2.237\times0.551}{10\times0.475}}\right)\text{V}=565.59\text{V}$$

经计算选用整流二极管所承受的电流为反向最大电流一半的 3 倍，所承受的反向电压为峰值电压一半的 2 倍，即 $I_D=\frac{1}{2}I_{PK}\times3=\frac{1}{2}\times2.237\text{A}\times3=3.36\text{A}$，$V_D=\frac{1}{2}V_{PK}\times2=565.59\text{V}$，所以整流二极管选用 1N5406，所选用的整流桥的电流、电压均大于上面计算的数字。开关功率管也可通过查表 2-2 选用。

(2) IC_1 供电电源降压电阻 R_3、R_{14}的计算

由交流电网的一相电源取压，电阻 R_3、R_{14}降压，经降压后用 C_6 滤波，用于 IC_1 的启动电压。

$$R_3=\frac{1}{2}V_{ACmin}/I_{start}=\frac{1}{2}\times85/(62\times10^{-6})\Omega=685\text{k}\Omega\approx660\text{k}\Omega$$，R_3、R_{14}各取 330kΩ。

(3) 电流检测电阻 R_{13}的计算

输入信号经 3 脚与片内的比较器比较后去驱动触发器。实施片内 PWM 的开启与关闭，起到脉宽调制和过电流保护的作用。它的吸收电流小于 100μA。它的门控电压为 0.65~0.85V。

$$R_{13}=V_{door}/(1.2I_{PK})=0.8/(1.2\times2.237)\Omega=0.298\Omega\approx0.3\Omega$$

(4) 网络吸收电路 R_6、C_5

为保护 IC 和开关 MOSFET，所有的开关电源都设计了网络吸收电路，它不但保护功率转换顺利进行，而且对网络电路发射的射频起抑制和削减作用。现计算网络电路的阻抗 R_{par}：

$$R_{par}=\left(\frac{2V_{PK}}{I_{ave}}\right)\left(\frac{2\pi f_{wor}L_p\times10^{-3}}{V_{i(min)}D_{min}}+10\right)=\frac{2\times565.59}{0.443}\times\left(\frac{6.28\times100\times10^3\times0.475\times10^{-3}}{120.19\times0.354}+10\right)$$
$$=43437\Omega\approx43\text{k}\Omega$$

由 R_6、C_5 所形成的高频振荡，其振荡时间常数比工作频率大 2 倍左右，电路工作频率为 100kHz，设网络高频是工作频率的 2.2 倍，即工作周期 $T_{wor}=2.2\times\frac{1}{100\times10^3}\text{s}=22\mu\text{s}$。计算 C_5 的容量：

$$C_5=T_{wor}/R_{par}=22\times10^{-6}/(43\times10^3)\text{F}=0.51\text{nF}$$

容抗 $Z_{C5}=K/\omega C_5=1/(2\pi f_{wor}\cdot C_5)=44.4/(6.28\times220\times10^3\times0.51\times10^{-9})\Omega=63\text{k}\Omega$

(5) 计算吸收电阻 R_6

$$R_6/\!/Z_{C5}=R_{par}$$

将上面的计算结果代入得

$$R_6 \cdot 63/(R_6+63)=43\text{k}\Omega$$

得 $R_6=135.45\text{k}\Omega$

（6）IC_1 的供电限流电阻 R_7

$$R_7=\left(V_F-V_{wor}-\frac{1}{2}V_{AC(min)}-V_{D2}\right)/I_{wor}$$

式中，V_F 由后面的变压计算方法得 $V_F=63.225\text{V}$；$V_{AC(min)}$ 为输入最低电压的一半；V_{wor} 和 I_{wor} 为 IC_1 的工作电压和工作电流，取 20V 和 20mA。设 V_{D2} 的工作压降为 0.5V，有

$$R_7=\left(63.225-20-\frac{1}{2}\times85-0.5\right)/(20\times10^{-3})\Omega=11\Omega,\text{取 }10\Omega$$

（7）滤波电容 C_6

$$f_{osc}=V_{cc}V_F/(2\pi K\sqrt{R_7C_6})$$

式中，f_{osc} 的频率是 AC 50Hz 的工频与二次绕组的 100kHz 振荡频率同时进入电路，又经电容 C_6 整流，运用节定位法，选定 f_{osc} 为 10kHz 左右，K 为充电系数 $K=3.1$，得到

$$C_6=(KV_{cc}V_F)^2/[(2\pi f_{osc})^2R_7]=(3.1\times20\times63.225)^2/[4\pi^2(10\times10^3)^2\times10]\text{F}=47.45\times10^{-6}\text{F}\approx47\mu\text{F}$$

（8）检测电流转换电压电阻 R_{11}

查看 UC3843 资料可知，3 脚的门控电流 $I_{door}=600\mu\text{A}$，门控电压 $V_{door}=0.65\text{V}$，得到

$$R_{11}=V_{do}/I_{do}=0.65/(600\times10^{-6})\Omega=1.083\times10^3\Omega\approx1\text{k}\Omega$$

（9）光敏接收晶体管旁路电容 C_9

IC_4 为 UC3843 控制输出电压采样光电转换器件，IC_4 的接收晶体管，很容易受采样传输过程中的杂波脉冲或外界信号干扰，C_9 是为加快信号传输，防止干扰而设计的器件。

$$C_9=K_{ce}\cdot t_{ce}\cdot I_{oc}/(2\pi\cdot V_{ce})$$

式中，K_{ce} 为输入光电信号对 IC 片内的误差放大器充电系数，取 2.5%；t_{ce} 为信号电流充到最大值所需的时间，$t_{ce}=15\text{ms}$；I_{oc} 为软启动电流，设为 1.2mA。

$$C_9=0.025\times15\times10^{-3}\times1.2\times10^{-3}/(3.14\times2\times6.5)\text{F}=11\times10^{-9}\text{F},\text{取 }10000\text{pF}$$

（10）电容启动电阻 R_4、R_5 的计算

根据 UC3843 的功能、指标，它的最低启动电流为 62μA，最低启动交流电压为 90V，所以

$$R_4+R_5=\sqrt{2}V_{i(min)}/I_{start}=\sqrt{2}\times90/(62\times10^{-6})\Omega=2.05\text{M}\Omega,\text{ 取 }2\text{M}\Omega$$

（11）滤波电容 C_7 的计算

电容 C_7 是将半相输入的交流电压的谐波旁路，它与降压电阻 R_3、R_4 并联以改善 IC_1 的供电质量。

$$K_{ce}=K_{pc}/(2\pi f_{nar}C_7r_{LC})$$

式中，K_{ce} 为电容 C_7 的充电系数，取 10%，该系数与材料和容量有关；K_{pc} 为整流后的波形系数，取 12%；f_{nar} 为电路谐波频率，取 100kHz；r_{LC} 为最大输入负载阻抗。

$$C_7=0.12/(2\times3.14\times100\times10^3\times0.1\times845.85)\text{F}$$

$$C_7=2.3\text{nF}$$

3. 输出控制元件的计算

（1）发光二极管限流电阻 R_{19}

$$R_{19}=(V_{o2}-V_{REF}-V_{LED})/I_F$$

式中，V_{REF}为 TL431 的基准电压，为 2.5V；V_{LED}为发光二极管的管压降，取 0.4V；I_F 为发光二极管的工作电流，取 120mA。

$$R_{19}=(12-2.5-0.4)/(120\times10^{-3})\Omega=75.8\Omega\text{，取 }75\Omega$$

（2）输出反馈电阻 R_{16}、R_{17}

设 $R_{20}=4.7k\Omega$，总反馈电流为

$$I_F=V_{REF}/R_{20}=2.5/(4.7\times10^3)A=0.532\times10^{-3}A$$

$$R_{17}+R_{16}=(V_{o1}-V_{REF})/I_F=(44-2.5)/(0.532\times10^{-3})\Omega=78k\Omega$$

取 $R_{17}=3k\Omega$，$R_{16}=75k\Omega$。

（3）轻载保护 R_{18}

$$R_{18}=(V_{REF}-V_{LED})/I_{AK}$$

式中，I_{AK}为 TL431 阴极电流，为 1～100mA，不得小于 1mA，取 2mA。

$$R_{18}=(2.5-0.4)/(2\times10^{-3})\Omega=1.05\times10^3\Omega\approx1k\Omega$$

（4）二次整流滤波电容 C_{15}、C_{16}、C_{17}

$$C_p=2\pi\cdot10^{-9}\sqrt{I_o\cdot V_{rip}}/t_{on(max)}$$

式中，V_{rip}为纹波电压，是输出电压的 2%，$V_{rip}=44\times0.02V=0.88V$；$t_{on(max)}$为整流二极管的导通时间，$t_{on(max)}=D_{max}/(2f_{wor})=0.521/(2\times100\times10^3)s=2.6\times10^{-6}s=2.6\mu s$。

$$C_p=6.28\times10^{-9}\sqrt{2\times0.88}/(2.6\times10^{-6})F=3.2\times10^{-3}F=3200\mu F$$

取 $C_{15}=1800\mu F$，$C_{16}=1200\mu F$，$C_{17}=200\mu F$。

（5）UC3843 过电压或欠电压保护电阻 R_5、R_4

IC_1 的 3 脚不但具有过电流保护，而且还具有过电压、欠电压保护。它的最大吸收电流有 190μA，最低吸收电流为 60μA。

$$R_4+R_5=V_{i(max)}/I_{door(max)}=374.71/(190\times10^{-6})\Omega=1.972\times10^6\Omega\approx2M\Omega$$

当输入电压高出 20%时，$V_{i(max)}=265\times120\%\sqrt{2}=449.65V$。它的吸收门控电流 $I_{door(max)}=V_{i(max)}/(R_6+R_5)=449.65/(2\times10^6)A=224.825\mu A$。

3 脚在这种输入高电流的作用下，经片内比较器与基准电流比较，触发锁存器关闭，脉宽调制停止工作，起到过电压保护；当输入电压低于 85V，只有 75V 时，$I_{door(min)}=V_{i(min)}/(R_6+R_5)=75\sqrt{2}/(2\times10^6)A=53.025\mu A$，低于 60μA，$IC_1$ 实施欠电压保护。

（6）信号滤波补偿电阻 R_8

IC_4 的接收晶体管 C-E 极的绝缘电阻无穷大，C-E 极电压为 4.5V 左右，最低正向电流为 1mA，所以电阻 $R_8=V_{CF}/I_{FL}=4.5/(1\times10^{-3})\Omega=4.5k\Omega$，取 4.7kΩ。

（7）输出恒流电路

IC_{2A}、VT_2、R_{25}、R_{27}、R_{28}、R_{26}为输出恒流电路，首先计算 IC_2 的 6 脚、1 脚电压：

$$V_{(6、1)}=(V_{o2}-V_{T3(be)})R_{29}/(R_{29}+R_{25})=(12-0.3)\times2/(2+47)V=0.48V$$

再计算 IC_2 的 2 脚和 5 脚的端电压：

$$V_{(5、2)}=V_{o2}\cdot R_{22}/(R_{22}+R_{23}+R_{24})=12\times1/(1+10+5.1)V=0.745V$$

当输出负载电流增加时，流过 R_{15}的电压上升，该电压经大地再送到 IC_{2B}的 3 脚与 2 脚

0.745V，电压比较后1脚输出一高电平。R_{29}给VT_3的基极提供驱动电流，VT_3导通，这时VT_3、IC_{2B}、R_{27}、R_{21}并联等效电阻下降，高电平也使IC_{2A}的6脚与原来只有0.48V相比高了0.3V，IC_{2A}的7脚输出高电平，此电平经VD_{17}、R_{27}加到IC_3的V_{REF}，两个电压同时加到控制基准电压端，使输出电流下降，这就是恒流恒压的基本原理。

VT_3导通后的阻抗：

$$Z_p=(R_{27}+R_{28})\times R_{21}/(R_{27}+R_{28}+R_{21})=(10+2)\times 4.7/(10+2+4.7)\text{k}\Omega=3.38\text{k}\Omega$$

显然比$R_{21}=4.7\text{k}\Omega$小了。

（8）V_{o2}恒压输出，R_{32}的计算

设$R_{31}=2.5\text{k}\Omega$，则

反馈电流 $I_{FO}=V_{REF}/R_{31}=2.5/(2.5\times10^3)\text{A}=1\times10^{-3}\text{A}$

反馈电阻 $R_{32}=(V_{o2}-V_{REF})/I_{FO}=(12-2.5)/(1\times10^{-3})\Omega=9.5\text{k}\Omega$

3.2.5 UC3843高频变压器的计算

输入参数：85~265V，50Hz，$f_w=100\text{kHz}$，$\eta=0.85$

输出参数：$V_{o1}=44\text{V}$，$I_{o1}=2\text{A}$，$V_{o2}=12\text{V}$，$I_{o2}=1\text{A}$，$V_F=15\text{V}$，$I_F=0.5\text{A}$

查表3-1：$V_{Bmin}=150.24\text{V}$，$V_{Bmax}=303.52\text{V}$

输出功率：$P_o=V_{o1}\cdot I_{o1}+V_{o2}\cdot I_{o2}=44\times2\text{W}+12\times1\text{W}=100\text{W}$

输入功率：$P_i=P_o/\eta=100/0.85\text{W}=117.65\text{W}$

输出电流：$I_{po}=P_o/(V_{Bmin}\cdot\eta)=100/(150.24\times0.85)\text{A}=0.783\text{A}$

方法1

（1）变压器线圈正向匝比n及占空比导通时间

$n=(V_{Bmin}-V_{DS(on)})/[(V_o+V_D)\eta]=(150.24-10)/[(44+0.4)\times0.85]=3.716$

$$D_{max}=1\Big/\left(\frac{V_{Bmin}}{V_o\cdot n}+1\right)=1\Big/\left(\frac{150.24}{44\times3.716}+1\right)=0.521$$

$$D_{min}=1\Big/\left(\frac{V_{Bmax}}{V_o\cdot n}+1\right)=1\Big/\left(\frac{303.52}{44\times3.716}+1\right)=0.350$$

$$t_{on(max)}=D_{max}/f_{wor}=0.521/(100\times10^3)\text{s}=5.21\mu\text{s}$$

$$t_{on(min)}=D_{min}/f_{wor}=0.35/(100\times10^3)\text{s}=3.5\mu\text{s}$$

（2）峰值电流I_{PK}

$$I_{PK}=I_{PO}/D_{min}=0.783/0.35\text{A}=2.237\text{A}$$

（3）一次绕组电感L_P

$$L_P=V_{Bmax}\cdot t_{on(min)}/I_{PK}=303.52\times3.5/2.237\mu\text{H}=475\mu\text{H}$$

（4）变压器磁心的磁感应强度ΔB

$$\Delta B=V_{Bmin}\cdot D_{min}/(V_{Bmax}\eta)=150.24\times0.35/(303.52\times0.85)\text{T}=0.204\text{T}$$

根据经验公式计算变压器磁心截面积A_e：

$$A_e=\pi^2 \cdot t_{on(max)} \cdot \Delta B\sqrt{P_i}=3.14^2\times5.21\times0.204\sqrt{117.65}\text{mm}^2=113.66\text{mm}^2$$

根据输入功率和工作频率查表 3-2 选用 PQ26/20，$A_e=113\text{mm}^2$，窗口面积 $A_w=70.4\text{mm}^2$，结果与计算相近。

选择磁心不能单凭工作频率和输入功率，还要通过磁感应强度和开关管的导通时间进行计算。

（5）变压器一次绕组匝数 N_P

$$N_P=V_{Bmax} \cdot t_{on(min)}/(\Delta B \cdot A_e)=303.52\times3.5/(0.204\times113)=46.084$$

（6）变压器二次绕组及反馈绕组电压 V_{S2}、V_{S2}、V_F

设 K 为整流系数。交流 50Hz 时的半波整流 $K=0.45$；100kHz 时的半波整流 $K=0.45^{0.434}$，也是 $K=\dfrac{1}{\sqrt{2}}=0.707$。

$$V_{S1}=(V_{o1}+V_D+V_L)/K=(44+0.4+0.3)/0.707\text{V}=63.225\text{V}$$

$$V_{S2}=(V_{o2}+V_D+V_L)/K=(12+0.4+0.3)/0.707\text{V}=17.963\text{V}$$

$$V_F=(V_{FO}+V_D+I_{C1} \cdot R_7)/K=(15+0.4+10\times20\times10^{-3})/0.707\text{V}=22.065\text{V}$$

（7）变压器二次绕组及反馈绕组匝数 N_{S1}、N_{S2}、N_F

$$N_{S1}=N_P \cdot V_{S1}/(V_{Bmax} \cdot D_{max})=46.084\times63.225/(303.52\times0.521)=18.426$$

$$N_{S2}=N_P \cdot V_{S2}/(V_{Bmax} \cdot D_{max})=46.084\times17.963/(303.52\times0.521)=5.235$$

$$N_F=N_P \cdot V_F/(V_{Bmax} \cdot D_{max})=46.084\times22.065/(303.52\times0.521)=6.430$$

（8）变压器磁心气隙 δ

$$\delta=4\pi\times10^{-7} \cdot N_P^2 \cdot A_e/L_P=12.56\times10^{-7}\times46.084^2\times113/475\text{m}=0.635\text{mm}$$

方法 2

（1）变压器正向匝比及占空比 n、D_{max}、D_{min}

$$n=(V_{Bmin}+V_{DS(on)})/(V_o-V_D)=(150.24+10)/(44-0.4)=3.675$$

$$D_{max}=1\Big/\left(\frac{V_{Bmin}}{V_o \cdot n}+1\right)=1\Big/\left(\frac{150.24}{44\times3.675}+1\right)=0.518$$

$$D_{min}=1\Big/\left(\frac{V_{Bmax}}{V_o \cdot n}+1\right)=1\Big/\left(\frac{303.52}{44\times3.675}+1\right)=0.346$$

（2）变压器一次电感 L_P

$$L_P=P_o \cdot D_{max}(1+\eta) \cdot \eta\Big/\left(I_{PK}^2 \cdot K_{RP}\left(1-\frac{K_{RP}}{2}\right)f\right)$$

式中，K_{RP} 为纹波电流与峰值电流比值。

$$L_P=100\times0.518\times1.85\times0.85\Big/\left[2.206^2\times0.46\times\left(1-\frac{0.46}{2}\right)\times100\times10^3\right]\text{H}$$

$$=0.473\text{mH}$$

L_P 的另一种计算：

$L_P=V_{Bmin}^2 \cdot t_{on(max)} \cdot D_{min}/(P_o \cdot \eta)=150.24^2\times5.18\times0.346/(100\times0.85)\mu\text{H}=476\mu\text{H}$。

（3）一次峰值电流 I_{PK}

$$I_{PK}=V_{Bmax}t_{on(min)}/L_P=303.52\times3.46/476\text{A}=2.206\text{A}$$

表 3-2 高频变压器 PQ 磁心设计用表

项序	参数名称		频率	PQ20/16	PQ20/20	PQ26/20	PQ26/25	PQ32/20	PQ32/30	PQ35/35	PQ40/40	PQ50/50
1	单开关电路输入功率 P_i/W ($\Delta T=30$℃)		50kHz	35	47	78	86	98	150	219	328	587
			100kHz	54	71	113	126	129	204	313	465	704
2	多路开关电路输入功率 P_i/W ($\Delta T=30$℃)		50kHz	70	95	156	173	187	284	429	649	1130
			100kHz	106	141	215	233	210	344	554	826	1520
3	每伏输入电压的匝数 N_{IT}	单、多路正激式电路 $D=0.4$	50kHz	0.502	0.502	0.277	0.310	0.259	0.278	0.251	0.226	0.149
			100kHz	0.302	0.307	0.194	0.211	0.197	0.202	0.176	0.159	0.124
		桥式等 $D=0.6$	50kHz	0.296	0.295	0.187	0.200	0.175	0.188	0.165	0.147	0.0995
			100kHz	0.197	0.280	0.131	0.148	0.156	0.155	0.128	0.116	0.0935
4	P_{Cu} 铜损/W	括号内的值对应于50kHz 正激式		0.235(0.272)	0.28(0.325)	0.41	0.41	0.44	0.55	0.65	0.826	1.11
5	P_{Fe} 铁损/W			0.235(0.198)	0.28(0.325)	0.4	0.4	0.44	0.55	0.65	0.826	1.11
6	每匝绕组电阻 R_{IT}/Ω			1.33×10^{-4}	8.62×10^{-5}	1.27×10^{-4}	8.57×10^{-5}	1.02×10^{-4}	4.87×10^{-5}	3.21×10^{-5}	2.26×10^{-5}	2.18×10^{-5}
7	产生 30℃温升的磁感应强度增量 ΔB(包括铜损/T	正激式	50kHz	0.196	0.1960	0.192	0.173	0.162	0.152	0.147	0.152	0.128
			100kHz	0.162	0.1585	0.137	0.125	0.102	0.104	0.105	0.108	0.077
		桥式	50kHz	0.1658	0.167	0.147	0.133	0.128	0.112	0.112	0.1171	0.096
			100kHz	0.1245	0.123	0.101	0.09	0.0685	0.068	0.0723	0.0745	0.051
8	磁心中心柱截面积 A_e/mm^2			61	71	113	120	142	152	162	174	314
9	绕组平均长度 l/mm			44	48	52.2	56.2	67.1	70.1	75.2	83.9	104
10	可以绕线窗口面积 A_w/mm^2			47.4	65.8	70.4	75.5	80.8	149.6	220.6	326	433
11	窗口有效使用系数 K_0			0.34	0.34	0.36	0.38	0.40	0.46	0.52	0.56	0.54
12	热阻 R_T(热点)/(℃/W)			42.5	36	24.5	24.4	22.7	18.2	15.4	12.1	9.0
13	80℃时相应磁感应强度下的铁损 P_{Fe}/W		50kHz	$6.598\times10^{-10}\times B^{2.656}$	$3.994\times10^{-9}\times B^{2.741}$	$2.682\times10^{-9}\times B^{2.584}$	$3.048\times10^{-9}\times B^{2.602}$	$2.847\times10^{-8}\times B^{2.333}$	$3.541\times10^{-8}\times B^{2.358}$	$1.163\times10^{-8}\times B^{2.54}$	$9.735\times10^{-9}\times B^{2.589}$	$3.1\times10^{-8}\times B^{2.534}$
			100kHz	$8.11\times10^{-10}\times B^{2.734}$	$9.578\times10^{-10}\times B^{2.741}$	$1.375\times10^{-8}\times B^{2.487}$	$1.882\times10^{-8}\times B^{2.485}$	$9.884\times10^{-7}\times B^{1.996}$	$4.575\times10^{-7}\times B^{2.146}$	$1.058\times10^{-7}\times B^{2.374}$	$1.151\times10^{-7}\times B^{2.387}$	$2.27\times10^{-7}\times B^{2.47}$
14	电感系数 A_L/(nH/匝^2)			≥5200	≥4260	≥9640	≥8000	≥12300	≥8670	≥10100	≥9150	≥10900

（4）变压器一次绕组匝数 N_P

$$N_P=V_{Bmax}n/(4\pi I_{PK}\eta)=303.52\times3.675/(12.56\times2.206\times0.85)=47.362$$

（5）变压器磁心磁通量 ΔB

$$\Delta B=V_{Bmax}n/(A_eN_P)=303.52\times3.675/(113\times47.362)\text{T}=0.208\text{T}$$

（6）二次绕组及反馈绕组电压 V_{S1}、V_{S2}、V_F

$$V_{S1}=(V_{o1}+V_D+V_L)t_{on(max)}/n=(44+0.4+0.3)\times5.18/3.675\text{V}=63.006\text{V}$$

$$V_{S2}=(V_{o2}+V_D)t_{on(max)}/n=(12+0.4)\times5.18/3.675\text{V}=17.478\text{V}$$

$$V_F=(V_{FO}+V_D+R_7I_{CC})t_{on(max)}/n=(15+0.4+10\times20\times10^{-3})\times5.18/3.675\text{V}=21.990\text{V}$$

（7）二次绕组及反馈绕组匝数 N_{S1}、N_{S2}、N_F

$$N_{S1}=(V_{S1}+V_D)(1-D_{min})N_P/(V_{Bmax}D_{min})$$
$$=(63.006+0.4)(1-0.346)\times47.362/(303.52\times0.346)=18.701$$

$$N_{S2}=(V_{S2}+V_D)(1-D_{min})N_P/(V_{Bmax}D_{min})$$
$$=(17.478+0.4)(1-0.346)\times47.362/(303.52\times0.346)=5.273$$

$$N_F=(V_F+V_D)(1-D_{min})N_P/(V_{Bmax}D_{min})$$
$$=(21.99+0.4)(1-0.346)\times47.362/(303.52\times0.346)=6.604$$

（8）变压磁心气隙 δ

$$\delta=4\pi\times10^{-4}\cdot N_PI_{PK}/\Delta B=12.56\times10^{-4}\times47.362\times2.206/0.208=0.631\text{mm}$$

方法 3

（1）变压器反向匝比及变换占空比

$$n=(\sqrt{2}V_o-V_{DS})/V_{Bmax}=(1.414\times44-2.5)/303.52=0.197$$

$$D_{max}=1\Big/\sqrt{\frac{V_{i(min)}n}{0.707V_o-V_{DS}}}+1=1\Big/\sqrt{\frac{120.19\times0.197}{0.707\times44-2.5}}=0.524$$

$$D_{min}=1\Big/\sqrt{\frac{V_{i(max)}n}{0.707V_o-V_{DS}}}+1=1\Big/\sqrt{\frac{374.71\times0.197}{0.707\times44-2.5}}=0.384$$

（2）变压器一次绕组峰值电流

$$I_{PK}=P_o/[(V_{i(min)}-V_{DS})D_{min}]=100/[(120.19-2.5)\times0.384]\text{A}=2.21\text{A}$$

（3）变压器一次绕组电感

$$L_P=V_{Bmax}\cdot D_{min}\cdot\eta^2/(2P_o)=303.52\times0.384\times0.9^2/(2\times100)\text{mH}=0.472\text{mH}$$

（4）磁心的磁通密度

$$\Delta B=V_{Bmin}t_{on(max)}/(10L_P\eta^2)=150.24\times5.24/(10\times472\times0.9^2)\text{T}=0.206\text{T}$$

（5）高频变压器一次绕组匝数

由图 3-4 可知，变压器二次绕组由 N_{S1} 和 N_{S2} 串联而成，而 N_{S2} 由精密稳压源和 VT_2 并联而成，N_{S2} 的绕组电压 $V_{S2}=(V_{D5}+V_{T2(ce)}+V_{o2})/(t_{on(min)}n\eta)$，$N_P=V_{Bmin}A_e/(L_PI_{PO})=150.24\times113/(472\times0.783)=45.937$。

（6）变压器二次绕组及反馈绕组电压

$$V_{S1}=(V_{o1}+V_{D4}+V_{L2})/(t_{on(min)}n\eta)=(44+0.4+0.3)/(3.84\times0.197\times0.9)\text{V}=65.65\text{V}$$

$$V_{S2}=(V_{o2}+V_{D4}+V_{IC3})/(t_{on(min)}n\eta)=(12+0.4+2.5)/(3.84\times0.197\times0.9)\text{V}=21.885\text{V}$$

$$V_F=(V_{FO}+V_{D2}+V_{R7})/(t_{on(min)}n\eta)=(15+0.4\times10\times15\times10^{-3})/(3.84\times0.197\times0.9)\text{V}=22.641\text{V}$$

(7) 变压器二次绕组及反馈绕组匝数

$$N_{S1}=V_{S1}n\eta^2/D_{max}=65.65\times0.197\times0.9^2/0.524=19.992$$

$$N_{S2}=V_{S2}n\eta^2/D_{max}=21.885\times0.197\times0.9^2/0.524=6.664$$

$$N_F=V_Fn\eta^2/D_{max}=22.641\times0.197\times0.9^2/0.524=6.895$$

(8) 变压器磁心气隙

$$\delta=I_{PK}D_{max}/(10\Delta B\eta)=2.21\times0.524/(10\times0.206\times0.9)\,\text{mm}=0.625\text{mm}$$

方法 4

(1) 变压器匝比及占空比

$$n=(\sqrt{2}V_{i(min)}-V_{DS})/(V_{o1}+2V_D)=(\sqrt{2}\times120.19-2.5)/(44+2\times0.4)=3.738$$

$$D_{max}=1\Big/\left(\frac{V_{Bmin}}{V_o\cdot n}+1\right)=1\Big/\left(\frac{150.24}{44\times3.738}+1\right)=0.523$$

$$D_{min}=1\Big/\left(\frac{V_{Bmax}}{V_o\cdot n}+1\right)=1\Big/\left(\frac{303.52}{44\times3.738}+1\right)=0.352$$

(2) 变压器一次绕组电感

$$L_P=2P_oD_{max}D_{min}\eta^2/(I_{po}^2f)=2\times100\times0.352\times0.523\times0.9^2/(0.783^2\times100\times10^3)\,\text{H}=0.486\text{mH}$$

(3) 峰值电流

$$I_{PK}=V_{Bmax}t_{on(min)}/L_P=303.52\times3.52/486\text{A}=2.198\text{A}$$

(4) 一次绕组匝数

$$N_P=2A_et_{on(max)}/(4\pi I_{PK}\eta)=2\times113\times5.23/(12.56\times2.198\times0.9)=47.572$$

(5) 磁心磁感应强度

$$\Delta B=V_{Bmax}t_{on(min)}/(A_eN_P)=303.52\times3.52/(113\times475.72)\,\text{T}=0.199\text{T}$$

(6) 二次绕组及反馈绕组电压

$$V_{S1}=(V_{o1}+V_D+V_L)/(\Delta Bt_{on(min)})=(44+0.4+0.3)/(0.199\times3.52)\,\text{V}=63.813\text{V}$$

$$V_{S2}=(V_{o2}+V_D+V_{IC3})/(\Delta Bt_{on(min)})=(12+0.4+2.5)/(0.199\times3.52)\,\text{V}=21.217\text{V}$$

$$V_F=(V_{FO}+V_D+R_{10}I_C)/(\Delta Bt_{on(min)})=(15+0.4+10\times15\times10^{-5})/(0.199\times3.52)\,\text{V}=22.006\text{V}$$

(7) 二次绕组及反馈绕组匝数

$$N_{S1}=(V_{S1}-V_D-V_L)/(\Delta Bt_{on(max)}t_{on(min)})=(63.813-0.4-0.3)/(0.199\times5.23\times3.52)=18.891$$

$$N_{S2}=(V_{S2}-V_D-V_{IC3})/(\Delta Bt_{on(max)}t_{on(min)})=(21.217-0.4-2.5)/(0.199\times5.23\times3.52)=5.0$$

$$N_F=(V_{FO}-V_D-R_{10}I_C)/(\Delta Bt_{on(max)}t_{on(min)})$$
$$=(22.006-0.4-10\times15\times10^{-3})/(0.199\times5.23\times3.52)=5.894$$

(8) 变压器磁心气隙

$$\delta=L_PN_P/(10t_{on(min)})=0.486\times47.572/(10\times3.52)\,\text{mm}=0.657\text{mm}$$

(9) 变压器一、二次绕组导线截面积

$$S_P=K_{Cu}I_{PK}/J_T$$

式中，K_{Cu}为变压器耦合系数，取 1.2；J_T 为导线电流密度，取 5A/mm^2。

$$S_P=1.2\times2.198/5\text{mm}^2=0.528\text{mm}^2$$

导线直径 $D_P=\sqrt{\dfrac{4S_P}{\pi}}=\sqrt{\dfrac{4\times0.528}{3.14}}\,\text{mm}=0.820\text{mm}$，查表 3-3，选用 AWG20。

$$S_S = K_{Cu} \cdot I_{o1}/J_T = 1.2 \times 2/5\text{mm}^2 = 0.48\text{mm}^2$$

导线直径：$D_S = \sqrt{\dfrac{4S_S}{\pi}} = \sqrt{\dfrac{4\times0.48}{3.14}}\text{mm} = 0.782\text{mm}$，查表 3-3，选用 AWG21。

表 3-3 AWG（美国线规）导线规格表

AWG编号	裸线 A_{xp}		电阻	有关数据								
	$10^{-3}cm^2$	cmil（圆密耳）	μΩ/cm |20℃	截面积		直径		每匝		每匝		重量
				$10^{-3}cm^2$	cmil	cm	in	cm	in	cm^2	in^2	g/cm
10	52.61	10384	32.70	55.9	11046	0.267	0.1051	3.87	9.5	10.73	69.20	0.468
11	41.68	8226	41.37	44.5	8798	0.238	0.0938	4.36	10.7	13.48	89.95	0.3750
12	33.08	6529	52.09	35.64	7022	0.213	0.0838	4.85	11.9	16.81	108.4	0.2977
13	26.26	5184	65.64	28.36	5610	0.190	0.0749	5.47	13.4	21.15	136.4	0.2367
14	20.82	4109	82.80	22.95	4556	0.171	0.0675	6.04	14.8	26.14	168.6	0.1879
15	16.51	3260	104.3	18.37	3624	0.153	0.0602	6.77	16.6	32.66	210.6	0.1492
16	13.07	2581	131.8	14.73	2905	0.137	0.0539	7.32	18.6	40.73	262.7	0.1184
17	10.39	2052	165.8	11.68	2323	0.122	0.0482	8.18	20.8	51.36	331.2	0.0943
18	8.228	1624	209.5	9.326	1857	0.109	0.0431	9.13	23.2	64.33	414.9	0.07472
19	6.531	1289	263.9	7.539	1490	0.0980	0.0386	10.19	25.9	79.85	515.0	0.05940
20	5.188	1024	332.3	6.065	1197	0.0879	0.0346	11.37	28.9	98.93	638.1	0.04726
21	4.116	812.3	418.9	4.837	954.8	0.0785	0.0309	12.75	32.4	124.0	799.8	0.03757
22	3.243	640.1	531.4	3.857	761.7	0.0701	0.0276	14.25	36.2	155.5	1003	0.02965
23	2.588	510.8	666.0	3.135	620.0	0.0632	0.0249	15.82	40.2	191.3	1234	0.02372
24	2.047	404.0	842.1	2.514	497.3	0.0566	0.0223	17.63	44.8	238.6	1539	0.01884
25	1.623	320.4	1062.0	2.002	396.0	0.0505	0.0199	19.80	50.3	299.7	1933	0.01498
26	1.280	252.8	1345.0	1.603	316.8	0.0452	0.0178	22.12	56.2	374.2	2414	0.01185
27	1.021	201.6	1687.6	1.313	259.2	0.0409	0.0161	24.44	62.1	456.9	2947	0.00945
28	0.8046	158.8	2142.7	1.0515	207.3	0.0366	0.0144	27.32	69.4	570.6	3680	0.00747
29	0.6470	127.7	2664.3	0.8548	169.0	0.0330	0.0130	30.27	76.9	701.9	4527	0.00602
30	0.5067	100.0	3402.2	0.6785	134.5	0.0294	0.0116	33.93	86.2	884.3	5703	0.00472
31	0.4013	79.21	4294.6	0.5596	110.2	0.0267	0.0105	37.48	95.2	1072	6914	0.00372
32	0.3242	64.00	5314.9	0.4559	90.25	0.0241	0.0095	41.45	105.3	1316	8488	0.00305
33	0.2554	50.41	6748.6	0.3662	72.25	0.0216	0.0085	46.33	117.7	1638	10565	0.00241
34	0.2011	39.69	8572.8	0.2863	56.25	0.0191	0.0075	52.48	133.3	2095	13512	0.00189
35	0.1589	31.36	10849	0.2268	44.89	0.0170	0.0067	58.77	149.3	2645	17060	0.00150
36	0.1266	25.00	13608	0.1813	36.00	0.0152	0.0060	65.62	166.7	3309	21343	0.00119
37	0.1026	20.25	16801	0.1538	30.25	0.0140	0.0055	71.57	181.8	3901	25161	0.000977
38	0.08107	16.00	21266	0.1207	24.01	0.0124	0.0049	80.35	204.1	4971	32062	0.000773
39	0.06207	12.25	27775	0.0932	18.49	0.0109	0.0043	91.57	232.6	6437	41518	0.000593
40	0.04869	9.61	35400	0.0723	14.44	0.0096	0.0038	103.6	263.2	8298	53522	0.000464

（续）

AWG编号	裸线 A_{xp}		电阻	有关数据								
	$10^{-3}cm^2$	cmil（圆密耳）	μΩ/cm 20℃	截面积		直径		每匝		每匝		重量
				$10^{-3}cm^2$	cmil	cm	in	cm	in	cm^2	in^2	g/cm
41	0.03972	7.84	43405	0.0584	11.56	0.00863	0.0034	115.7	294.1	10273	66260	0.000379
42	0.03166	6.25	54429	0.04558	9.00	0.00762	0.0030	131.2	333.3	13163	84901	0.000299
43	0.02452	4.84	70308	0.03683	7.29	0.00685	0.0027	145.8	370.4	16291	105076	0.000233
44	0.0202	4.00	85072	0.03165	6.25	0.00635	0.0025	157.4	400.0	18957	122272	0.000195

注：圆密耳是面积单位，即直径为1mil（$1mil=0.001in=25.4\times10^{-6}m$）的金属丝的截面积。

3.3 基于UCC28600构成的150W高效绿色电源

UCC28600是准谐振反激式绿色脉宽调制电源芯片，其具有先进的IC控制系统，在芯片的内部设计了先进的低耗节能模块，具有较高水平的功能保护。电源在轻载或无载时，控制芯片自动降低工作频率，实施了频率交替反馈模式及在工作中易实施重叠冲突模式。

3.3.1 UCC28600引脚功能及特点

1. 主要特点

1）绿色模式控制，具有先进的节能特色。

2）低启动电流：最大只有25μA。

3）低待机电流，适用于全自动系统，待机时无载功耗低于150mW。

4）电源工作在准谐振模式，可大大降低EMI和低电压开关损耗。

5）研发工程师可简便地设定过电压保护工作点和过电流保护工作点。

6）电流限制保护：可实施逐周期功率限制，电源在特殊的条件下，可自动启动“打嗝”模式。

7）内置过温保护：在温度引起的故障未排除前，可阻止重新启动，以免烧机。

8）有1A输出的驱动电流，栅极进入电流达0.75A。

9）具有可编程软启动。

2. 引脚功能

1脚（SS）：软启动可编程。可用连接到地的电容容量，设定软启动速率。电容决定内部软启动充电电流的大小。所有故障时的放电可通过内部MOSFET的导通电阻（约100Ω）将1脚电容对地放电。对片内的2脚电压和峰值电流进行限制，内部调节器可使引脚具有在低阻抗电压下工作的能力。可编程启动时间和1脚对地的容量分别为$T_{SS}=1.5ms$，$C_{SS}=3.3nF$。

2脚（FB）：反馈输入或来自光耦PWM的控制器输入。用以控制MOS管的峰值电流。一个内有20kΩ的电阻连接到该脚与内部5V控制电压间。光耦晶体管的集电极直接接到该脚，光耦晶体管的发射极被连接到地。引脚的电压控制3种工作模式，即准谐振模式（QR）、频率反馈模式（FFM）和绿色模式（GM）。

3 脚（CS）：电流检测信号输入。可用来设置过功点，同时它是调制方式控制点和过电流保护的触发点，此信号来自于一串接到地的感应电阻，串接在此脚和感应电阻上的电阻可用来设置过功点。

4 脚（GND）：内部电源地。在 V_{DD} 和 GND 间连接一只 0.1μF 的瓷介电容用于旁路。

5 脚（OUT）：1A 驱动电流输出，栅极可流入 0.75A。可直接驱动功率 MOS 管。其内部钳位在 13V 低电压上。

6 脚（V_{DD}）：给 IC 提供电源。在引脚与地之间加一只 0.1μF 的瓷介电容用于高频旁路，可防止在启动工作期间出现“打嗝”现象。

7 脚（OVP）：线路对过电压、过载和准谐振所产生的信号输入。检测线路负载过电压使用变压器一次绕组，由电阻来调节该脚的灵敏度。

8 脚（status）：该脚高阻抗时表明电路进入了待机状态。可以用来关闭 PFC 电路，该脚在欠电压和软启动时保持高阻抗。

3.3.2 L6562 引脚功能及特点

L6562 是意法 SGS-Thomson 微电子公司采用双极与 COMS 混合工艺制造的有源功率因数校正控制模块。该模块嵌入了 AC 输入电流总谐波失真（THD）最优化电路，能在宽范围内对交流输入电压提供低的总谐波含量及高次谐波成分。

1. L6562 的结构框图

L6562 的内部结构如图 3-5 所示。

2. L6562 的引脚功能

L6562 的引脚排列如图 3-6 所示。

1 脚（INV）：误差放大器反向输入端。PFC 输出电压由分压电阻分压后进入该脚。

2 脚（COMP）：误差放大器输出端。补偿网络设置在该脚与 1 脚端。以完成电压控制环路的稳定性，以保证有很高的功率因数与低的 THD。

3 脚（MULT）：乘法器输入端。该脚通过分压电阻分压，连接到整流器整流电压端，提供基准的正弦波电压给电流环。

4 脚（CS）：输入到 PWM 比较器。MOS 管电流流过取样电阻，在电阻上产生电压降，该电压与内部正弦波电压形成基准信号，与乘法器比较来决定 MOS 管的导通与截止。

5 脚（ZCD）：升压电感去磁检测输入端，工作在临界传导模式，用负极性信号的后沿来触发 MOS 导通。

6 脚（GND）：地。栅极驱动和信号回路的通路，都应汇集到该脚引入端。

7 脚（GD）：栅极驱动输出。图腾柱输出能直接驱动 MOS 管，对源极的峰值电流为 600mA，吸收电流为 800mA，该脚的驱动电压为 12V，避免因 V_{CC} 电压过高而使驱动电压升高。

8 脚（V_{CC}）：电源供给 IC 内部信号与栅极驱动，供电电压被限制在 22V 以下。

3. L6562 的主要特点

1）具有 10.3~22V 的宽电源电压范围。

2）具有低于 70μA 的启动电流和低于 4mA 的工作电流，并含有截止功能，而因特别适用于遥控开关控制。电路在数字智能化控制方面得到广泛应用。

3）借助于误差放大器和±1%的内部精密参考电压，可控制 PFC 的直流输出电压并使其高度稳定。

4）具有过电压保护功能，能安全处理在启动和负载断开时所产生的过电压。

5）在电流检测 IC 内嵌入 RC 低通滤波器，可减少外部元件数量和 PCB 面积，降低研发成本。

6）带有源电流/灌电流为 600/800mA 的推挽式输出级，并带有欠电压锁定（UVLO）下拉和 15V 电位钳位，可驱动功率 MOS 管，从而使变换器输出功率高达 300W。

4. L6562 的 THD 优化电路

L6562 在内部乘法器单元内嵌入了 THD 最优化专门电路。该电路能处理交流输入电压过零附近积聚的电能，从而使桥式整流之后的高频滤波电容得以充分放电，以减少交越失真，降低总谐波含量。结合高性能乘法器中的 THD 最优化电路，L6562 允许在误差放大器输出纹波和乘法器输出高次谐波。在 INV 脚和 COMP 脚之间连接 RC 串联补偿网络，大幅提升 THD 的输出性能。

3.3.3 UCC28600 电路特点

UCC28600 电路是具有零电压开关（ZVS）转换的、由 UCC28600 控制的电子电路，其电能管理、电压控制模式以及保护方式，都具有它的现代特色，与 L6562 组合，可实现零电压开关、准谐振工作模式、高效率转换，满足全球范围所期望的低能耗、高功率因数、高效率、低成本的需求。

UCC28600 根据负载条件和电路电压有多种模式控制形式，如果 UCC28600 在电流模式下工作，而开关电源的功率驱动开关管就要受到因功率所需的电流的限制。在一般情况下，反馈电压控制着 UCC28600 的工作模式。在正常的额定负载工作条件下，UCC28600 控制转换模式包括有：准谐振模式（Quasi-Resonant Converter，QRC）或断续工作模式（Discontinuity Conduction Mode，DCM），DCM 模式开关电源的最大工作频率只能达到 130kHz，所以负载转换有限；频率反馈模式（Frequency Feedback Mode，FFM）的开关电源输出电流是恒定且连续的，输出电压控制调整着开关频率作用，因此，FFM 模式能使变压器的每个开关周期缩短，二次电压恒定，这种模式为恒功率开关电源设计创造了条件。

UCC28600 的控制模式除了上述两种以外，还具有一种绿色模式。所谓绿色模式是电路的工作频率被限制在 60kHz 内。当反馈电压在 2.0~1.5V 时，控制器控制着转换电路将剩余的电能转移到负载输出。绿色模式的最大特点是转换电路工作处于延迟控制，变压器的剩余电感（漏感）不是损耗电能而是得到充分利用，频率降低，输出脉冲减少，使开关工作损耗大为降低，在轻载时，电源效率增加。

先进的逻辑控制器和电源故障检测是 UCC28600 又一特点。故障检测用于电路过电压保护。发热元器件的高温（设定温度）保护和电路工作时的负载保护，还有因安装、运输、修理、温湿度环境使电源电路工作过程出现意外时，逻辑控制器则指示故障检测进行诊断并处理，如闪光报警、关断 UCC28600 工作状态、电路进入重新软启动。

L6562 在电路中起着有源功率因数校正、提升功率因数、降低输入交流电流总谐波含量（THD），能使电路在宽范围交流输入电压和一个大的负载范围提供很低的 THD 及高次谐波成分。由于 L6562 集成电路嵌入有 THD 优化功能和乘法器，使电路前置输入大为简化。另外，L6562 嵌有过电压检测与调整、使能控制与驱动。这样，整个系统工作在安全可靠、具有各种保护的状态下。该集成块具有低于 70μA 的启动电流和低于 4mA 的工作电流，且含有截止的功能，因而特别适用于遥控开关控制，含有高技术、高价值的效能。图 3-5 是 L6562 的内部结构框图，图 3-6 是引脚排列。

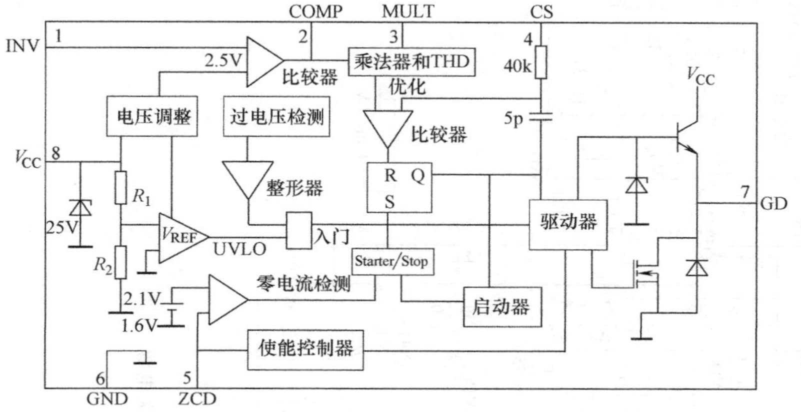

图 3-5 L6562 内部结构

1—误差放大器输入端 2—误差放大器输出端 3—误差乘法器输入端

4—PWM 输入端 5—检测电压输入端 6—GND 端

7—栅极驱动输出端 8—V_{CC}电源

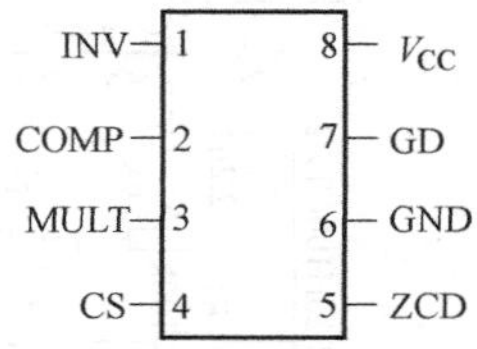

图 3-6 L6562 引脚排列图

3.3.4 UCC28600 的工作原理

由 UCC28600 和 L6562 组成的高效率转换、多模式控制、高功率因数、准谐振驱动，集各种保护于一体的绿色开关电源的工作原理如图 3-7 所示。电路用于程控交换、DVD 以及信息化工程。工作原理如下：

1. 输入电路

输入电路包括有低通滤波和一次整流。图中 C_1 ~ C_6 及 L_1、L_2 组成两级低通滤波，以滤除不同级别的 EMI，C_1 和 C_4 滤除差模干扰，C_2、C_3、C_5、C_6 及 L_1、L_2 滤除共模干扰，R_V 是压敏电阻、R_T 是热敏电阻，以稳定温度和输入电压波动给电源带来的影响，这种电路能将电磁干扰衰减 80 ~ 100dB，是一种 EMI 最佳滤波效果电路。UR 和 C_7 构成一次整流滤波电路，完成正弦波交流变为脉动直流。

2. 有源功率因数校正电路

APFC 电路主要由开关管 VT_1、升压变压器 TR_1、升压二极管 VD_1、滤波电容 C_8 以及 IC_1 等元器件组成。流经 TR_1 的脉动电流紧紧跟踪着输入电压按正弦波规律变化，使输出电流呈现正弦波，正弦波电流加到 VT_1 控制它的通断，将输入电流波形与脉动电压同相，降低总谐波含量，提高输入电源功率因数，实现有源功率因数校正。VD_2 是 APFC 电路电压的输出端，输出电压的高低由分压电阻 R_{27}和 R_{25}的分压系数决定，调整 R_{25}，便可调整输出

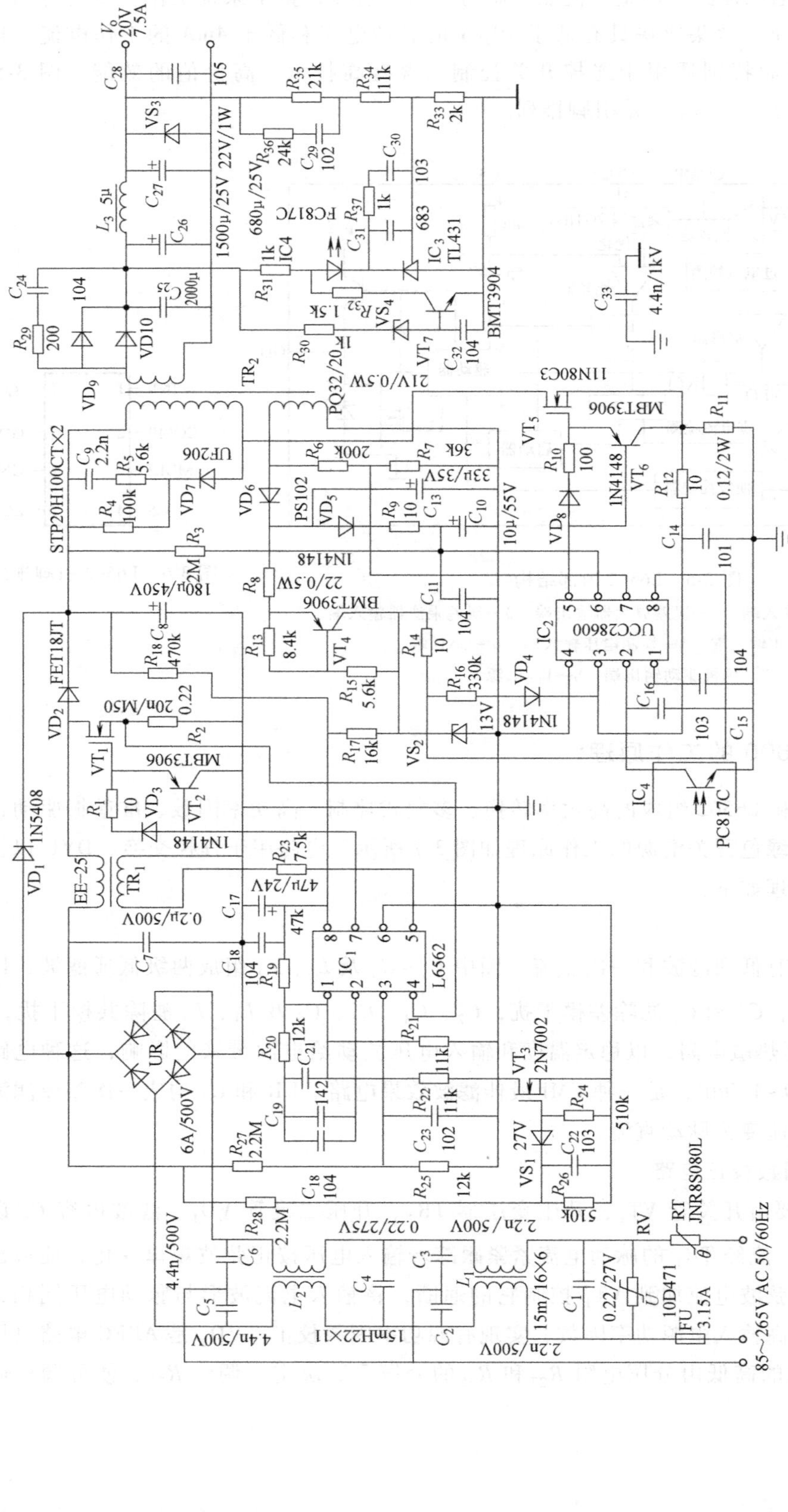

图 3-7 基于 UCC28600 组成的开关电源

电压。IC_1 的 7 脚是 PFC 信号输出，此信号触发 VT_1 的栅极，以控制 PFC 的转换过程，使 VT_1 的源极峰值电流控制在 600mA 以内，吸收电流控制在 800mA 以内，IC_1 的驱动电压也钳制到 12V 左右，避免驱动电压升高而影响 IC_1 的供电电压。R_2 是反馈取压电阻。VT_1 电流流过取样电阻 R_2，使产生电压降，该电压与 IC_1 内部的正弦电压形成基准信号电压，与乘法器输出电压比较，以决定 VT_1 的关闭。R_{18}、R_{19} 及 R_{21} 是误差放大器信号输入端的分压电阻，此信号经 IC_1 内部比较器比较后，进行电压调整，并对输入电压进行检测，实施电压保护。R_{23} 是电感电流检测电阻，根据电路检测电流的大小，通过 IC_1 使能控制，向 IC_2 提供多样控制模式。

3. L6562 的供电电路

该电路由 VD_5、VD_6、晶体管 VT_4、电解电容 C_{10}、C_{18}、稳压二极管 VS_2 等元器件组成。变压器 TR_2 的反馈绕组取得 18V 脉动电压，经 VD_6 单边整流，电解电容 C_{10} 滤波，电阻 R_8 平波后，再由 VT_4、R_{18} 所形成的晶体管共基恒流源恒流，经 VS_2 的 13V 稳压，向 IC_1 的 8 脚输出 13V 稳定直流工作电压。电路在启动瞬间，启动电压由分压电阻 R_{18} 及 R_{19}、R_{20} 分压，向 IC_1 的 V_{CC} 提供。当 PFC 工作开始后，高频振荡变压开始振荡，TR_2 的反馈级很快产生电压，IC_1 从此获得到工作电压。

4. PWM 控制电路

脉宽调制（PWM）是该电路一大功能，具有准谐振绿色控制方式，有先进的节约能量特点，还有高水准的保护方式，为降低开关电源在轻载或无载时将 PWM 和频率调制（PFM）相结合进行调制创造了条件，充分发挥了两种调制的优点，使电路的控制水平得到极大的提升，为开发出优质高效电源创造了先例。它的工作原理为：随着电源输入电压和负载的变化，引起 IC_4 发光二极管的亮度改变，经耦合，将使 IC_2 的信号反馈到第 2 脚控制输入也发生变化，这种变化，将调制脉冲整形比较，放大，形成 PWM 驱动信号，此信号控制 MOSFET 的占空比，经高频变压器频率转换，最终将稳定由输入电压和电源负载所引起的改变。光耦合器的脉冲信号电压，同时也控制着 IC_2 三种不同工作模式：准谐振模式（QRM）、频率反馈模式（FFM）和绿色模式（GM）。三种工作模式使压控振荡器的工作频率限制在 40~130kHz 变化。这种频率既有利于电源电能的转换，同时也减轻了功率开关管和高频变压器的损耗。准谐振工作方式，即功率开关管处在零电压导通、零电流关断的工作状态，使得开关管损耗最低、谐波含量最小、电源转换效率最高，是现代电源变换普遍采用的一种最先进技术。VS_4、VT_7 是为负反馈信号稳定工作点而设置的。C_{31}、C_{30} 及 R_{37} 决定误差放大器的频率，R_{35}、R_{36} 及 C_{29} 是改善和修正误差放大器的瞬态响应；R_{33}、R_{34} 及 R_{35} 是决定输出电压定性电阻。二极管 VD_8、晶体管 VT_6 及电阻 R_{10} 是提高功率管 VT_5 的开关速度而设置的保护电路。当功率管 MOSFET 截止时，由于功率管 MOSFET 的极间电容与高频变压器的漏感很容易产生谐振，这种谐振电压不但会损坏 MOSFET，而且还影响电路不能准确地进入准谐振工作方式，为了消除在 MOSFET 上的谐振，本电路采用了 R_4、C_9、R_5 及 VD_7 组成的 R^2CD 缓冲器。当振荡电压施加到处于截止的二极管 VD_7 上时，这时缓冲电容 C_9 将电压电荷快速释放，从而抑制了振荡电压所产生的电负荷，保护了 MOSFET，提高了电路转换效率。

5. 输入电压检测电路和输出电流检测电路

过电压保护是每个开关电源必须具有的技术功能，UCC28600 不但具有过电压、欠电压保持，还具有电路过电压、负载过电压和准谐振功能。R_{24}、R_{26}、R_{28}和稳压二极管 VS_1 及电容 C_{22}、VT_3 组成输入电压检测电路。R_{12}、R_{11}和场效应晶体管 VT_5 组成的电流检测电路。过电流、过载保护是由该电路来完成的。电容 C_{13}是场效应功率驱动晶体管的源-漏极间电荷放电电容，C_{14}是电路旁路电容，R_{11}是取样电阻，R_{12}是限流电阻。UCC28600 控制集成电路内置有多种保护功能，但是，外围的电路参量的设计对具有先进功能是极为重要的，对 PCB 的电量传递回路和信号控制回路走线有严格的距离，要求电源地和输出地不能混在一起，高频变压器周围的元器件要紧靠变压器，引线越短越好。

3.3.5 脉冲变压器的设计

开关电源脉冲变压器能实现电场-磁场-电场能量转换，按照负载的需要将交流功率通过电能动态变换为直流功率，实现电能传递转换的作用；其次实现变压作用，通过脉冲变压器的一次绕组与两个二次绕组传递不同的两组直流电压，为不同的电路单元提供所需的电能；第三，实现变压器的电源隔离作用，起着安全保障作用。脉冲变压器在电能传递中，有三种工作方式，即非连续工作方式、临界工作方式和连续工作方式，前两种为完全电能传递方式，而后一种为不完全电能传递方式。脉冲变压器的工作方式将决定开关电源电路的各种参数，决定开关电源将交流功率变换为直流功率的全过程。

从微观分析来看，VT_4、VT_5 在导通期间，一次绕组电流 i_p 线性增加，与电源电动势成正比，与电感成反比。

$$i_p = \frac{1}{L_p}\int_{t_0}^{t_1} E_i \mathrm{d}t = \frac{E_i}{L_p}\int_{t_0}^{t_1} \mathrm{d}t$$

式中，E_i 为一次高压直流电源电动势；L_p 为一次绕组电感量。在一个开关周期内两者基本恒定，从 t_0 到 t_1，一次电流达到最大值 I_{pmax}。

$$I_{pmax} = \frac{E_i}{L_p}(t_1 - t_0) = \frac{E_i t_{on}}{L_p}$$

在 t_1 时，变压器一次绕组存储的磁场能量 W_p 为

$$W_p = \frac{1}{2}L_p I_{pmax}^2$$

VT_4、VT_5 在截止期间，二次绕组电流 i_s 由最大值开始减小，直至最低。

$$i_s = \frac{I_{pmax}N_p}{N_s} - \left(\frac{N_p}{N_s}\right)^2 \frac{1}{L_s}\int_{t_1}^{t_2}(V_o + V_{DS})\mathrm{d}t = \frac{I_{pmax}N_P}{N_s} - \left(\frac{N_p}{N_s}\right)^2 \frac{(V_o + V_{DS})}{L_s}$$

式中，N_p、N_s 为变压器一、二次绕组匝数，L_s 为二次绕组的电感量，V_o 为输出直流电压，V_{DS}为整流二极管导通电压，这是脉冲变压器工作期间的电能转换基本过程。图 3-7 中的 TR_1 在能量转换工作中承担着直流电压-高频率高电压脉冲-高频率低电压脉冲-低电压直流的转换。$IC_1$7 脚发出的脉冲调制信号经 VT_2、VD_3 组成的快速开关电路发送到 TR_2 的一次绕组，并耦合到二次绕组，以高效低耗将变换的电能向负载传递。

1. 磁心的选用及一次绕组电感量的计算

最大输入电流 I_{inmax} 为

$$I_{inmax} = \frac{P_o}{\sqrt{2}V_{ACmax}\eta}$$

式中，P_o 为电源输出功率，取 195W；η 为脉冲变压器效率，一般比电源效率高，取 95%；V_{ACmax}为电源交换输入的最高电压。

$$I_{inmax} = \frac{195}{\sqrt{2}\times 265\times 0.95}\text{A} = 0.548\text{A}$$

计算 TR_1 的一次电感量 L_1 为

$$L_1 = \frac{10^4\left(\frac{V_{out}}{\sqrt{2}} - V_{in}\right)V_{in}^2}{V_{out}V_{inmin}I_{LPmax}f}$$

式中，I_{LPmax}为脉冲变压器一次峰值电流，$I_{LPmax} = 2I_{inmax} = 2\times 0.548\text{A} = 1.096\text{A}$；$V_{in}$ 为脉冲变压器输入电压，设 $V_{in} = 12\text{V}$；f 为脉冲变压器的工作频率，设 $f = 50\text{kHz}$；V_{inmin}为最低输入电压，取 6V；V_{out}为输出电压，取 22V。

$$L_1 = \frac{10^4\times\left(\frac{22}{\sqrt{2}} - 12\right)\times 12^2}{22\times 6\times 1.096\times 50\times 10^3}\text{mH} = 0.708\text{mH}$$

由输入电压和峰值电流计算输入功率：

$$P_1 = V_{in}I_{LPmax} = 12\times 1.096\text{W} = 13.152\text{W}$$

根据功率和工作频率选用 EE19（见表 2-3），磁心的有效截面积 $A_e = 20\text{mm}^2$，窗口面积 $B_e = 12.5\text{mm}^2$。

2. 脉冲变压器一次绕组匝数 N_1 的计算

$$N_1 = \frac{L_1 I_{LPmax}\times 10^3}{A_e B_{min}}$$

式中，B_{min}为磁心的磁通密度，$B_{min} = \frac{V_{out}K}{V_{in}}$，$K$ 为磁电转换系数，对于铁氧体磁心 $K = 0.106$，$B_{min} = \frac{22\times 0.106}{12}\text{T} = 0.194\text{T}$。

$$N_1 = \frac{0.708\times 1.096\times 10^3}{20\times 0.194} = 200$$

$$\text{二次绕组匝数 } N_2 = N_1\frac{V_{inmin}}{\eta V_{in}} = \frac{6\times 200}{0.95\times 12} = 105$$

3. 导线截面积 S_j 的计算

$$S_j = \frac{KB_e}{N_1}\cdot I_{LPmax}$$

式中，K 为变压器耦合系数，取 1.2；B_e 为磁心窗口面积。导线截面积 $S_j = \frac{1.2\times 12.5\times 1.096}{200}\text{mm}^2 = 0.082\text{mm}^2$。

3.3.6 UCC28600 高频变压器的设计计算

UCC28600 电路的输出功率是 UC3842 电源电路输出功率的 1.5 倍，不同的输出功率，不同的正、反匝数比，运用 5 种方法设计计算出了比较相近的结果，这是本书的一大特点。

输入参量：85 ~265V，50Hz，工作频率 $f_{wo}=100\times10^3$Hz，$\eta=0.85$

输出参量：$V_{o1}=20$V，$I_{o1}=7.5$A，反馈电压 $V_{FO}=15$V

查表 3-1：$V_{Bmin}=162.26$V，$V_{Bmax}=322.25$V，$V_{i(min)}=120.19$V，$V_{i(max)}=374.71$V。

输出功率：$P_o=V_{o1}I_{o1}=20\times7.5\text{W}=150\text{W}$

输入功率：$P_i=P_o/\eta=150/0.85\text{W}=176.471\text{W}$

输出电流：$I_{PO}=P_o/(V_{Bmin}\eta)=150/(162.26\times0.85)\text{A}=1.088\text{A}$

方法 1

(1) 变压器绕组反向匝比和占空比及开关管导通时间

$n=V_o/(V_{i(min)}\eta)=20/(120.19\times0.85)=0.196$（输出电压与最低输入电压和效率之比）

$$D_{max}=1\Bigg/\left(\sqrt{\frac{V_{i(min)}n}{V_o+V_D}}+1\right)=1\Bigg/\left(\sqrt{\frac{120.19\times0.196}{20+0.4}}+1\right)=0.482$$

$$D_{min}=1\Bigg/\left(\sqrt{\frac{V_{i(max)}n}{V_o+V_D}}+1\right)=1\Bigg/\left(\sqrt{\frac{374.71\times0.196}{20+0.4}}+1\right)=0.345$$

$$t_{on(max)}=D_{max}/f_{wo}=0.482/(100\times10^3)\text{s}=4.82\mu\text{s}$$

$$t_{on(min)}=D_{min}/f_{wo}=0.345/(100\times10^3)\text{s}=3.45\mu\text{s}$$

(2) 变压器一次绕组峰值电流 I_{PK}

$$I_{PK}=P_o/(V_{i(min)}D_{max}\eta)=150/(120.19\times0.482\times0.85)\text{A}=3.046\text{A}$$

(3) 变压器一次绕组电感 L_P

$$L_P=V_{Bmin}D_{min}/P_o=162.26\times0.345/150\text{mH}=0.373\text{mH}$$

(4) 变压器一次绕组匝数 N_P

$$N_P=L_PV_{i(max)}\eta/I_{PK}=0.373\times374.71\times0.85/3.046=39$$

(5) 磁心磁感应强度 ΔB

$$\Delta B=0.2D_{min}V_{i(min)}/N_p=0.2\times0.345\times120.19/39\text{T}=0.213\text{T}$$

(6) 变压器二次绕组及反馈绕组电压 V_S、V_F

$$\begin{aligned}V_S&=(V_o+V_D+V_L)\eta/(0.4\pi D_{max})\\&=(20+0.4+0.3)\times0.85/(0.4\times3.14\times0.482)\text{V}=29.064\text{V}\end{aligned}$$

$$\begin{aligned}V_F&=(V_{FO}+2V_D+V_{R9}I_o)\eta/(0.4\pi D_{max})\\&=(15+0.4\times2+10\times20\times10^{-3})\times0.85/(0.4\times3.14\times0.482)\text{V}\\&=22.465\text{V}\end{aligned}$$

(7) 变压器二次绕组及反馈绕组匝数 N_S、N_F

$$N_S=V_Sn/\eta=29.064\times0.196/0.85=6.730$$

$$N_F=V_Fn/\eta=22.465\times0.196/0.85=5.180$$

(8) 变压器磁心气隙 δ

$$\delta=D_{max}I_{PK}/(10\Delta B)=0.482\times3.046/(10\times0.213)\text{mm}=0.689\text{mm}$$

方法 2

(1) 变压器绕组匝比和空占比及 MOSFET 导通时间

$n=V_o\pi/V_{Bmax}=20\times3.14/322.25=0.195$(输出电压和矢量电压的积与绕组最大感应电压之比)

$$D_{max}=1\Big/\left(\sqrt{\frac{V_{i(min)}n}{V_o+V_D}}+1\right)=1\Big/\left(\sqrt{\frac{120.19\times0.195}{20+0.4}}+1\right)=0.483$$

$$D_{min}=1\Big/\left(\sqrt{\frac{V_{i(max)}n}{V_o+V_D}}+1\right)=1\Big/\left(\sqrt{\frac{374.71\times0.195}{20+0.4}}+1\right)=0.346$$

$t_{on(max)}=D_{max}/f_{wo}=0.483/(100\times10^3)\text{s}=4.86\times10^{-6}\text{s}=4.83\mu\text{s}$

$t_{on(min)}=D_{min}/f_{wo}=0.346/(100\times10^3)\text{s}=3.46\times10^{-6}\text{s}=3.46\mu\text{s}$

(2) 峰值电流 I_{PK}

$$I_{PK}=P_o\eta/(V_{i(min)}D_{min})=150\times0.85/(120.19\times0.346)\text{A}=3.066\text{A}$$

(3) 一次绕组电感 L_P

$$L_P=V_{Bmax}D_{min}/(2P_o)=322.25\times0.346/(2\times150)\text{mH}=0.372\text{mH}$$

(4) 磁心的磁通密度 ΔB

$$\Delta B=V_{Bmin}D_{max}/(10L_p)=162.26\times0.483/(10\times372)\text{T}=0.211\text{T}$$

(5) 一次绕组匝数 N_P

$$N_P=V_{i(min)}A_e\eta/L_P$$

磁心截面积根据输入功率和电源的工作频率查表获得，这里根据经验公式计算也可得到磁心的截面积 A_e。

$$A_e=\pi^2t_{on(max)}\Delta B\sqrt{P_i}=3.14^2\times4.83\times0.211\sqrt{176.471}\text{mm}^2=133.48\text{mm}^2$$

根据计算结果查表 3-2 选用 PQ32/20，$A_e=142\text{mm}^2$，$A_w=80.8\text{mm}^2$。

$$N_P=120.19\times142\times0.85/372=38.997$$

(6) 一次绕组及反馈绕组电压

$$V_S=(V_o+V_D)\eta/(nI_{PK})=(20+0.4)\times0.85/(0.195\times3.066)\text{V}=29.003\text{V}$$

$$\begin{aligned}V_F&=(V_{FO}+2V_D+R_9I_o)\eta/(nI_{PK})\\&=(15+2\times0.4+20\times10^{-3}\times10)\times0.85/(0.195\times3.066)\text{V}\\&=22.747\text{V}\end{aligned}$$

(7) 二次绕组及反馈绕组匝数 N_S、N_F

$$N_S=(V_S-V_{DS})\eta/t_{on(min)}$$

式中，V_{DS}为整流二极管导通电压，取 2.5V。

$$N_S=(29.003-2.5)\times0.85/3.46=6.511$$

$$N_F=(V_F-V_{DS})\eta/t_{on(min)}=(22.747-2.5)\times0.85/3.46=4.974$$

(8) 高频变压器磁心气隙 δ

$$\delta=4\pi A_e\left(\frac{N_P^2}{10000L_P}-\frac{1}{10000A_L}\right)\times10^{-3}$$

式中，A_L 为磁感应系数 4.2nH/匝。

$$\delta=12.56\times142\times\left(\frac{38.997^2}{10000\times0.372}-\frac{1}{10000\times4.2\times10^{-6}}\right)\times10^{-3}\text{mm}=0.729\text{mm}$$

方法 3

(1) 变压器正向匝比、变换器占空比及开关管的导通时间

$$n = (V_{\rm Bmin}-V_{\rm DS(on)})/[(V_o+V_D)\eta] = (162.26-10)/[(20+0.4)\times 0.85] = 8.781$$

$$D_{\max} = 1\bigg/\left(\frac{V_{\rm Bmin}}{V_o n}+1\right) = 1\bigg/\left(\frac{162.26}{20\times 8.781}+1\right) = 0.520$$

$$D_{\min} = 1\bigg/\left(\frac{V_{\rm Bmax}}{V_o n}+1\right) = 1\bigg/\left(\frac{322.25}{20\times 8.781}+1\right) = 0.353$$

$$t_{\rm on(max)} = D_{\max}/f_{\rm wo} = 0.52/(100\times 10^3)\,{\rm s} = 5.2\mu{\rm s}$$

$$t_{\rm on(min)} = D_{\min}/f_{\rm wo} = 0.353/(100\times 10^3)\,{\rm s} = 3.53\mu{\rm s}$$

(2) 一次绕组峰值电压 $I_{\rm PK}$

$$I_{\rm PK} = I_{\rm PO}/D_{\min} = 1.088/0.35{\rm A} = 3.081{\rm A}$$

(3) 变压器一次绕组电感 $L_{\rm P}$

$$L_{\rm P} = V_{\rm Bmax}t_{\rm on(min)}/I_{\rm PK} = 322.25\times 3.53/3.081\mu{\rm H} = 369\mu{\rm H}$$

(4) 磁心磁感应强度 ΔB

$$\Delta B = V_{\rm Bmin}D_{\min}/(V_{\rm Bmax}\eta) = 162.26\times 0.353/(322.25\times 0.85)\,{\rm T} = 0.209{\rm T}$$

(5) 变压器一次绕组匝数 $N_{\rm P}$

$$N_{\rm P} = V_{\rm Bmax}t_{\rm on(min)}/(\Delta B A_e) = 322.25\times 3.53/(0.209\times 142) = 38.329$$

(6) 变压器二次绕组及反馈绕组电压 $V_{\rm S}$、$V_{\rm F}$

$$V_{\rm S} = (V_o+V_D+V_L)/K$$

式中，K 为整流系数，取 0.707。

$$V_{\rm S} = (20+0.4+0.3)/0.707{\rm V} = 29.299{\rm V}$$

$$V_{\rm F} = (V_{\rm FO}+2V_D+V_{\rm R9}I_o)/K = (15+2\times 0.4+20\times 10^{-3}\times 10)/0.707{\rm V} = 22.631{\rm V}$$

(7) 变压器二次绕组及反馈绕组匝数 $N_{\rm S}$、$N_{\rm F}$

$$N_{\rm S} = N_{\rm P}V_{\rm S}/(V_{\rm Bmax}D_{\max}) = 38.329\times 29.299/(322.25\times 0.52) = 6.702$$

$$N_{\rm F} = N_{\rm P}V_{\rm F}/(V_{\rm Bmax}D_{\max}) = 38.329\times 22.631/(322.25\times 0.52) = 5.176$$

(8) 变压器磁心气隙 δ

$$\delta = 4\pi\times 10^{-7}N_{\rm P}^2A_e/L_{\rm P} = 12.56\times 10^{-7}\times 38.329^2\times 142/0.369{\rm mm} = 0.71{\rm mm}$$

(9) 变压器一、二次绕组线径

一次绕组导线：

$$d_{\rm P} = K_{\rm Cu}I_{\rm PK}/J_{\rm T}$$

式中，$K_{\rm Cu}$ 为变压器电感耦合系数，取 1.2；$J_{\rm T}$ 为高强度漆包线的电流密度，一般为 4.0~5.5A/mm^2。

$$d_{\rm P} = 1.2\times 3.081/5.5{\rm mm} = 0.672{\rm mm}$$

$$S_{\rm P} = \sqrt{d_{\rm P}\cdot 4/\pi} = \sqrt{4\times 0.672/3.14}\,{\rm mm}^2 = 0.925{\rm mm}^2$$

二次绕组导线：

$$d_S = K_{cu}I_o/J_T = 1.2\times7.5/5.5\text{mm} = 1.636\text{mm}$$

$$S_S = \sqrt{d_S \cdot 4/\pi} = \sqrt{4\times1.636/3.14}\text{mm}^2 = 1.4436\text{mm}^2$$

根据以上参数查表 3-3 可知，一次绕组导线为 AWG 18，二次绕组导线为 AWG 15。但是为防止出现趋肤效应，每根导线线径不能超过 0.4mm。

方法 4

（1）变压器绕组正向匝比，变压器占空比及开关管的导通时间。

$$n = (\sqrt{2}V_{i(min)} + V_{DS})/(V_o - V_D) = (\sqrt{2}\times120.19+2.5)/(20-0.4) = 8.798$$

$$D_{max} = 1\bigg/\left(\frac{V_{Bmin}}{V_o n}+1\right) = 1\bigg/\left(\frac{162.26}{20\times8.798}+1\right) = 0.520$$

$$D_{min} = 1\bigg/\left(\frac{V_{Bmax}}{V_o n}+1\right) = 1\bigg/\left(\frac{322.25}{20\times8.798}+1\right) = 0.353$$

$$t_{on(max)} = D_{max}/f_{wo} = 0.52/(100\times10^3)\text{s} = 5.2\mu\text{s}$$

$$t_{on(min)} = D_{min}/f_{wo} = 0.353/(100\times10^3)\text{s} = 3.53\mu\text{s}$$

（2）峰值电流 I_{PK}

$$I_{PK} = 2P_o/(V_{Bmax}D_{min}\eta) = 2\times150/(322.25\times0.353\times0.85)\text{A} = 3.103\text{A}$$

（3）变压器一次绕组电感 L_P

$$L_P = V_{Bmin}^2 t_{on(max)} D_{min}/(P_o\eta) = 162.26^2\times5.2\times0.353/(150\times0.85)\mu\text{H} = 379\mu\text{H}$$

（4）变压器的磁通密度 ΔB

$$\Delta B = V_{Bmax}K/V_{Bmin}$$

式中，K 为磁电转换系数，取 0.106。

$$\Delta B = 322.25\times0.106/162.26 = 0.211$$

（5）变压器一次绕组匝数 N_P

根据输出功率和工作频率，选用磁心为 PQ32/20，如图 3-8 所示，根据输入功率与曲线 5 相交，其交点的横坐标的变压器热点温度为 38T/℃，又根据图 3-9，磁心热点温度与曲线 5 相交，得到每伏电压匝数 N_{IT}，其对应值约为 0.14 匝/V，则一次绕组匝数为

$$N_P = N_{IT}V_{Bmax}\eta = 0.14\times322.25\times0.85 = 38.348$$

（6）变压器二次绕组及反馈绕组电压 V_S、V_F

$$V_S = V_o L_P V_{i(min)}/(t_{on(min)}n) = 20\times0.379\times120.19/(3.53\times8.798)\text{V} = 29.335\text{V}$$

$$V_F = V_F L_P V_{i(min)}/(t_{on(min)}n) = 15\times0.379\times120.19/(3.53\times8.798)\text{V} = 22.00\text{V}$$

（7）变压器二次绕组及反馈绕组匝数 N_S、N_F

$$\begin{aligned} N_S &= (V_S+V_D)(1-D_{min})N_P/(V_{Bmax}D_{min}) \\ &= (29.335+0.4)(1-0.353)\times38.348/(322.25\times0.353) = 6.486 \end{aligned}$$

$$\begin{aligned} N_F &= (V_F+V_D)(1-D_{min})N_P/(V_{Bmax}D_{min}) \\ &= (22+0.4)(1-0.353)\times38.348/(322.25\times0.353) = 4.886 \end{aligned}$$

（8）变压器心气隙 δ

$$\delta = 4\pi\times10^{-4}\cdot N_P I_{PK}/\Delta B = 12.56\times10^{-4}\times38.348\times3.103/0.211\text{mm} = 0.708\text{mm}$$

方法 5

（1）变压器正向匝比、占空比，以及开关管导通时间

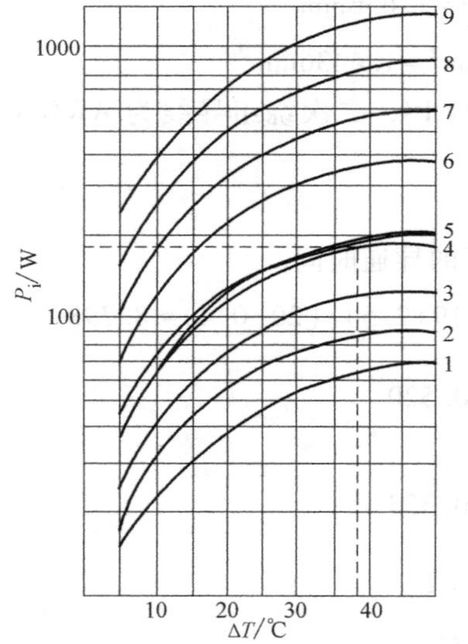

图 3-8 PQ 磁心的最大输入功率与热点温升的关系曲线（100kHz）

1—PQ 20/16，EE16 2—PQ 20/20，EE22
3—PQ 26/20，EE25 4—PQ 26/25，EE28
5—PQ 32/20，EE35 6—PQ 32/30，EE40
7—PQ 35/35，EE45 8—PQ 40/40，EE50 9—PQ 50/50 EE60

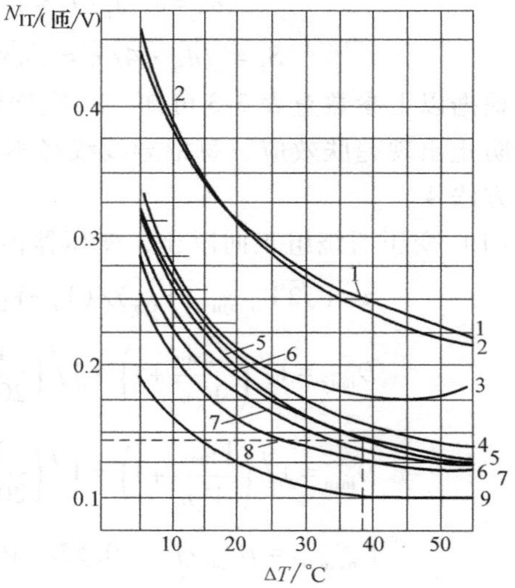

图 3-9 变压器每伏电压对应的匝数 N_{IT}与热点温升关系曲线（100kHz）

1—PQ 20/16，EE16 2—PQ 20/20，EE22
3—PQ 26/20，EE25 4—PQ 26/25，EE28
5—PQ 32/20，EE25 6—PQ 32/30，EE40
7—PQ 35/35，EE45 8—PQ 40/40，EE50
9—PQ 50/50，EE60

$$n=(V_{Bmin}+V_{DS(on)})/(V_o-V_D)=(162.26+10)/(20-0.4)=8.789$$

$$D_{max}=1\bigg/\left(\frac{V_{Bmin}}{V_o n}+1\right)=1\bigg/\left(\frac{162.26}{20\times8.789}+1\right)=0.520$$

$$D_{min}=1\bigg/\left(\frac{V_{Bmax}}{V_o n}+1\right)=1\bigg/\left(\frac{322.25}{20\times8.789}+1\right)=0.353$$

$$t_{on(max)}=D_{max}/f_{wo}=0.52/(100\times10^3)\text{s}=5.2\mu\text{s}$$

$$t_{on(min)}=D_{min}/f_{wo}=0.353/(100\times10^3)\text{s}=3.53\mu\text{s}$$

（2）变压器一次绕组电感 L_P

$$L_P=2P_oD_{min}^2/(I_{PO}^2J_{wo}\eta)=2\times150\times0.353^2/(1.088^2\times100\times10^3\times0.85)\text{H}=372\mu\text{H}$$

（3）峰值电流 I_{PK}

$$I_{PK}=V_{Bmax}t_{on(min)}/L_P=322.25\times3.53/372\text{A}=3.058\text{A}$$

（4）变压器一次绕组匝数 N_P

$$N_P=2V_{i(min)}t_{on(max)}/(4\pi I_{PK}\eta)=2\times120.19\times5.2/(12.56\times3.058\times0.85)=38.287$$

（5）变压器磁心磁通密度 ΔB

$$\Delta B=V_{Bmax}t_{on(min)}/(A_eN_P)=322.25\times3.53/(142\times38.287)\text{T}=0.209\text{T}$$

（6）二次绕组及反馈绕组电压 V_S、V_F

$$V_S=(V_o+V_D+V_L)I_{PK}\eta/(\Delta Bn)$$
$$=(20+0.4+0.3)\times3.058\times0.85/(0.209\times8.789)\text{V}=29.291\text{V}$$

$$V_F=(V_{FO}+2V_D+R_9I_o)I_{PK}\eta/(\Delta Bn)$$
$$=(15+2\times0.4+10\times20\times10^{-3})\times3.058\times0.85/(0.209\times8.789)\text{V}=22.641\text{V}$$

(7) 二次绕组及反馈绕组匝数 N_S、N_F

$$N_S=(V_S\Delta B+L_P)/(\Delta BnD_{max})$$
$$=(29.291\times0.209+0.372)/(0.209\times8.789\times0.52)=6.798$$
$$N_F=(V_F\Delta B+L_P)/(\Delta BnD_{max})$$
$$=(22.641\times0.209+0.372)/(0.209\times8.789\times0.52)=5.343$$

(8) 变压器磁心气隙 δ

$$\delta=0.4\pi\times10^{-3}\cdot L_PI_{PK}^2/(A_e\Delta B^2)$$
$$=1.256\times10^{-3}\times372\times3.058^2/(142\times0.209^2)\text{mm}=0.704\text{mm}$$

3.3.7 UCC28600 电路元器件参数的计算

1. 输入电路单元元器件的计算

(1) 低通滤波电容容量的计算

低通滤波电路具有抗电磁干扰、输入过电压保护、电源过温保护的作用，它是电源控制质量的前提，所以它的容抗、感抗的高低极为重要。

$$C_{FR}=C_1/\!/C_4/\!/(C_2+C_3)/\!/(C_5+C_6)=0.22\text{nF}/\!/0.22\text{nF}/\!/(2.2+2.2)\text{nF}/\!/(4.4+4.4)\text{nF}$$
$$=0.106\text{nF}$$

计算 LC 串联电路的工作频率 f_{se}：

$$f_{se}=1/(2\pi\sqrt{(L_1+L_2)C_{FR}})=1/(2\times3.14\sqrt{(15+15)\times10^{-3}\times0.106\times10^{-9}})\text{Hz}$$
$$=89.5\times10^3\text{Hz}=89.5\text{kHz}$$

(2) 低通滤波输入阻抗的计算

$$R_{in}=V_{i(max)AC}/I_{PFC}$$

式中，I_{PFC}为 PFC 变换输出电流。

$$I_{PFC}=I_{PO}/[(1-0.5K_{RP})D_{max}]=1.088/[(1-0.5\times0.44)\times0.52]\text{A}=2.682\text{A}$$
$$R_{in}=265/2.682\Omega=98.807\Omega$$

(3) 低通滤波抑制干扰频率波段

$$f_L=1.8\times10^3/(2\pi\sqrt{R_{in}C_{FR}})=1.8\times10^3/(6.28\sqrt{98.807\times0.106\times10^{-9}})\text{Hz}$$
$$=2800\times10^3\text{Hz}=2800\text{kHz}$$
$$f_H=1.8\times10^3/(2\pi\sqrt{(L_1+L_2)\times10^{-3}\times C_{FR}})$$
$$=1.8\times10^3/(\sqrt{30\times10^{-3}\times0.106\times10^{-9}}\times6.28)\text{Hz}$$
$$=160.7\times10^6\text{Hz}=160.7\text{MHz}$$

(4) 整流二极管和开关功率管的选用

变换电路峰值电压的计算：

$$V_{PK}=V_{i(max)}\left(1+\sqrt{\frac{I_{PFC}D_{min}}{10L_P}}\right)=374.71\left(1+\sqrt{\frac{2.682\times0.353}{10\times0.369}}\right)\text{V}=564.51\text{V}$$

根据设计选用整流二极管的原则：选用二极管的反向峰值电压 V_{RM} 是设计电压一半的 2

倍，即为 564.51V；它所承担的整流电流 I_d 为 I_{PFC} 电流一半的 3 倍，即 $\frac{1}{2}\times2.682\times3A=4.023A$；所选用的开关 MOSFET 的漏源击穿电压 $V_{(BR)DS}$ 大于 V_{PK}，它的最大漏极电流 I_{Dmax} 大于 1.5 倍的 I_{PFC} 电流。

(5) 压敏电阻 R_V 和热敏电阻 R_T 的选用

耐压：$V_R\gg V_{AC}\sqrt{2}\times1.5=1.5\times1.414\times220V=466.6V$

所选压敏电阻的电流应小于 0.1mA。

所选压敏电阻阻值为 $R_V=V_R/I_t=466.6/(0.1\times10^{-3})\Omega\approx4.7M\Omega$

热敏电阻的阻值极大，它可抑制浪涌电流，具有负温度系数，其阻值是随着温度变化的。

$$\alpha_t=\frac{\Delta t/R_t}{\Delta t}$$

其温度系数 α_t 越小越好，说明灵敏度高，保护性能好，一般 α_t 为 $-(1\sim6)\times10^{-2}/℃$。

2. UCC28600 电路 PFC 单元元器件的计算

(1) 乘法器取压电阻 R_{25}、R_{27}

PFC 转换是利用 L6562 内一个小于 55μA 的启动电流进行电压采样、比较进入乘法器来实现的，有 $R_{27}=V_{i(min)}/I_{sta(min)}=120.19/55\times10^{-6}\Omega=2.185\times10^6\Omega$，取 2.2MΩ。

设 IC_1 的 3 脚门控检测电压 $V_{door}=2V$，根据电阻分压公式计算：

$$\frac{R_{25}}{R_{25}+R_{27}}=\frac{V_{DD}}{V_{i(max)}}=\frac{2}{374.71}$$

将 $R_{27}=2.2M\Omega$ 代入，得 $R_{25}=11.81\times10^3\Omega$，取 12kΩ

(2) 反馈电阻 R_2 的计算

进行 PFC 转换时的门控电压为

$$V_{door}=K_{tr}V_{mu}$$

式中，K_{tr} 为 PFC 转换系数，取 0.9；V_{mu} 为乘法器采样电压，$V_{mu}=V_{i(min)}R_{25}/(R_{25}+R_{27})=120.19\times12/(12+2200)V=0.652V$，所以 $V_{door}=0.9\times0.652V=0.587V$

根据欧姆定律 $R_2=V_{door}/I_{PFC}=0.587/2.682\Omega=0.219\Omega$，取 0.22Ω。

(3) 电压采样高频旁路电容 C_{23} 的容量计算

采样电压，经 C_{23} 高频滤波旁路，减少高频谐波分量。

设 C_{23} 的充电时间 $t_{ce}=600\times10^{-9}s$，电路要求 $t_{ce}\leqslant\frac{R_{25}C_{23}}{2\pi K_{ce}}$，得

$$C_{23}=2\pi K_{ce}t_{ce}/R_{25}$$

式中，K_{ce} 为充电系数，$K_{ce}=3.18$。

$$C_{23}=6.28\times3.18\times600\times10^{-9}/(12\times10^3)F=1\times10^{-9}F=1nF$$

(4) 偏置电阻 R_{17}、R_{18} 的计算

设 $R_{18}=470k\Omega$，则有计算公式

$$R_{17}(V_{HO}-V_{S2})/(R_{17}+R_{18})=V_{S2}$$

式中，V_{S2} 为稳压二极管的稳压值 13.0V；V_{HO} 为 PFC 的最高输出电压，一般 $V_{HO}=400V$。

$R_{17}(400-13)/(R_{17}+470\text{k}\Omega)=13$，解得 $R_{17}=16\text{k}\Omega$

（5）升压变压器二次绕组的限流电阻 R_{23} 的计算

从 L6562 的功能特点可知，它的去磁开门电流为 2mA，二次绕组电压为 15V，可得

$$R_{23}=V_S/I_{door}=15/(2\times10^{-3})\Omega=7.5\text{k}\Omega$$

（6）误差放大器分压电阻 R_{19}

IC_1 的 1 脚是误差放大器反相输入端，它的基准电压为 2.5V，IC_1 的输出调整电压为

$$V_{ad}=\frac{V_{HO}R_{17}}{R_{17}+R_{18}}=\frac{400\times16}{470+16}\text{V}=13.17\text{V}$$

依据 IC_1 片内比较器的基准电压为 2.5V，所以有

$$V_{ad}R_{21}/(R_{19}+R_{21})=V_{REF}$$

令 $R_{21}=11\text{k}\Omega$，得

$$13.17\times11/(R_{19}+11)=2.5，得\ R_{19}=46.9\text{k}\Omega，取\ 47\text{k}\Omega$$

（7）二次网络吸收电路 C_{19}、R_{20} 的计算

R_{20} 是网络频率补偿电阻，C_{19} 是波形整形电容，它提高反馈信号波上升沿的坡度，两个元件组成对信号杂波的吸收电路，防止信号丢失：

$$K_{ce}=Z_{PC}/(2\pi f_{rip}C_{19}R_{20})$$

式中，K_{ce} 为电路对 C_{19} 的充电系数，最大为 10%，该系数与电容的容量及电容的材料有关；Z_{PC} 为波形系数，取 10%；f_{rip} 为反馈到 1 脚的纹波频率，最高 100kHz；R_{20} 为网络频率补偿，提高响应时间，要求 $R_{19}\geqslant4R_{20}$，则 $R_{20}=R_{19}/4=47/4\text{k}\Omega=12\text{k}\Omega$。

$C_{19}=0.1/(2\times3.14\times100\times10^3\times0.01\times12\times10^3)\text{F}=1.33\times10^{-9}\text{F}$，取 1.4nF。

（8）供电电路 R_{21}、C_{17} 的计算

C_{17} 是 IC_1 的供电滤波电容，R_{17}、R_{21} 组成分压取样电路。

$$V_{i(min)}(R_{19}+R_{21})/(R_{19}+R_{21}+R_{18})=V_{CC}$$

设 $V_{CC}=13.2\text{V}$，则

$$120.19(47\text{k}\Omega+R_{21})/(470\text{k}\Omega+47\text{k}\Omega+R_{21})=13.2$$

解得

$$R_{21}=10.99\text{k}\Omega，取\ 11\text{k}\Omega$$

$$C_{17}=I_{wo}\Delta t/V_{ny}$$

式中，I_{wo} 为 IC_1 的工作电流，$I_{wo}=9\text{mA}$；Δt 为自举电路的电压到达 IC_1 启动门控电压的时间，为 8ms；滞后电压 $V_{ny}=1.5\text{V}$。

$$C_{17}=9\times10^{-3}\times8\times10^{-3}/1.5\text{F}=48\times10^{-6}\text{F}，取\ 47\mu\text{F}$$

（9）一次滤波后，交流谐波旁路电容 C_7 的计算

$$C_7=1.8/(2\pi K_{rip}R_{in}f_{rip})$$

式中，K_{rip} 为输入纹波电流与输入交流电流之比，取 8%；R_{in} 为低通滤波输入阻抗，$R_{in}=V_{i(max)}/I_{PFC}=374.71/2.682\Omega=139.713\Omega$；$f_{rip}$ 是输入交流 50Hz 的 3 次谐波，$f_{rip}=50^3\text{Hz}=125\times10^3\text{Hz}$。

$$C_7=1.8/(6.28\times0.08\times139.713\times125\times10^3)\text{F}=0.205\times10^{-6}\text{F}，取\ 0.2\mu\text{F}$$

（10）欠载过载保护电阻 R_{26} 的计算

当输入电压低于稳压二极管 VS_1 的稳压值 $V_Z=16\text{V}$ 时，则 VS_1 正向导通，VT_2 也跟着导通，使 IC_1 的 1 脚电压跟着下降，PFC 输出电压降低，振荡器频率下降，以致不能工作，实

施欠电压保护。相反，当输入电压过高时，VS_1反向击穿，产生相同的结果。

$$V_{i(min)AC}R_{26}/(R_{28}+R_{26})=V_Z$$

$$R_{26}=510k\Omega$$

（11）PFC 输出滤波电容 C_8 的计算

$$C_8=1.8\times10^6\cdot P_o\left(\frac{1}{2f_{AC}}-t_{ch}\right)\cdot 2\pi/(V_{i(max)}-V_{i(min)})^2$$

$$=10^6\times1.8\times150\times\left(\frac{1}{2\times50}-3\times10^{-3}\right)\times6.28/(374.71-120.19)^2\text{F}$$

$$=183\times10^{-6}\text{F}，取\ 180\mu\text{F}$$

3. UCC28600 电路 PWM 单元元器件的计算

（1）启动电阻 R_3 的计算

$$R_3=(V_{i(min)}-V_{star})/I_{star}$$

式中，V_{star}为 IC_2 的启动电压，$V_{star}=10V$；I_{star}为 IC_2 的启动电流，$I_{star}=55\mu A$。

$$R_3=(120.19-10)/(55\times10^{-6})\Omega=2\times10^6\Omega=2M\Omega$$

（2）网络吸收电路 R_4、R_5、C_9 的计算

R_4、R_5、C_9 组成 PWM 高压转换吸收电路，为使高频峰值脉冲旁路，保护开关 MOSFETVT$_5$，同时吸收来自电路 PCB 的高频谐波。电路总阻抗为

$$R_P=\left(\frac{2V_{PK}}{V_{i(min)}D_{min}}+1\right)\left(\frac{2\pi f_{wo}L_P\times10^3}{I_{PO}}\right)$$

$$=\left(\frac{2\times564.51}{120.19\times0.351}+1\right)\left(\frac{6.28\times100\times10^3\times0.369\times10^{-3}}{1.088}\right)\Omega$$

$$=5.9k\Omega$$

网络电路所形成的高频振荡，其振荡时间常数比工作频率大 2 倍左右。电路工作频率为100kHz，则网络频率是工作频率的 1.3 倍。即

$$f_{osc}=1.3f_{wor}=1.3\times100kHz=130kHz$$

有

$$T_{osc}=\frac{1}{f_{osc}}=\frac{1}{130\times10^3}s=7.69\mu s$$

$$C_9=T_{osc}/R_p=7.69\times10^{-6}/(5.9\times10^3)F=1.3nF$$

计算 C_9 的容抗：

$$Z_{C9}=1/(2\pi f_{osc}C_9)=1/(6.28\times130\times10^3\times1.3\times10^{-9})\Omega=94.22\Omega$$

令 $R_4=100k\Omega$，计算电阻 R_5，根据并联公式有

$$(Z_{C9}+R_5)R_4/(Z_{C9}+R_5+R_4)=R_P$$

$$(94.22+R_5)\times100\times10^3/(94.22+R_5+100\times10^3)=5.9\times10^3$$

$$R_5=6.175k\Omega$$

（3）IC_2 供电限流电阻 R_9 的计算

R_9 所承受的电压：

$$V_{R9}=(V_{FO}-V_D)/K$$

式中，V_D 为锗二极管管压降，$V_D=0.7V$；K 为整流系数，$K=0.707$，则 $V_{R9}=(15-0.7)/$

$0.707V = 20.226V$。

$$R_9 = (V_{R9} - V_{wo})/I_{wo}$$

UCC28600 的工作电压为 20V，工作电压 $I_{wo} = 20mA$，则

$$R_9 = (20.226 - 20)/(20\times10^3)\Omega = 11.3\Omega，取 10\Omega$$

（4）检测电阻 R_{11}的计算

PWM 调制转换，由 IC_2 的门控电压 V_{door}决定。IC_2 的 3 脚由 VT_5 的检测电流经 R_{11}转换为检测电压，此电压经 R_{12}限流进入 IC_2 的 3 脚进行比较放大，调制触发脉冲占空比。当一次绕组电流超过峰值电流 1.2 倍的设计电流时，IC_2 停振，实施过电流保护。

$$R_{11} = V_{door}/(1.2I_{PK})$$

门控电压 V_{door}是由 IC_2 的控制模式决定的，当门控电压 $V_{door} = 0.4 \sim 0.6V$ 时，IC_2 转换为准谐振控制模式，现选择 $V_{door} = 0.45V$，则有

$$R_{11} = 0.45/(1.2\times3.081)\Omega = 0.1217\Omega，取 0.12\Omega$$

R_{11}的功耗为

$$P_{R11} = (1.2I_{PK})^2R_{11} = (1.2\times3.081)^2\times0.12W = 1.64W$$

现采用 0.12Ω/2W 金属膜电阻。

（5）恒流单元限流电阻 R_8 的计算

R_8、R_{13}、R_{15}、VT_4、VS_2组成 IC_2 供电控制恒流单元。

$$R_8 = (V_{FO} - V_{ce} - V_{S2})/I_{IC4}$$

式中，V_{S2}是稳压二极管 VS_2 的稳压值，$V_{S2} = 13V$；V_{ce}是 VT_4 导通时的电压降，$V_{ce} = 0.9V$；I_{IC4}是晶体管集电极电流，$I_{IC4} = 50mA$。

$$R_8 = (15 - 0.9 - 13)/(50\times10^{-3})\Omega = 22\Omega$$

（6）恒流单元上偏置电阻 R_{13}的计算

VT_4 为共基电路，具有恒流作用，恒流的条件是晶体管的集电极电流必须足够大，可供给 IC_2 的 8 脚任一模式控制用电。设 VT_4 的 I 为 50mA，$\beta = 220$，电路采用 MBT3906 晶体管，这时的 $I_b = I_c/\beta = 50\times10^{-3}/220A = 0.227mA$。设 VT_4 截止时的 c-b 电压为 1.2V，c-e 电压为 0.9V，这时 A 点的电压为

$$V_A = V_{FO} + V_{R8} = V_{FO} + (V_{FO} - V_{ce} - V_{S2}) = 15V + (15 - 0.9 - 13)V = 16.1V$$

$$V_{R13} = V_A - V_{cb} - V_{S2} = 16.1V - 1.2V - 13V = 1.9V$$

$$R_{13} = V_{R13}/I_b = 1.9/0.227\times10^{-3}\Omega = 8.37\times10^3\Omega，取 8.4k\Omega$$

（7）恒流源下偏置电阻 R_{15}的计算

$$R_{15} = (V_{S2} + V_{cb})/I_z$$

式中，I_z为稳压二极管的稳压电流，$I_z = 2.5mA$。

$$R_{15} = (13 + 1.2)/(2.5\times10^{-3})\Omega = 5.68k\Omega，取 5.6k\Omega$$

（8）过电压保护电阻 R_7 的计算

UCC28600 的 7 脚为电压检测输入端，它的正常门控电压为 3V，为了扩大工作范围设为 3.4V，设 $R_6 = 200k\Omega$，求得阻塞式平衡电压

$$V_F \cdot R_7/(R_6 + R_7) = 3.4V$$

式中，V_F 在前面变压器计算中求得，$V_F = 22.631V$。

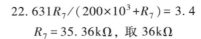

$$22.631R_7/(200\times10^3+R_7)=3.4$$

$$R_7=35.36\text{k}\Omega,\ 取\ 36\text{k}\Omega$$

（9）滤波电容 C_{10} 的计算

$$f_{wor}=K/(1.44C_{10}R_9)$$

式中，$K=V_F D_{max}=22.631\times0.52=11.768$

$$C_{10}=V_F D_{max}/(1.44R_9 f_{wor})=22.631\times0.52/(1.44\times10\times100\times10^3)\text{F}=8.2\times10^{-6}\text{F},取\ 10\mu\text{F}$$

（10）光电信号传输放电电容 C_{16} 的计算

IC_2 的 1 脚为软启动可编程的输入端，调整 C_{16} 的大小可调整软启动速率，光耦合器的 PWM 信号控制 MOS 管的峰值电流，还可控制 3 种工作模式。

$$C_{16}=K_{ce}t_{ce}I_{oc}/(2\pi V_{ce}r_{MOS})$$

式中，K_{ce} 为输入信号电流光电系数，取 2.5%；t_{ce} 为从信号电流接收到充电到最大值所需的时间，$t_{ce}=1.5\text{s}$，I_{oc} 为软启动电流，$I_{oc}=1.2\text{mA}$；V_{ce} 为 IC_2 的 1 脚所需的工作电压，$V_{ce}=6.5\text{V}$；r_{MOS} 为 IC_2 控制模式的阻抗，$r_{MOS}=110\Omega$。

$$C_{16}=0.025\times1.5\times1.2\times10^{-3}/(6.28\times6.5\times110)\text{F}$$
$$=10.0\times10^{-9}\text{F}=10\text{nF}$$

4. UCC28600 输出控制电路元器件的计算

（1）限流保护电阻 R_{30} 的计算

R_{30} 为 VT_7 的基极限流电阻，VT_7 是一个限流开关，正常情况下 VT_7 处于截止状态。当输出电压过高时，使稳压二极管 VS_4 反向击穿，VT_7 的基极受高电压影响，使其导通，使 IC_4 的发光二极管因电压下降而发光强度急降，使得调制脉冲的宽度变窄甚至关闭。设 VS_4 的工作电流为 1mA、稳压电压为 18V，VT_7 的 b-e 电压降 $V_{be}=0.7\text{V}$，$V_{L3}=0.3$，则有

$$R_{30}=(V_o-V_{S4}-V_{L3}-V_{be})/I_F=(20-18-0.3-0.7)/(1\times10^{-3})\Omega=1\text{k}\Omega$$

（2）光电转换限流电阻 R_{31} 的计算

$$R_{31}=(V_o-V_{REF}-V_{LED})/I_F=(20-2.5-0.4)/(15\times10^{-3})\Omega=1.14\times10^3\Omega,\ 取\ 1.0\text{k}\Omega$$

（3）二次滤波电容 $C_{25}\sim C_{27}$ 的计算

二次滤波电容容量关系到滤波电压的高低，容量小，纹波电压高，容量大，输出阻抗呈容性负载，负载能力向下移位、效率下降，而且电容的体积大。

$$C_P=10^3 2\pi\sqrt{I_o V_{rip}}/t_{on(max)}$$

式中，V_{rip} 为输出纹波电压，一般设定 2%，即 $V_{rip}=V_o\times2\%=20\times0.02\text{V}=0.4\text{V}$；$t_{on(max)}$ 为开关二极管的最大导通时间，$t_{on(max)}=D_{max}/(2f_{wor})=0.52/(2\times100\times10^3)\text{s}=2.6\times10^{-6}\text{s}=2.6\mu\text{s}$。

$$C_P=10^3\times6.28\sqrt{7.5\times0.4}/2.6\mu\text{F}=4183\mu\text{F},取\ 4180\mu\text{F}$$

则令 $C_{25}=2000\mu\text{F}/25\text{V}$，$C_{26}=1500\mu\text{F}/25\text{V}$，$C_{27}=680\mu\text{F}/25\text{V}$。

（4）反馈电阻 R_{33} 及 R_{34}、R_{35} 的设定计算

设 $R_{33}=2\text{k}\Omega$，则总的反馈电流 I_F 为

$$I_F=V_{REF}/R_{33}=2.5/(2\times10^3)\text{A}=1.25\times10^{-3}\text{A}$$

由于总的计算阻抗与电路参数阻抗相平衡，有

$$(R_{36}+Z_{C29})\,/\!/\,(R_{35}+R_{34})=(V_o-V_{REF})/I_F=(20-2.5)/(1.25\times10^{-3})\Omega=14\text{k}\Omega$$

计算电容 C_{29} 的容抗 Z_{C29} 为

$$Z_{C29}=1/(2\pi f C_{29})=1/(6.28\times200\times10^3\times1\times10^{-9})\Omega=796\Omega$$

令 $R_{34}=11\text{k}\Omega$、$R_{36}=24\text{k}\Omega$ 代入得

$(24\text{k}\Omega+0.796\text{k}\Omega)/\!/(R_{35}+11\text{k}\Omega)=14\text{k}\Omega$

得 $R_{35}=21\text{k}\Omega$。

（5）C_{30}的计算

C_{30}是影响电路瞬态响应时间的重要元件，同时C_{30}对电压调整率和负载调整率也有一定的影响。它与C_{31}、R_{37}组成对信号采样起稳定作用的网络平台。

$$C_{30}=1/(2\pi f_{osc}R_{37}K_{ce})$$

式中，K_{ce}是电路对C_{30}的充电时间常数，其常数与电容容量和电容材料有关，取$K_{ce}=1.6$，f_{osc}为误差放大器振荡频率，取$f_{osc}=10\text{kHz}$。

$$C_{30}=1/(2\times3.14\times10\times10^3\times1.6\times1\times10^3)\text{F}=0.01\times10^{-6}\text{F}=0.01\mu\text{F}$$

（6）滤波电感 L_3 的估算

电感 L_3 的作用是当整流二极管 VD_9、VD_{10}在整流截止期间，向负载提供正向电能，阻止反向脉冲电压加到负载上，它与电容一起起到平波防颤的作用。

$$L_3=(V_S+V_D+V_L-V_o)/[I_o(1-D_{on})]$$

式中，V_S 由前面变压器的计算方法得到，为29.279V；D_{on}为整流二极管导通与截止时间比，即整流系数，$D_{on}=(V_o+V_D+V_L)/V_S=(20+0.4+0.3)/29.279=0.707$。

$$L_3=(29.279+0.4+0.3-20)/[7.5\times(1-0.707)]\mu\text{H}=4.54\mu\text{H}，取5\mu\text{H}$$

（7）二次整流高频旁路频率 f_B 的计算

$$f_B=1.8\times10^4/(2\pi\sqrt{R_{29}C_{24}})=1.8\times10^4/(6.28\sqrt{0.2\times10^3\times100000\times10^{-12}})\text{Hz}=641\text{kHz}$$

（8）稳压二极管 VS_3、VS_4 的选用

当输出电压超过设计电压10%时，输出电压 V_o 因电压高使 VS_3反向导通，立即降低输出电压 V_o，使 IC_4 的发光强度下降，经光敏晶体管，传输到 IC_2 的 2 脚，促使 IC_2 的 PWM 调制信号变窄或关闭 IC_2 的 5 脚脉冲输出，因而由于输出过高使电源受到保护。VS_4与 VS_3 工作原理相同。选用稳压二极管要注意的是，选定稳定电压的标称值要准、电流要稳，温度系数要低。

3.4 基于ML4800构成的200W高转换效率电源设计

ML4800可构成具有开关控制功能，可组成功率因数大于0.98的高转换效率电源。电路中的功率因数校正与脉冲宽度调节控制器采用了美国飞兆公司生产的产品。电源电路采用双晶体管正激式200W开关电源，具有较高的性价比。

3.4.1 控制芯片功能简介

ML4800是功率因数校正与脉冲宽度调节相结合的控制芯片，具有两种功能的芯片可降低成本、缩小电源的体积。采用功率因数校正技术，对于小容量的整流滤波电解电容、功率MOSFET的损耗提供了有效保证。ML4800还使用了BiCMOS工艺技术，电路结构中使用了前沿控制技术，这确保功率因数调整能安全地工作。功率开关MOSFET的栅极不需外部辅助元器件，它的驱动能力可达1A，提高了转换效率，降低了成本。

当负载突然降低时，片内的过电压保护会立即关闭 PFC 功能，停止输出。同时，输入电压降低时 PFC 的峰值电流也立即受到限制，使电路更安全。ML4800 对 PWM 的工作模式也有多种，它既可工作在电流模式上，也可工作在电压模式上，其工作频率可达 250kHz，同时它还可防止磁心磁饱和现象的出现。

ML4800 各引脚功能如下：

1 脚（I_{EAO}）：PFC 误差放大器输出端。

2 脚（I_{AC}）：PFC AC 线路输入基准电压增益调节器。它的启动电流为 150μA，工作电流为 5.5mA。

3 脚（I_{SENSE}）：PFC 电流增益调节器。

4 脚（V_{RMS}）：PFC 线路输入 RMS 补偿增益调节器，门控电压为 2.05V。

5 脚（SS）：PWM 软启动电容连接点。

6 脚（V_{DC}）：PWM 反馈电压输入端。

7 脚（RAMP1）：振荡频率调节点，可通过 $R_T C_T$ 设定。

8 脚（RAMP2）：当工作在电流模式时，该脚是电流取样输入端；当工作在电压模式时，该脚是脉冲斜坡补偿输入端。门控电压为 1.5V，门控电流为 16mA。

9 脚（DC I_{LIMIT}）：PWM 脉冲周期电流限制比较器输入端。

10 脚（GND）：参考地。

11 脚（PWM OUT）：PWM 驱动器输出端。

12 脚（PFC OUT）：PFC 驱动器输出端。

13 脚（V_{CC}）：IC 工作电源正输入端，供电电压为 10 ~15V。

14 脚（V_{REF}）：内部 7.5V 基准电压的缓冲输出。

15 脚（V_{FB}）：PFC 跨导电压误差放大器输入端。

16 脚（V_{EAO}）：PFC 跨导电压误差放大器输出端。

3.4.2 基于 ML4800 的开关电源工作原理

基于 ML4800 的开关电源工作原理如图 3-10 所示。交流电通过 L、N 进入 FU 和 R_T 保护电路，压敏电阻 R_V 并联在 L、N 之间，起着交流峰值电压的保护，C_3、L_1 组成第一级低通滤波网络，它能滤除电源线路上的高频杂波和同相干扰信号，同时也将电源内部的高频干扰信号屏蔽起来，构成电源抗电磁干扰的第一道防线；R_1、R_2 是电容 C_3 的放电电阻，避免操作者触摸而遭到设备主电路的电容放电而发生电击的危险，在此要求 R_1、R_2、C_3 的放电时间小于 1s。必须注意的是，放电时间必须与电源的“开”和“关”的特定条件结合考虑，否则操作人员会发生触电危险。

电感 L_2、L_3 和电容 C_3 组成第二道低通滤波网络电路，以充分地滤除高频杂波。电路 L_3、L_4 两个电感是串联的，其作用是加大电感量，增大滤波频谱的范围，对抑制 EMI 的频道加宽、抑制 EMI 有帮助。为充分抑制射频干扰信号进入电网，电路又增加了 C_4、C_5、L_4 所组成的 π 形滤波网络，L_5 是 PFC 转换升压电感，VD_2 是整流二极管，要求 VD_2 的反向恢复时间小于 10ns，C_{43} 并联在 VD_2 两端，其目的是加快 VD_2 的“开”“关”速度，以提高 PFC 的转换效率，降低 EMI 干扰。电路设计了 C_6、R_{19}、R_{20}、VD_3 组成的 RCD 网络。RCD 网络的特点是滤波频道宽，反应速度快而且成本低，它在功率开关 MOSFET 关闭的瞬间，阻

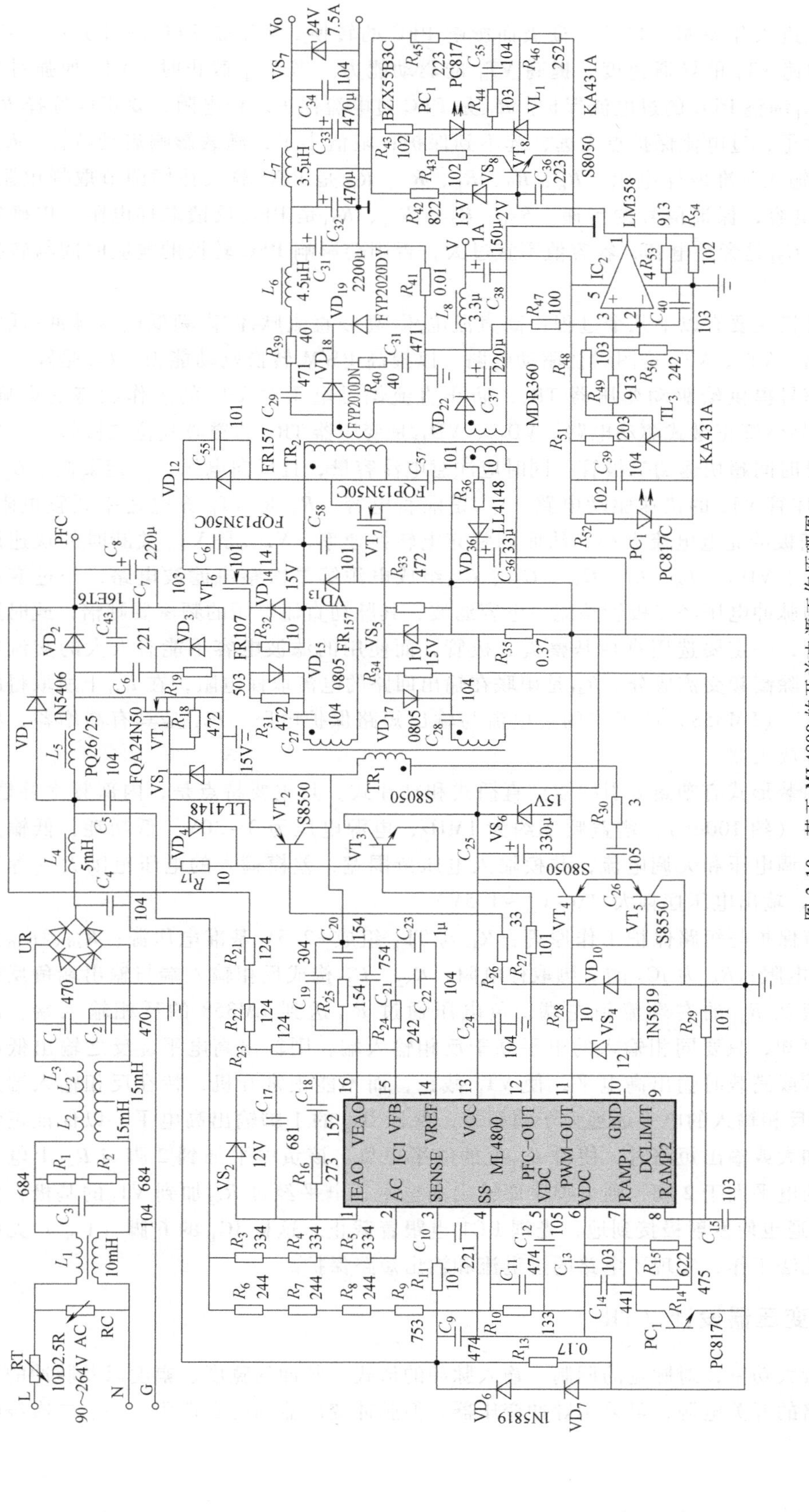

图 3-10 基于ML4800的开关电源工作原理图

止反向尖峰电压进入开关 MOSFET 的栅极而影响 PFC 的转换。VT_1 是 PFC 的开关功率管。VT_3 的作用是加速 VT_1 的导通速度，提高 VT_1 的驱动能力。当 VT_1 截止时，VT_2 加强对功率管的关断。R_{11}调整 PFC 的过电流保护。R_{13}是 PFC 过电流保护取样电阻，要正确选择 R_{13} 的阻值，阻值大了，过电流保护点太远，起不到保护；阻值小了，满载影响启动特性。R_3、R_4、R_5 是 PFC 输入基准取样电阻。R_6、R_7、R_8、R_9、R_{10}是 PFC 输入补偿调节取样电阻。C_9、C_{11}为旁路电容，保证信号的传递。R_{21}、R_{22}、R_{23}、R_{24}是 PFC 反馈取样电阻，以确定 PFC 输出电压。C_{21}是旁路电容，容容值不宜过大，否则会影响 PFC 转换的响应时间与转换效率。

脉冲宽度转换主要有以下几个过程：高直流电压/高频直流脉冲/高频低电压脉冲/低电压脉宽调制输出。VT_4、VT_5 是图腾柱驱动电路，以提高 PWM 转换驱动能力。C_{26}是隔直电容，它将交流信号提供给驱动变压器 TR_1，防止直流偏磁电压对 TR_1 的工作状态的影响。VT_6、VT_7 是双晶体管正激式驱动电路。VD_{12}、VD_{13}是变压器 TR_2 的磁心复位二极管，一定要选用反向恢复时间超快速的二极管，同时应注意电流容量，且反向电压，一定要高。C_{27}、R_{32}、VD_{15}是晶体管 VT_6 的快速驱动电路。C_{27}是隔直电容。R_{32}是 VT_6 充电速率调整电阻，它可改变 VT_6 栅极的充电电流大小，从而调整充电转换速率，VD_{15}是 VT_6 关断时的快速放电二极管。VD_{18}、VD_{19}、L_6、L_7、C_{31}、C_{32}、C_{33}组成电源第二次整流滤波电路，经过变频变压器变压后的脉冲电压经二极管整流、电容滤波，其脉动直流电压的频率要翻倍，此时选用的整流二极管，一定要选用肖特基整流二极管，而使用的滤波电容不能有太大的交流容抗，否则难以滤除高频交流成分。R_{41}是串联在输出回路的电流取样电阻，在 R_{41}上所取得的电流信号送到 IC_2（LM358）所组成的过电流与输出短路保护电路，IC_3 是具有高增益、频率补偿的双运算放大器。

LM358 的封装形式有塑封 8 引线双列直插式和贴片式。其主要特点是，内部频率补偿、直流电压增益高（约 100db），增益频率约为 1MHz，电源电压为 3~30V，低功耗，低输入偏流，低输入失调电压和失调电流，共模输入电压范围宽，差模输入的电压范围大（等于电源电压范围），输出电压摆幅大（$0 \sim V_{cc} \sim 1.5V$）。

输出过电流保护与短路保护工作原理：R_{48}与 TL_3 组成+2.5V 基准电压源；R_{49}、R_{50}为 IC_2 的 3 脚取样电阻；R_{51}为 IC_2 的 2 脚取样电阻；R_{52}、C_{37}构成反相输入端与输出端负反馈网络。输出电流从 R_{41}的右端流到左端，负电压通过 R_{51}送到 LM358 的反相输入端。由 LM358 的特性可知，只要同相输入的电平高于反相输入端，则输出高电平，反之输出低电平。为防止空载或满载时输出高电平，使 VT_8 截止，而不能正常开机，特在反相输入端加入了由 R_{47}，使反相输入的电平远远大于同相端，保证 IC_2 的 1 脚输出高电平，以保证正常工作。当负载加大或输出短路时，使得 R_{41}上的电平更负。该负电平加到 2 脚与 R_{47}上电平相加，使 3 脚的电平大于 2 脚，则 1 脚立即输出高电平，电平经过 R_{53}加到 VT_8的基极，使其导通，VT_8导通也使发射极接到地，光耦 PC1 也跟着截止。这样 IC_1 的 6 脚（V_{DC}）无电压，使得电路无法工作，实现了电路的过电流和输出短路保护。

3.4.3 脉冲变压器设计（TR_1）

对于输出较大功率，对脉宽的调制、输入脉冲的形式、脉冲的宽度、幅度以及脉冲的前沿要求较为严格的开关电源，可采用脉冲变压器。但脉冲变压器的磁心选用，一、二次绕组的匝数必须进行计算。

1. 磁心的选择及一次绕组电感的计算

最大输入电流 $I_{i(max)}$ 为

$$I_{i(max)} = P_o / (V_{i(max)} \eta)$$

式中，$V_{i(max)} = \sqrt{2} V_{iAC(max)} = \sqrt{2} \times 265V = 374.71V$；$\eta$ 为脉冲变压器效率，取 90%；P_o 为电源输出功率，$P_o = 24 \times 7.5W + 15 \times 1W = 195W$。

$$I_{i(max)} = 195/(374.71 \times 0.9)A = 0.578A$$

脉冲变压器一次绕组电感 L_P 为

$$L_P = \frac{10^4 \left(\frac{V_{out}}{\sqrt{2}} - V_{in} \right) V_{in}^2}{f_{mo} V_{out} V_{i(min)} I_{i(PK)}}$$

式中，V_{out}为变压器输出电压，取 22V；V_{in}为变压器输入电压，设 $V_{in} = 12V$；f_{mo}为脉冲开关的工作频率，设 $f_{mo} = 50kHz$；$V_{i(min)}$ 为最低输入电压，设 $V_{i(min)} = 6V$。

输入电流在脉冲变压器作用下变换比 K_i 为

$$K_i = V_{in} / (V_{out} + V_{DS(on)})$$

式中，$V_{DS(on)}$ 是两个 MOS 管 DS 极的导通电压，为 10V。

$$K_i = 12/(22+10) = 0.375$$

脉冲变压器一次绕组输入峰值电流 $I_{i(PK)}$ 为

$$I_{i(PK)} = I_{i(max)} / K_i = 0.578/0.375A = 1.541A$$

$$L_P = \frac{10^4 \times \left(\frac{22}{\sqrt{2}} - 12 \right) \times 12^2}{50 \times 10^3 \times 22 \times 6 \times 1.541} mH = 0.504mH$$

由输入电压和输入电流计算输入功率 P_i 为

$$P_i = V_{in} I_{i(max)} / \eta = 12 \times 1.541/0.9W = 20.547W$$

根据功率和工作频率查表 2-3 选用 EE22 的磁心，它的有效截面积 $A_e = 36mm^2$，窗口面积 $B_e = 19.5mm^2$。

2. 变压器一、二次绕组匝数的计算

$$N_1 = \frac{L_p I_{i(PK)} \times 10^{-3}}{A_e B_{max} \times 10^{-6}} = \frac{0.504 \times 1.541 \times 10^{-3}}{36 \times 0.22 \times 10^{-6}} = 98$$

$$N_2 = N_3 = \frac{N_1 V_{i(min)}}{\eta V_{in}} = \frac{98 \times 6}{0.9 \times 12} = 54.4$$

3. 导线截面积的计算

$$S_j = K \frac{B_e}{N_1} I_{i(PK)}$$

式中，K 为电流耦合系数，$K = 1.2$；B_e 为磁心窗口面积，$B_e = 19.5mm^2$；$I_{i(PK)}$ 为峰值电流。

$$S_j = 1.2 \times \frac{19.5 \times 1.541}{98} mm^2 = 0.368mm^2$$

查表 3-3 选用 AWG33 型 $\phi = 0.216mm$ 高强漆包线。

3.4.4 高频变压器设计（TR_2）

输入参量：AC90～264V，50Hz，$f_{wor}=70kHz$，$\eta=0.9$。

输出参量：$V_{o1}=24V$，$I_{o1}=7.5A$；$V_{o2}=15V$，$I_{o2}=1A$；$V_F=12V$，$I_F=1A$。

查表3-1参数：$V_{Bmin}=174.28V$，$V_{Bmax}=340.99V$；$V_{i(min)}=127.26$，$V_{i(max)}=373.296V$。

方法1

（1）变压器绕组正向匝比、占空比及导通时间

$n=(V_{Bmin}-V_{DS(on)})/[(V_o+V_D)\eta]=(174.28-10)/[(24+0.4)\times0.9]=7.481$

$$D_{max}=1\bigg/\left(\frac{V_{Bmin}}{V_o n}+1\right)=1\bigg/\left(\frac{174.28}{24\times7.481}+1\right)=0.507$$

$$D_{min}=1\bigg/\left(\frac{V_{Bmax}}{V_o n}+1\right)=1\bigg/\left(\frac{340.99}{24\times7.481}+1\right)=0.345$$

$t_{on(max)}=D_{max}/f_{wor}=0.507/(70\times10^3)s=7.243\times10^{-6}s=7.243\mu s$

$t_{on(min)}=D_{min}/f_{wor}=0.345/(70\times10^3)s=4.93\times10^{-6}s=4.93\mu s$

（2）峰值电流I_{PK}

输出电流$I_{PO}=P_o/(V_{Bmin}\eta)=195/(174.28\times0.9)A=1.243A$

$$I_{PK}=I_{PO}/D_{min}=1.243/0.345A=3.603A$$

（3）变压器一次绕组电感L_P

$$L_P=10V_{Bmax}D_{max}/I_{PK}=10\times340.99\times0.507/3.603\mu H=479.828\mu H$$

（4）磁心的磁通密度ΔB

$$\Delta B=V_{Bmin}D_{min}/(V_B\eta^2)=174.28\times0.345/(340.99\times0.9^2)T=0.218T$$

（5）一次绕组匝数N_P

$$N_P=V_{Bmax}t_{on(max)}/(\Delta BA_e)$$

变压器磁心截面积A_e为

$$A_e=\pi^2 t_{on(max)}\Delta B\sqrt{P_i}=3.14^2\times7.243\times0.218\sqrt{216.67}mm^2=229mm^2$$

查表3-4得到3C8磁性材料型号EC42/54/20，$A_e=236mm^2$。

$$N_P=340.99\times7.243/(0.218\times236)=48$$

表3-4 3C8磁性材料的磁心特性表

技术参数 / 磁心型号	磁心中心柱面积（最小值）A_{cp}/mm^2	磁心有效面积 A_e/mm^2	磁心和气隙有效体积 $V_e/mm^3\times10^3$	磁路长度 L_e/mm	热阻（最小值）$R_{th}/(℃/W)$	热阻（最大值）$R_{th(z)}$ /(℃/W)	重量 /g
EC20/20/5	23.5	31.2	1.34	42.8	35.4	—	7.2
EC25/25/7	52.0	55.0	3.16	57.5	30.0	—	16
EC30/30/7	46.0	59.7	4.00	66.9	23.4	—	22
EC35/17/10	66.5	84.3	6.53	77.4	17.4	20.0	36
EC41/19/12	100	121	10.8	89.3	15.5	17.0	52
EC42/42/15	172	182	17.6	97.0	10.4	12.2	88
EC42/42/20	227	236	23.1	98.0	10.0	11.5	116

（续）

技术参数／磁心型号	磁心中心柱面积（最小值）A_{cp}/mm²	磁心有效面积 A_c/mm²	磁心和气隙有效体积 V_c/mm³×10³	磁路长度 L_c/mm	热阻（最小值）R_{th}/(℃/W)	热阻（最大值）$R_{th(z)}$/(℃/W)	重量/g
EC42/54/20	227	236	28.8	122	8.3	9.8	130
EC42/66/20	227	236	34.5	146	7.3	8.1	—
EC52/24/14	134	180	18.8	105	10.3	11.9	100
EC55/55/21	341	354	43.7	123	6.7	7.4	216
EC55/55/25	407	420	52.0	123	6.2	6.8	—
EC65/66/27	517	532	78.2	147	5.3	6.1	—
EC70/34/17	201	299	40.1	144	7.1	7.8	252
UU15/22/6	30.0	30.0	1.44	48.0	33.3	—	—
UU20/32/7	52.2	56.0	3.80	68.0	24.2	—	—
UU25/40/13	100	100	8.60	86.0	15.7	—	—
UU30/50/16	157	157	17.4	111	10.2	—	—
UU64/79/20	289	290	61.0	210	5.4	6.2	—

（6）二次绕组的电压 V_S

$$V_S=(V_{o1}+2V_D+2V_L)/K$$

式中，K 为整流系数，$K=0.707$。

$$V_S=(24+2\times0.4+2\times0.3)/0.707\text{V}=35.93\text{V}$$

（7）二次绕组的匝数 N_s

$$N_S=N_PV_S/(V_{Bmax}D_{max})=48\times35.93/(240.99\times0.507)=14.12$$

（8）变压器磁心气隙 δ

$$\delta=4\pi\times10^{-7}N_P^2A_e/L_P=12.56\times10^{-7}\times48^2\times236/479.828\text{m}=1.422\text{mm}$$

方法 2

（1）反向匝比（利用输出电压及开关管 D-S 电压降之和与绕组的最低感应电压和电源效率二次方的积之比）

$$n=(V_o+V_{DS})/(V_{Bmin}\eta^2)=(24+2.5)/(174.28\times0.9^2)=0.188$$

（2）占空比及开关管导通时间

$$D_{max}=1\Bigg/\left(\sqrt{\frac{V_{i(min)}n}{V_o+V_D}}+1\right)=1\Bigg/\left(\sqrt{\frac{127.26\times0.188}{24+0.4}}+1\right)=0.503$$

$$D_{min}=1\Bigg/\left(\sqrt{\frac{V_{i(max)}n}{V_o+V_D}}+1\right)=1\Bigg/\left(\sqrt{\frac{373.296\times0.188}{24+0.4}}+1\right)=0.371$$

$$t_{on(max)}=D_{max}/f_{wor}=0.503/(70\times10^3)\text{s}=7.186\times10^{-6}\text{s}=7.186\mu\text{s}$$

$$t_{on(min)}=D_{min}/f_{wor}=0.371/(70\times10^3)\text{s}=5.3\times10^{-6}\text{s}=5.3\mu\text{s}$$

（3）峰值电流 I_{PK}

$$I_{PK}=(P_o-2V_{DS})/(V_{Bmin}D_{min}\eta^2)=(195-2\times2.5)/(174.28\times0.371\times0.9^2)\text{A}=3.628\text{A}$$

（4）变压器一次绕组电感 L_P

$$L_P=V_{Bmin}D_{max}/(V_{Bmax}D_{max}-V_{DS(on)})=174.28\times0.503/(340.99\times0.503-10)\text{mH}=0.543\text{mH}$$

（5）变压器一次绕组匝数 N_P

$$N_P = L_P V_{Bmax}/(10D_{min}\eta) = 0.543\times340.99/(10\times0.371\times0.9) = 55.453$$

（6）变压器的磁通密度 ΔB

$$\Delta B = 0.2D_{min}V_{i(min)}/(N_P\cdot\eta) = 0.2\times0.371\times127.26/(55.453\times0.9)\text{T} = 0.189\text{T}$$

（7）变压器二次绕组电压 V_S

$$V_S = (V_{So}+2V_D+2V_L)\eta/(0.4\pi D_{max}) = (24+0.8+0.6)\times0.9/(1.256\times0.503)\text{V} = 36.184\text{V}$$

（8）变压器二次绕组匝数 N_S

$$N_S = V_S n10/(t_{on(max)}\eta) = 36.184\times0.188\times10/(7.186\times0.9) = 10.518$$

（9）变压器磁心气隙 δ

$$\delta_2 = 4\pi\times10^{-3}L_P I_{PK}^2/(A_e\Delta B) = 12.56\times10^{-3}\times543\times3.628^2/(236\times0.189)\text{mm} = 2.013\text{mm}$$

方法 3

（1）变压器正向匝比

$$n = (\sqrt{2}V_{i(min)}+V_{DS})/(V_o+V_D) = (\sqrt{2}\times127.26+2.5)/(24+0.4) = 7.477$$

（2）电源变换占空比及开关管导通时间

$$D_{max} = 1\Big/\left(\frac{V_{Bmin}}{V_o n}+1\right) = 1\Big/\left(\frac{174.26}{24\times7.477}+1\right) = 0.507$$

$$D_{min} = 1\Big/\left(\frac{V_{Bmax}}{V_o n}+1\right) = 1\Big/\left(\frac{340.99}{24\times7.477}+1\right) = 0.345$$

$$t_{on(max)} = D_{max}/f_{wor} = 0.507/(70\times10^3)\text{s} = 7.243\times10^{-6}\text{s} = 7.243\mu\text{s}$$

$$t_{on(min)} = D_{min}/f_{wor} = 0.345/(70\times10^3)\text{s} = 4.929\times10^{-6}\text{s} = 4.929\mu\text{s}$$

（3）变压器一次绕组峰值电流 I_{PK}

$$I_{PK} = 2P_o/(V_{Bmax}D_{min}\eta) = 2\times195/(340.99\times0.345\times0.9)\text{A} = 3.684\text{A}$$

（4）变压器一次绕组电感 L_P

$$L_P = V_{Bmin}^2 D_{min} t_{on(max)}/(P_o\eta^2) = 174.28^2\times0.345\times7.243/(195\times0.9^2)\mu\text{H} = 481\mu\text{H}$$

（5）变压器磁心磁通量 ΔB

$$\Delta B = V_{Bmin}D_{max}\eta/V_{Bmax} = 174.28\times0.507\times0.9/340.99\text{T} = 0.233\text{T}$$

（6）变压器一次绕组匝数 N_P

$$N_P = L_P t_{on(min)}/(\Delta B A_e\eta) = 481\times4.929/(0.233\times236\times0.9) = 47.9$$

（7）二次绕组电压 V_S

$$V_S = 10^{-3}V_o L_P V_{i(min)}\eta/(t_{on(min)}n) = 10^{-3}\times24\times481\times127.26\times0.9/(4.929\times7.477)\text{V} = 35.876\text{V}$$

（8）二次绕组匝数 N_S

$$\begin{aligned}N_S &= (V_S+2V_D+2V_L)(1-D_{min})N_P/(V_{Bmax}D_{min})\\ &= (35.876+2\times0.4+2\times0.3)(1-0.345)\times47.9/(340.99\times0.345)\\ &= 9.941\end{aligned}$$

（9）变压器磁心气隙 δ

$$\delta = 4\pi\times10^{-4}N_P t_{on(max)}/(D_{min}\eta) = 12.56\times10^{-4}\times47.807\times7.243/(0.345\times0.9)\text{mm} = 1.4\text{mm}$$

方法 4

（1）变压器反向匝比

$$n=\sqrt{2}V_o/V_{Bmin}=1.414\times24/174.28=0.195$$

（2）在反向匝比作用下的占空比及导通时间

$$D_{max}=V_{Bmin}/(V_{Bmax}+2V_{DS})=174.28/(340.99+2\times2.5)=0.504$$

$$D_{min}=1\bigg/\left(\frac{V_{Bmax}}{V_{Bmin}+2V_{DS}}+1\right)=1\bigg/\left(\frac{340.99}{174.28+2\times2.5}+1\right)=0.345$$

$$t_{on(max)}=D_{max}/f_{wor}=0.504/(70\times10^3)\text{s}=7.2\times10^{-6}\text{s}=7.2\mu\text{s}$$

$$t_{on(min)}=D_{min}/f_{wor}=0.345/(70\times10^3)\text{s}=4.929\times10^{-6}\text{s}=4.929\mu\text{s}$$

（3）一次绕组峰值电流 I_{PK}

$$I_{PK}=P_o/(V_{Bmin}D_{min}\eta)=195/(174.28\times0.345\times0.9)\text{A}=3.604\text{A}$$

（4）一次绕组电感 L_P

$$L_P=(V_{Bmin}+V_{DS(on)})/2P_o=(174.28+10)/(2\times195)\text{mH}=0.473\text{mH}$$

（5）磁心的磁感应强度 ΔB

$$\Delta B=V_{Bmin}D_{min}/(10^3L_P\eta^2)=174.28\times0.504/(10^3\times0.473\times0.9^2)\text{T}=0.229\text{T}$$

（6）变压器一次绕组匝数 N_P

$$N_P=10^3L_Pt_{on(min)}/(\Delta BA_e\eta)=10^3\times0.473\times4.929/(0.229\times236\times0.9)=47.932$$

（7）变压器二次绕组电压 V_S

$$V_S=(V_o+2V_D+2V_L)/(I_{PK}n)=(24+2\times0.4+2\times0.3)/(3.604\times0.195)\text{V}=36.142\text{V}$$

（8）二次绕组匝数 N_S

$$N_S=V_SL_P/(t_{on(min)}D_{min})=36.142\times0.473/(4.929\times0.345)=10.053$$

（9）变压器磁心气隙 δ

$$\delta=4\pi A_e\left(\frac{N_P^2}{10000L_P}-\frac{1}{10000A_L}\right)$$

式中，A_L 为磁感应系数，当有气隙时 $A_L=4.2\text{nH}/匝^2$。

$$\delta=12.56\times236\left(\frac{47.932}{10000\times473}-\frac{1}{10000\times4.2}\right)\text{mm}=1.369\text{mm}$$

3.4.5 ML4800电路元器件参数的计算

1. 输入电路单元元器件的计算

（1）低通滤波电容容量的计算

ML4800具有转换效率高，输出功率可达500W、抑制EMI能力强等特点，其输入由两级 *LC* 滤波电路组成，具有较强的抗电磁干扰的能力，所以它的容抗和感抗起着非常重要的作用。低通滤波电容量 C_{FR} 为

$$C_{FR}=C_3/\!/C_4/\!/C_5/\!/(C_1+C_2)=100\text{nF}/\!/100\text{nF}/\!/100\text{nF}/\!/(470\text{pF}+470\text{pF})=0.914\text{nF}$$

（2）低通输入滤波阻抗的计算

热敏电阻随着温度改变其阻值也发生改变，电源在运行正常时热敏电阻的阻值是很低的；压敏电阻的阻值在正常情况下是很高的，高达上千千欧，可视为开路。对电路输入滤波阻抗，是通过输入交流电压和转换电流来计算：

$$R_{in}=V_{i(max)AC}/I_{PFC}$$

式中，I_{PFC}为 PFC 转换输入电流。

$$I_{PFC}=I_{PO}/[(1-0.5K_{RP})D_{max}]$$

式中，K_{RP}为纹波电流与峰值电流的比值，$K_{RP}=I_R/I_P$，对通用输入 $K_{RP}=0.44$。

$$I_{PFC}=1.234/[(1-0.5\times0.44)\times0.507]A=3.12A$$

$$R_{in}=264/3.12\Omega=84.615\Omega$$

计算低通滤波 LC 串联电路工作频率 f_{se}为

$$f_{se}=1/(2\pi\sqrt{C_{FR}(L_1+L_2+L_3+L_4)})=1/(6.28\sqrt{0.914\times10^{-9}\times(10+15\times2+5)\times10^{-3}})Hz=24.8kHz$$

(3) 抑制干扰频率波段的计算

$$f_L=1.8\times10^3/(2\pi\sqrt{R_{in}C_{FR}})=1.8\times10^3/(6.28\sqrt{84.615\times0.914\times10^{-9}})Hz=1MHz$$

$$f_H=1.8\times10^3/(2\pi\sqrt{(L_1+L_2+L_3+L_4)C_{FR}})$$
$$=1.8\times10^3/(6.28\sqrt{45\times10^{-3}\times0.914\times10^{-9}})Hz=44.69MHz$$

本电路从 1MHz 到 44.69MHz 的杂波干扰都是被抑制的频道范围。

(4) 整流二极管（整流桥）和 PFC 开关功率管的选用

变换峰值电压的计算：

$$V_{PK}=V_{i(max)}\left(1+\sqrt{\frac{I_{PFC}D_{min}}{10L_P}}\right)=373.296\left(1+\sqrt{\frac{3.12\times0.345}{10\times479.828}}\right)V=378.4V$$

根据计算的结果如何选用整流二极管和 PFC 开关功率管在上节已做出详细的说明，这里不再重复。

2. ML4800 电路 PFC 单元元器件的计算

(1) 乘法器取压电阻的计算

ML4800 芯片里有一个小于 150μA 的基准电流，输入电压经降压采样与片里一个信号电压进入乘法器比较，放大后来实现 PFC 转换。取基准电流 $I_{REF}=130\mu A$。

$$R_3+R_4+R_5=V_{i(min)}/I_{REF}=90\times\sqrt{2}/(130\times10^{-6})\Omega=979\times10^3\Omega，取 990k\Omega$$

即 $R_3=R_4=R_5=330k\Omega$。

(2) 输入电压保护电阻 R_{10}的计算

当输入电压低于 90V 的 10%或高于最大输入电压 264V 的 20%时，ML4800 都会实施保护。IC_1 的 4 脚是 PFC 输入 RMS 调节进入端口，它的门控电压为 2.05V，则有

$$V_{i(min)}R_{10}/(R_6+R_7+R_8+R_9+R_{10})=V_{door}$$

式中，V_{door}为 IC_1 的 4 脚门控电压，$V_{door}=2.05\sim4.5V$。

$$90\times\sqrt{2}R_{10}/(240+240+240+75+R_{10})=2.05V$$

$$R_{10}=13.016k\Omega，取 13k\Omega$$

当输入电压低于 10% 的 $V_{i(min)}$ 时，$V_{i(min)}=(90-9)\sqrt{2}V=114.53V$，$V_{door}=114.53\times13/(240\times3+75+13)V=1.843V$。低于 RMS 门控电压 2.05V，振荡器停振，关闭输出，实施输入欠电压保护。

当输入电压高于 264V 的 20% 时，$V_{i(max)}=264\times(1-0.2)\sqrt{2}V=298.637V$，$V_{door}=298.637\times13/808V=4.8V$。片内调节器输出高电平，经升压变压器比较，PFC 误差放大器 1 脚输出高电平，从而进入 IC_1 的 7 脚，因电平过高停振。

（3）升压电感 L_5 的设计

L_5 电感量的计算：

$$L_P = 10^3 P_o[Z(1-\eta)+\eta]/\left(I_{PFC}^2 K_{RP}\left(1-\frac{K_{RP}}{2}\right)f\eta\right)$$

式中，Z 为电路在进行转换时，一次线路与二次线路的损耗比，$Z=0.5$；K_{RP} 为输入一次纹波与整流滤波后的二次纹波比，$K_{RP}=0.8$；f 为 PFC 振荡频率，$f=80\text{kHz}$。

$$L_P = 10^3 \times 195[0.5(1-0.9)+0.9]/\left(3.12^2 \times 0.8\left(1-\frac{0.8}{2}\right) \times 80\times 10^3 \times 0.9\right)\text{mH} = 0.551\text{mH}$$

电感计算出来后，利用铜损因数方法来确定磁心，具体公式如下：

$$K_g = \frac{\eta\Omega}{P_{Cu}}\left(\frac{L_P I_{PFC}}{B_{max}}\right)$$

式中，Ω 为每米铜导线的电阻，$\Omega=1.724\times 10^{-9}\Omega\cdot\text{m}$；$P_{Cu}$ 为导线铜的功率损耗（W），按照经验，一般为最大输出功率的 1.5%，$P_{Cu}=195\text{W}\times 1.5\%=2.925\text{W}$。

$$K_g = \frac{0.9\times 1.724\times 10^{-9}}{2.925}\left(\frac{0.551\times 10^{-3}\times 3.12}{0.218}\right) = 4.18\times 10^{-12}$$

所选用磁心的铜损因数为

$$K_g' = KA_w A_e^2/(L_w)$$

式中，K 为绕组电磁转换系数，设 $K=0.36$；A_w 为磁心窗口面积；A_e 为磁心窗口截面积；L_w 为每匝绕线平均长度。

现选用 PQ26/20，查表 3-2，磁心窗口面积 $A_w=60.4\text{mm}^2$，磁心截面积 $A_e=113\text{mm}^2$，绕线平均长度 $L_w=56.4\text{mm}$。这时 $K_g'=0.36\times 60.4^{-6}\times(113\times 10^{-6})^2/(56.4\times 10^{-3})=4.92\times 10^{-12}$。

计算结果表明：$K_g'>K_g$，所选的 PQ26/25 磁心可用。

计算升压电感 L_5 的匝数 N_L：

$$N_L = L_P I_{PFC}/(\Delta B A_e) = 0.551\times 3.12\times 10^{-3}/(0.218\times 120\times 10^{-6}) = 65.7$$

绕组磁导线截面积为

$$S_{wire} = K\frac{A_w}{N_L} = 0.36\times\frac{84.5}{65.7}\text{mm}^2 = 0.463\text{mm}^2$$

导线直径为

$$L_D = \sqrt{\frac{4S_{wire}}{\pi}} = \sqrt{\frac{4\times 0.463}{3.14}}\text{mm} = 0.768\text{mm}$$

（4）输入电压保护旁路电容 C_{11} 的计算

经 R_{13} 的采样电压有很高的频率谐波，加入 C_{11} 后，使采样电压信号稳定无杂波干扰。设 C_{11} 的充电时间为 $t_{ce}=320\mu\text{s}$。电路要求：

$$t_{ce} \leqslant \frac{R_{10}C_{11}}{2\pi K_{ce}}$$

$$C_{11} = 2\pi K_{ce} t_{ce}/R_{10}$$

式中，K_{ce} 为充电系数，设 $K_{ce}=3.3$，则有

$C_{11}=2\times3.14\times3.3\times320\times10^{-6}/(13\times10^{3})\text{F}=510\times10^{-9}\text{F}=510\text{nF}$，取 470nF

（5）IC_1 滤波电容 C_{25}的计算

$$C_{25}=P_Q\Delta t2\pi V_{ny}^2$$

式中，P_Q 为 IC_1 的功耗，$P_Q=I_{wo}V_{wo}=12\times10^{-3}\times14\text{W}=168\times10^{-3}\text{W}$；$\Delta t$ 为自举电路启动到 IC_1 的工作电压所需的时间，设 $\Delta t=3\times10^{-3}\text{s}$；$V_{ny}$为整流前纹波电压，设 $V_{ny}=3\text{V}$。

$C_{25}=2\times3.14\times168\times10^{-3}\times3\times10^{-3}/3^2\text{F}=351.68\times10^{-6}\text{F}$，取 330μF

（6）PFC 变换高压滤波电容 C_8 的计算

$$C_8=1.8\times P_o\left(\frac{1}{2f}-t_c\right)\cdot 2\pi/(V_{i(max)}-V_{i(min)})^2$$

$$=1.8\times195\times\left(\frac{1}{2\times50}-3\times10^{-3}\right)\times6.28/(373.296-127.26)^2\text{F}$$

$=255\times10^{-6}\text{F}$，取 220μF

3. ML4800 电路 PWM 单元元器件的计算

（1）IC_1 控制芯片 13 脚供电电压 V_{CC}的计算

$$V_{CC}=V_{i(min)}(R_9+R_{10})/(R_6+R_7+R_8+R_9+R_{10})$$
$$=127.26\times(75+13)/(3\times240+75+13)\text{V}=13.86\text{V}$$

V_{CC}的供电电压为 12～15V。

（2）电流检测电阻 R_{35}的计算

ML4800 为双晶体管正激式 PWM 调制转换电路，其转换条件由 IC_1 的门控电压 V_{door}决定，IC_1 的 8 脚为脉冲电流输入取样端，检测电流经 R_{35}变为检测电压，此电压经 R_{20}限流进入 IC_1 的 8 脚，在 IC_1 内进行比较放大，然后调制为触发脉冲。当 TR_1 一次绕组电流超过峰值电流 1.2 倍时，IC_1 停止工作，实施过电流保护。

$$R_{35}=V_{door}/(1.2I_{PK})$$

V_{door}是由 IC_1 的控制模式决定的。当该脚工作在电流模式时，该脚的功能是电流取样输入。当工作在电压模式时，该脚的功能是脉冲补偿信号输入，门控电压的范围为 1.5～1.9V，门控电流为 15～200mA。设 $V_{door}=1.6\text{V}$，则有 $R_{35}=1.6/(1.2\times3.603)\Omega=0.37\Omega$，$R_{35}$的功耗为 $P_{R35}=(1.2I_{PK})^2R_{35}=(1.2\times3.603)^2\times0.37\text{W}=6.917\text{W}$

现采用 0.37Ω/10W 金属膜电阻（或强力陶瓷电阻）。

（3）门控限流电阻 R_{29}的计算

$$R_{29}=V_{door}/I_{door}=1.6/(16\times10^{-3})\Omega=100\Omega$$

（4）斜坡补偿脉冲前沿修正电容 C_{15}的计算

$$C_{15}=1/(2\pi f_{os}R_{29}K_{ce})$$

式中，K_{ce}是电路对 C_{15}的充电时间常数，K_{ce}与电容的容量大小和电容的材料有关，取 $K_{ce}=1.6$；f_{os}为电路工作频率，$f_{os}=100\times10^3\text{Hz}$。

$$C_{15}=1/(6.28\times100\times10^3\times100\times1.6)\text{F}=9.95\times10^{-9}\text{F}，取 10\text{nF}$$

（5）二次整流高频旁路频率的计算

$$f_b=1.8\times10^4/(2\pi\sqrt{C_{29}R_{39}})=1.8\times10^4/(6.28\sqrt{470\times10^{-12}\times40})\text{Hz}=20.9\text{MHz}$$

（6）二次滤波电感 L_6、L_7 的计算二次滤波电感对负载储能供电和纹波电压的稳定输出起着关乎电源的品质的作用，几乎每个开关电源都设计有此元件。

$$L_6+L_7=(V_S+2V_D+2V_L-V_o)/[I_o(1-D_{on})]$$

式中，V_S 由前面的变压器计算方法得到 $V_S=35.93V$；D_{on} 为整流二极管导通与截止时间比，$D_{on}=(V_o+2V_D+2V_L)/V_S=(24+2×0.4+2×0.3)/35.93=0.707$。

$$L_6+L_7=(35.93+2×0.4+2×0.3-24)/[7.5(1-0.707)]\mu H=6.1\mu H$$

取 $L_6=4.5\mu H$，$L_7=3.5\mu H$。

（7）瞬态响应时间 C_{35} 的计算

每一个比较高级的电源对电压调整率和负载调整率在设计上都比较重视，因为它决定电源的品质。同时它对电源输出的稳定性也有一定的影响。C_{35} 与 R_{44} 组成串联网络平台。

$$C_{35}=1/(2\pi f_{os}R_{44}K_{ce})$$

式中，K_{ce} 为电路对 C_{35} 的充电时间常数，其常数与电容的容量大小及电容的材料质量有关，取 $K_{ce}=1.6$；f_{os} 为误差放大器振荡频率，设 $f_{os}=1kHz$，则有

$$C_{35}=1/(2×3.14×1×10^3×1×10^3×1.6)F=0.1×10^{-6}F=0.1\mu F$$

（8）反馈电阻 R_{45} 的计算

设基准电阻 $R_{46}=2.5k\Omega$，则反馈电流

$$I_F=V_{REF}/R_{46}=2.5/(2.5×10^3)A=1×10^{-3}A=1mA$$

$$R_{45}=(V_{o1}-V_{REF})/I_F=(24-2.5)/(1×10^{-3})\Omega=21.5×10^3\Omega=22k\Omega$$

（9）发光二极管限流电阻 R_{43} 的计算

$$R_{43}=(V_{o1}-V_{REF}-V_{LED})/I_F$$

设 PC1 的工作电流为 20mA，有

$$R_{43}=(24-2.5-0.4)/(20×10^{-3})\Omega=1.055×10^3\Omega\approx 1k\Omega$$

3.5 基于 L6598 构成的 246W 准谐振半桥式电源设计

如图 3-11 所示，由 L6598、NCP1653、NCP1207 组成的电流控制恒功率输出变换电路，具有转换效率高、保护功能强、使用方便等优点。电路主要由 EMI 抑制电路、输入整流滤波电路、PFC 校正电路、PWM 转换电路、输出整流滤波电路、输出反馈调制电路以及过电压、过电流、过温保护电路组成。其电路结构简单，使用元器件较少。

3.5.1 NCP1653 的功能特点

NCP1653 的主要功能是 PFC 校正，它是一种连续导通型芯片，可工作在跟随升压或固定输出电压两种模式，其工作频率为 100kHz，具有高可靠性保护功能等优点。

NCP1653 的引脚功能如下：

1 脚：反馈及关断。该脚接收反馈电流 I_{FB}，反馈电流的大小与 PFC 电路的输出电压成正比，调节反馈电流，即可改变输出电压，从而可实施过电压保护和欠电压保护。

2 脚：控制电路软启动。该脚电压直接控制输入阻抗，即控制电路的功率因数，也有软启动功能。外接一个电容，在 1kHz 的启动时间为 0.5s。

3 脚：输入电压控制。由输入电流正比输入电压的均方根，电流还可用于过功率限制及

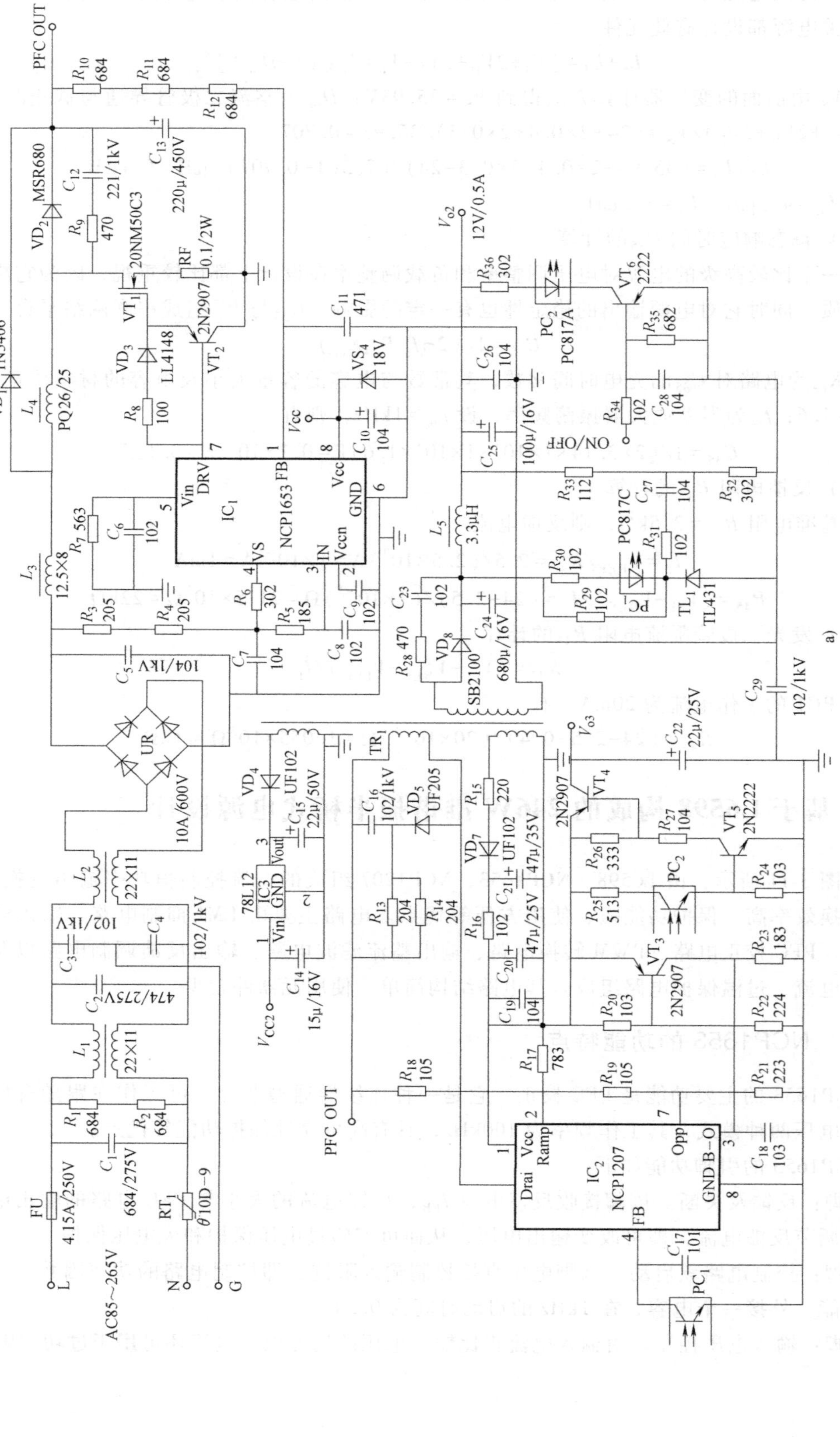
PFC OUT
R_{10} 684
R_{11} 684
R_{12} 684
C_{13} 220μ/450V
C_{12} 221/1kV
MSR680
VD_2
R_9 470
20NM50C3
VT_1
RF 0.1/2W
2N2907
VT_2
VD_3 LL4148
R_8 100
VD_1 1N5406
L_4 PQ26/25
C_{11} 471
VS_4 18V
Vcc
C_{10} 104
IC_1 NCP1653
Vin DRV FB Vcc GND VS IN Vcon
R_7 563
C_6 102
L_3 12.5×8
R_3 205
R_4 205
R_6 302
R_5 185
C_9 102
C_7 104
C_8 102
C_5 104/1kV
UR
10A/600V
L_2 22×11
C_3 102/1kV
C_4 102/1kV
C_2 474/275V
L_1 22×11
R_1 684
R_2 684
C_1 684/275V
FU 4.15A/250V
RT_1 θ 10D−9
L N G
AC85~265V
V_{o2} 12V/0.5A
R_{36} 302
PC_2 PC817A
VT_6 2222
R_{35} 682
C_{26} 104
R_{34} 102
C_{28} 104
ON/OFF
C_{25} 100μ/16V
R_{33} 112
C_{27} 104
PC817C
R_{32} 302
L_5 3.3μH
R_{30} 102
R_{31} 102
R_{29} 102
PC_1
TL_1 TL431
C_{23} 102
C_{24} 680μ/16V
R_{28} 470
VD_8 SB2100
C_{29} 102/1kV
TR_1
VD_4 UF102
C_{15} 22μ/50V
78L12
IC_3 Vin GND Vout
C_{14} 15μ/16V
V_{CC2}
C_{16} 102/1kV
VD_5 UF205
R_{13} 204
R_{14} 204
R_{15} 220
VD_7 UF102
C_{21} 47μ/35V
R_{16} 102
C_{20} 47μ/25V
C_{19} 104
V_{o3}
C_{22} 22μ/25V
VT_4 2N2907
R_{27} 104
VT_5 2N2222
R_{26} 333
PC_2
R_{24} 103
R_{25} 513
VT_3 2N2907
R_{23} 183
R_{20} 103
R_{22} 224
R_{18} 105
R_{17} 783
R_{19} 105
R_{21} 223
PFC OUT
IC_2 NCP1207
Drai Vcc Ramp Opp FB GND B−O
C_{18} 103
C_{17} 101
PC_1
a)

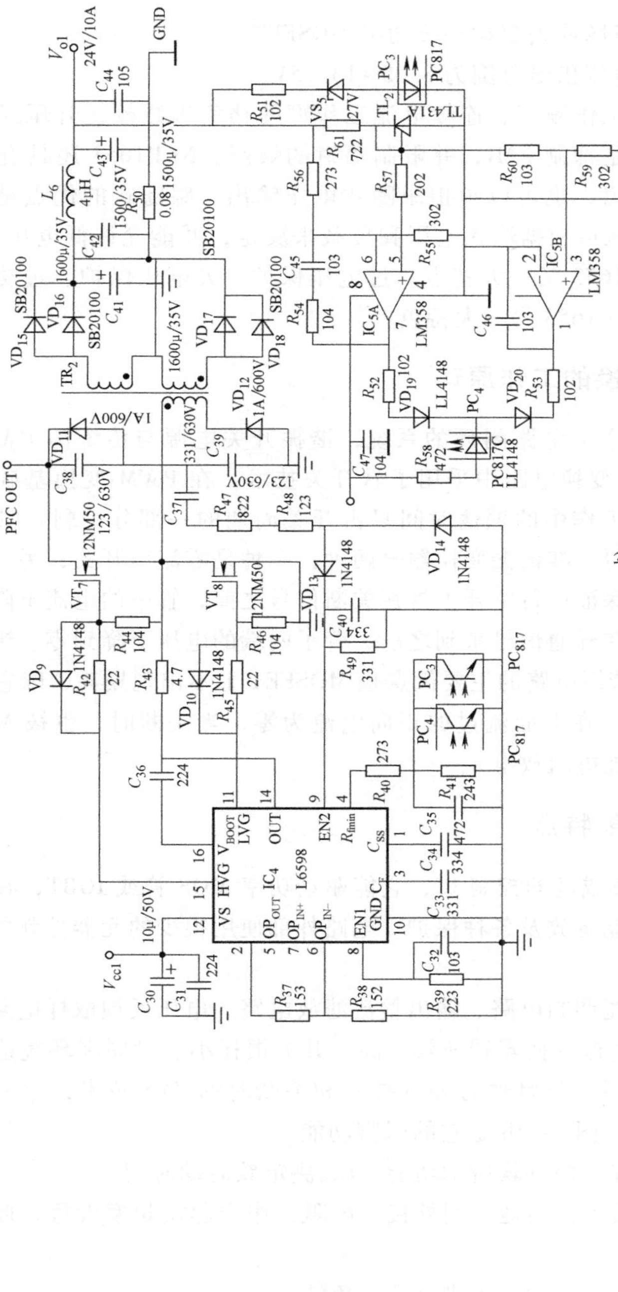

b)

图 3-11 具有谐振临界电流控制的 L6598 变换电路原理图

PFC 的占空比调制。当检测电流 I_s 乘以该脚输出电流 I_{vac} 的乘积达到 $3nA^2$ 以上时，过功率控制激活，使占空比降低，输入功率减小。

4 脚：输入电流检测。检测电流 I_s 正比于电感电流 I_L，I_s 用于过电流保护、过功率限制及占空比的调制，当 I_s 达到 200mA 以上时，过功率限制启动并禁止触发脉冲输出。

5 脚：乘法器电压。提供用于 PFC 的占空比调制，此脚外接一个电容和一个电阻，若不接，电路将按峰值电流型工作。

6 脚：公共地。

7 脚：驱动输出。触发脉冲去驱动外接功率 MOSFET。

8 脚：电源供给脚。电压供给范围为 8.75~13.75V。

NCP1653 是一种固定工作频率、连续电流工作型的功率因数校正升压式的控制集成电路。固定工作频率的特点是抑制 EMI，并限制辐射的噪声。NCP1653 还具有±1.5A 输出驱动能力，能承担恒电压输出，也可以承担跟随式电压输出。跟随式的优点是，能降低 PFC 电路电感的体积，输出电压可根据输入电压和负载来决定，并能允许低电压输出。低成本、高可靠性及高功率是 NCP1653 又一大特点。过电压保护、欠电压保护、过功率限制、过电流保护、过热闭锁也是 NCP1653 另一大特色。

3.5.2 零电压谐振变换的工作原理

零电压开关电源是一个全电路闭环的系统，谐振开关电源与传统的 PWM 开关电源相同，不同的是它在 DC/DC 变换电路中采用了软开关技术，在 PWM 变换基础上加进谐振电感和谐振电容，由于运行工作中的振荡时间只占开关周期的一部分，剩余时间在非谐振状态，所以称为准谐振变换器。准谐振变换器分两种：一种是零流压开关；另一种是零电压开关。零电压开关的特点是保证运行中开关管在关断信号之前，管中的电流下降到零；零电压开关的特点是保证开关管在开通信号来到之前，管子两端的电压下降到零。半桥式谐振变换器如图 3-12a 所示。这种谐振电路的主要优点是 MOSFET 上不出现损耗，因它的寄生二极管携带电流跨过 MOSFET 时，在上面流过的正向电流为零，当关断时，也被 MOSFET 上的极间电容旁路掉，它不需另加电阻放电。

3.5.3 L6598 电路性能特点

L6598 是一种具有高集成度的控制 IC，它能驱动功率 MOS 管或 IGBT，在半桥拓扑中具有压控振荡、软启动、功能运放及各种保护。电路外部使用很少的元器件就能达到良好的使用效果。

电路由谐振式半桥脉宽调制电路、输出整流滤放电路、电压反馈取样电路组成。

L6598 构成的零电压谐振变换器转换效率高、开关损耗小、对周围环境造成的电磁干扰与辐射干扰很低。电路使用了开启时的 ZCS 技术和关断时的 ZVS 技术，是一种电路结构简单、设计新颖的电路电源。图 3-12b 是它的引脚功能。

1 脚：软启动定时电容。提供软启动功能，C_{SS}决定软启动时间。

2 脚：最大振荡频率设置。与地之间外接一电阻，作为起始频率设置，此端电压有效值为 2V。

3 脚：振荡频率设置。正常时，该脚呈现三角波。

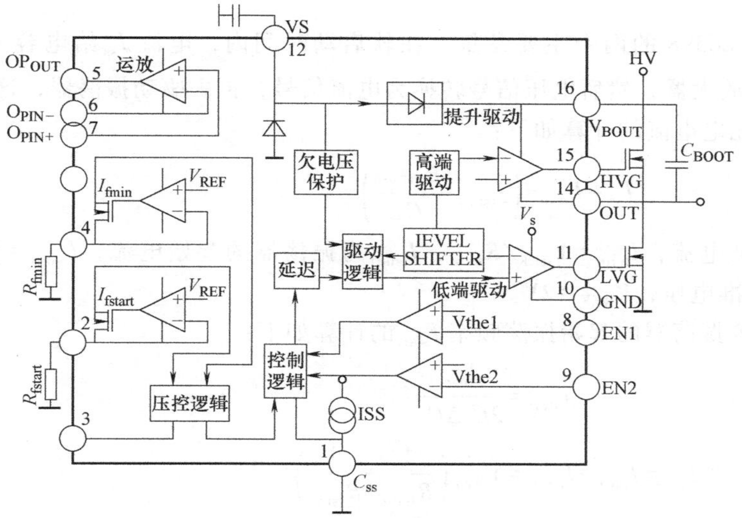

a) L6598内部结构框图

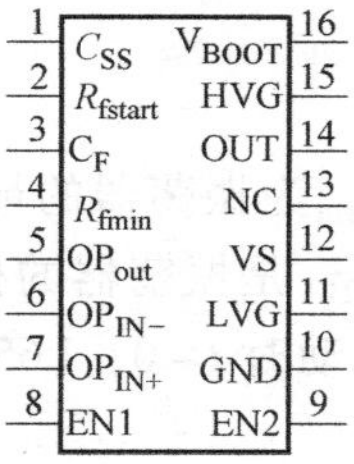

b) L6598引脚

图 3-12 L6598 内部结构框图

4 脚：最低工作频率设置。由电阻连接到地，该电压为 2V。

5 脚：运算放大器输出。为完成反馈控制可以接到 4 脚。

6 脚：运算放大器反向输入端。

7 脚：运算放大器同相输入端。

8 脚：此脚闭锁状态。高电平有效，开锁阈值为 0.6V，具有短路或开路信号状态保护。

9 脚：该脚电压达 1.2V 时激活，激活后将启动软启动程序。该脚电压一般高于 8 脚电压，当低于 8 脚电压时，8 脚将取消锁定状态。

10 脚：接地。

11 脚：低边驱动输出，该脚连接到功率 MOS 管的栅极，连接一只电阻，以降低峰值驱动电流。

12 脚：芯片供电电源，外接一滤波电容，电压控制在 15.6V。

13 脚：空脚。它增加片内高低压之间的距离，增强绝缘性能。

14 脚：高边驱动浮地，接驱动 MOS 管的源极。

15 脚：高边驱动输出，接高边驱动 MOS 管的栅极。

16 脚：提升高压端，外接一提升电容到 14 脚，完成与低边同步 MOSFET 的驱动。

1. L6598 工作原理

当 IC 电压达到欠电压锁定（UVLO）的阈值时，IC 将启动欠电压保护。供电电压来到阈值之前，两只半桥功率管将驱动器的低阻抗槽路切断，开路进入正常运行，在第一个半周期中，高边驱动器有效，压控振荡器工作处于设计正常的频率，同时 IC 提供软启动功能。图 3-11b 中，在 IC_4 的 1 脚接入一延时电容 C_{34}，它控制启动时间，振荡器通过高边、低边栅极驱动来控制外部 MOS 管 VT_7、VT_8，以保持 450mA 源极输出电流和 250mA 漏极输入电流，此电路允许不同功率的 MOS 管驱动，得以保持开关快速转换，这样使两只功率开关器件工作在零电压开关模式下。建立死区时间典型值是 300ns。PWM 转换会在这个时间完成。

2. 软启动和振荡频率

软启动和振荡频率是 L6598 的两个主要参量。在软启动时间内，电流 I_{ss} 给电容 C_{34} 充电，将一个电压斜坡送到放大器，然后电压信号转换为电流信号，再去驱动振荡器，这就是软启动的全过程。对 C_{34} 充电电流的计算如下：

$$I_{ss}=I_{fmin}+\left(I_{fstart}-\frac{g_m I_{osc}}{C_{34}}\right)$$

式中，I_{fmin} 为振荡器的最低电流，$I_{fmin}=V_{REF}/R_{fmin}$；$I_{fstart}$ 为振荡器的起始电流，$I_{fstart}=V_{REF}/R_{fstart}$；$V_{REF}$ 是振荡器的标准电压，$V_{REF}=2V$。

在启动时 $t=0$，L6598 振荡器的起始振荡频率 f_{start} 的计算如下：

$$f_{start}=\frac{I_{osc}}{2C_f\Delta C_c}$$

$$I_{osc}=I_{fmin}+I_{fstart}=V_{REF}\left(\frac{1}{R_{fmin}}+\frac{1}{R_{fstart}}\right)$$

上式只是定性地对充电电流和振荡频率进行了分析。在这种方法中，软启动时间是不变的，它仅依赖于电容 C_{34}。充电电压 V_c 从峰值到振荡器频率波谷值约等于 2.65V，在正常工作条件下，振荡器的振荡频率近似值为 $f_{min}=\dfrac{\sqrt{2}}{R_{fmin}C_{34}}$。

3. 跟随升压

输出高电压是由升压电路获得的，它是将整流输出的脉动电压传输给超快速恢复二极管的自举电容充电，PFC 调制脉冲加到开关管，以较大的占空比使开关管的漏极输出高电压，这个电压输送到芯片内部充电泵。升压二极管的加入是为防止电流从输出倒回到电源输入端。这样，跟随升压式驱动电路增加了电压降，该电压落后于电容 C 的充电电压，随着频率增加，输出电压随之上升，考虑到振荡电源中电流所增加的开关频率，应增加开关管外部电阻 R_9 的电阻值。

4. 谐振在电路中的重要性

谐振对于减少高频电磁干扰、提高电源效率是 PWM 转换最好的方法。谐振转换是利用电路寄生参数，根据波形与非谐振方式来区分。谐振谐波含有梯形波和正弦振铃波。所以谐振转换技术可以拓扑到降压式（Buck）、升压式（Boost）、串联式（Cuk）及并联式（Sepic）等多种变换型式。

谐振变换器采用光的网络谐振并与零电流、零电压开关兼容，适用范围极为广泛。我们知道零电流、零电压开关拓扑可以缓冲高压应力、提高效率、降低损耗，是一种先进的技术。

5. 频率调整和频率改变的工作原理

谐振是利用改变频率来调整输出到负载的机能，负载电阻是变压器二次侧以及二次侧传递到一次侧的阻抗。阻抗的变化很大，它可以监测作为频率函数的导纳变化。为了对应不同的阻抗负载有两种谐振数值：一个是低频率段的磁化电感 L_{mag}，这是负载开路的感抗；另一个是串联电感 L_{star+}。两种谐振均在电能传输控制工作范围内。磁化电感 L_{mag} 很高，它流经电感上的电流很小，大电流将出现在谐振频率峰值上，而低于谐振峰值以下的频率，将失去谐振频谱下的峰值高频，以强化谐振频谱，使它站在谐振频谱上，让它尽可能接近谐振点工作。事实证明，两个功率开关管的任何一个的关闭时间不能太短，也就是频率调整率不能太低，只有较高的频率调整率才能使改变频率的范围较宽，才可保证有条件实现零开关传输电能的功能，否则难以实现。

3.5.4 L6598 电路主要元器件参数的计算

1. 计算电容 C_{34} 软启动延迟时间 t_{ss}

在稳定状态下，IC_4 的 1 脚电压为 5V，它的关系式 $t_{ss}=K_sC_{34}$，$K_s=0.15s/\mu F$，则 $t_{ss}=0.15s/\mu F\times C_{34}=0.15\times330000\times10^{-6}s=49.5ms$。

2. 计算谐振频率 f_{osc}

$$f_{osc}=1/(2\pi\sqrt{(L_P+L_D)(C_{38}+C_{39})})$$

式中，L_P 为变压器一次电感，设 $L_P=280\mu H$；L_D 为变压器的漏感，它是 L_P 的 10%左右，$L_D=L_P\times10\%=280\times0.1\mu H=28\mu H$，取 $30\mu H$。

$$f_{osc}=1/(2\times3.14\sqrt{(280+30)\times10^{-6}\times(12+12)\times10^{-9}})Hz=58.4kHz$$

3. 计算输出滤波电容 C_{41}、C_{42}、C_{43} 的容量

$$C_{41}+C_{42}+C_{43}=10^{-3}\cdot2\pi\sqrt{I_oV_{rip}}/t_{on(max)}$$

式中，V_{rip} 为二次整流的纹波电压，其输出纹波电压只有输出电压的 2%，即 V_{rip} 为 0.48V；二次整流频率为 200kHz，$t_{on(max)}=D_{max}/f=0.587/(200\times10^3)s=2.94\times10^{-6}s=2.94\mu s$。

$C_{41}+C_{42}+C_{43}=10^{-3}\times2\times3.14\times\sqrt{10\times0.48}/(2.94\times10^{-6})\mu F=4679.8\mu F=4680\mu F$，取 $C_{41}=C_{42}=1600\mu F/35V$，$C_{43}=1500\mu F/35V$。

对 PFC 转换占空比计算：

$$D_{max}=V_{OR}/(V_{OR}+V_{i(min)}+V_{DS(on)})=135/(135+90+5)=0.587$$

$$D_{min}=V_{i(min)}/(V_{OR}+V_{i(min)}+V_{DS(on)})=90/(135+90+5)=0.391$$

4. 计算滤波电感 L_6 的电感量

L6598 为半桥式电流控制型，滤波电感 L_6 不但使输出平波降低纹波电压，而且它兼顾着 10A 大电流输出的储能作用，它是输出元器件中较为重要的一个元件。

$$L_6=V_o/(2\pi t_{on}I_{rip})$$

现取全波整流二极管的导通与截止的时间比为 0.62，纹波电流比为 3%，$t_{on}=\dfrac{D}{f_{sw}}=0.62/(200\times10^3)s=3.1\mu s$，$I_{rip}=I_o\times3\%=10\times0.03A=0.3A$。

$$L_6=24/(2\times3.14\times3.1\times10^{-6}\times0.3)H=4.1\mu H\approx4\mu H$$

5. 计算 NCP1653 功率因数校正 1 脚的反馈电流

1 脚所接收的反馈电流（I_{FB}）关系到输出电压的高低，反馈电流过高将实施过电压保护，过低将实施欠电压保护。NCP1653 的正常工作电流为 $200\mu A$。当 I_{FB} 大于 10%时，则 $I_{FB(max)}=I_{FB}\cdot110\%=200\mu A\times110\%=220\mu A$。这时的输出电压为

$$V_{HO}=I_{FB(max)}(R_{10}+R_{11}+R_{12})=220\times10^{-6}\times68\times3\times10^4V=448.8V$$

V_H 正常输出电压为 400V，由于反馈电流 I_{FB} 过高，实施过电压保护。

当 I_{FB} 低于 10%时，则

$$I_{FB(min)}=I_{FB}\times 90\%=200\mu A\times 90\%=180\mu A$$

这时的输出电压

$$V_{HO}=I_{FB(min)}(R_{10}+R_{11}+R_{12})=180\times 10^{-6}\times 68\times 3\times 10^{4}V=367.2V$$

由于反馈电流 I_{FB} 低于 200μA，片内的控制逻辑无驱动电压，触发脉冲停止。关闭 PFC 转换功能，实施欠电流保护。

6. 升压电感 L_4 的计算

$$L_4=10^3\cdot P_o[Z(1-\eta)+\eta]/\left[I_{PK}^2K_{RP}\left(1-\frac{K_{RP}}{2}\right)f_{osc}\eta\right]$$

式中，Z 为转换损耗，$Z=0.5$，称为分配系数；K_{RP} 为输入一次纹波与整流滤波后的二次纹波系数，对 AC85~265V，输入 $K_{RP}=0.44$。

$$L_4=10^3\times 246[0.5(1-0.9)+0.9]/\left[4.319^2\times 0.44\left(1-\frac{0.44}{2}\right)\times 58.41\times 10^3\times 0.9\right]\mu H=0.69\mu H$$

利用铜损因数来确定铁氧体磁心：

$$K_g=\frac{\eta\Omega}{P_{Cu}}\left(\frac{L_4I_{PFC}}{B_{max}}\right)$$

式中，Ω 为铜导线每米电阻，$\Omega=1.724\times 10^{-9}\Omega\cdot m$；$P_{Cu}$ 为铜损，是输出功率的 1.2%，所以 $P_{Cu}=246W\times 1.2\%=2.952W$；$B_{max}$ 为磁心最大磁感应强度，$B_{max}=V_{Bmin}D_{max}/(V_{Bmax}\eta)=180.29\times 0.504/(344.73\times 0.9)T=0.293T$。

$$K_g=\frac{0.9\times 1.724\times 10^{-9}}{2.952}\left(\frac{0.69\times 10^{-3}\times 4.319}{0.293}\right)=5.35\times 10^{-12}$$

表 3-5 APFC 升压变换电路和开关电源常用磁心型号及有关数据

磁心型号及规格	A_e/cm^2	A_w/cm^2	N_{max}		$N\cdot A_e$	
			#18AWG	#20AWG	#18AWG	#20AWG
EC35	0.84	—	90	110	76	92
EC41	1.21	—	100	120	121	145
EE28/21	0.86	—	30	40	26	34
EE28/33	0.86	—	30	40	26	34
EE30/30/7	0.6	—	30	40	18	24
EEC28	0.82	1.14	50	70	41	57
EEC28L	0.82	1.48	90	100	74	82
EEC35	1.07	2.18	95	110	102	118
EI26	0.68	0.44	100	110	68	—
EI28	0.86	0.69	30	40	26	34
EI30	1.11	0.75	30	40	33	44
EPC25	0.46	0.85	—	—	—	—
EPC30	0.61	1.17	70	90	43	55
ETD29	0.74	—	—	—	—	—
ETD34	0.97	1.88	90	110	87	107
LP32/13	0.7	1.25	80	100	56	70
PQ26/20	1.13	0.604	35	45	42	54
PQ20/20	0.71	0.658	40	55	42	55
PQ26/25	1.2	0.755	50	70	60	64
PQ20/16	0.61	0.474	44	60	68	102
PQ32/30	1.52	1.496	40	60	68	102
RM8	0.64	—	—	—	—	—
RM10	0.98	—	40	60	39	59

所选的磁心铜损因数 K_g 必须高于用上式所计算出的因数。设所选的磁心的铜损因数为 K'_g，则

$$K'_g = K\frac{A_w A_e^2}{L_w}$$

式中，K 为绕组系数，设 $K=0.36$；A_w 为磁心窗口面积（mm^2）；A_e 为磁心截面积（mm^2）；L_w 为每匝绕线平均长度（mm）。

根据表 3-5 选用 PQ26/25，则绕线窗口面积 $A_w=75.5mm^2$，磁心截面积 $A_e=120mm^2$；绕线平均长度 $L_w=56.2mm$。

$$K'_g = 0.36\times\frac{75.5\times10^{-6}\times(120\times10^{-6})^2}{56.2\times10^{-3}} = 6.96\times10^{-12}$$

计算结果表明 $K'_g>K_g$，PQ26/25 磁心可以选用。

计算电感线圈匝数 N_4：

$$N_4 = L_4 I_{PFC(max)}/(B_{max}A_e) = 0.69\times4.319\times10^{-3}/(0.293\times84.5\times10^{-6}) = 120$$

导线截面积为

$$S_{wire} = K\frac{A_w}{N_4} = 0.36\times\frac{84.5}{120}mm^2 = 0.254mm^2$$

$$D_{wire} = \sqrt{\frac{4S_{wire}}{\pi}} = \sqrt{\frac{4\times0.254}{3.14}}mm = 0.569mm$$

根据计算结果查表 3-3 选用 AWG24 高强漆包线。

7. PFC 输出电压控制电阻 R_{10}、R_{11}、R_{12} 的计算

从 NCP1653 芯片特点可知，1 脚的反馈控制电流为 190~200μA，它能调节输出电压并能进行输出过电压、欠电压保护。

$$R_{10}+R_{11}+R_{12} = V_{HD}/I_{FB}$$

式中，V_{HD} 为正常 PFC 输出电压 400V，I_{FB} 取 196×10^{-6}A，则有

$$R_{10}+R_{11}+R_{12} = 400/(196\times10^{-6})\Omega = 2.04\times10^{6}\Omega = 2.04M\Omega$$

R_{10}、R_{11}、R_{12} 均为 680kΩ。

当输出电压高出 10% 时，$V_{HD}=400V\times110\%=440V$，这时芯片内的调整电流 $I_{FB(max)}=V_{HDmax}/R=440/(2040\times10^3)A=216\times10^{-6}A=216\mu A$，超出片内控制的反馈电流 200μA，实施输出过电压保护。

当输出电压低于 10% 时，$V_{HDmin}/R=360/(2040\times10^3)A=176\mu A$，低于控制反馈电流 190μA，电源实施输出欠电压保护。

8. 软启动电容 C_9 的计算

软启动可延长启动时间，有效地防止由于启动电压对 IC 的冲击。IC_1 的 2 脚外接一只电容，要求启动时间大于或等于 0.5s，在工作频率为 100kHz 的作用下，实现软启动。

$$C_9 = P_Q/(2\pi f_{sta} t_{sta} K_{so})$$

式中，f_{sta} 为 IC_1 软启动工作频率，为 100kHz；K_{so} 为时间常数，取 3.2；t_{sta} 为软启动延迟时间，为 0.5s。P_Q 为 IC_1 的功耗，它的最低软启动电流为 80μA，IC_1 的工作电压为 A12V。

$$\begin{aligned}C_9 &= 12\times80\times10^{-6}/(6.28\times100\times10^3\times0.5\times3.2)F\\ &= 0.955\times10^{-9}F，取 1nF\end{aligned}$$

9. 供给 IC 电源滤波电容 C_{14}、C_{15} 计算

$$C_{15}+C_{14}=K2\pi\Delta tP_{Q}/V_{ny}^{2}$$

式中，K 为半波整流电压经三端稳压块对 C_{14}的充电系数，一般 K 为 0.16；Δt 为从 IC_1 的启动到电路正常工作所需时间，为 0.3ms；P_Q 为 IC_1+IC_4 的功耗，$P_Q=2I_{wo}V_{wo}$，$P_Q=2\times12\times10^{-3}\times12W=0.288W$，$V_{ny}$为整流前的纹波电压，设 $V_{ny}=1.5V$。

$$C_{15}+C_{14}=0.16\times2\times3.14\times0.3\times10^{-3}\times0.288/1.5^{2}F=38.58\times10^{-6}F，取 37\mu F$$

令 $C_{15}=22\mu F$，$C_{14}=15\mu F$。

10. 高 PFC 转换滤波电容 C_{13}的计算

$$C_{13}=1.2P_{o}\left(\frac{1}{2f}-t_{c}\right)\cdot2\pi/(V_{i(max)}-V_{i(min)})^{2}$$

$$C_{13}=1.2\times246\times\left(\frac{1}{2\times50}-3\times10^{-3}\right)\times6.28/(373.296-127.26)^{2}F=214.4\times10^{-6}F，取 220\mu F$$

11. 精密稳压源的限流电阻 R_{61}的计算

TL431 是精密稳压源，阴极工作电压范围为 2.5~36V，阴极工作电流为 1~100mA，不能低于 2mA，选 $I_{AK}=3mA$。

$$R_{61}=(V_{o}-V_{REF})/I_{AK}=(24-2.5)/(3\times10^{-3})\Omega=7.2k\Omega$$

12. IC_2 的网络吸收电路元件 R_{13}、R_{14}及 C_{16}的计算

R_{13}、R_{14}以及 C_{16}组成对 IC_2 有保护的高压吸收回路，以保护 IC_2 片内的开关 MOSFET，同时吸收电源所产生的高频谐波。网络阻抗 Z_R 为

$$Z_{R}=\left(\frac{2V_{DSP}}{V_{i(min)}D_{min}}+1\right)\left(\frac{2\pi f_{wo}L_{P}\times10^{-3}}{I_{PO}}\right)$$

式中，$V_{DSP}=1.2V_{HD}=1.2\times400V=480V$，$f_{wo}=2f_{osc}=2\times58.4kHz=116.8kHz$。

$$Z_{R}=\left(\frac{2\times480}{120.2\times0.371}+1\right)\left(\frac{6.28\times116.8\times10^{3}\times298\times10^{-6}}{1.516}\right)=3.25k\Omega$$

网络电路所形成的高频振荡的振荡时间常数比工作频率大 4 倍左右，电路工作频率是 58.4kHz，网络振荡周期 $T_o=1/(4\times58.4\times10^{3})s=4.28\times10^{-6}s$。

$$C_{16}=T_{o}/Z_{R}=4.28\times10^{-6}/(3.25\times10^{3})F=1.317\times10^{-9}，取 1nF$$

13. 光电信号传输放电电容 C_{17}的计算

IC_2 的 4 脚为电流负反馈输入端口，C_{17}加速光电传输，以控制 PWM 转换控制脉冲尖峰信号传到 IC_2 片内，影响脉宽调制的质量和速度。

$$C_{17}=K_{ce}t_{ce}I_{oc}/(2\pi V_{ce}r_{mos})$$

式中，K_{ce}为输入信号电的流向 C_{17}充电的系数，取 1.2；t_{ce}为从信号电流接收到充电到最大值所需时间，为 25ms；I_{oc}为软启动电流，为 1.3mA；V_{ce}为 1 脚所需的工作电压，为 6.5V；r_{mos}为 IC_2 进入模式控制时所呈现的阻抗，设 $r_{mos}=10k\Omega$。

$$C_{17}=1.2\times25\times10^{-3}\times1.3\times10^{-3}/(2\times3.14\times6.5\times10\times10^{3})F$$
$$=0.10\times10^{-9}F，取 0.1nF$$

3.5.5 高频变压器设计

输入参量：输入电压 AC90~264V，电源频率 47~60Hz，电源效率 $\eta=0.90$，工作频率

$f_{wo}=100\text{kHz}$。

输出参量：$V_{o1}=24\text{V}$，$I_{o1}=10\text{A}$；$V_{o2}=12\text{V}$，$I_{o2}=0.5\text{A}$；功率 $P_o=V_{o1}I_{o1}+V_{o2}I_{o2}=24\times10\text{W}+12\times0.5\text{W}=246\text{W}$；输入功率 $P_i=P_o/\eta=246/0.9=273.3\text{W}$。

查表3-1技术参量：$V_{i(min)}=90\times\sqrt{2}\text{ V}=127.26\text{V}$，$V_{i(max)}=264\times\sqrt{2}\text{ V}=373.296\text{V}$，$V_{B(min)}=180.29\text{V}$，$V_{B(max)}=344.73\text{V}$，$I_{PO}=P_o/(V_{B(min)}\cdot\eta)=246/(180.29\times0.9)\text{A}=1.516\text{A}$。

方法1

（1）变压器二次绕组与一次绕组匝数比

$$n=(V_o-V_{DS})/(V_{i(min)}\eta)$$

式中，V_{DS}为开关MOSFET反导通电压，设$V_{DS}=2.5\text{V}$。

$$n=(24-2.5)/(127.26\times0.9)=0.188$$

（2）电源转换占空比

$$D_{max}=1\Big/\left(\sqrt{\frac{V_{i(min)}n}{V_o+V_D}}+1\right)=1\Big/\left(\sqrt{\frac{127.26\times0.188}{24+0.4}}+1\right)=0.502$$

$$D_{min}=1\Big/\left(\sqrt{\frac{V_{i(max)}n}{V_o+V_D}}+1\right)=1\Big/\left(\sqrt{\frac{373.296\times0.188}{24+0.4}}+1\right)=0.371$$

（3）变压器一次绕组流经的峰值电流

$$I_{PK}=P_o/[(V_{i(min)}-V_{DS})D_{max}\eta]=246/[(127.26-2.5)\times0.502\times0.9]\text{A}=4.364\text{A}$$

（4）变压器一次绕组电感

$$L_P=(V_{Bmin}-V_{DS})D_{min}/(P_o\eta)=(180.29-2.5)\times0.371/(246\times0.9)\text{mH}=0.298\text{mH}$$

（5）变压器一次绕组匝数

$$N_P=(V_{Bmax}+2V_{DS})D_{max}/I_{PK}=(344.73+2\times2.5)\times0.502/4.364=40.23$$

（6）变压器磁心磁通密度

$$\Delta B=0.2D_{min}V_{i(min)}/N_P=0.2\times0.371\times127.26/40.23\text{T}=0.235\text{T}$$

（7）变压器二次绕组电压

$$V_S=(V_{o1}+2V_D+V_L)\eta/(0.4\pi D_{max})=(24+2\times0.4+0.3)\times0.9/(1.256\times0.502)\text{V}=35.828\text{V}$$

（8）变压器二次绕组匝数（两组）

$$N_S=V_Sn/(t_{on(min)}\Delta B\eta)=35.828\times0.188/(3.71\times0.235\times0.9)=8.58$$

（9）变压器磁心气隙

$$\delta=t_{on(max)}L_P/(10n)=5.02\times0.298/(10\times0.188)\text{mm}=0.796\text{mm}$$

方法2

（1）变压器匝比

$$n=\pi(V_o-V_{DS})/(V_{Bmax}+V_{DS})=3.14\times(24-2.5)/(344.73+2.5)=0.194$$

（2）变压器占空比

$$D_{max}=1\Big/\left(\sqrt{\frac{V_{i(min)}n}{V_o+V_D}}+1\right)=1\Big/\left(\sqrt{\frac{127.26\times0.194}{24+0.4}}+1\right)=0.499$$

$$D_{min}=1\Big/\left(\sqrt{\frac{V_{i(max)}n}{V_o+V_D}}+1\right)=1\Big/\left(\sqrt{\frac{373.296\times0.194}{24+0.4}}+1\right)=0.367$$

（3）峰值电流

$$I_{PK}=(V_{Bmax}+V_{DS(on)})/(V_{Bmin}D_{max}\eta)=(344.73+10)/(180.29\times0.499\times0.9)\text{A}=4.381\text{A}$$

（4）一次电感

$$L_P=V_{Bmax}D_{min}/(2P_o\eta)=344.73\times0.367/(2\times246\times0.9)\text{mH}=0.286\text{mH}$$

（5）一次绕组匝数

$$N_P=V_{Bmax}D_{min}\eta/(10L_P)=344.73\times0.367\times0.9/(10\times0.286)=39.813$$

（6）磁心磁感应强度

$$\Delta B=V_{Bmin}t_{on(min)}/(10L_P)=180.29\times3.67/(10\times286)\text{T}=0.231\text{T}$$

（7）二次绕组电压

$$V_S=(V_{o1}+4V_D+V_L)/(t_{on(min)}n)=(24+0.4\times4+0.3)/(3.67\times0.194)\text{V}=36.377\text{V}$$

（8）二次绕组匝数

$$N_S=(V_S+V_D)\eta/t_{on(min)}=(36.377+0.4)\times0.9/3.67=9.02$$

（9）磁心气隙

$$\delta=4\pi\times10^{-4}L_PI_{PK}^2/(\Delta B^2A_e\eta)$$

根据经验公式计算

$$A_e=\pi^2t_{on(max)}\Delta B\sqrt{P_i}=3.14^2\times4.99\times0.231\times\sqrt{273.3}\text{mm}^2=187.88\text{mm}^2$$

根据计算，查表3-4选EC42/42/15，这时的$A_e=182\text{mm}^2$。

$$\delta=12.56\times10^{-4}\times294\times4.381^2/(0.231^2\times182\times0.9)\text{mm}=0.811\text{mm}$$

方法3

（1）电路转换占空比

$$D_{min}=V_{Bmin}/(V_{Bmin}+V_{Bmax}-V_{DS(on)})=180.29/(180.29+344.73-10)=0.35$$

$$D_{max}=10\sqrt{2}\sqrt{V_{Bmax}}/(V_{Bmin}+V_{Bmax}-V_{DS(on)})=14.14\sqrt{344.73}/(180.29+344.73-10)$$
$$=0.509$$

（2）一次绕组电感

$$L_P=2P_oD_{min}^2/(I_{PO}^2f\eta)$$

式中，$I_{PO}=P_o/(V_{Bmin}\eta)=246/(180.29\times0.9)\text{A}=1.516\text{A}$

$$L_P=2\times246\times0.35^2/(1.516^2\times100\times10^3\times0.9)\text{H}=0.292\text{mH}$$

（3）一次绕组匝数

$$N_P=10V_{Bmax}t_{on(min)}/L_P=10\times344.73\times3.5/292=41.320$$

（4）峰值电流

$$I_{PK}=(V_{Bmin}+V_{DS})D_{max}/(V_D-V_{DS})=(180.29+2.5)\times0.509/(24-2.5)\text{A}=4.327\text{A}$$

（5）磁心磁感应强度

$$\Delta B=V_{Bmax}t_{on(max)}/(A_eN_P)=344.73\times5.09/(182\times41.32)\text{T}=0.233\text{T}$$

（6）变压器正向匝比

$$n=(V_{Bmin}+V_{DS(on)})/(V_o+V_D)=(180.29+10)/(24+0.4)=7.799$$

（7）二次绕组电压

$$V_S=(V_o+V_D+V_L)I_{PK}\eta/(D_{min}n)=(24+0.4+0.3)\times4.327\times0.9/(0.35\times7.799)\text{V}=35.239\text{V}$$

（8）二次绕组匝数

$$N_S=V_SD_{min}/(\Delta Bn\eta)=35.239\times0.35/(0.233\times7.799\times0.9)=7.541$$

（9）磁心气隙

$$\delta=4\pi\times10^{-4}\cdot N_{P}t_{on(min)}/\Delta B=12.56\times10^{-4}\times41.32\times3.5/0.233mm=0.780mm$$

方法4

（1）变压器一次绕组与二次绕组匝数比

$$n=(V_{Bmin}-V_{DS(on)})/[(V_{o}+V_{D})\eta]=(180.29-10)/[(24+0.4)\times0.9]=7.755$$

（2）功率转换开关占空比

$$D_{max}=V_{Bmax}^{K}/(V_{Bmax}+V_{Bmin}-V_{DS(on)})$$

式中，K为一次绕组的电感电压与二次绕组的反激电压以$\cos\varphi$相位相加，一次感应电压越高，二次反激电压也越大，这里取$K=0.953$。

$$D_{max}=344.73^{0.953}/(344.73+180.29-10)=0.508$$

$$D_{min}=V_{Bmin}/(V_{Bmax}+V_{Bmin}-V_{DS(on)})=180.29/(344.73+180.29-10)=0.350$$

（3）一次绕组峰值电流

计算一次绕组峰值电流就是为选用功率转换开关MOSFET作依据，不管什么方法计算出的结果，必须小于所用的开关管漏源极最大电流，这样才能保证整个电源的运行安全。

$$I_{PK}=I_{PO}/D_{min}=1.516/0.350A=4.331A$$

（4）一次绕组电感

输出功率的大小与一次绕组的电感和一次绕组的峰值电流的二次方成正比，但电感太大将影响一次绕组匝数，也会造成变压器发热。

$$L_{P}=V_{Bmax}t_{on(min)}/I_{PK}=344.73\times3.5/4.331\mu H=278.586\mu H$$

（5）磁心磁感强度

$$\Delta B=V_{Bmin}D_{min}/L_{P}=180.29\times0.35/278.6T=0.226T$$

（6）变压器一次绕组匝数

$$N_{P}=\eta\sqrt{\frac{L_{P}}{A_{L}}}$$

式中，A_{L}为绕组磁感应系数。

$$A_{L}=\frac{10^{-6}(\Delta BA_{e})^{2}}{10L_{P}I_{PK}}=\frac{(0.226\times182)^{2}\times10^{-6}}{10\times279\times10^{-6}\times4.331}=140\times10^{-9}$$

$$N_{P}=0.9\sqrt{\frac{279\times10^{-6}}{140\times10^{-9}}}=40.2$$

（7）变压器二次电压

$$V_{S}=V_{o}L_{P}V_{Bmin}/(t_{on(max)}n\eta)=24\times0.279\times180.29/(5.08\times7.755\times0.9)=34.049$$

（8）变压器二次绕组匝数

$$\begin{aligned}N_{S}&=(V_{S}+4V_{D})(1-D_{min})N_{P}/(V_{Bmax}D_{min})\\&=(34.049+4\times0.4)\times(1-0.35)\times40.2/(344.73\times0.35)=7.72\end{aligned}$$

（9）变压磁心气隙

$$\delta=4\pi\times10^{-7}\times N_{P}^{2}A_{e}/L_{P}=12.56\times10^{-7}\times40.2^{2}\times182/0.279mm=1.324mm$$

3.6 基于智能化同步整流 NCP1280 构成的 300W 智能化同步整流电源设计

随着工业现代化日益进步，各种制造生产控制都采用智能管理模式，如轻纺工业的自动印染纺织、发电厂的锅炉水位自动控制、重型机械厂的数控机床等，所有这些设备的 CPU 系统需要 5V 供电电源，电动机与继电器需要 12V 供电电源，还有其他各类控制系统，它们对电源的安全性、可靠性的要求非常高，还对电源的效率、功率因数、防干扰性能也有明确的要求。NCP1280 是安森美公司于 2006 年推出的新产品。图 3-13 是智能化数控机床电源控制原理图，NCP1653 是有源功率因数校正主控芯片，NCP1027 是待机电源主控芯片，NCP1280 是有源钳位 DC/DC 功率转换控制芯片，另外还有四个具有精密稳压负反馈控制电路，组成智能的数控管理电路。

3.6.1 三种主控芯片的特点

1）NCP1653 的特点。NCP1653 工作于连续电流模式，升压型，起功率因数校正的作用。芯片具有固定输出电压模式，也可设计为跟随式输出电压模式，其工作频率都是 100kHz。所谓跟随式为不受升压变压器电感量的影响，调整输出电压，工作在电流连续导通模式，有很强的驱动能力。

2）NCP1027 的特点。它是电路待机电源，其功能是对欠电压过电压检测锁定、过电流保护、对占空比的调制、精密 5V 基准供电电源以及双路输出控制等。芯片可以直接接入 PFC 之后，最高输入电压可达 700V。

3）NCP1280 的特点。它属于脱线电压控制型开关电源，并为电路提供了正激式拓扑驱动主功率及辅助驱动功率两种输出驱动方式，它工作在有源钳位状态下驱动二次同步整流或半桥开关电路，这种驱动方式可启动 700V 的高压，系统功耗大大降低，由 NCP1280 组成的电路具有欠电压、过电压、过电流等保护功能，还有软启动功能，是电路安全可靠运行有力的保障。

NCP1280 片内设计了过电压、欠电压关断机构，它的过电压阈值为 3.16V，欠电压阈值为 1.52V。当输入电压超过预置过电压阈值时，状态功能启动，阻止电路进入运行。UV/OV（欠电压/过电压）外接有电阻到输入端，如超出范围，则软启动电容放电，输出立即禁止。若检测出欠电压状态，5V 基准电压被禁止，当 UV/OV 断开、芯片 16 脚的工作电压达 11V 时，软启动重新启动。UV/OV 还可用于遥控功能。

调节前馈电压斜坡幅度，用来改变开环电路调整率，它是将电路电压与斜坡电压相比的斜率，调制脉宽占空比也对斜率调整，这样取代了反馈系统调节占空比时的时间等待。

NCP1280 片内设置有 700V 的高压启动电路，所以电路外部不需启动元件，当电路工作正常后由变压器辅助绕组供电，关闭高压启动，降低功耗。辅助供电是恒流电源，当 1 脚电压低于 7V 时，电路则关闭输出信号并对启动电路进行调节，这就是电压启动工作模式。这种模式使电源运行安全、可靠、节电。

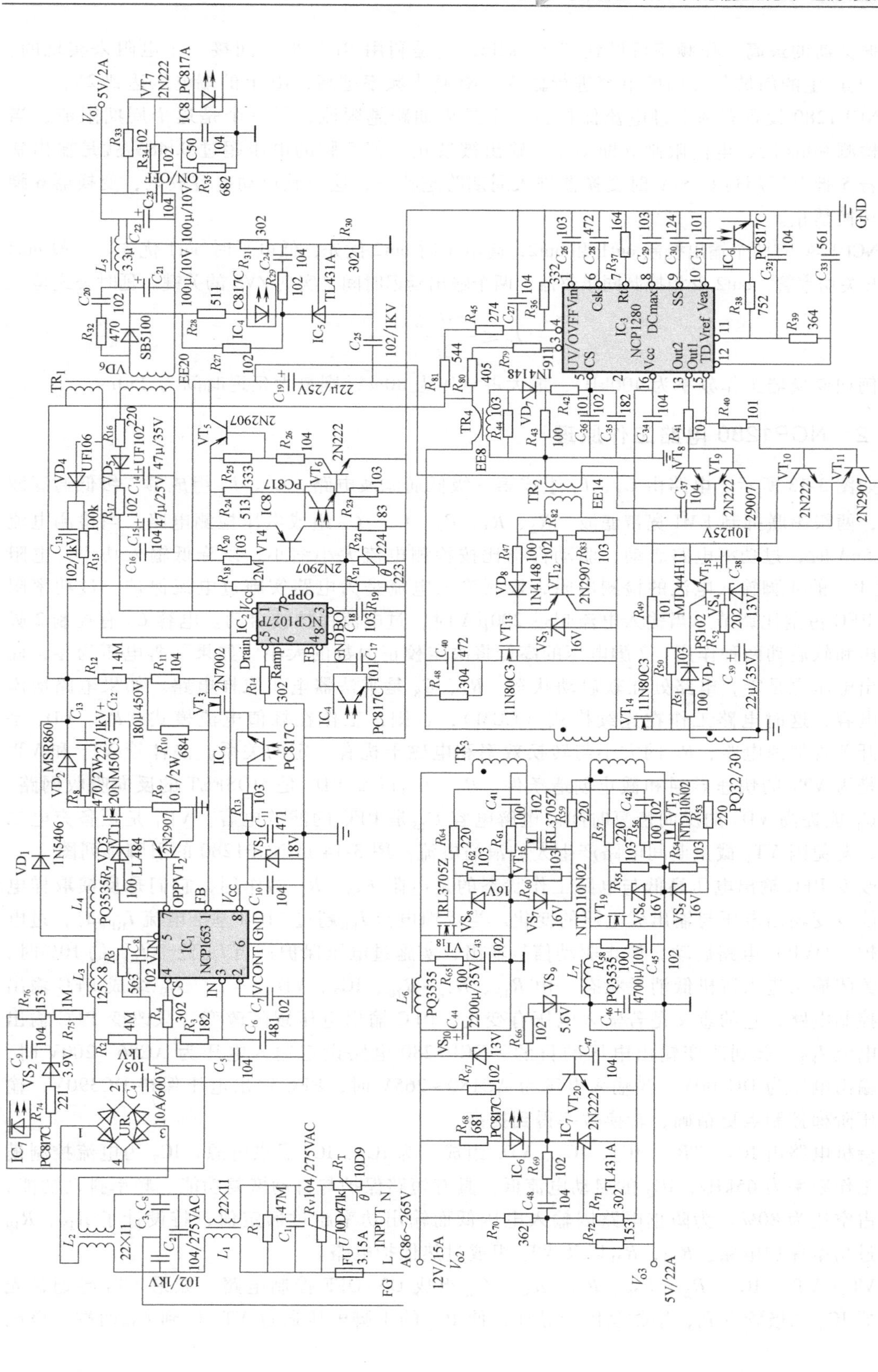

图 3-13 NCP1280 工业电源电路图

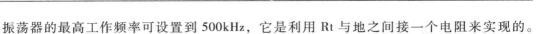

振荡器的最高工作频率可设置到500kHz，它是利用Rt与地之间接一个电阻来实现的。在Rt上产生的斜坡与片内的电容进行振荡，Rt越大频率越高，Rt上的端电压达到2V。

NCP1280设置有两个过电流保护，一个是周期跨越限流，另一个是逐个周期限流，当电流检测90ns后，电流限制立即动作，输出被禁止。若5脚的电压超过0.48V就是输出禁止，若5脚电压超过0.57V时变换器进入周期跨越状态，这时软启动电容放电，变换器6脚决定转换禁止。

NCP1280有两个输出控制out1和out2，高电平时out2优先，低电平时out1优先。一般out1控制开关功率管，out2反相控制同步整流，两个输出延迟时间是实现ZVS的关键。延时公式是

$$t_D \leqslant \frac{1-D_{max}}{2f}$$

例如变换器工作频率为400kHz，最大占空比为80%，则最大延迟时间为250ns。

3.6.2 NCP1280电路工作原理

如图3-13所示，电路由C_1、L_1组成第一级低通滤波电路，C_2、L_2组成第二级低通滤波电路，两级串联抑制EMI宽带滤波。R_2、R_3、R_4、C_5、C_6组成电压检测电路，当检测电流超过5nA时，过功率电路启动，驱动占空比按检测电流大小缩小，以降低输入功率。电阻R_4是IC_1的4脚输入电流的检测电阻，检测输入电流是为电路实施过电流保护、过功率限制和PFC占空比调节。当输入电流超过200μA时，过电流保护被启动。电容C_7有控制2脚的电压和软启动两种作用，2脚电压的高低将决定校正因数的大小。如果2脚电压为零，此时输出电压也是零，电路处在软启动状态。R_5、C_8是乘法器电压取样电路。如果电路增添一个电容，这时电路工作在连续模式（CCM），否则，工作在峰值电流模式。R_7、VD_3是PFC开关管加速电路，R_7的大小与转换效率和电磁干扰有一定的关系。晶体管VT_1和VT_2并联是为VT_1的快速导通和截止创造条件。R_8、C_{13}以及VD_2是MOSFET的反向吸收网路，R_8、C_{13}能提高VD_2的反向恢复时间。电解电容C_{13}是PFC的滤波电容。VD_1是预备充电二极管，避免因VT_1截止期间电路产生大的浪涌电流。图3-14是NCP1280的引脚排列图。

改变PFC输出电压高低与电路工作状态的是电阻R_{10}、R_{12}的作用，它们是反馈取样电阻，能改变输出电压与输出欠电压的变化。当反馈电流I_{FB}超过110%基准电流I_{REF}时，过电压保护（OVP）电路启动，停止驱动信号输出，实施过电压保护；当I_{FB}低于I_{REF}的10%时，电路关闭输出进入待机低消耗状态。由R_{13}、R_{74}~R_{76}、IC_7、VD_7、VT_3、C_9组成PFC输出阶梯控制电路，它的意义是若输入电压有变化，PFC输出电压跟随改变，只改变PFC输出反馈电流I_{FB}，起到改变输出电压的目的。NCP1280电路设定输入电压为AC86~200V时，PFC输出电压为DC300V；当输入电压为AC180~265V时，PFC输出电压保持DC390V，输出电压阶梯控制点更精确，转换效率得到提高。

待机电路由IC_2、TR_1、IC_4、IC_5、VD_6组成，为IC_1、IC_3提供电源。IC_2为电流控制模式，工作频率为65kHz，IC_2的启动电流低，具有短路保护与自动恢复功能、频率抖动功能，最大占空比为80%。为防止电路因输入电压低而输出功率超过额定值，特设计了R_{18}、R_{19}组成过功率保护电路。R_{20}，R_{21}以及VT_4组成过热保护电路。

VT_5~VT_7、IC_8、R_{23}~R_{26}、R_{33}~R_{35}、C_{50}组成ON/OFF控制电路。如果VT_7导通，光耦合器IC_8二极管发光，接收晶体管导通，使IC_2的1脚电压通过VT_5送到C_{19}两端，该电

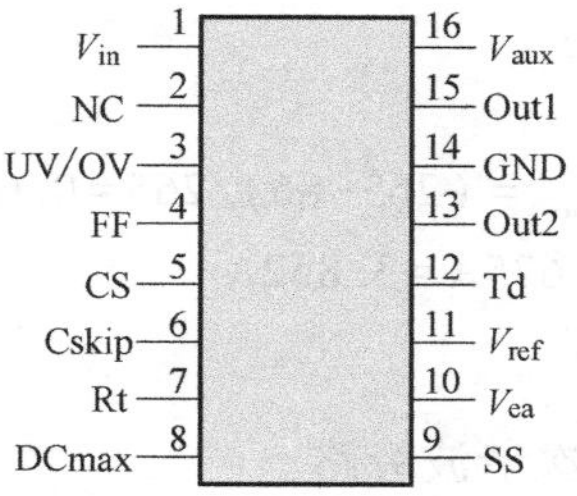

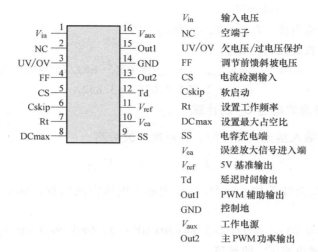

V_{in}	输入电压
NC	空端子
UV/OV	欠电压/过电压保护
FF	调节前馈斜坡电压
CS	电流检测输入
Cskip	软启动
Rt	设置工作频率
DCmax	设置最大占空比
SS	电容充电端
V_{ea}	误差放大信号进入端
V_{ref}	5V 基准输出
Td	延迟时间输出
Out1	PWM 辅助输出
GND	控制地
V_{aux}	工作电源
Out2	主 PWM 功率输出

图 3-14　NCP1280 引脚排列图

压送到 IC_1、IC_3 使 PFC 与 PWM 启动运行，起到开启的作用。电压检测电路由 R_{81}、R_{45}组成，R_{80}、R_{79}是 NCP1280 的反馈电压比较电路，它把输入电压 V_{in}的斜坡电压与 PFC 的输出电压 V_{EA}相比较，其差值由占空比进行调整。R_{37}是 IC_3 的振荡频率设定电阻。R_{39}是输出延时电阻，该电阻是实现 ZVS 的关键。TR_4、VD_7、R_{42}~R_{44}、C_{36}是过电流保护检测电路，TR_4 是电流互感器，起着电流检测的作用。VT_8、VT_9、C_{37}、R_{47}、R_{83}、VS_3、VT_{12}、VD_8、TR_2 组成钳位电路，VT_{12}是驱动晶体管，TR_2 是快速关断电路，C_{37}是隔直电容。当 OUT_2 输出正脉冲时，VT_8 导通，经 TR_2 耦合，使 VT_{12}截止，若 OUT_2 无脉冲输出时，VT_{14}截止。当 VT_{12}导通时将 VT_{14}栅极存储电压快速释放掉。R_{48}、C_{40}组成钳位放电电路，保证 PFC 转换顺利进行。

VT_{17}、VT_{19}是 5V 输出的同步整流电路，R_{53}是 VT_{17}的驱动电阻，R_{59}是 VT_{16}的驱动电阻。VT_{14}导通时 VT_{17}也导通，直接向负载输送电压。VT_{17}的驱动信号是 VT_{19}通过 R_{53}加到栅极的，VT_{14}截止，经 TR_3 耦合，VT_{17}也截止，这时 VT_{19}与 L_7 向负载提供电压，当 VT_{14}截止时，L_7 的电压极性相反。VS_6、VS_7 是两只 MOSFET 的栅极稳压二极管，起着保护作用。

12V 的输出电路与 5V 的输出电路相同，不再重复。VD_7、VS_{10}、VT_{20}、VD_{20}、VS_9 组成输出电压反馈取样和过电压保护电路。当两组输出电压哪一组过电压时，VS_9 或 VS_{10}导通，促使 VT_{20}导通，这时光耦合器 IC_6 发光二极管电流增加，也使 IC_3 的 10 脚电流增加，这样片内进入保护状态，进而关闭输出。

3.6.3 NCP1280 电路主要元器件参数的计算

1. 输入功率和输入电流计算

功率因数校正是基于输入最低电压和输入最大电流进行计算的，输入最低电压时的功率因数为 0.998，转换工作效率一般在 0.9 以上，取 $\eta=0.95$。

输出功率 $P_o=V_{o1}I_{o1}+V_{o2}I_{o2}+V_{o3}I_{o3}=5\times2+12\times15+5\times22=300\text{W}$

$$P_i=P_o/\eta=300/0.95\text{W}=315.79\text{W}$$

输入最大电流　$I_{i(max)}=P_o/(\eta V_{i(min)}\text{PF})=300/(0.95\times86\sqrt{2}\times0.998)\text{A}$

$$=2.602\text{A}$$

输入一次绕组峰值电流 $I_{i(pk)}=I_{i(pk)}/D_{PFC}$

式中，D_{PFC}为功率因数转换占空比。

$$D_{PFC}=(V_{i(max)}-V_{i(min)})/V_{i(max)}=(265-86)/265=0.6755$$

$$I_{i(pk)}=2.602/0.675\text{A}=3.852\text{A}$$

2. 交流整流谐波滤波电容 C_4 的计算

该电容的作用是输入整流谐波滤波，让高次谐波旁路。

$$C_4=K_{Lcr}I_{i(max)}/(2\pi f_{osc}r_pV_{i(min)})$$

式中，K_{Lcr}为输入电流谐波系数，取 5%；r_p 为输入电压谐波系数，取 6%；f_{osc}为谐波频率，取 30kHz。

$$C_4=0.05\times2.602/(2\times3.14\times30\times10^3\times121.6\times0.06)\text{F}=0.1\mu\text{F}$$

3. PFC 转换滤波电容 C_{12}的计算

C_{12}使 PFC 转换时输出的纹波电压和电流最小。

$$C_{12}=\sqrt{2}P_or_p/(V_{HD}^2-V_{i(min)}^2)$$

式中，V_{HD}为 PFC 转换输出电压，取 $V_{HD}=400\text{V}$。

$$C_{12}=\sqrt{2}\times300\times0.06/(400^2-121.6^2)\text{F}=175.3\mu\text{F}，取180\mu\text{F}/450\text{V}$$

4. 桥式整流滤波电感 L_3 的计算

$$L_3=V_{i(pk)}D_{PFC}\times10^3/(f_z\Delta I_L)$$

式中，ΔI_L 为整流滤波输出的纹波电流，$\Delta I_L=I_{i(pk)}\times5\%=3.852\times0.05\text{A}=0.193\text{A}$；$f_z$ 为整流后的工作频率，取 2kHz。

$$L_3=374.71\times0.6755\times10^3/(2\times10^3\times0.193)\mu\text{H}=656\mu\text{H}$$

5. 乘法器取压电阻 R_2、R_3 的计算

NCP1653 利用 3 脚电压误差放大器的输入，该误差放大器实际上是一个 93μA 电流转换功能，它迫使 93μA 电流经输出电阻降压，输入信号的额定电压是 2.55V，桥式整流的最大输出电压应为 374.71V。

$$R_2+R_3=(V_{i(max)}-V_{in})/I_{PC}$$
$$=(374.71-2.55)/(93\times10^{-6})\Omega=4001.72\text{k}\Omega$$
$$R_2=4\text{M}\Omega,R_3=1.72\text{k}\Omega，取1.8\text{k}\Omega$$

6. 电压补偿电容 C_6 的计算

电压环路工作在 3kHz 的低频带上，补偿网络由 C_6 对误差放大器的增益进行频带补偿，以限制电流谐波通过电压环路影响 PFC 校正。

$$C_6=P_i/[(R_2+R_3)V_{in}C_{12}(2\pi f)^2]$$
$$=315.79/[4.0018\times10^6\times2.55\times180\times10^{-6}\times(3.14\times2\times3\times10^3)^2]\text{F}$$
$$=484\times10^{-12}\text{F},取480\text{pF}$$

7. 升压电感 L_4 的计算

(1) 输入整流升压二极管电流

$$I_{D(max)}=P_o/(V_{i(min)}\eta)=300/(86\times\sqrt{2}\times0.9)\text{A}=2.741\text{A}$$

（2）升压电感的电感量

$$L_4=1.8t_{on(max)}(V_{HD}-V_{i(min)})V_{i(min)}/(V_{HD}D_{min}I_{D(max)})$$

设PFC转换的工作频率为50kHz。

PFC的输入电压从AC 86~265V，要求输出电压达到DC 400V，变化范围大，因此占空比的调节范围也大，所以

$$D_{max}=V_{i(max)}^K/(V_{i(max)}^K+V_{i(min)})$$

$$D_{min}=V_{i(min)}/(V_{i(max)}^K+V_{i(min)})$$

式中，K为升压电感在升压二极管（VD_1）作用下的反激系数，此系数计算复杂，取$K=0.947$。

$$D_{max}=374.71^{0.947}/(374.71^{0.947}+121.6)=0.692$$

$$D_{min}=121.6/(374.71^{0.947}+121.6)=0.308$$

$$t_{on(max)}=D_{max}/f_o=0.692/(50\times10^3)\text{s}=13.84\times10^{-6}\text{s}$$

$$t_{on(min)}=D_{min}/f_o=0.308/(50\times10^3)\text{s}=6.16\times10^{-6}\text{s}$$

$$L_4=1.8\times13.84\times10^{-6}(400-121.6)\times121.6/(400\times0.308\times2.741)\text{H}=2.497\text{mH}$$

（3）升压电感线圈匝数

$$N_{L4}=L_4I_{Dmax}\times10^6/(D_{max}A_e)$$

根据电源功率查表3-4选EC35/17/10，$A_e=84.3\text{mm}^2$

$$N_{L4}=2.497\times10^{-3}\times2.741\times10^6/(0.692\times84.3)=117$$

8. 检测变压器TR_4的计算

（1）一次绕组与二次绕组匝比的计算

TR_4是检测变压器，也叫电流互感器，对电路PFC输出电流进行检测，实施过电流保护。

$$n=(V_{i(min)}+V_{DS})/(R_{44}I_{CS}-V_{CS})$$

式中，V_{DS}为MOSFET的导通电压，取2.5V；I_{CS}为IC_3的5脚检测电流，设$I_{CS}=1.5\text{mA}$；V_{CS}为5脚的检测电压，如果检测电压超过0.48V或0.57V，变换器进入限流工作模式，取$V_{CS}=0.45\text{V}$。

$$n=(86\times\sqrt{2}+2.5)/(10\times10^3\times1.5\times10^{-3}-0.45)=8.53$$

（2）一次绕组电感的计算

$$L_P=V_{i(max)}^2t_{on(min)}\eta/P_o=374.71^2\times6.16\times10^{-6}\times0.9/300\text{H}=2.595\text{mH}$$

（3）一次绕组匝数的计算

$$N_P=10^3L_PV_{i(min)}\eta/I_{D(max)}=10^3\times2.595\times10^{-3}\times121.6\times0.9/2.741=103.6$$

（4）二次绕组匝数的计算

$$N_S=N_P/n=103.6/8.53=12.145$$

（5）过电压、欠电压保护端点的计算

$$V_{oV}=V_{HD}R_{36}/(R_{36}+R_{45}+R_{81})=400\times3.3/(3.3+270+270)\text{V}=2.43\text{V}$$

V_{oV}是NCP1280的基准门电压，当PFC转换超过5%，$V_{HD}=1.05\times400\text{V}=420\text{V}$，这时$V_{oV}=420\times3.3/(3.3+270+270)\text{V}=2.551\text{V}$，高出2.43V，将与片内基准电压相比，调制器立

即关闭 13 脚的脉冲输出，实施过电压保护。相反，低于 2.40V 时，将实施欠电压保护。

9. 输出电压滤波电感 L_7、L_8 的计算

两只滤波电感的输出电压和输出电流不同，计算的方法一样。但是，滤波电感与输出的电压成正比，而与输出电流的二次方正反比。

$$L_6=10^2P_o[Z(1-\eta)+\eta]V_{o2}/[I_{o2}^2K_{RP}\left(1-\frac{K_{RP}}{2}\right)f_o\eta]$$

$$L_7=10^2P_o[Z(1-\eta)+\eta]V_{o1}/\left[I_{o1}^2K_{RP}\left(1-\frac{K_{RP}}{2}\right)f_o\eta\right]$$

式中，Z 为电源在大负载作用下的损耗比例，为 2%；K_{RP} 为输出脉冲电压与纹波电压比例，为 0.44。

$$L_6=10^2\times300[0.02(1-0.9)+0.9]\times12/\left(15^2\times0.44\left(1-\frac{0.44}{2}\right)10\times10^3\times0.9\right)\text{mH}=0.467\text{mH}$$

$$L_7=10^2\times300[0.02(1-0.9)+0.9]\times5/\left(22^2\times0.44\left(1-\frac{0.44}{2}\right)10\times10^3\times0.9\right)\text{mH}=91\mu\text{H}$$

3.6.4 高频变压器 TR_3 设计方法

方法 1

(1) 变压器一次绕组电感 L_P

根据电路的输入功率和工作频率，查表 3-2 选用 PQ32/30。PQ 磁心的磁导率高，散热效果好，而且它的体积适中，对于 200W 以上的大功率选用 PQ32/30 型磁心是非常合适的，$A_e=152\text{mm}^2$，$A_w=149.6\text{mm}^2$。

变压器设计考虑到 PFC 转换和磁心的热性能，选 $f_{min}=50\text{kHz}$，令 $D_{max}=0.587$、$D_{min}=0.391$，则电感的计算如下：

$$L_P=D_{max}V_{i(min)}/(I_{i(max)}f_{min})=0.587\times86\sqrt{2}/(2.602\times50\times10^3)\text{H}=549\mu\text{H}$$

(2) 一次绕组电感系数 A_L

电感系数的大小关系到一次绕组匝数，而电感系数与磁心的形状、磁感应强度、磁心截面积及一次绕组流进的电流有关。A_L 的计算如下：

$$A_L=B_{min}A_e^2/(L_PI_{i(max)}^2K)$$

式中，K 为磁心增加气隙时，直流磁场强度下降 10 倍。

$$A_L=0.28\times(152\times10^{-6})^2/(0.549\times10^{-3}\times2.602^2\times10)\text{H}=174\times10^{-9}\text{H}=174\text{nH}$$

(3) 一次绕组匝数 N_P

$$N_P=\sqrt{\frac{L_P}{A_L}}=\sqrt{\frac{0.549\times10^{-3}}{174\times10^{-9}}}=56.17\approx56$$

(4) 变压器二次绕组匝数 N_{S1}、N_{S2}、N_{S3}

NCP1280 的二次电路是同步整流，VT_{18}、VT_{19} 是 V_{S1}、V_{S2} 的整流 MOSFET，它的开关导通电压为 5~10V，则变压器的二次电压

$$V_{S1}=V_{o2}+V_{DS(on)}=12\text{V}+5\text{V}=17\text{V}$$

$$V_{S2}=V_{o3}+V_{DS(on)}=5\text{V}+5\text{V}=10\text{V}$$

$V_{S3}=V_{cc}+V_{ce15}+V_{D7}+V_{R51}=12V+0.8V+0.6V+(15\times10^{-3}\times100)V=14.9V$

$N_{S1}=V_{S1}(1-D_{min})N_P/(V_{i(min)}D_{min})=17\times(1-0.391)\times56/(121.6\times0.391)$

$=12.194\approx12$

$N_{S2}=V_{S2}(1-D_{min})N_P/(V_{i(min)}D_{min})=10\times(1-0.391)\times56/(121.6\times0.391)$

$=7.173\approx7$

$N_{S3}=V_{S3}(1-D_{min})N_P/(V_{i(min)}D_{min})=14.9\times(1-0.391)\times56/(121.6\times0.391)$

$=10.69\approx11$

（5）变压器磁心气隙 δ

$$\delta=4\pi\times10^{-7}\times N_P^2A_e/L_P=4\times3.14\times10^{-7}\times56^2\times142/0.549mm=1.02mm$$

（6）变压器二次绕组线径 D_S

$$S_{S1}=KI_{o2}/j$$

式中，K 为变压器电流耦合系数，取 $K=1.2$；j 为导线电流密度，一般为 4~6A/mm²，取 6A/mm²。

$$S_{S1}=1.2\times15/6mm^2=3mm^2$$

$$D_{S1}=\sqrt{\frac{4S_{S1}}{\pi}}=\sqrt{\frac{4\times3}{3.14}}mm=1.955mm$$

同理计算 S_{S2}：

$$S_{S2}=1.2\times22/6mm^2=4.4mm^2$$

$$D_{S2}=\sqrt{\frac{4S_{S2}}{\pi}}=\sqrt{\frac{4\times4.4}{3.14}}mm=2.368mm$$

N_S 用 0.6mm×5.0mm 的铜条，先将铜条退火软化再绕制。但各绕组的匝数按比例减少。

方法 2

（1）变压器的一次绕组电感 L_P

$$L_P=\frac{10^6P_o[Z(1-\eta)+\eta]}{I_{i(pk)}^2K_{RP}\left(1-\frac{K_{RP}}{2}\right)f\eta}$$

式中，Z 为变压器损耗分配系数，$Z=0.5$；K_{RP} 为一次纹波电流与峰值电流的比值，取 0.5。

$$L_P=\frac{10^6\times300\times[0.5(1-0.95)+0.95]}{3.85^2\times0.5\times\left(1-\frac{0.5}{2}\right)\times100\times10^3\times0.95}=\frac{10^6\times292.5}{528.052}=553.9\mu H\approx554\mu H$$

（2）一次绕组匝数 N_P

在最高交流输入电压 $V_{i(max)}$ 下，开关电源经电容 C_{12} 第一次滤波的电压 $V_{DC(min)}$ 为

$$V_{DC(min)}=\sqrt{2}V_{AC(min)}K_{cr}$$

式中，K_{cr} 为一次电路的滤波电容输出电压因数。开关电源不带 PFC 时，$K_{cr}=1$，带 PFC 时，$K_{cr}=1.1$。设 $V_{AC(min)}=180V$，则 $V_{DC(min)}=\sqrt{2}\times180\times1.1V=280V$。

变压器一次绕组匝数 N_P 可按下式计算：

$$N_P=(V_{i(max)}-V_{DC(min)})B_{min}A_e/[(V_{DC(min)}K_{cr}+V_{i(max)}-V_{DC(min)})A_wI_{i(pk)}V_{DC(min)}]$$

式中，B_{min}是在大电流条件下不出现磁饱和选用的磁感应强度，$B_{min}=0.28T$；PQ32/30 的 $A_w=149.6mm^2$。

$$N_P=\frac{(374.71-280)\times0.28\times142}{(280\times1.1+374.71-280)\times280\times3.85\times149.6\times10^{-6}}=\frac{3765.67}{64.95}=57.98=58$$

（3）磁心气隙 δ

$$\delta=4\pi\times10^{-4}I_{i(pk)}N_P/\Delta B=4\times3.14\times10^{-4}\times3.85\times58/0.28mm=1.00mm$$

方法 3

（1）正向匝数比

$$n=(V_{Bmin}-V_{DS(on)})/[(V_o+V_D)\eta]=(186.30-10)/[(12+0.4)\times0.9]=15.797$$

（2）变换器调制占空比及导通时间

$$D_{min}=1\Big/\left(\frac{V_{Bmax}}{(V_o+V_{DS})n}+1\right)=1\Big/\left[\frac{355.98}{(12+2.5)\times15.797}+1\right]=0.392$$

$$D_{max}=1\Big/\left(\frac{V_{Bmin}}{(V_o+V_{DS})n}+1\right)=1\Big/\left[\frac{186.30}{(12+2.5)\times15.797}+1\right]=0.552$$

$$t_{on(min)}=D_{min}/f_{wo}=0.392/(100\times10^3)s=3.92\times10^{-6}s$$

$$t_{on(max)}=D_{max}/f_{wo}=0.552/(100\times10^3)s=5.52\times10^{-6}s$$

（3）变压器一次绕组峰值电流

$$I_{PK}=I_{PO}/D_{min}$$

$$I_{PO}=P_O/(V_{Bmin}\eta)=300/(186.30\times0.9)A=1.789A$$

$$I_{PK}=1.789/0.392A=4.564A$$

（4）变压器一次绕组电感

$$L_P=V_{Bmax}t_{on(max)}\eta/I_{PO}^2=355.98\times5.52\times0.9/1.789^2\mu H=552.57\mu H$$

（5）变压器磁心的磁通密度

$$\Delta B=V_{Bmin}D_{min}/(V_{Bmax}\eta)=186.30\times0.392/(355.98\times0.9)T=0.228T$$

（6）变压器一次绕组匝数

$$N_P=V_{Bmin}t_{on(max)}\eta/n=186.3\times5.52\times0.9/15.797=58.59$$

（7）二次绕组电压

$$V_{S1}=(V_{o1}+V_{L6}+V_{DS})/K=(12+0.3+2.5)/0.707V=20.933V$$

$$V_{S2}=(V_{o2}+V_{L7}+V_{DS})/K=(5+0.3+2.5)/0.707V=11.033V$$

（8）变压器二次绕组匝数

$$N_{S1}=N_PV_{S1}/(V_{Bmax}D_{min})=58.59\times20.993/(355.98\times0.392)=8.814$$

$$N_{S2}=N_PV_{S2}/(V_{Bmax}D_{min})=58.59\times11.033/(355.98\times0.392)=4.632$$

（9）计算磁心气隙

$$\delta=4\pi\times10^{-7}\cdot N_P^2A_e\eta/L_P$$

计算磁心截面积先根据经验公式找到一个可行的磁心，再依据磁心的输入功率和工作频率结合起来查表找出磁心。

据经验公式：$A_e=\pi^2 t_{on(min)}\Delta B\sqrt{P_i}=3.14^2\times 3.92\times 0.228\times\sqrt{\dfrac{300}{0.9}}\text{mm}^2=160.886\text{mm}^2$，根据表 3-4 选用 EC42/42/15，$A_e=182\text{mm}^2$。

$$\delta=4\times 3.14\times 10^{-7}\times 58.59^2\times 182\times 0.9/0.553\text{mm}=1.277\text{mm}$$

方法 4

（1）变压器一次绕组与二次绕组匝比

$$n=\sqrt{2}(V_{i(min)}+V_{DS(on)})/V_o=\sqrt{2}(86\times 1.414+10)/12=15.51$$

（2）转换占空比及开关管导通时间

$$D_{max}=1\Big/\left(\frac{V_{Bmin}}{(V_o+V_{DS})n}+1\right)=1\Big/\left(\frac{186.3}{(12+2.5)\times 15.51}+1\right)=0.547$$

$$D_{min}=1\Big/\left(\frac{V_{Bmax}}{(V_o+V_{DS})n}+1\right)=1\Big/\left(\frac{355.98}{(12+2.5)\times 15.51}+1\right)=0.387$$

（3）变压器一次绕组峰值电流

$$I_{PK}=\sqrt{2}\cdot 2P_o/V_{Bmin}=2\times 1.414\times 300/186.3\text{A}=4.554\text{A}$$

（4）变压器一次绕组电感

$$L_P=V_{Bmin}^2 t_{on(min)}/(P_o\eta^2)=186.3^2\times 3.87/(300\times 0.9^2)\mu\text{H}=553\mu\text{H}$$

（5）变压器磁心的磁感应强度

$$\Delta B=V_{Bmin}D_{max}\eta^2/V_{Bmax}=186.3\times 0.547\times 0.9^2/355.98\text{T}=0.232\text{T}$$

（6）变压器一次绕组匝数

$$N_P=L_P I_{PK}/(\Delta B A_e)=553\times 4.554/(0.232\times 182)=59.634$$

（7）变压器二次绕组电压

$$V_{S1}=V_{o1}L_P V_{Bmin}/(t_{on(min)}n)=12\times 0.553\times 186.3/(3.87\times 15.51)\text{V}=20.597\text{V}$$

$$V_{S2}=V_{o2}L_P V_{Bmin}/(t_{on(min)}n)=5\times 0.553\times 186.3/(3.87\times 15.51)\text{V}=8.582\text{V}$$

（8）变压器二次绕组匝数

$$N_{S1}=(V_{S1}D_{min}+L_P)N_P/(t_{on(min)}n)=(20.597\times 0.387+0.553)\times 59.643/(3.87\times 15.51)=8.47$$

$$N_{S2}=(V_{S2}D_{min}+L_P)N_P/(t_{on(min)}n)=(8.582\times 0.387+0.553)\times 59.643/(3.87\times 15.51)=5.127$$

（9）变压器磁心气隙

$$\delta=4\pi\times 10^{-3}N_P D_{min}/\Delta B_4=12.56\times 10^{-3}\times 59.643\times 0.387/0.232\text{mm}=1.25\text{mm}$$

本章通过不同输出功率电源的设计，为电源研发工程师开拓对电源研发的视野，例证多种对变压器各种参数的计算公式，找到合理的与实际偏差较小的技术数据，使之在研发电源的过程中少走弯路。

第4章 功率因数校正转换电路设计

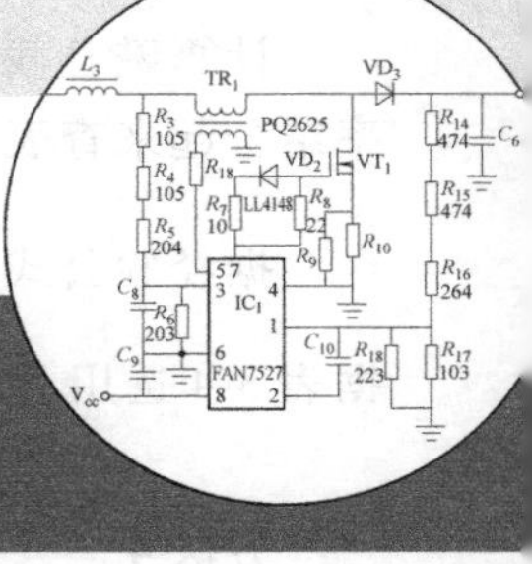

4.1 电流谐波

交流电网电压经整流分压供给电子设备及家用电器，是一种基本的变换方式。现有的开关电源都是将交流电压进行低通滤波、全波整流、电容滤波后，输出较为平直的直流高压。这种低通滤波、整流电路是非线性的，虽然电网电压是一种正弦波，但因受负载（感性负载、容性负载或阻抗负载）的影响，输出电流将会发生严重畸变，呈现出一种脉冲波。这种波对用电设备是极为不利的，同时也会给供电电网带来危害，使输入功率因数下降。

我们知道，桥式整流输出并联电解电容两端的直流电压随着电容的充电和放电，产生的是脉冲波形电流，而滤波电容上的电压与最大值相差并不是很多。根据桥式整流中的二极管单向导电的特性，只有在输入端的交流电压瞬时值超过滤波电容上的电压时，整流二极管才会因正向偏置而导通。而输入交流电压的瞬时值低于滤波电容上的电压时，整流二极管则反向偏置而截止。于是，只有在输入交流电压的峰值附近，整流二极管才会导通，它的导通角约为60°。这样整流二极管的导通角明显变小，对交流输入电压波形并不产生很大影响，大体上仍然保持正弦波形状，但是实际上交流输入电流波形是脉冲尖波，脉宽约为3ms，是半周期（10ms）的1/3，如图4-1所示。由此可见，开关电源输入端电流畸变是由整流二极管导通角太小引起的，而二极管导通角变小的直接原因则是大容量的滤波电容（容性负载）并联于桥式整流输出负载。

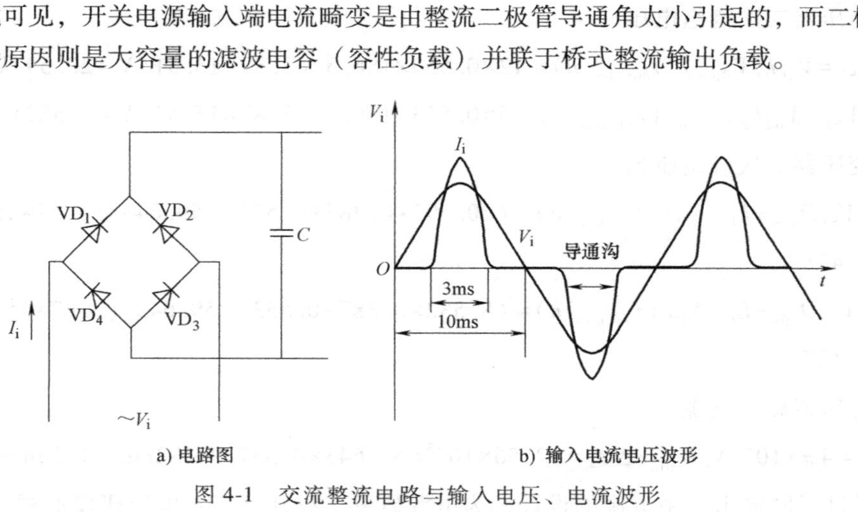

a) 电路图　　b) 输入电流电压波形

图 4-1　交流整流电路与输入电压、电流波形

脉冲电流中含有大量的谐波，这些不同频率的每一个正弦波成分都被称为谐波分量。谐波的产生，一方面使谐波噪声含量提高，另一方面整流电路加入的滤波电容体积加大、笨重。如果以

基波100%为基础，则通常经桥式整流电容滤波的输入电流中，3次谐波分量达到77%以上，5次谐波达到50%，7次谐波达到40%，总的谐波电流含量会高出基波值，往往会达到117%左右，输入功率因数只有0.65。必须指出，总谐波含量并不等于各次谐波含量的代数和。

4.1.1 电流谐波的危害

电源输入电流谐波含量过高，对于一台开关电源使用在电路上，其危害性也许不一定会表现出来，但是成千上万台电子设备密集使用开关电源，它所产生的谐波电流总量会对电力系统造成严重的污染，将会影响到整个供电系统的供电质量，进而影响供电系统本身和广大用电客户的运行。过量的电流谐波会使电厂发电机、使用的电动机产生附加的功率损耗，使其发热；对功率补偿电容引起谐振和过量的谐波电流，从而导致电力电容器过负荷或过电压而损坏设备；谐波电流会增加变压器和电网供电的损耗；对继电保护装置、自动控制装置、电信通信设备、计算机系统产生强烈的干扰或造成误动作；对计量检测、工业生产程序控制造成误差，会出现误动作现象。电流谐波含量过高的开关电源在电网某一路上密集安装使用时，会使三相四线制供电系统的中线电流急剧增加，大大超出相电流，引起中线超负荷，造成中性点电压偏移，很容易导致开关电源大批损坏。这是未采取有效谐波滤波技术的原因，有的还会引起火灾，造成重大经济损失。因此，无论是从保证电力系统的安全、经济运行来看，还是从保护用电设备和人身安全来看，必须严格控制并限定电流谐波含量，以减小谐波污染造成的严重危害。

开关电源采用简单的桥式整流电路和电解电容进行滤波，实施AC/DC变换，不能满足电子产品的需要和使电流谐波含量达到所要求的标准，必须采取有源功率因数校正或无源功率因数校正电路。

关于开关电源各次谐波分量及总谐波含量的测试，是一个比较复杂的技术问题。现在采用傅里叶变换原理进行谐波分析，制造出了高性能的开关电源综合分析仪和双踪高频频谱分析仪，能方便地测试谐波含量和各次谐波分量并打印出测试结果，对于认识分析电流谐波很有好处。

4.1.2 功率因数

现在，家用电器已进入千家万户，工业电气化自动化不断提高。各种程序控制电动机、计量器具、显示器等既有阻性负载、感性负载，又有容性负载。由于受到电抗的作用，发电机发出的交流电流往往滞后于交流电压一定角度，即相位角φ不为零，就是说发电机发出的电能不能完全被所有的用电设备完全利用，只有一部分电能被利用，而相当一部分电能以磁场能的形式在发电机和用电设备之间往返变换而不能被释放。功率因数是输入功率与输出功率之比，说具体点是有功功率与视在功率之比。功率因数的高低对发电设备将产生重大影响，第一电力设备得不到充分利用。第二将使电力输送电路的电流增加，在电路上引起较大的电压降和损耗，还会影响用电设备正常运行。第三低功率因数在电路上产生很大的环流，降低输出功率。第四开关电源的功率因数低，使电路发热，破坏绝缘层，影响电源使用寿命，所以提高功率因数是质量所需，是效益所迫。功率因数以下式表示：

$$\lambda = \frac{P}{S}$$

式中，λ为电路功率因数；P为有功功率；S为视在功率。

视在功率等于有效电压 V_{rms} 和有效电流 I_{rms} 的乘积：

$$S=V_{rms}I_{rms}$$

电路功率因数为

$$\cos\varphi=\frac{P}{S}$$

理想的功率因数 λ 等于 1，是指供电电路电压和电流无波形畸变，均为标准的正弦波。对于理想的正弦波电压和电流有两种情况，其中一种情况是用电负载是电阻性的，输入电压和电流都会保持正弦波，并且相位差 $\varphi=0$。在这种情况下，电路功率因数 $\lambda=1$，这时的功率全部消耗在负载上。另一种情况是负载是电感性的，供电电路的电压和电流均呈正弦波，但是输入电压与电流之间存在相位滞后，φ 不再为零。输入电压和输入电流均为标准的正弦波时，用向量表示的功率三角形如图 4-2 所示。在这个功率三角形中，Q 表示电路的无功功率。根据功率因数的定义，很容易算出 $\lambda=\cos\varphi$ 这一众所周知的结果。结果表明，有功功率不是最大值。

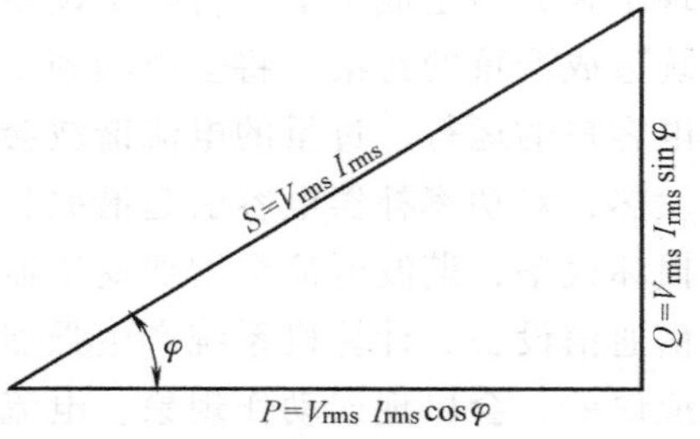

图 4-2 正弦信号功率三角形

4.1.3 功率因数与总谐波含量的关系

对于开关电源输入电流产生畸变的正弦波，必须用傅里叶级数来描述。根据傅里叶变换原理，瞬时电流表示为

$$i(t)=\sum_{n=1}^{\infty}a_n\sin(n\omega t)+\sum_{n=1}^{\infty}b_n\cos(n\omega t)$$

式中，n 表示谐波次数；系数 a_n 和 b_n 分别表示为

$$a_n=\frac{1}{\pi}\int_0^{2\pi}i(t)\sin(n\omega t)\mathrm{d}(\omega t)$$

$$b_n=\frac{1}{\pi}\int_0^{2\pi}i(t)\cos(n\omega t)\mathrm{d}(\omega t)$$

每一个电流谐波通常会有一个正弦或余弦周期，n 次谐波电流的有效值可以用下式计算：

$$I_{n(rms)}=\frac{1}{2}\sqrt{a_n^2+b_n^2}$$

n 次谐波电流与基波电流之比即为 n 次谐波含有率，也就是人们所说的 n 次谐波含量。总有效值电流 $I_{total(rms)}$ 为

$$I_{total(rms)}=\sqrt{I_{1(rms)}^2+I_{2(rms)}^2+I_{3(rms)}^2+\cdots+I_{n(rms)}^2}$$

式中，$I_{1(rms)}$ 为基波电流有效值，$I_{n(rms)}$ 为 n 次谐波含有电流有效值。用基波电流百分比表示的电流总谐波含量称为总谐波畸变率，简称总谐波畸变（Total Harmonic Distortion，THD）。总谐波畸变的定义为

$$\mathrm{THD}=\frac{\sqrt{I_{2(rms)}^2+I_{3(rms)}^2+\cdots+I_{n(rms)}^2}}{I_{1(rms)}}\times100\%$$

根据上式，有关功率因数的表达式为

$$\lambda=\frac{I_{1(\mathrm{rms})}\cos\varphi_1}{I_{\mathrm{total(rms)}}}=\frac{\cos\varphi_1}{\sqrt{1+\mathrm{THD}^2}}$$

这就是功率因数与 THD 的关系。从上式中可以看出：要提高电路的功率因数，就必须最大限度地抑制输入电流的波形畸变，同时还必须尽可能使电流基波与电压基波之间的相位差趋于零。如果开关电源未采用功率因校正，THD 只有 120%。值得注意的是，高功率因数开关电源的输入电流的谐波含量并不一定可以实现 THD 的低指标，有些开关电源的功率因数可以达到 0.95，但 3 次、5 次和 7 次等奇次谐波含量常常会超过标准规定的极限值。反之，由于功率因数还与基波电流和电压的相位差有关，尽管有时总谐波畸变并不是很高，但功率因数可能会很低。因此，电路设计人员的任务就是既要获得高功率因数，又要得到低谐波畸变，同时还要确保满足开关电源其他所有技术指标的要求。有些电源研究工作者把桥式整流后的滤波电容减小到不足 2.2μF，还有的人干脆不用滤波电容。这样做的结果是，尽管电路功率因数提高到几乎等于 1，但是桥式整流器输出的是脉动直流电压，对开关电源的功率开关管造成很大损害，而且还会导致电路的峰值电流极高，对开关管、高频变压器、输出整流二极管安全运行极为不利。由此可见，通过减小滤波电容的容量来增大桥式整流二极管的导通角，抑制输入电流的波形畸变，提高电路的功率因数，这种方法是行不通的，是不可取的。

为什么要提高功率因数？提高功率因数有什么意义？当功率因数过低时，产生电力的发电机和变压器等设备，输出的有功功率会明显减小，而输出无功功率的比例则增大，这使电力供电设备得不到充分利用。如果功率因数过低，通过电网输送的电流会增加，这样就会在输电电路上引起很大的电压降落和功率损耗，会造成巨大的电能浪费，而且会影响用电设备的正常运行。低功率因数常常在开关电源电路上产生环流，这种环流不仅使开关电源产生磁饱和，还会使供电电路产生热量，导线的过热加速了绝缘层绝缘性能的损坏，易引发火灾事故。因此，很多国家对开关电源功率因数都有严格的规定，要求开关电源的功率因数不能低于 0.9。综上所述，用电设备的功率因数和输入电源的电流谐波含量都是供电系统和用电部门极为关心的两项技术指标。不论是从保证电力系统的安全经济运行来看，还是从保护广大用户的人身和财产安全来看，都必须使用高功率因数、低电流谐波含量的电源。

4.1.4 功率因数校正的意义与基本原理

功率因数在所有用电设备中非常重要，开关电源中任何一种 AC/DC、DC/DC 变换电路都离不开功率因数校正。图 4-3 是有源功率因数校正（Advantage Power Factor Correction，APFC）的基本工作原理图。主电路由单相桥整流电路和 DC/DC 变换电路组成，点画线框内为控制电路。控制电路包括电压误差放大器 A_1、基准电压源 V_r、电流误差放大器 A_2、乘法器 M 和驱动器等，组成一个比较完整的有源功率校正器的控制电路。主电路包括桥式整流器（UR）、功率开关管（VT）、输出升压二极管（VD）以及滤波电容（C）等。主电路和控制电路组合成有源功率因数校正器。

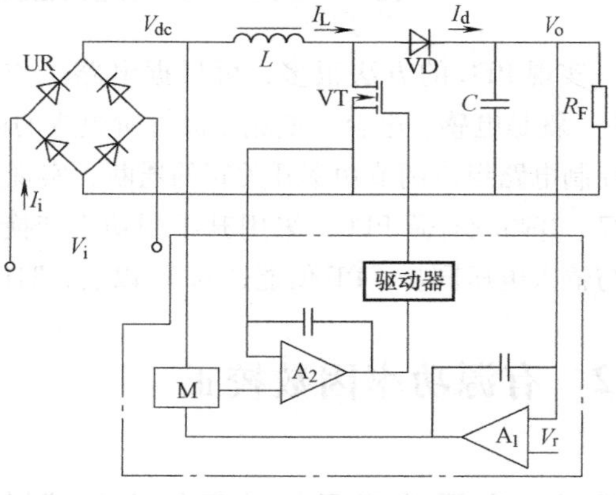

图 4-3 有源功率因数校正的基本工作原理图

有源功率因数校正器的工作原理是这样的：主电路里的桥式整流电路将输入的交流电整流为 100Hz 的脉冲直流电，再经升压电感 L 和升压二极管 VD 整流输出电压 V_o。电压 V_o 和基准电压 V_r 进行比较后，输入给电压误差放大器 A_1，放大后的误差电压与桥式整流的脉动电压一起加到乘法器 M 中相乘，乘法器 M 输出一电流信号并与开关电流一起加到电流比较器 A_2 上，经 A_2 比较误差放大均化。中性电流去驱动脉宽调制信号，以控制开关功率管 VT 的导通和截止，从而使输入电流（即电感电流 I_L）的波形与整流输出的脉动电压的波形基本一致，使电流谐波大大减少，提高了功率因数。不但如此，整流升压二极管输出电压受到可调频率的控制，可以得到稳定的、所需要的工作电压，这样为开关电源的设计、调试带来了便利。

图 4-4 所示是功率因数校正电路的输入电流 I_L、I_i 和输入电压 V_{dc}、V_i 的波形。V_i 与 I_i 是两个同相位的正弦波。由图可见，输入电流被 PWM 频率调制后，使脉冲呈现出近似正弦波的波形，在一个开关周期内具有高频纹波的输入电流经均化后，使原先像锯齿波一样的纹波（见图 4-4a）变成了较平滑的如同正弦波的波形，而且输入电流与输入电压是同相位的，不存在整流二极管导通角的影响，使输入电流发生畸变，谐波含量大大降低，功率因数提高到近似 1，这就是有源功率因数校正的作用。

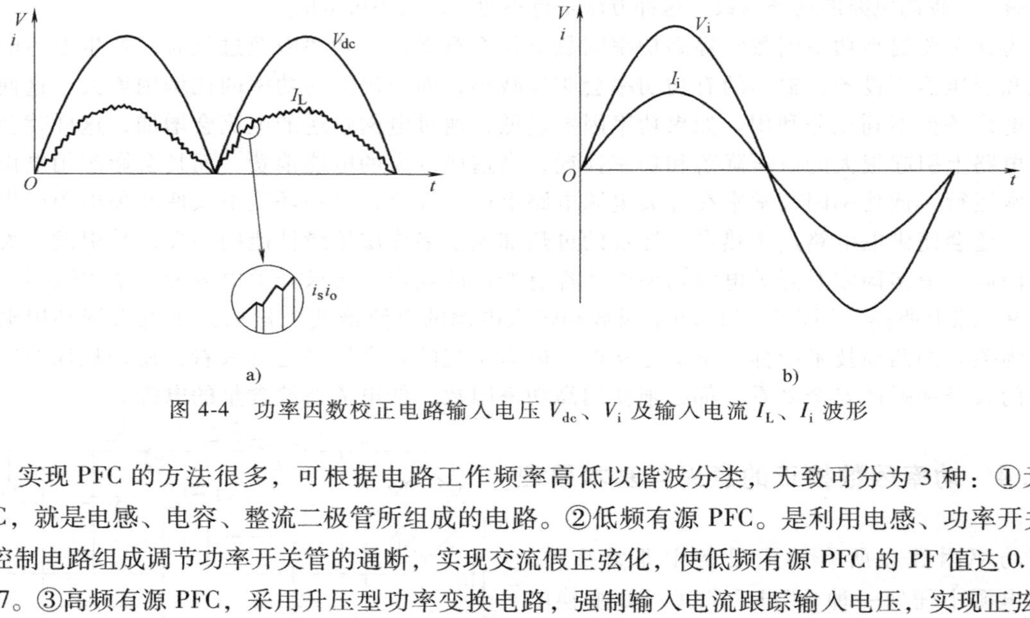

图 4-4 功率因数校正电路输入电压 V_{dc}、V_i 及输入电流 I_L、I_i 波形

实现 PFC 的方法很多，可根据电路工作频率高低以谐波分类，大致可分为 3 种：①无源 PFC，就是电感、电容、整流二极管所组成的电路。②低频有源 PFC。是利用电感、功率开关管和控制电路组成调节功率开关管的通断，实现交流假正弦化，使低频有源 PFC 的 PF 值达 0.95~0.97。③高频有源 PFC，采用升压型功率变换电路，强制输入电流跟踪输入电压，实现正弦化，并与输入电压同步，PF 值能达 0.99 以上，THD 小于 7%，但电路较复杂，使用较多。

4.2 有源功率因数校正

4.2.1 有源功率因数校正的主要优缺点

功率因数校正包括无源功率因数校正（Passive Power Factor Correction，PPFC）和有源功率因数校正（Active Power Factor Correction，APFC）两种，这两种电路的主要不同点在于后者除了使用无源元件外，还采用了晶体管和专用集成电路。在谐波滤波电路中，只要使用了一个晶体管之类的有源器件，就叫作 APFC 电路。APFC 电路置于桥式整流器与滤波电解电容之间，是一种 DC/DC 变换电路。APFC 变换电路有升压、降压、升压—降压和回扫 4 种类型，如图 4-5 所示。在回扫型 APFC 电路中，输出电压可以低于输入电压，也可以高于输入电压。在多数情况下，这种隔离式变换电路的输出电压都低于输入电压。由于升压型 APFC 电路在一定输出功率下可以减小输出电流，这样可以减小输出滤波电容的容量和体积，目前开关电源大多采用这种类型的 APFC 电路。

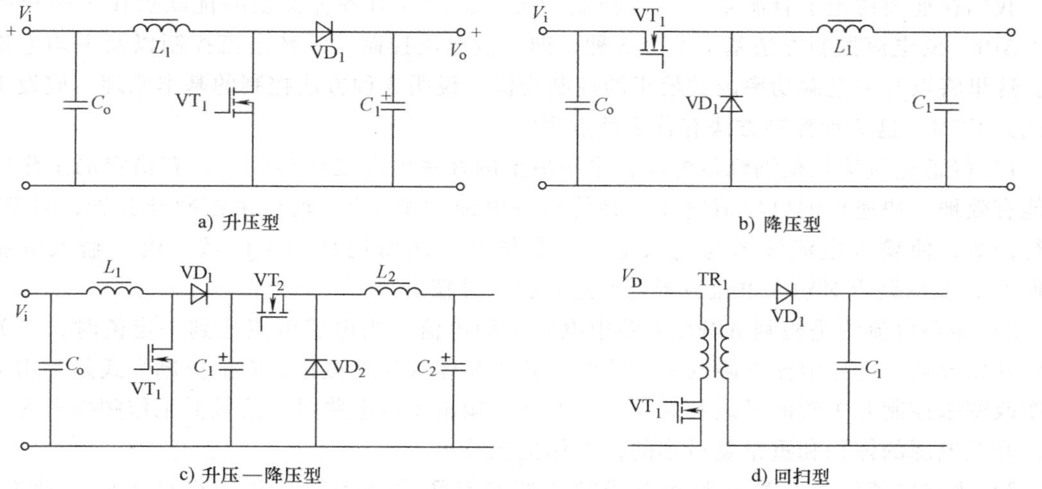

图 4-5 APFC 电路的主要类型

APFC 可以采用不同的方法进行控制。从变换电路的工作频率分有固定频率和可变频率两种；从电流控制方法上分有峰值电流控制、平均电流控制、滞环电流控制三种；按电感扼流圈有无存储电流来分，有连续传导模式（CCM）和不连续传导模式（DCM）两种，前者用于输出功率较大的场合，后者适用于 200W 以下的中功率 APFC 变换电路；在开关控制模式上又分为零电流开关（ZCS）和零电压开关（ZVS）两种类型。

在开关电源中，以升压型预调整器最为流行。它的主要优点是：第一，能有效地抑制输入电源电流的谐波失真，完全可以达到甚至远远低于谐波电流畸变指标要求；第二，能将系统功率因数提高到几乎等于 1 的水平，完全能满足世界各国对功率因数和总谐波含量的技术标准要求；第三，输出低纹波含量的直流电压，能确保开关电源的电流波峰系数低于 1.5；第四，当输入交流电压在较大的范围内波动时，实现电压宽带输入（85～265V），而输出电压可得到稳定的直流电压；第五，消除了浪涌电压及尖峰电压对电路元件的冲击，提高了开关电源的可靠性和安全性，有力地延长了开关电源的使用寿命。

升压型有源功率因数校正电路是处在桥式整流电路与电源控制电路之间。有源功率因数校正电路的输入与输出间没有绝缘隔离，升压变压器的一次侧两端就是 APFC 的输出端，就安全而言有些危险，但是从整体开关电源来讲，并无大碍。当开关电源工作在 20～100kHz 的 PWM 条件下时，功率开关管的源极（S）、二极管和输出电容形成的电路如果出现杂散电感，APFC 电路容易产生过电压的危险，对功率开关管的安全运行不利。

APFC 的开关电源适用于 500W 的负载，这种开关电源经常在电力电子设备的预调节器上使用。图 4-3 所示的有源功率因数校正电路为硬开关电路，升压式变换电路也可以用软开关构成 APFC。软开关可以降低开关损耗，提高 APFC 的效率。最近，国内已研制出了新型恒频控制零电压转换开关。这种 APFC 开关电源的主要参数指标为：输入电压为 AC 85～265V，输出功率为 500W，用 IRGBC30U（IGBT）作为功率转换的主开关管，电源的工作频率一般为 100kHz 或更高，电路实测效率可以达到 95%～98%。

4.2.2 有源功率因数转换的控制方法

我们在前面讨论了有源功率因数控制的类型，而且对各种类型的优缺点作了简短的分析。APFC 的电流控制方法基本上有 3 种，即峰值电流控制、滞环电流控制以及平均电流控制。这里将以开关电源功率因数校正的控制为例，说明 3 种方法控制的基本原理。假设工作模式为 CCM，这 3 种控制方法有什么特点呢？

1）峰值电流法是检测峰值电流，采用恒定的开关电源工作频率，只有稳定的工作频率才能有效地、快速地测出峰值电流，并将这一电流"削尖"、均化来控制开关管，对 PWM 进行调节，使输入电流波形与输入电压保持同步，从而提高功率因数。由于输入电流被"削尖"，在电路上对输入电流波形需要进行斜率补偿。

2）滞环电流法是检测 APFC 电路中电感上的电流，当电感电流达到一定值时，开关晶体管开始导通；电感电流下降到一定值时，开关晶体管陡然截止，它的控制方式是利用工作频率改变来控制开关管的导通和截止。一般设计输出滤波电路时，按最低工作频率考虑，所以，开关电源的体积和重量是最小的，工作损耗较小。

3）平均电流法是开关电源和电子镇流器对有源功率因数校正用得最多的一种方法。THD 值小，对噪声不敏感，电感电流峰值与平均值之间的误差小，具有恒定的工作频率，可以任意拓扑各种控制电路，输入电压可以随便调节。这种方法的缺点是控制电路比较复杂，需要增添电流误差放大器。下面分别介绍这 3 种控制方法的工作原理和各自的优缺点。

4.2.3 峰值电流控制法

图 4-6 为峰值电流控制法的原理电路图，该电路是实现开关电源和电子镇流器有源功率因数校正的基本电路。开关管采用 MOSFET，它的漏极电流 I_s 被检测后转换为电压信号 V_g，然后送入比较器 C_b，基准电流值 z 由乘法器 M 输出提供。乘法器 M 有两个输入信号，一个是 x，另一个为 y。输出电压的采样值 N_o/H 与基准电压 V_{ref} 进行比较后，其差值为 x 信号；y 电压信号是桥式整流输出的脉动电压经分压后得到的 V_{dc}/K 信号，与 x 信号一同进入乘法器 M。

因为基准电流是双半波正弦电压，从电感输入的电流（I_L）的峰值包络线紧跟输入电压 V_{dc} 的波形。这样，输入电流与输入电压同相位，并且是一个完整的正弦波。该系统中的电压环路由分压器 $1/H$、进行补偿作用的电压误差放大器 A_1、乘法器 M、电流比较器 C_b 以及驱动器 D_r 组成。此电路在保持功率因数近似于 1 的同时，也能使谐波含量下降到最低，稳定地输出电压。

峰值电流控制系统中含有两种频率的电流：一种是 50Hz 工频的基准电流 i_L，另一种是被调节控制的高频输入电流 i_P，如图 4-7 所示。图中的虚线为每个开关周期内的峰值电感电流的包络线。从图 4-7 清楚地知道，当电感电流的峰值与平均值很接近时，纹波电流很小。这就意味着，电感较大时，电感电流上升得缓慢，坡度较小。门极信号 V_g 控制着开关管 VT 高频调制的电感电流。当 VT 导通时，电感电流上升。此电流达到峰值后，比较器输出一控

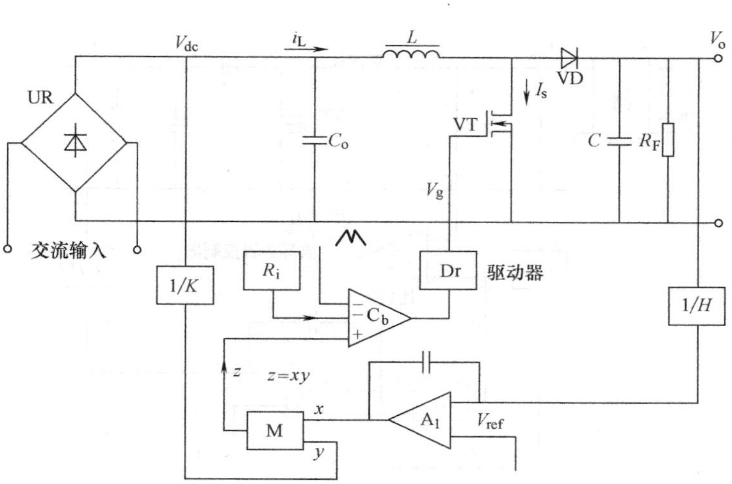

图 4-6 峰值电流控制法的功率因数校正电路

制信号，经驱动器 Dr 放大后使开关管 VT 关断，这时电感电流下降。到下一个开关周期时，VT 再次导通，如此循环下去。特别指出的是，峰值电流控制法的开关频率是恒定的。在保持输入功率因数接近 1 的同时，使输出电压稳定。在图 4-7 中，当电感电流从零变化到最大值时，占空比 D 逐渐由大变小。在这个工频变化的半个周期内，占空比 D 从 0.6 变化到 0.3，在此期间有可能出现谐波振荡，这是我们不希望看到的。为了防止这种谐波振荡出现，必须在比较器的输入端增加一个斜坡补偿器 R_i，以便使占空比在大范围内变化时不产生谐波振荡，使电路工作稳定，同时使输出电压保持稳定。

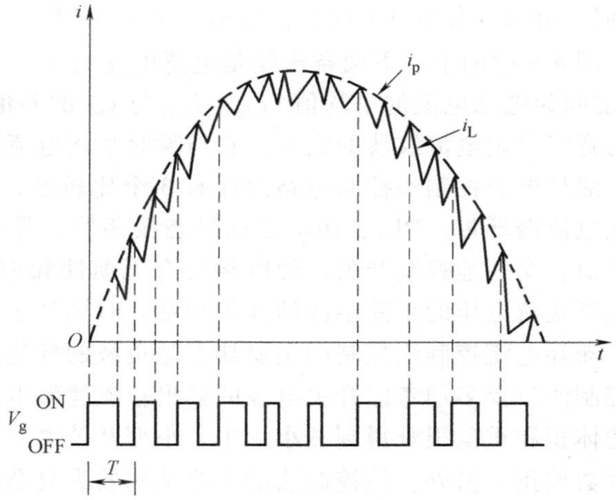

图 4-7 峰值电流控制法的电感电流波形图

功率因数校正采用峰值电流法带来了两个问题：一是高频空间的平均值与控制电感电流峰值之间的误差有时大有时小，无法满足使总谐波含量 *THD* 很小的目标要求；二是利用峰值电路电流控制开关，无疑为噪声的产生提供了条件，因此，开关管容易发热，电路损耗大。

4.2.4 滞环电流控制法

可用滞环电流控制法控制开关电源的功率因数校正电路。图 4-8 是用这种方法控制的原理图。

图 4-6 和图 4-8 是不同的。滞环电流控制法的检测电流是电感电流，而峰值电流控制法的检测电流是开关电流。另外，滞环电流控制法的原理图内多了一个滞环逻辑控制器。滞环逻辑控制器的特点和一般继电器一样，由于继电器里的电感作用，产生出一个滞环电流带。所检测的输入电压经分压后，产生两个基准电流 i_{min} 和 i_{max}，当电感电流 i_L 等于基准电流下

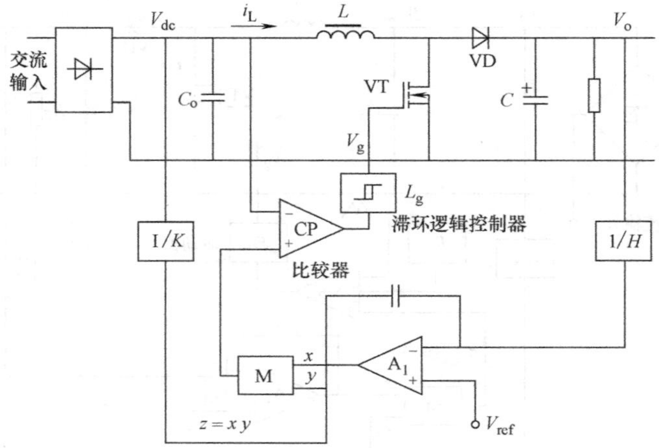

图 4-8 滞环电流控制法的功率因数校正原理图

限值 i_{min}时，控制开关管 VT 导通。这时，电感电流 i_L 上升。当这个电流等于基准上限值 i_{max}时，开关晶体管 VT 截止，电感电流 i_L 下降。

图 4-9 中的上、下两条虚线是电感电流的上、下值，图中的实线是电感电流，在 i_{max}与 i_{min}之间为电感电流的平均值 $i_{平均}$。i_{max}与 i_{min}的差值大小就代表了电流滞环的宽窄，电流滞环的宽窄决定电流纹波的大小，它与瞬时平均电流有一定的比例关系。

滞环电流控制法控制电路设计有 3 个比较器，如图 4-10 所示。其中，两个比较器用来形成电流滞环带。DL_1、DL_2 是双稳态振荡器，是两个与非门，精确地控制电感电流的上、下限值，交替地控制开关，使电路具有无惯性频率改变的特性。A_3 比较器用于保证开关管在工频整流电压的正弦半波的开始和结束时刻处于截止状态，防止工作频率随意进入。

滞环电流控制法控制的主要缺点是负载的变化对开关频率影响较大，这样在设计滞环电流控制法时要多加考虑开关电源的输出整流滤波电路，要按最低工作频率考虑，否则开关电源的体积和重量很难得到减小。中、小型开关电源一般不采用滞环电流控制法来实施有源功率因数校正。另外，该控制法的电路结构较为复杂，调试时需要用比较多的仪器，因此，得不到广泛的应用。但是滞环电流控制法对有源功率因数校正的效果是很好的。

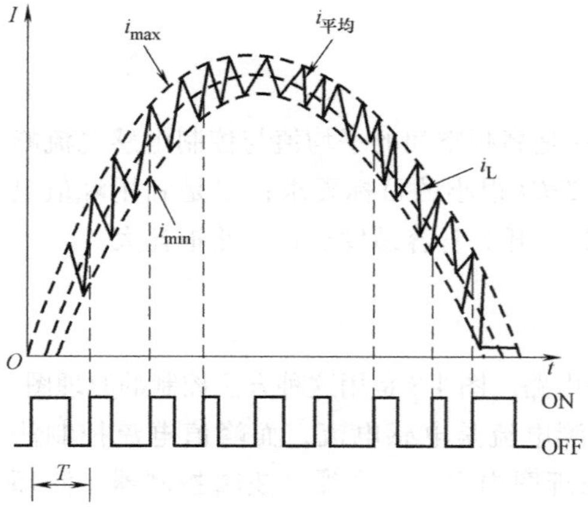

图 4-9 滞环电流控制法控制的电感电流波形图

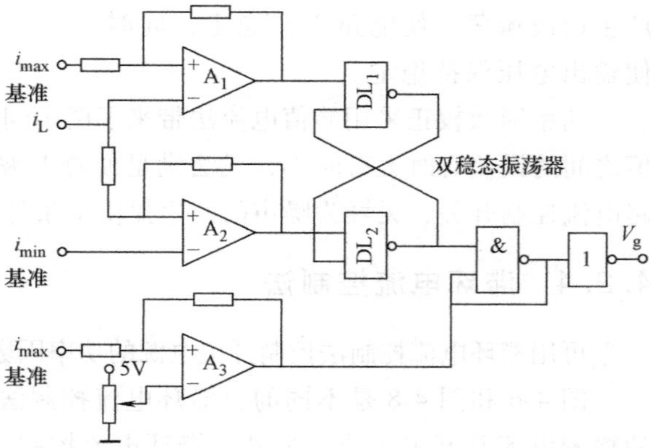

图 4-10 滞环逻辑控制电路

4.2.5 平均电流控制法

图 4-11 是平均电流控制法的功率因数校正原理图。平均电流控制的有源功率因数校正电路具有升压变换电路和乘法器，它既可以工作于电感电流续流模式（CCM），也可以工作于电感电流断流模式（DCM）。这种类型的 APFC 变换控制电路一般是由一片 IC 来构成的。电路中的升压电感器 L、功率开关管 VT、高频整流二极管 VD 和输出电容 C_o 组成有源功率因数校正的主电路。APFC 变换电路不仅具有升压变换电路，还具有可调的直流输出电压。另外，还有电流检测回路。控制集成电路还有电流误差放大器、模拟乘法器、电流放大器、电流检测逻辑电路和栅极驱动器。它的工作原理是：固定高频振荡频率，控制 PWM 输出脉冲，占空比的大小取决于电路外的 APFC 升压变换电路的直流输出电压与交流输入电压之间的比率。当开关管导通时，升压电感 L 的电流 I_L 增加，通过传感电阻 R_s 回到整流桥的地。高频整流二极管 VD 由于处于反向偏置，输出电路 C_o 向负载 R_f 提供电能。当输入电流和反馈电流达到平衡时，开关管 VT 截止，电感电流 I_L，通过整流二极管 VD 向电容 C_o 输送电流，电容器 C_o 开始储能。电感电流 I_L 实际上具有与开关管频率相同的纹波，其平均电流 $I_{平均}$按正弦规律跟踪全桥整流半波正弦电压的波形变化。因此，桥式整流器的交流输入电流与交流输入电压同相位并接近正弦波形。输入电流信号被检测，与基准电流比较后，其高频分量（例如 100kHz）的变化通过电流误差放大器被平均化处理，放大后的平均电流误差与锯齿波斜坡比较差值，给开关管 VT 提供驱动信号，并决定占空比 D 的大小。这时误差电流被迅速而精确地校正。由于电流控制有较大的放大倍数和带宽，跟踪误差所产生的畸变很小，一般都在 1%以内，容易实现功率因数接近 1 的水平。

图 4-12 所示的是平均电流控制法的电感电流波形。图中实线所示为电感电流，虚线所示为平均电流。

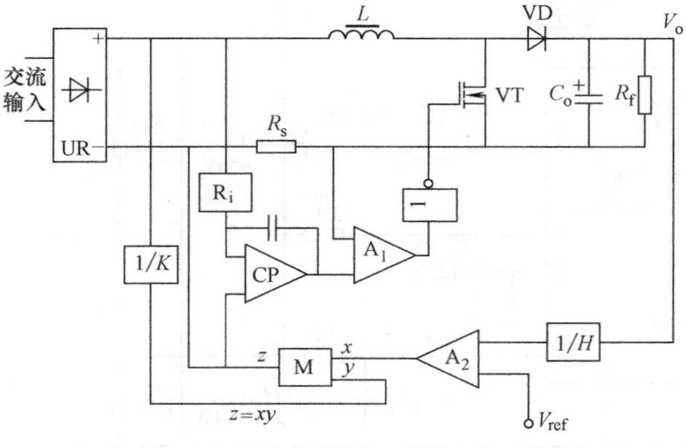

图 4-11 平均电流控制法功率因数校正原理图

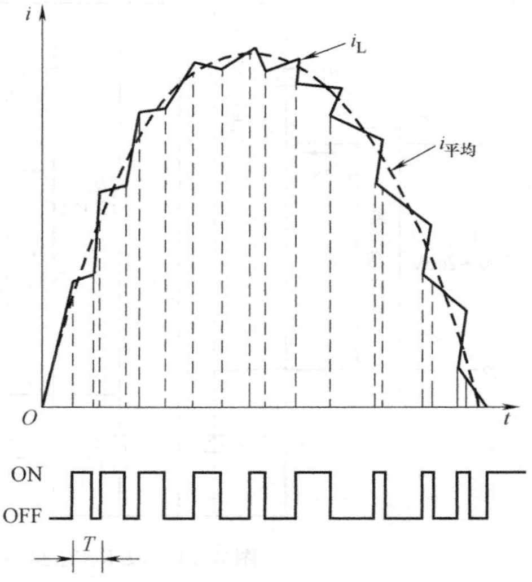

图 4-12 平均电流控制法的电感电流波形图

平均电流控制法的特点是：工频电流的峰值是高频电流的平均值，而高频电流的峰值比工频电流的峰值更高，可见总谐波含量 *THD* 很小；因为工频电流的峰值是高频电流的平均值，所以对噪声不敏感；电感电流峰值与平均值之间的误差小，电流环的宽度较窄，输出纹波小。原则上，平均电流控制法的 APFC 可以任意拓扑，除了检测升压式变换电路的输入电流外，也可以用于检测降压式（Buck）变换电路、回扫式（Flyback）变换电路的输入电流，其控制的效果还是非常理想的。

对应于电源输入电压范围 85~265V，平均电流控制的 APFC 电路的输出功率为 100W~2kW。采用高频 PWM 平均电流控制法，不需要斜坡补偿。无论是工作于电流连续模式（CCM）还是工作于断续模式（DCM），与峰值电流法相比，只需要一个小的磁性元件，即可获得更低的电流谐波畸变。

4.3 有源功率因数校正电路设计

4.3.1 峰值电流控制法电路设计

峰值电流控制法的开关频率是恒定的。在图 4-13 中，APFC 控制器现选用韩国三星公司生产的 KA7524。APFC 预调整电路适用于 200W 以下，尤其是 150W 的开关电源有源功率因数调整功能。这种 IC 在各类 APFC 芯片中价格比较便宜，市场上容易买到。可用 KA7524 作为控制器来设计 DCM 传导模式，实现电源降压节电控制。关于峰值电流控制法的 APFC 工作原理在前面已作了介绍。只要预调整电路的元件选择适当，布置合理，用 KA7524 就可以使 APFC 升压变换电路的预调整电路的功率因数高于 0.99，输入电流的总谐波含量 THD 小于 1.55%。APFC 升压调整电路的输入电压为 85~265V（交流，50Hz），输出电压为 400V（可调节的直流电压），输出功率可达 150W，变换效率 η>95%，功率因数可达 0.99 以上。

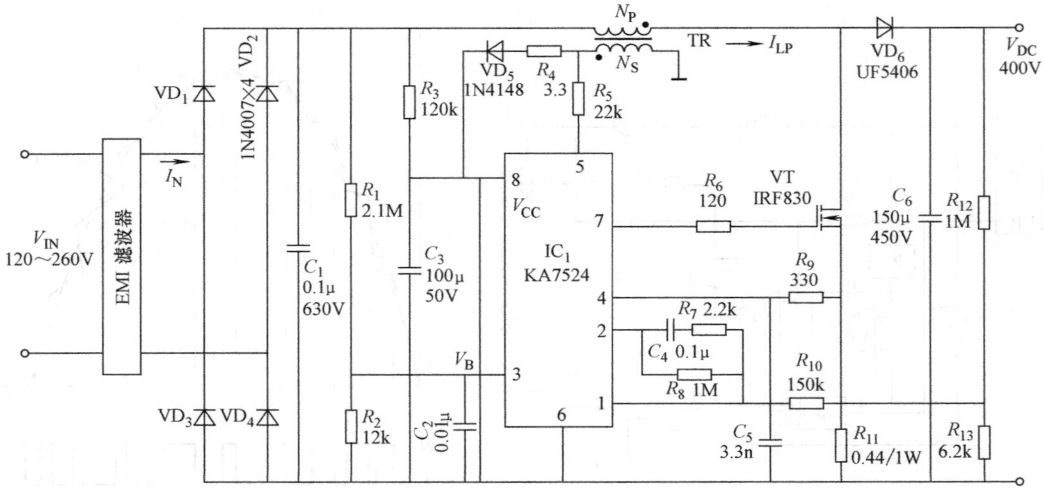

图 4-13 以 KA7524 作为控制器的 APFC 升压式调整电路

1. 升压变换电路的设计

升压变换电路也叫升压电感器。在图 4-13 中，升压变换电路 TR 的一次电感 L_P 是 APFC 调整器的升压电感，起着峰值电流传递和升压的作用。变压器 TR 的二次绕组 N_S 的作用有二：一是作为零电流检测传感器；二是与电阻 R_4、整流二极管 VD_5 和电容 C_3 组成电源滤波整流电路，供给 KA7524 调制器启动电压。TR 是 APFC 升压变换电路中的关键元件之一。

桥式整流所输出的直流电流流经升压变换电路的一次绕组 L_P，也是桥式整流前的输入电流 I_{IN}。图 4-14 是一次电流 I_P 的波形示意图。由图可知，电感电流呈三角波。开关管在导通期间，电感电流从零开始沿着斜坡上升到达"顶峰"；在开关管截止期间，电感电流从顶端峰值沿斜坡下降到零。只要电感电流一跌落到零，开关晶体管就导通，进入下一个开关周期，电感峰值电流 I_{LP}是平均输入电流 I_{IN}的两倍。由此可见，有下列公式存在：

$$I_{IN}=\frac{I_{LP}}{2} \tag{4-1}$$

式中，I_{IN}是输入电流的平均值；I_{LP}是变压器一次电感的峰值电流。

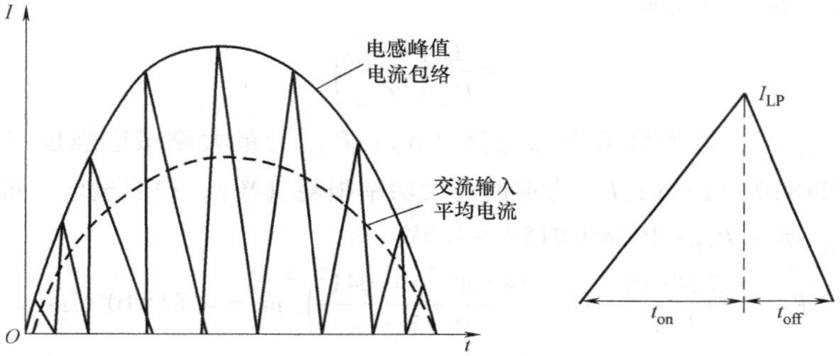

图 4-14　升压变换电路电感电流 I_P 的波形图

最大交流输入电流由下式计算：

$$I_{IN(max)}=\frac{2P_{OUT}}{\eta V_{IN(min)}} \tag{4-2}$$

式中，P_{OUT}是 APFC 调整器的输出功率（W）；η 是变换电路的效率；$V_{IN(min)}$ 为最低交流输入电压（V）；$I_{IN(max)}$ 为最大交流输入电流（A）。

设计 PFC 转换电路，输出功率 $P_o=100W$，电路变换效率 $\eta=90\%$，电路工作频率为 100kHz，输出电压为 AC 120~265V，输出直流电压 $V_{HD}=400V$，设计升压变压器及有关电子元器件。

计算电路输入功率：

$$P_i=P_o/\eta=100/0.9W=111.1W$$

计算最大、最小占空比：

$$D_{max}=\frac{V_{OR}}{V_{OR}+V_{in}-V_{DS(on)}}=\frac{135}{135+90-10}=0.628$$

$$D_{min}=\frac{V_{in}}{V_{in}+V_{OR}-V_{DS(on)}}=\frac{90}{90+135-10}=0.419$$

计算输入直流电流 I_P 和峰值电流 I_{PK}：

$$I_P=\frac{P_i}{V_{i(min)}}=\frac{111.1}{138.2}A=0.804A$$

$$I_{PK}=\frac{I_P}{(1-0.5K_{RP})D_{max}}=\frac{0.804A}{(1-0.5\times0.44)\times0.628}=\frac{0.804A}{0.4898}=1.641A$$

式中，K_{RP}为输入纹波电流与峰值电流比，$K_{RP}=0.44$。

计算变压器一次电感：

$$L_P=\frac{10^3P_o[Z(1-\eta)+\eta]}{I_{PK}^2K_{RP}\left(1-\frac{K_{RP}}{2}\right)f\eta}=\frac{10^3\times100\times[0.5(1-0.9)+0.9]}{1.641^2\times0.44\times\left(1-\frac{0.44}{2}\right)\times100\times10^3\times0.9}mH=1.14mH$$

式中，Z 为变压器一次与二次损耗比，取 0.5。

电感 L_P 与交流输入电压的额定值、最低交流输入电压有着非常重要的关系。一次电感 L_P 计算出来以后，磁心的选择大多利用面积乘积 A_P 的方法来确定。在这里利用铜损因数的方法来确定磁心，具体公式如下：

$$K_g=\frac{\Omega}{P_{Cu}}\left(\frac{L_PI_{LP}^2}{B_{max}}\right)^2 \tag{4-3}$$

式中，$I_{LP}=I_{LP(max)}$，为最大峰值电感电流（A）；B_{max}为最大磁感应强度（T），取 $B_{max}=0.15T$；$\Omega=1.724\times10^{-8}\Omega\cdot m$；$P_{Cu}$为铜的最大功率损耗（W），按照经验一般铜损是最大输出功率的 1.5%，所以 $P_{Cu}=100\times0.015W=1.5W$。

$$K_g=\frac{1.724\times10^{-8}}{1.5}\times\left(\frac{1.14\times10^{-3}\times1.641^2}{0.15}\right)^2 m^5\approx4.81\times10^{-12}m^5$$

所选用磁心的铜损因数 K_g 必须高于用上式所计算出的因数。设所选用磁心的因数为 K_g'，则

$$K_g'=K\frac{A_wA_e}{l_w} \tag{4-4}$$

式中，K 为绕组系数，设 $K=0.36$；A_w 为绕组骨架窗口面积（mm^2）；A_e 为磁心有效截面积（mm^2）；l_w 为每匝绕线平均长度（mm）。

根据表 3-5，现选用 PQ26/20，则绕线窗口面积 $A_w=60.4mm^2$，磁心有效截面积 $A_e=113mm^2$，绕组平均长度 $l_w=56.2mm$，这时 $K_g'=0.36\times\frac{60.4\times113^2}{56.2\times10^{15}}m^5\approx4.94\times10^{-12}m^5$。

计算结果表明 $K_g'>K_g$，PQ26/20 磁心可以选用。

计算升压变换电路的一次绕组匝数 N_P：

$$N_P=\frac{L_PI_{LP(max)}}{B_{max}A_e}=\frac{1.14\times1.641\times10^{-3}}{0.15\times113\times10^{-6}}\approx110$$

绕组磁导线截面积为

$$S_{wire}=K\frac{A_w}{N_P}=0.36\times\frac{60.4}{110}mm^2\approx0.198mm^2$$

$$N_{PD}=\sqrt{\frac{4S}{\pi}}=\sqrt{\frac{4\times0.198}{3.14}}mm=0.5022mm$$

可选用径为 0.51mm 的高强度漆包线。

磁心气隙长度 L_g 为

$$L_g=\frac{4\pi\times10^{-7}N_P^2}{L_P}A_e=\frac{4\times3.14\times10^{-7}\times110^2}{1.14}\times113\text{mm}\approx1.51\text{mm}$$

二次绕组 N_S 两端的电压 $V_S=15\text{V}$，因此二次绕组的匝数 N_S 为

$$N_S=N_P\frac{V_S}{V_{OUT}}=110\times\frac{15}{400}=4.125\approx4$$

2. 乘法器分压电阻及电流比较器外接元件参数的计算

电阻 R_1、R_2（见图 4-13）是乘法器取压的分压电阻；R_{11}是电流传感电阻；R_{12}、R_{13}是误差放大器偏置电阻。另外，还有补偿网络的 C_4 和 R_7、R_8 等，这些是 APFC 调整器的重要元件，所以要对电路进行仔细计算。IC_1 的 3 脚是乘法器的电压输入端，该脚输入电压的最大值不得超过 2V，输入最大电压经全波整流后为$\sqrt{2}\times250\text{V}\approx354\text{V}$。

（1）乘法器取压电阻 R_1、R_2 的计算

$$\frac{R_2}{R_1+R_2}=\frac{2}{354}=\frac{1}{177}$$

设 $R_2=12\text{k}\Omega$，则有$\frac{12}{R_1+12}=\frac{1}{177}$，因此有：

$$R_1+12\text{k}\Omega=12\times177\text{k}\Omega=2124\text{k}\Omega$$

$$R_1=(2124-12)\text{k}\Omega=2112\text{k}\Omega\approx2.1\text{M}\Omega$$

电容 C_2 的作用是高频滤波，旁路掉输入部分的尖峰电压。一般 C_2 取 0.01μF。

（2）电流传感电阻 R_{11}的计算

KA7524 乘法器输入电压 V_{MO}的大小，由 4 脚输出的门限电压决定。开关管 VT 的源极串接电阻 R_{11}，用来检测升压变换电路一次绕组 N_P 的电流，峰值电流通过 4 脚的门限电压来控制。乘法器的输入电压由下式决定：

$$V_{MO}=KV_{IN1}V_{IN2}=KV_{IN1}(V_{EO}-V_{REF}) \tag{4-5}$$

式中，$K=0.8$，是 KA7524 乘法器的增益；V_{IN1}为乘法器在最低交流输入时 3 脚的最高输入电压；V_{IN2}为乘法器输入电压，$V_{IN2}=V_{EO}-V_{REF}$，$V_{EO}=3.5\text{V}$；V_{REF}为基准电压，$V_{REF}=2.5\text{V}$。

乘法器 3 脚的输入电压是

$$V_{IN1}=\frac{\sqrt{2}R_2}{R_1+R_2}V_{IN(min)}=\frac{1.414\times12}{2100+12}\times120\text{V}\approx0.96\text{V}$$

将已知数据代入式（4-5）进行计算：

$$V_{MO}=0.8\times0.96\times(3.5-2.5)\text{V}\approx0.77\text{V}$$

$$R_{11}=\frac{V_{MO}}{I_{LP(max)}}=\frac{0.77}{1.641}\Omega\approx0.47\Omega$$

（3）电流传感电阻 R_{11}的功耗

$$P_{R11}=I_{LP(max)}^2R_{11}=1.641^2\times0.47\text{W}=1.27\text{W}$$

R_{11}可选用 0.44Ω/1W 精密金属膜电阻。调整电路中的电阻 R_9 和电容 C_5 用于消除开关

管 VT 在导通期间所产生的尖峰电流。如果尖峰电流的时间间隔 $t=500\text{ns}$，要求 $f\leqslant\frac{1}{1.9}R_9C_5$。当 $R_9=330\Omega$ 时，则有：

$$500\leqslant\frac{1}{1.9}\times330\times C_5$$

$$C_5\leqslant2.9\text{nF}，取\ 3.3\text{nF}$$

3. 误差放大器的偏置电阻的计算

电阻 R_{12}、R_{13}与电位器 RP_1 是误差放大器的偏置电阻，在保证误差放大器正常工作的前提下，可用来调整输出电压 V_{OUT}的高低。这 3 个电阻之间存在这样的关系：

$$\frac{R_{12}+(R_{13}+RP_1)}{R_{13}+RP_1}=\frac{V_{OUT}}{V_{REF}}=\frac{400}{2.5}=160$$

电位器 RP_1 在实际电路中不存在，因为它影响输出电压 V_{OUT}，所以有 $\frac{R_{12}}{R_{13}}=160$。设 $R_{12}=1\text{M}\Omega$，则

$$R_{13}=\frac{1000\times10^3}{160}\Omega=6.25\text{k}\Omega$$

R_{13}可选用 6.2kΩ、1/4W 电阻。

IC_1(KA7524) 工作在高频时，可以顺利地进行脉冲控制转换，可是在低频下往往对一些低频信号有“丢失”的现象，所以在 IC_1 的反相输入端与误差放大器的输出端之间并接有由 C_4 和 R_7、R_8 组成的频率补偿网络，用以防止信号“丢失”和抑制有源功率因数校正的升压变换电路输出电压的纹波。设纹波频率 $f_{rip}=100\text{Hz}$，放大器的增益 $G=40\text{dB}=0.01$，则电容 C_4、电阻 R_{12}与增益的关系是

$$G=1/2\pi f_{rip}C_4R_{12} \tag{4-6}$$

$$C_4=\frac{1}{2\pi f_{rip}R_{12}G}=\frac{1}{2\times3.14\times100\times1\times10^6\times0.01}\text{F}\approx0.16\mu\text{F}$$

C_4 可选用 0.1μF 的普通电容。电阻 R_8、R_7 用于改善负载的瞬态响应，要求 $R_8\gg R_{13}$，R_8 选用 1MΩ 电阻。R_{10} 必须远小于 R_{12}，取 $R_{10}=150\text{k}\Omega$。R_7 的阻值在 1～4.7kΩ 之间，取$R_7=2.2\text{k}\Omega$。

4. 启动电路元件的计算与选用

启动电路的元件包括 R_3 和 C_3。升压电感 L_P 在输入脉动电压的作用下，在变压器的一次侧产生电感 L_P，同时也在二次绕组中感应出电流 I_S。升压变换电路的二次绕组 N_S 的两端电压为 15V，此电压通过二极管 VD_5 和电容 C_3 整流滤波后，向 IC_1 的 8 脚提供 12V 的直流电压。二次侧脉动电压通过 R_5 向 IC_1 提供 3mA 的控制电流。R_5 的阻值为 22kΩ，VD_5 选用快速恢复二极管 1N4148。R_4 是限流电阻，其阻值不能太大，否则会引起损耗，使供给 IC_1 的电流不足，可选用 3.3Ω。启动电阻 R_3 应保证在最低输入电压 $V_{IN(min)}$ 下，为 IC_1 提供足够大的启动电流。

$$R_3 < \frac{\sqrt{2}V_{\text{IN(min)}}}{I_{\text{STR(max)}}} \tag{4-7}$$

式中，$I_{\text{STR(max)}}$ 为 IC_1 的启动电源电流，为 0.5mA；$V_{\text{IN(min)}} = 120\text{V}$。

$$R_3 < \frac{\sqrt{2}\times 120}{0.5\times 10^{-3}}\Omega \approx 339.4\text{k}\Omega，取 120\text{k}\Omega$$

在最高输入电压 $V_{\text{IN(max)}}$ 下，取压电阻 R_3 的功耗为

$$P_{\text{R3}} = \frac{V_{\text{IN(max)}}^2}{R_3} = \frac{250^2}{120\times 10^3}\text{W} \approx 0.52\text{W}，取 0.5\text{W}$$

启动电容 C_3 的选用原则是：电容的放电时间必须大于来自变压器二次侧的自举电压达到 IC_1 的 8 脚启动门限电压的时间。电容 C_3 的容量由以下两式决定：

$$C_3(\Delta V_{\text{rip}}) \geqslant \frac{I_{\text{op}}}{f_{\text{rip}}\Delta V_{\text{rip}}} \tag{4-8}$$

$$C_3(\Delta t) \geqslant \frac{I_{\text{dy}}\Delta t}{\Delta V_{\text{H(min)}}} \tag{4-9}$$

式中，ΔV_{rip} 为纹波电压，设定为 2V；I_{op} 为 IC_1 的工作电流，一般取 6mA；I_{dy} 为 IC_1 的动态电流，一般取 20mA；f_{rip} 为纹波频率，为工频的 2 倍，即 100Hz；Δt 为自举电压达到 IC_1 的启动门限电压的时间，设定值为 8ms；$\Delta V_{\text{H(min)}}$ 为 IC_1 的最小滞后电压，取 1.8V。

将以上有关数据代入式（4-8）、式（4-9），得到：

$$C_3(\Delta V_{\text{rip}}) \geqslant \frac{6\times 10^{-3}\times 10^6}{100\times 2}\mu\text{F} = 30\mu\text{F}$$

$$C_3(\Delta t) \geqslant \frac{20\times 10^{-3}\times 8\times 10^{-3}\times 10^6}{1.8}\mu\text{F} \approx 88.9\mu\text{F}$$

选取 C_3 为 100μF。

IC_1 的启动门限电压 $V_{\text{STR}} = 10\text{V}$，电源启动电流 $I_{\text{STR}} = 0.25\text{mA}$。当电路通电后，电路的最大启动时间为

$$t_{\text{STR(max)}} = C_3\frac{V_{\text{STR}}}{\dfrac{\sqrt{2}V_{\text{IN(min)}}}{R_3} - I_{\text{STR}}} = 100\times 10^{-6}\times\frac{10}{\dfrac{\sqrt{2}\times 120}{120\times 10^3} - 0.25\times 10^{-3}}\text{s}$$

$$\approx 100\times 10^{-6}\times\frac{10\times 10^3}{1.164}\text{s} \approx 0.86\text{s}$$

5. 输入、输出滤波电容、整流二极管、升压二极管的计算选用

在图 4-13 中，C_1 是 APFC 电路的输入电容，它的作用是滤除高次谐波；电容 C_6 是 APFC 电路的输出滤波电容，用于滤除输出电压的脉动交流成分，使电压平直。APFC 升压变换电路的有效电阻是

$$R_{\text{EFF}} = \frac{2P_{\text{OUT}}}{\eta I_{\text{IN(max)}}} = \frac{2\times 100}{0.9\times 0.804}\Omega \approx 276\Omega$$

电容 C_1 的容量为

$$C_1 \geqslant \frac{1}{2\pi R_{\mathrm{EFF}} f \varphi} \tag{4-10}$$

式中，f 为升压变换电路的工作频率，取 50kHz；φ 为输入电流的纹波百分比，应小于 5%。依照 C_1 的计算公式，有

$$C_1 \geqslant \frac{1\times10^6}{2\pi\times276\times5\%\times50\times10^3}\mu\mathrm{F}\approx 0.115\mu\mathrm{F}$$

C_1 选取 0.1μF/630V 小型聚酯薄膜电容。

输出电容 C_6 的容量由下式决定：

$$C_6 \geqslant \frac{I_{\mathrm{OUT}}}{2\pi f_{\mathrm{IN}} V_{\mathrm{p-p}}} \tag{4-11}$$

式中，I_{OUT} 为变换电路输出电流（A）；f_{IN} 为输入电源的频率（Hz）；$V_{\mathrm{p-p}}$ 为输出纹波电压的峰峰值（V）。

变换电路的输出电流为

$$I_{\mathrm{OUT}} = \frac{P_{\mathrm{OUT}}}{V_{\mathrm{OUT}}} = \frac{100}{400}\mathrm{A} = 0.25\mathrm{A}$$

设输出纹波电压是输出电压的 5%，则

$$C_6 = \frac{1.8\times10^6 P_{\mathrm{o}}\left(\frac{1}{2f}-t_{\mathrm{c}}\right)\times10^{-3}\cdot 2\pi}{(V_{\mathrm{OUT}}-V_{\mathrm{i(min)}})^2} = \frac{1.8\times10^6\times100\times(10-3)\times10^{-3}\times2\times3.14}{(400-120\times\sqrt{2})^2}\mu\mathrm{F} = 149.2\mu\mathrm{F}$$

C_6 选取 150μF/450V 的电解电容。

整流二极管 $VD_1 \sim VD_4$ 的选用只注意两个问题，第一是电流问题。流入每只二极管的电流为正弦波，输出最大功率，输入最低交流电压的 4 只整流二极管中每只二极管的平均电流为 $I_{\mathrm{AVE}} = I_{\mathrm{IN(max)}}/\pi = 0.804/3.14\mathrm{A} \approx 0.26\mathrm{A}$。选用二极管时，应使其额定电流大于平均工作电流的 3 倍，即 $I_{\mathrm{F}} \geqslant 3I_{\mathrm{AVE}}$。第二，二极管的最高反向工作电压 V_{RM} 是设计二极管工作电压峰值的 2 倍，即 $V_{\mathrm{RM}} \geqslant 2\sqrt{2}V_{\mathrm{IN(max)}} = 2\times\sqrt{2}\times260\mathrm{V} \approx 735\mathrm{V}$。根据以上计算结果，$VD_1 \sim VD_4$ 可选用 1000V/1A 硅整流二极管 1N4007。

升压二极管 VD_6 必须选用超快速恢复二极管，反向恢复时间不得大于 100ns，反向截止电压要求达到升压变换电路输出电压的 1.5 倍，电流容量不低于电感峰值电流的 2 倍。按这一要求选用 UF5406 超快速恢复二极管作为变换电路的升压二极管，它的主要技术参数是：最高反向工作电压 $V_{\mathrm{RM}} = 600\mathrm{V}$，工作电流容量 $I_{\mathrm{d}} = 3\mathrm{A}$，反向恢复时间为 50ns。

4.3.2 UC3854 平均电流控制法电路设计

UC3854 是美国尤尼创公司生产的单片集成电路，采用固定频率平均电流法 APFC 控制器，电感电流工作于连续工作模式。UC3854 的工作温度是 0~75℃，环境温度一般设定为 30℃。

UC3854 内部包括电流放大器、高频振荡器、模拟乘法器/除法器、电压放大器、过电流比较器、逻辑电路、低压电压检测器、7.5V 的电压基准源、MOSFET 栅极驱动器、负载赋能比较器和总线预测试器以及整形电路等。

UC3854 的电源电压的开通门限为 16V±1.5V，关断门限为 10V±2V；导通时的电源电流为 10mA，关断时的电源电流为 1.5mA。图 4-15 是 UC3854 在 250W 升压式 APFC 调整器中的应用电路原理图。

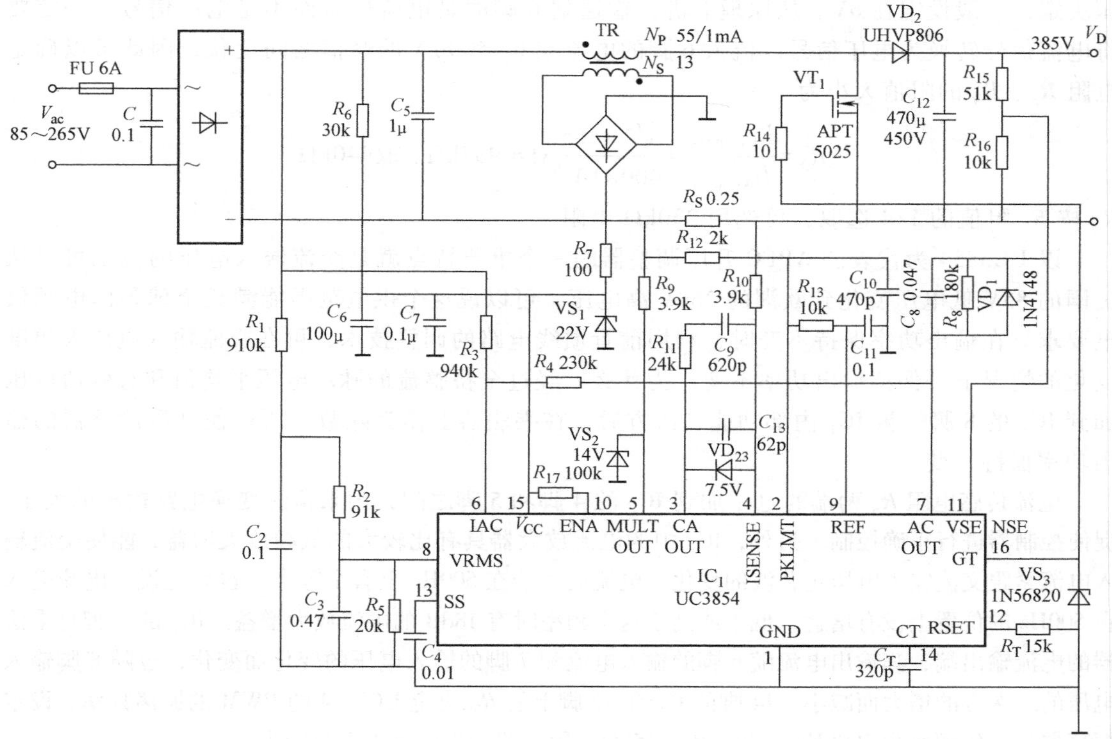

图 4-15 UC3854 在 250W 升压式 APFC 调整器中的应用电路原理图

85~265V 交流输入电压变换为 375V 直流输出电压，工作频率是 100kHz，系统功率因数 $\lambda \geqslant 0.99$，输入电源电流总谐波畸变 $THD<2.5\%$。当控制电路接通电源后，交流输入电压经桥式整流后输出 100Hz 的直流脉动电压，此电压由电阻 R_6 分压、VS_1 稳压后对 C_6 充电。当 C_6 上的电压充到 IC_1（UC3854）的开通门限电压值后，IC_1 则被启动，升压变换电路一次绕组 N_P 便产生感应电压并耦合给变压器的二次绕组 N_S，也使得二次侧产生高频感应电压，经桥式整流器整流以及电容 C_6、C_7 滤波后，将得到的直流电压加到 IC_1 的 15 脚，作为 IC_1 的工作电压（V_{CC}）。此电路在稳定的条件下，V_{CC}不能低于 17V，I_{CC}大于 20mA。

输出占空比受到 IC_1 的 12 脚、6 脚、8 脚和 4 脚/5 脚 4 个输入信号的控制，从 16 脚输出 PWM 触发脉冲，以驱动外接的功率开关管 MOSFET。

APFC 升压变换电路输出的直流电压经电阻 R_{15}、R_{16}分压后，取样电压进入 IC_1 的 11 脚，然后输送到 IC_1 内部的电压放大器上。IC_1 的 11 脚与电压放大器输出端（7 脚）之间外接反馈电容 C_8，C_8 的作用是抑制直流高压里的 100Hz 纹波。11 脚的门限电压是 7.5V，输入偏置电流是 0.5mA。为了使输出电压的偏移量最小，一般的办法使电压放大器在不变的低频频带下运行。

由图 4-15 可知，桥式整流后的脉动电压经分压送到 IC_1 的 6 脚，输入到内部的乘法器中，并与电压放大器的输出信号相乘，然后产生一个电流控制参考信号，这就是为输入电源的电流波形跟随交流输入电压而变化的控制信号。6 脚电路上的输入电平由电阻 R_3、R_4 分压决定，一般设定在 6V。从原理上讲，输送到 6 脚的是电流信号而不是电压信号，一定要将电流信号转换为电压信号。流入 6 脚的电流在 0~400μA 的峰值之间变化，因此可以确定电阻 R_3、R_4 的阻值大小为

$$R_3=\frac{V_{IN(max)}}{I_{IN(max)}}=\frac{\sqrt{2}\times265}{400\times10^{-6}}\Omega\approx937k\Omega，取940k\Omega$$

R_4 按 R_3 阻值的 1/4 选取，可选用 230kΩ 电阻。

以 UC3854 为代表的 APFC 升压调整器的一个重要特点就是交流输入电压的范围可以从美国的 85V 低电压变化到欧洲的 260V 高电压，可以说这个供电范围能满足全球各国电源供电要求。在输出功率保持不变时，利用前置馈线电路的调整技术，可在交流输入电压大幅度变化的情况下，保持输出功率不变。为什么？经过全桥整流的脉动电压平均值和有效值电压加到 IC_1 的 8 脚，被 IC_1 内部功能二次方后，在乘法器上作为除数，所以使升压调整器的输出功率保持不变。

电流传感电阻 R_S 两端的电压加到 IC_1 的 4 脚和 5 脚之间，用来检测变换电路输出的大小，促使控制器进行正确控制。另外，IC_1 中的电流放大器具有比较大的低频放大增益，能使交流输入电流紧跟交流输入电压正弦波的变化。电流放大器在 500Hz 上有个零点，也就是说，电流输入在 500Hz 的位置上没有增益，低于或高于这个频率时有 18dB 的电流放大增益。IC_1 的 5 脚是乘法器的电流输出端，其输出电流随 6 脚的输入电流和 7 脚的输入电压的变化而变化，也随 8 脚输入电压的二次方的增大而减小。14 脚的 C_T 和 12 脚上的 R_T 决定 UC3854 的 PWM 的振荡频率。设定振荡器的工作频率为 100kHz，若取 $R_T=15k\Omega$，乘法器输出的最大电流则为

$$I_{M(max)}=\frac{-3.75V}{R_T}=\frac{-3.75V}{15k\Omega}=-250\mu A$$

从乘法器的 5 脚流到传感电阻 R_S 的最大电流为

$$I_{S(max)}=\frac{I_{M(max)}R_9}{R_S}=\frac{250\mu A\times3.9k\Omega}{0.25\Omega}=3.9A$$

从图 4-16 内部结构框图来看 IC_1 的 9 脚的电源电压接通后必须达到 2.5V，片内的驱动脉冲由 16 脚输出，送到开关功率管 VT_1 进行功率放大。一旦调整器出现故障，片内的频率振荡器就立即停振，关闭 MOSFET 的栅极驱动信号，实施异常保护。电容 C_{11} 向 IC_1 的 9 脚能提供软启动延时时间，防止启动时大电流的冲击。15 脚除了向 IC_1 提供工作电压之外，还起着输入电源电压的欠电压保护功能。10 脚可以不用，若在 10 脚与 15 脚之间串接一只 100kΩ 的限流电阻，将起到过电压保护作用。

如果 IC_1 的 V_{CC} 供电电压太低或由于其他某些原因而影响 IC_1 的正常工作，13 脚将维持“地”电位。当 IC_1 里的 V_{CC} 正常后，13 脚将被内部的 14μA 电流充电到 8V 以上。如果该脚电压低于 7.5V 的基准电压，则电压放大器有 7.5V 参考电压输入。在出现故障的情况下，电容 C_4 将迅速放电，将电压放大器输入的 7.5V 基准电压快速降下来，使 PWM 驱动输出关闭，起着变换电路保护作用。图中 2 脚用于限制峰值电流，它的门限电压为 5V，电流传感电阻两端的压降为

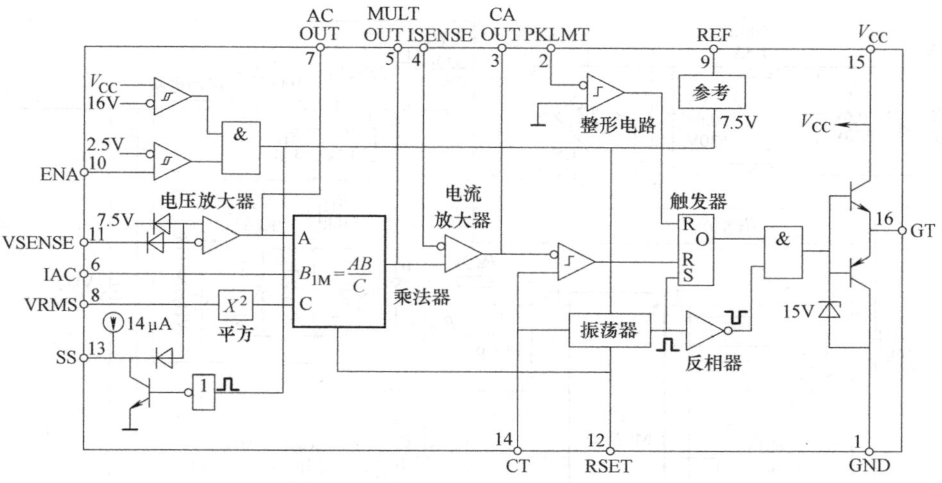

图 4-16 UC3854 内部结构框图

$$V_S=\frac{V_{REF}R_{12}}{R_{13}}=\frac{7.5\times2}{10}\text{V}=1.5\text{V}$$

流过电流传感电阻的最大电流 $I_{S(max)}$ 为

$$I_{S(max)}=\frac{V_S}{R_S}=\frac{1.5}{0.25}\text{A}=6\text{A}$$

开关功率管 MOSFET 在导通期间，只有流过电流传感电阻 R_S 的电流达到 6A 时，IC_1 的 2 脚门限电压将达到 5V。在 2 脚到地之间连接一只 470pF 的电容 C_{10}，它的作用是滤除高频信号噪声。

采用 UC3854 设计的升压式 APFC 调整器具有的功能较多，保护性能完善，适合在 200W 以上的开关电源中作 APFC 电流平均法升压式变换电路。原理图上似乎电路结构比较复杂，但实际上所需要的元器件并不是很多，成本也并不高，是目前比较理想的选择。

4.3.3 ML4813 滞环电流控制法电路设计

反激式 APFC 调整器适用于小功率开关电源及节能灯电子镇流器的功率因数校正。如果要求 APFC 变换电路具有隔离功能或者输出电压低于输入电压，则采用反激式 APFC 电路是适宜的。

ML4813 的 1 脚和 3~8 脚是 −0.3~5.5V 的模拟电压输入端，驱动输出最大峰值电流达 1A。启动门限电压为 16V±1V，关断阈值电压为 10V±0.5V，启动电流为 0.8mA，电源工作电流为 20mA，IC 振荡器的最大充电电流为 5mA。该芯片的功能比一般芯片要强。

图 4-17a 所示的是将 ML4813 作为 APFC 控制电路的电感电流不连续传导的反激式 APFC 变换电路。作为一个电压型调整控制器，通过不改变占空比，迫使电源输入电流跟踪交流输入电压的变化，而且相位角几乎等于零，其结果是整个反激式 APFC 控制电路的阻抗呈纯电阻性，系统功率因数近似于 1，并且只需在电源电路中使用很小的电感量和很少的外部元件，便可使开关电源的性能得到提高、体积得以缩小。

由图 4-17a 可知，该电路是非隔离式 APFC 电路，它的负输出 $V_{OUT(-)}$ 即桥式整流输出电压，也为反激式变换电路的输入电压。正输出端电压 $V_{OUT(+)}$ 叠加于 $V_{OUT(-)}$ 之上，如图4-18 所

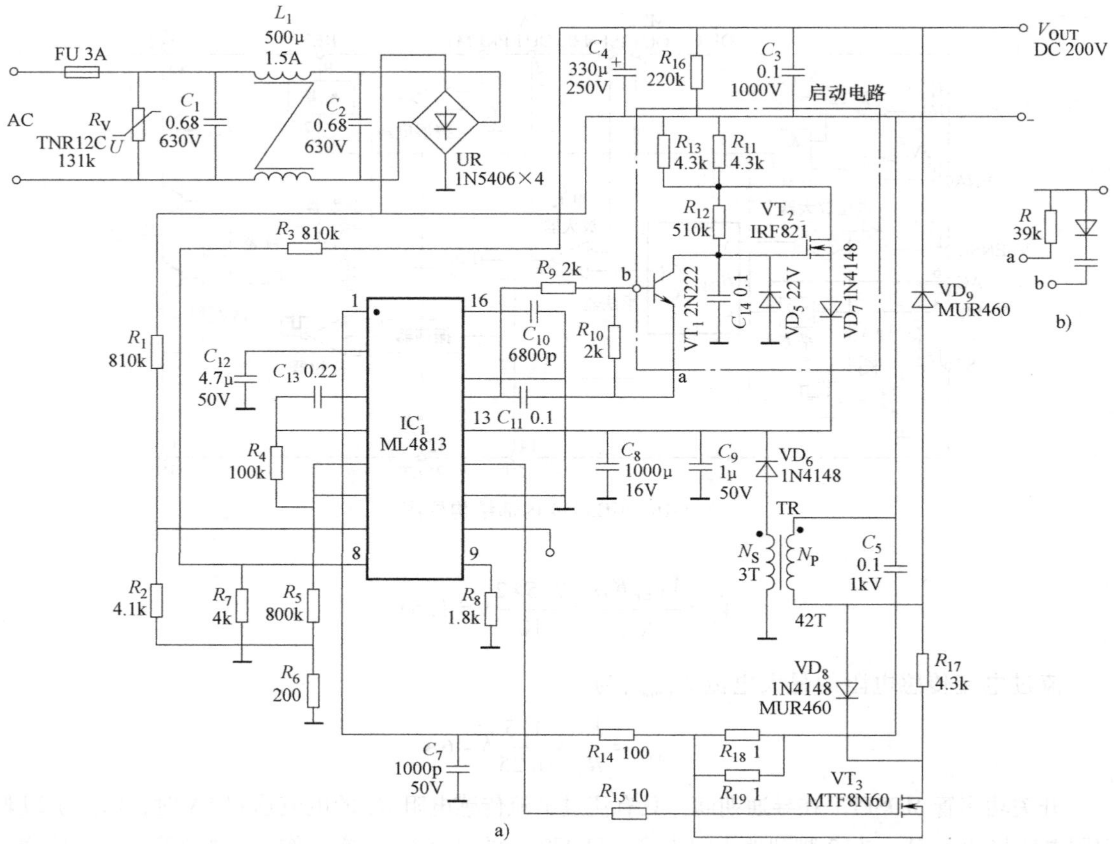

图 4-17 ML4813 作为控制器的反激式 APFC 变换电路

示。$V_{OUT(-)}$ 与 $V_{OUT(+)}$ 的方向相反，幅值相等。

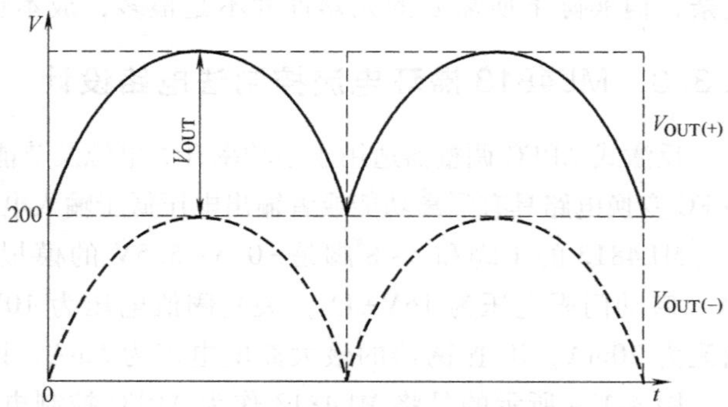

图 4-18 反激式 APFC 输出电压

晶体管 VT_1、VT_2，电阻 R_{11} ~ R_{13} 以及 VD_7、VD_5 组成启动电路，首先开关管 VT_2 导通，对电容 C_8 快速充电。当 C_8 的充电电压达到 IC_1 的门限电压（16V）后，IC_1 被启动，变压器 TR 的二次绕组 N_S 便产生电压，二极管 VD_7 和电解电容 C_8、C_9 组成整流滤波回路，其输出电压供给 IC_1 的 13 脚，作为工作电压。变换控制器从通电至 IC_1 被启动的时间为 0.7s。若用一只 39kΩ 的电阻代替启动电路（图中点划线内的有源电路），可以降低成本，减少元器件，只是启动时间太长。在输入电压为 85V 的条件下，启动时间长达 12s，这是不允许的，可在 39kΩ 电阻上并联一只正向二极管或减小 C_8 的容量，如图 4-17b 所示。

功率驱动开关管 VT_3 工作在不连续电感电流传输模式下，它通过 ML4831 的 12 脚来控制 VT_3 的栅极。VT_3 在导通期间，变压器 TR 的一次绕组 N_P 的电感开始存储能量；当 VT_3 截止时，N_P 所储的电能向电容 C_4 充电，流经 N_P 的电流为三角波。在 VT_3 导通期间，供电电源通过 N_P 的电流从零值又上升到峰值。这一作用过程始终在控制开关管占空比的作用下进行。峰值电感电流的大小主要决定于全波整流的瞬时电压值。开关功率管 VT_3 关断，N_P 中的峰值电流由顶端向下降落到零。峰值电流一旦回落到零，下一个周期即由此开始。如图 4-19 所示，电感峰值电流是 VT_3 开关三角波的包络线。平均电流是峰值电流的 2/3 左右。

功率开关管 VT_3 导通时间的长短与 IC_1 内部的 PWM 比较器、误差放大器及变压器一次电感量 L_P 等有关。从图 4-19 可以看出，整流输出的电流即为三角波开关电流的平均值，它的波形为正弦波，其平均电流实际上即为交流输入电流。

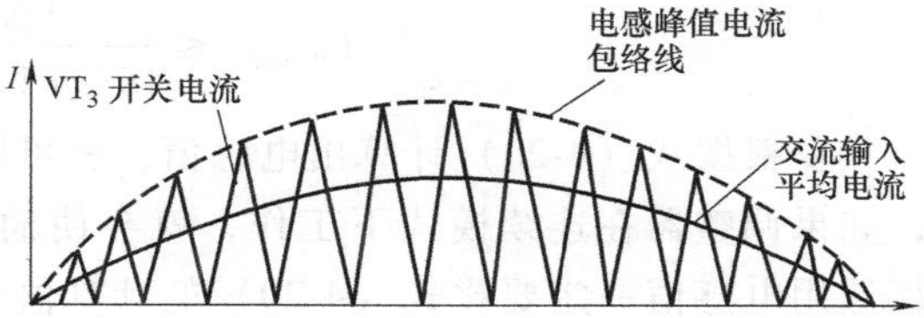

图 4-19　反激式 APFC 电路电感电流波形

电感峰值电流可以由下式求出：

$$I_L=\frac{V_{IN}t_{on}}{L_P} \tag{4-12}$$

式中，I_L 为电感峰值电流（A）；V_{IN} 为瞬时交流输入电压，为 $\sqrt{2}V_{IN(PK)}\sin\theta$；$t_{on}$ 为功率开关管导通时间（ns）；$V_{IN(PK)}$ 为输入峰值电压（V）。

电感峰值电流的包络呈正弦波，若包络的波峰电流为 I_{PK}，那么 I_L 为

$$I_L=I_{PK}\sin\theta \tag{4-13}$$

根据式（4-12）和式（4-13），开关功率管的导通时间为

$$t_{on}=\frac{I_L L_P}{V_{IN}}=\frac{L_P I_{PK}\sin\theta}{\sqrt{2}V_{IN(PK)}\sin\theta}=\frac{L_P I_{PK}}{\sqrt{2}V_{IN(RMS)}} \tag{4-14}$$

式中，$V_{IN(RMS)}$ 是交流输入电压的有效值。开关电流的平均值可以用下式表示：

$$I_{AVG}=\frac{t_{on}}{2T}I_{PK}\sin\theta \tag{4-15}$$

式中，T 为开关周期。

将式（4-14）代入式（4-15），可得：

$$I_{AVG}=\frac{L_P I_{PK}^2}{2\sqrt{2}TV_{IN(RMS)}} \tag{4-16}$$

从式（4-15）可以看出：开关电流平均值呈正弦波形，并且与输入电压同相位，平均电流的峰值 $I_{AVG(PK)}=\dfrac{L_P I_{PK}^2}{2\sqrt{2}TV_{IN(RMS)}}$，结果与式（4-16）相同。平均电流峰值也可以用下式表示：

$$I_{AVG(PK)}=\frac{\sqrt{2}P_{IN}}{V_{IN(RMS)}} \tag{4-17}$$

根据式（4-16）和式（4-17），可以得到输入功率 P_{IN} 的表达式：

$$P_{IN}=\frac{1}{4}L_P f I_{PK}^2 \tag{4-18}$$

即开关电源输入功率的大小与变压器的一次电感、工作频率以及峰值电流的二次方成正比。

为了保证控制变换电路的最好工作特性和最小电感峰值电流，电感电流应在最低交流输入电压和满负荷输出的基础上运行，才能称得上最佳反激式APFC调整控制器。因此，要求最小电感峰值电流要保证变换电路的最佳工作特性。

$$I_{PK} \leqslant \frac{V_{INPK(min)} V_{OUT}}{f L_P (V_{INPK(min)} + V_{OUT})} \tag{4-19}$$

式中，$V_{INPK(min)} = \sqrt{2} V_{INRMS(min)}$，实为最低交流输入电压；$V_{OUT}$为反激式变换电路的输出电压。

根据式（4-18）和式（4-19），可以确定反激式变压电路的一次电感的最大值：

$$L_{P(max)} \leqslant \frac{V_{INPK(min)}^2 V_{OUT}^2}{4 f P_{IN} (V_{INPK(min)} + V_{OUT})^2} \tag{4-20}$$

只要根据式（4-20）计算出电感值，就可以保证APFC调整器在不连续模式下工作。相反，如果调整器在连续模式下工作，就会使输入电流不呈现出正弦波。在设计中要注意的是，选用电感值一定要比式（4-20）的计算值小15%左右。反激式APFC调整电路中的变压器TR不但为电路提供不连续模式下的电感电流，还为IC_1提供电源工作电压。如果变压器磁心采用飞利浦公司生产的3019 PL00-3FC型带隙铁氧体磁心，那么变压器的一次绕组匝数为56匝，二次绕组则为5匝。

ML4831的4脚是误差放大器的反相输入端，APFC调整器输出的电压调整信号经过控制环路进入该端。同相输入在IC_1内与5V基准电压相接，误差放大器的反相输入端接入反馈信号，误差放大器便产生一个误差电压输入到PWM比较器进行脉宽调制。输出电压$V_{OUT(-)}$和$V_{OUT(+)}$分别经过电阻R_1、R_3通过IC_1的7脚和8脚输送到差压放大器，放大信号由6脚输出。

变换电路的输出电压（V_{OUT}）是由IC_1内的基准电压（$V_{REF}=5V$）和控制回路中的电阻决定的：

$$V_{OUT} = \frac{5R_1R_6}{(R_1+R_2)(R_5+R_6)} \left(\frac{R_3}{R_7} + 1 \right)$$

将电路中的阻值代入上式，得到：

$$V_{OUT} = 5 \times \frac{200}{200+800} \times \frac{800}{800+4} \times \left(\frac{800}{4} + 1 \right) V = 200V$$

IC_1的5脚用于检测输出电压，当5脚检测到输出电压低于$1.12V_{OUT} = 1.12 \times 200V = 224V$时，经过片内运算放大器处理后输出电压增大，片内驱动晶体管输出电压升高，6脚输出至误差放大器和比较器的电压升高。R_{17}和VD_8的作用是提高电路的功率因数，提高抑制由于开关管的漏极所产生的寄生电容与电路电感而引起的振荡的能力。有时还会出现以下情况：在开关周期开始时，电感电流使电流正弦波起点非零化，从而引起交流输入电流波形失真，谐波含量升高。R_{17}和VD_8能有效地抑制电感振铃而引起的电流波形失真，提高功率因数。

4.4 无源功率因数校正电路设计

交流供电的功率因数是在电流波形无失真的情况下给设备用电电源以高功率因数动力的

供电。影响功率因数的原因有两个：一是交流输入电流波形的相位移动，二是输入交流电流波形改变失真。按照美国“能源之星”认证标准，住宅用 SSL 灯具功率因数 $\lambda \geqslant 0.75$（$P>5W$），商业用 SSL 灯具（含 LED 路灯）$\lambda \geqslant 0.90$。国际电工委员会 IEC 61000-3-2-2005 标准将功率因数分为 4 大类：照明调光输入功率大于 25W，其 $\lambda = 0.99$ 时，LED 照明 3 次谐波小于 29.7%，5 次谐波小于 10%，7 次谐波小于 7%。

4.4.1 无源功率因数校正电路的基本原理

我们知道，开关电源输入整流滤波电路所采用的整流二极管和滤波电容均属于非线性元器件，整流二极管的导通角仅有 54°，由此将使输入电流波形宽度只有 3ms（满度 10ms）如图 4-1 所示。

图 4-20 所示为一种“三阶填谷”无源 PFC 电路。输入电压经 EMI 低通滤波进入桥式整流电路后面串接一个二极管和电容组成的“填谷电路”，其特点是，电路简单无需开关管和控制集成电路，是利用桥式整流后的“填谷”来增加整流二极管的导通时间，延长电流波形的宽度，使其输入电流波形变为接近正弦波的波形，将功率因数提高到 0.9 以上，显著地提高了功率因数，使输入电路中不需要大的元器件和比较均化 IC 电路。但是，这种“填谷电路”会增加电源的损耗，因此，仅适用于 20W 以下的低成本 LED 驱动电源，无法满足欧洲标准对谐波指标的要求，它所产生的谐波频率远高于 150Hz，但这种谐波不会对 LED 驱动电源带来影响。从图 4-20 可知，无源 PFC 校正电路使用 7 只二极管、4 只电解电容和 1 只电阻，要求电解电容 $C_1 \sim C_3$ 的容量必须相等，1 只电阻的阻值不能太大（10Ω 以内），并且有足够大的功率，它的作用只是限制 3 只电容的冲击电流，抑制电路的自激振荡。电解电容的作用是延长输入电流的持续时间，增加整流二极管的导通时间，扩充整流电流的脉宽，使之脉形近似正弦波，这样波形从尖峰脉冲电流波形的“谷区”得到了“填平”，所以，这种 PFC 校正电路称为填谷电路。图 4-20 所示电路为 3 次填谷，称为“三阶填谷”电路。

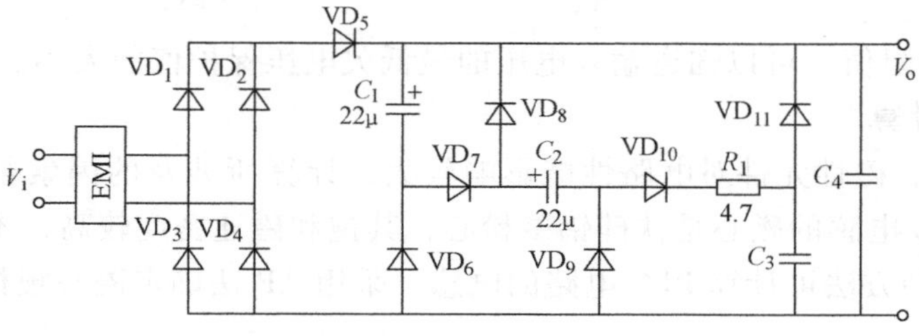

图 4-20 三阶填谷电路

4.4.2 无源功率因数校正电路设计

无源 PFC 电路具有以下优点：

1）电路简单，成本低，调试方便。以图 4-21 所示电路与 LNK306P 相匹配，可将功率因数提高到 0.95，最高可达 0.97。

2）利用晶体管 VT_1 可实现欠电压保护，使用元器件少。

3）图中 L_3 为升压/降压储能电感。功能转换器 IC_1 里的 MOSFET，在关断期间，将 L_3 的电能向负载输送；在导通期间，电容 C_7 将向负载放电，电路在整个工作周期里，负载将

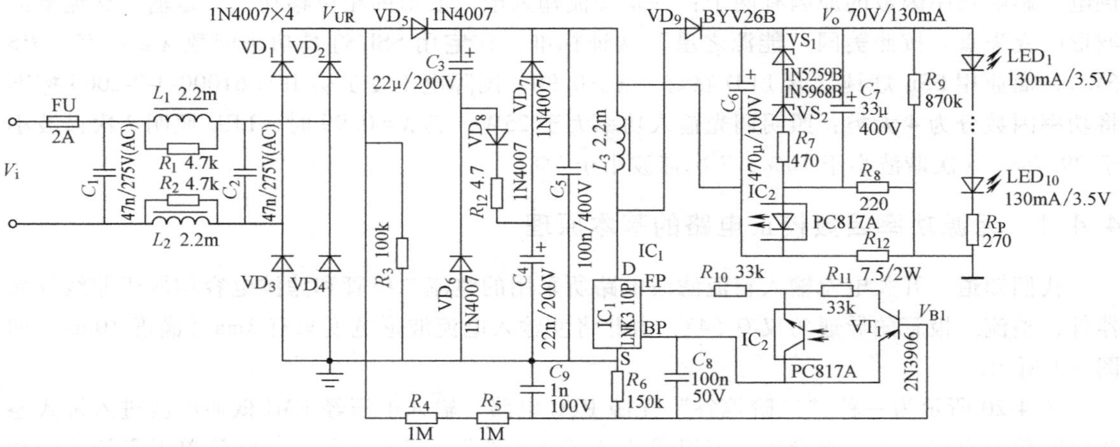

图 4-21 无源 PFC 校正 LED 高压驱动电路

会到恒定的电流。

4）稳压管 VS_1、VS_2 是过电压保护电路。当负载开路时，两只稳压管可将输出电压钳置在 75V 左右，具有过电压保护作用。在开路期间，电容 C_6 上的电压通过电阻 R_9 向地泄放。C_7 为降噪电容。

5）欠电压保护电路由 R_3~R_6、C_9 和 VT_1 组成，整流脉动电压 V_{UR}，通过 R_4、R_5 降压、R_6 分压，又经 C_9 滤波所获的直流电压加到 VT_1 的基极上。当交流输入电压 V_{UR} 过低时（V_{B1} 低于 5.1V），则 VT_1 导通，使晶体管的集电极电流流入 IC_1 的 BP 脚，立即使其 IC_1 的 MOS 管关断，起到欠电压保护的作用。

1. 输入最低电压 $V_{i(min)}$ 的计算

$$V_{UR}=V_{i(min)}=V_{B1}\cdot\frac{R_4+R_6+R_5}{R_6}=5.1V\times\frac{1M\Omega+1M\Omega+150k\Omega}{150k\Omega}=73V$$

调整电阻 R_6 的阻值，可以知道输入电压的最低欠电压保护值的大小。

2. 电感 L_3 的计算

在 PFC 电路中，磁性元件对电路性能影响较大，计算所涉及的因素很多。一般在高频条件下工作的 APFC 电感的磁心是铁硅铝磁粉心，其饱和磁通密度较高，不用开气隙，不产生电磁干扰。有多种方法可计算 PFC 电路的电感。采用 AP 法确定磁心规格，再计算电感的储能量 E_L：

$$E_L=\frac{LI^2}{2}=\frac{L}{2}\left(I_{PK}+\frac{\Delta I}{2}\right)^2=\frac{0.000762}{2}\times\left(10.5+\frac{2.1}{2}\right)^2W=0.051W$$

计算面积 A_P：

$$A_P=\frac{2\times E_L\times10^8}{K_oB_WJ}$$

式中，B_W 为磁心磁感应强度，取 $B_W=0.4T$，K_o 为窗口使用系数，取 0.4，J 为电流密度，取 $500A/cm^2$ 代入上式，算得 $A_p=12.75cm^2$，选用 EE22 磁心。

计算静态电感 L_3：

$$L_3=\frac{0.4\pi MN^2A_e}{L_e\times10^5}$$

式中，M 为磁心磁导率，$M=60$，N 为匝数，取 $N=60$，A_e 为磁心截面积，$A_e=36\text{mm}^2$，L_e 为磁心磁路，$L_e=44\text{mm}$。

代入上式

$$L_3=\frac{0.4\times3.14\times60\times60^2}{44\times10^5}\times36\text{mH}=2.22\text{mH}$$

式中，L_3 为静态电感，要求储能电感的铁损、铜损、磁感应强度满足设计要求。

4.5 具有 PFC 与 LLC 双重调制转换的 PLC810PG 电源

PLC810PG 是一种半桥式驱动器 PFC 与 LLC（谐振变换）组合离线控制器，适用于 150W 路灯电源 LED 驱动。它的功率因数可达到或大于 0.98，电源效率大于 92%，完全符合 IEC 61000-3-2—2005 中对谐波电流所规定要求。

当前市场对 LED 应用热点是 LED 道路照明。LED 的路灯技术主要有两部分：一个是离线 LED 驱动；另一个是路灯模块及散热技术。

传统的高压钠灯用于道路照明一般超过 75W，因此要求 LED 路灯电源输入电流谐波含量必须符合标准规定。为此，LED 路灯电源必须采用有源功率因数校正。LED 路灯电源常采用开关电源拓扑结构，不宜采用反激式开关电路，一般都用半桥式 LLC 谐振拓扑结构，得到安全高效的结果。

4.5.1 LLC 谐振变换拓扑结构变换

这种半桥式 LLC 结构与本书前面所讲的原理基本是一样，LLC 属于谐振变频变换器，第 1 章所述的半桥式变换电路不是 LLC 谐振拓扑。LLC 谐振电路拓扑结构能够输出较大的功率，还须保证半桥处于零电压开关（ZVS），具有高效率。PLC810PG 是美国安森美半导体公司推出一种电流连续模式 PFC 控制、驱动、半桥式转换电源，根据需要，输出整流二极管可采用零电流开关（ZCS），以消除整流电路在反向恢复时间内的功能损耗。图 4-22 所示为 PLC810PG 模块结构及引脚排列。

PLC810PG 的 PFC 控制器是由运算跨导放大器，分电压可编程放大器，PWM 控制电路及保护电路所组成。FBP 脚是 PFC 变换器输出电压反馈端，连接 OTA 的同相输入端。OTA 输出为 PFC 控制器乘法器的一个输入。VCOMP 上的输出连接频率补偿元件，反馈的作用是执行 PFC 输出电压的调节及低电压保护，它的内部标准电压为 2.2V，如果 FBP 脚上的电压超过 2.31V，IC 则提供过电压保护，这时 GATEP 脚上的输出截止。如果 FBP 脚的电压低于 0.51V，PFC 电路被禁止，LLC 级关闭。ISP 是 PFC 的检测电流输入脚，起过电流保护作用。

半桥 LLC 谐振控制器的 FBL 脚是反馈电压输入端，如果反馈电流大，则开关工作频率高。LLC 的工作频率由 FMAX 脚与 VRF1 脚之间的连接电阻 R_F 决定，可比正常工作频率（100kHz）高出 2~3 倍。FBL 脚还提供过电压保护。ISL 脚为 LLC 电路的电流检测输入脚，为电路提供快速和慢速过电流保护，并实现零电压开关。该电路的 PFC 和 LLC 的频率和相位同步，其作用是减小电路噪声和 EMI 的在线干扰。值得注意的是，PFC 电路不需要从脉动电压信号引入作输入电压检测，PFC 转换优于一般 PFC 电路。

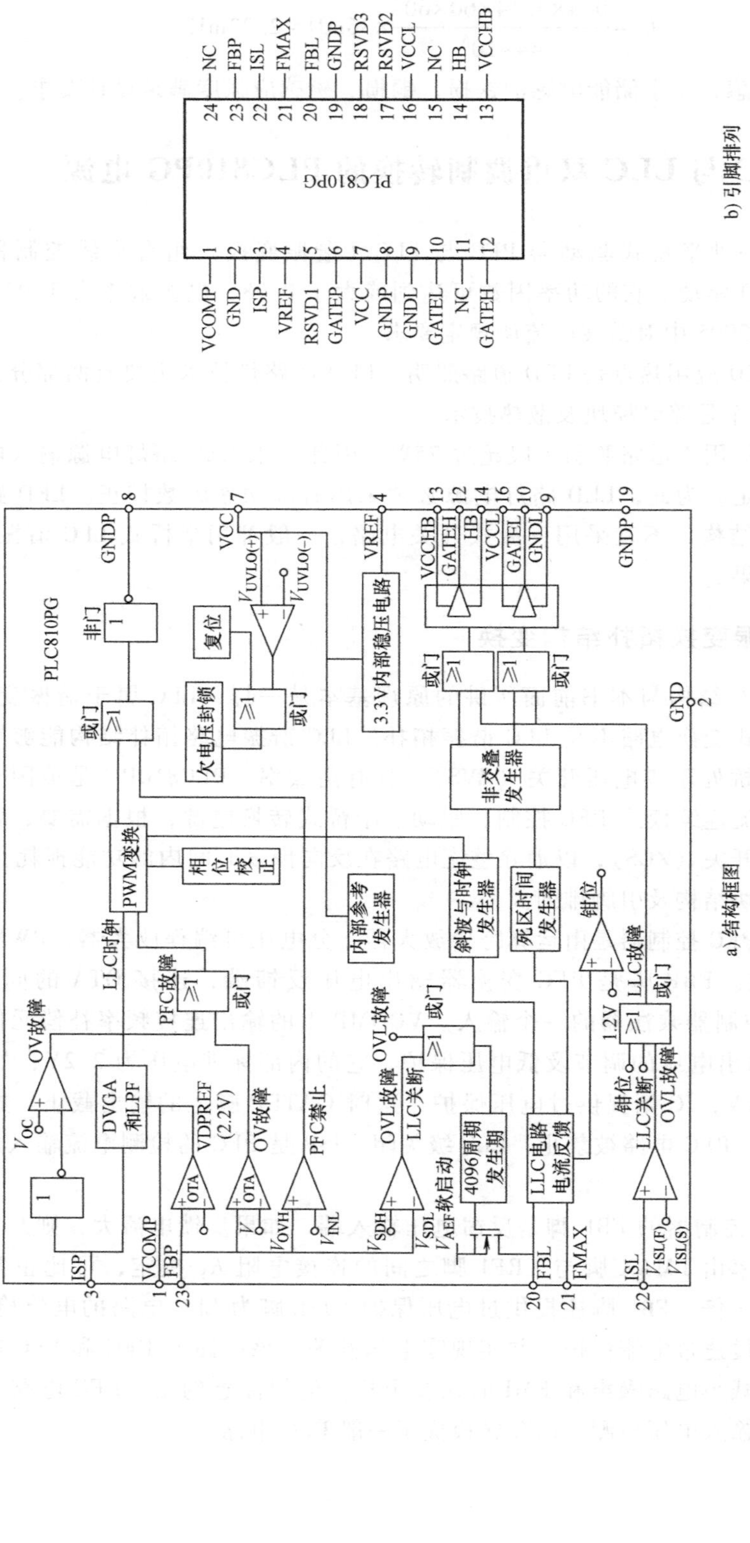

图 4-22 PLC810PG 模块结构框图及引脚排列图

4.5.2 PLC810PG 电路工作原理

半桥式 PLC810PG 电路为 LED 路灯，具有 150W 的输出功率见图 4-23。输入电压范围宽，为 AC140~265V；功率因数高，大于 0.97；输入电流的谐波含量低，（THD<6%）；LED 电源效率大于 0.92，满足 IEC950/UL1950 Ⅱ级要求。电路采用 PLC810PG 控制的 LED 路灯电源各项指标非常优良，代表了第四代 LED 路灯的发展方向。

1）电路中的电容 C_1~C_6 和电感 L_1、L_2 组成 EMI 滤波器，电阻 R_1~R_3 为滤波电容提供放电通路，热敏电阻 RT 是在电路启动时，限制浪涌电流。PFC 变换电路由开关 MOS 管 VT_2、升压二极管 VD_2、输出滤波电容 C_9 等组成。在输入电压 140~265V 范围内，输出电压稳定在 385V，并在 UR 输入端产生正弦波交流电流，使电路呈现纯电阻性负载，这时的功率因数接近 1。晶体管 VT_1、VT_2、VT_3 组成缓冲电路。R_6、R_8 是 PFC 级偏置电阻，也是二极管 VD_3、VD_4 的钳位电阻，用来改善 VT_2 的栅极、漏极 EMI 的特性。由 VD_{22}、VD_{23}、R_{109}、C_{75}、C_{76}组成倍压整流滤波。电路通电后，电流通过 VT_{24}、VD_{24}对 C_{70}充电，为 PLC 810PG 提供启动电流，VT_{27}、R_{111}和 VS_9 组成射极跟随稳压器，当 V_{CC}电压稳定后，VT_{25}关闭启动，并且 VT_{26}接通继电器 BL_1 将热敏电阻 RT1 短路。

2）PFC 控制电路和 LLC 变换器。控制 IC 的 GATEP 脚上的 PWM 信号驱动 PFC 开关管 VT_2。R_6、R_8 上的电流信号经 R_{45}、C_{73}滤波后输入到 ISP 脚，对 PFC 进行控制，并执行过电流保护。PFC 的输出电压 V_B 经 R_{39}、R_{41}、R_{43}、R_{46}和 R_{50}分压取样，C_{25}滤波，输入到 FBP 脚，完成 PFC 电压调节和过电压、欠电压保护。R_{48}、C_{26}、C_{28}为频率补偿。当 VCOMP 脚上的电压较大时，VT_{20}导通，C_{28}为旁路电容，使 PFC 控制环路快速响应。VT_{10}、VT_{11}是半桥开关 MOS 管。C_{39}是谐振电容，与变压器一次绕组构成 LLC 谐振电路。二次电压经 VD_9、C_{37}、C_{38}整流滤波，产生 48V 电压输出，为 LED 路灯供电。输出电压由 R_{66}、R_{67}采样，经稳压器 VS_{12}，光耦合器 IC_2 及 R_{51}、R_{53}及 VD_{18}反馈到 IC_1 的 FBL 脚，执行输出电压调节和过电压保护。当引脚电流大时，LLC 的开关频率升高。R_{49}、R_{51}、R_{53}为频率设置下限电阻，C_{27}是该级的启动电容，软启动时间由 R_{49}、R_{51}和 C_{27}决定。R_{59}是变压器一次绕组的电流检测电阻以提供过电流保护的信号。V_{CC}电压经 R_{37}、R_{38}分压提供，将 IC_1 的模拟电源和数字电源分开。R_{55}和铁氧体磁珠 Bead4 执行 PFC 与 LLC 之间隔离。

路灯电源元器件的选择：PFC 开关管 VT_2 选用 STW 20NM50FD，500V，20A，导通电阻为 0.22Ω，采用 T0-247AC 封装。半桥开关 MOS 管 VT_{10}、VT_{11}选用 IRF187N 50LPBF 型 N 沟道 MOSFET，500V，6.8A，沟道电阻为 0.32Ω，采用 T0-247AC 封装。电路中 VT_{24}选用 600V，0.4A，8.5Ω，采用 T0-223 封装。双极型晶体管 VT_1、VT_3 选用 60V、1A、采用 SOT-23 封装的小信号晶体管，型号分别是 FMMT491（NPN 型）、FMMT591（PNP 型）。电路中 VT_{26}、VT_{25}选用 40V、0.2A、用 SOT-23 封装的 MMBT3904LT1G NPN 型晶体管，VT_{27}选用 80V、0.5A 采用 SOT-89 封装的 BST52TA NPN 型晶体管。

4.5.3 PLC810PG 电路主要参数的计算

1. PFC 输出电压的计算

功率因数校正输出电压的高低是关系到 LLC 功率转换的一项重要参数，它与 PFC 的控制 IC 的内部参考电压有关，PLC810PG 的 PFC 控制器由 ISP（3）脚和 FBP（23）脚两个脚

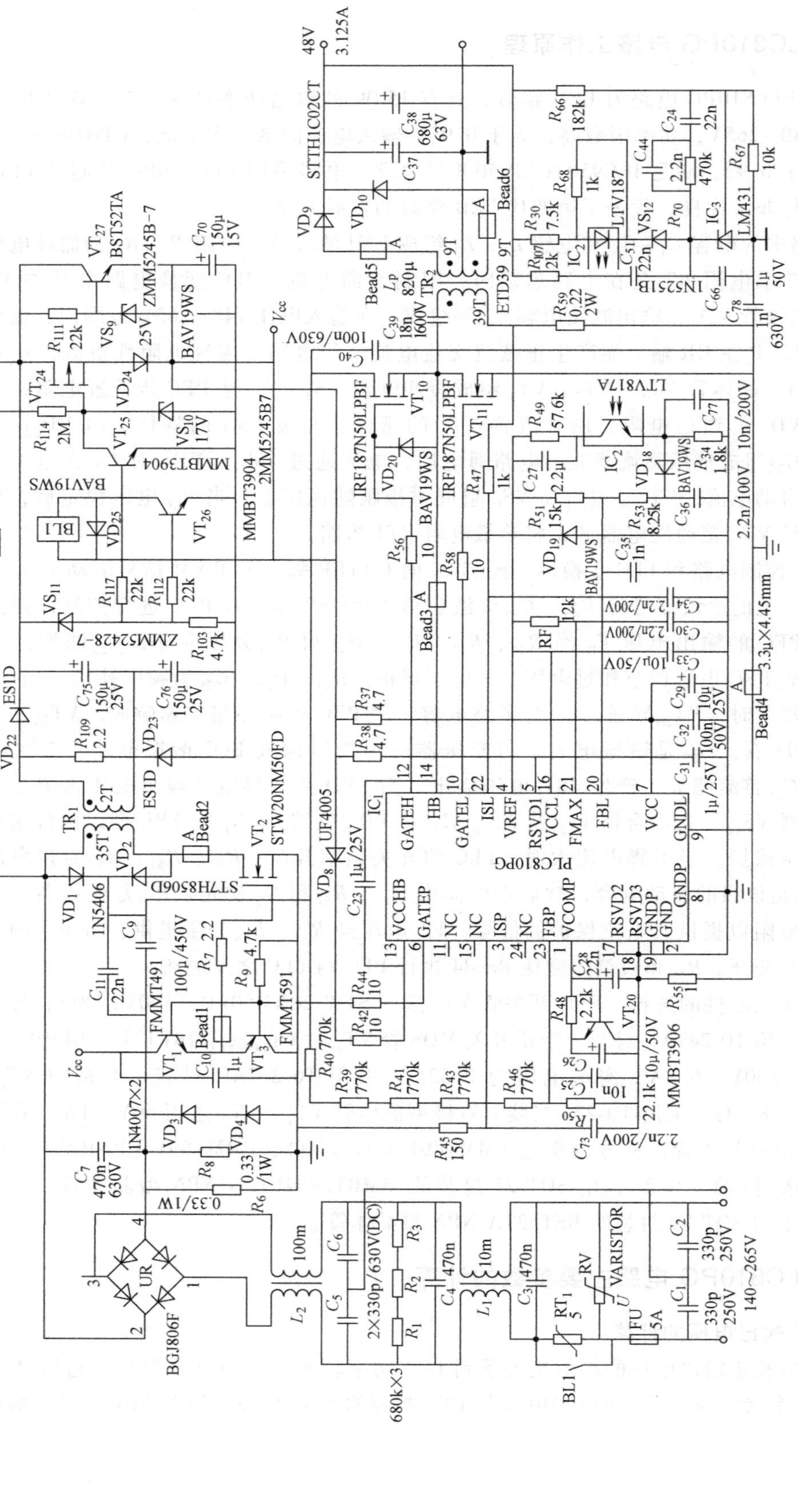

图 4-23 PLC810PG 半桥谐振式 LED 驱动灯光照明电源原理图

决定的内参电压 $V_{FBP}=2.2V$，可计算出 $V_{DH}=(R_S/R_{50})V_{FBP}=[(R_{40}+R_{39}+R_{41}\cdots R_{43})/R_{50}]V_{FBP}=(770\times5/22.1)\times2.2V=383.26V$。调整 R_{50} 阻值的大小，可调节输出电压 V_{DH} 的高低。

2. PLC810PG 工作频率的计算

PLC810PG 是属于半桥双电感加电容谐振转换电路，即 LLC 谐振转换电路。FBL（20）脚的输入电流越大，LLC 的转换频率越高。工作频率由引脚 FMAX（21）脚与 VREF（4）脚之间的电阻 R_F 与电容 C_{30} 决定的。FBL 还提供过电压保护功能。

$$f_{work}=K/(R_F C_{30})$$

式中，K 是 PLC810PG 的频率振荡系数，一般 K 为 3.0~3.5，取 $K=3.3$。

$$f_{work}=3.3/(15\times10^3\times2.2\times10^{-9})\text{Hz}=100\text{kHz}$$

3. 乘法器输入限流电阻 R_{48} 的计算

从 PLC810PG 的性能特点可知，1 脚是 PFC 和半桥 LLC 谐振变换控制信号的输入端，片内包含有乘法器及 LLC 转换器。乘法器的输入信号电压是 0.5~2.5V，乘法器的采样电流为 1100μA，由此便可算出 R_{48}。

$$R_{48}=V_{samp}/I_{samp}=2.4/(1100\times10^{-6})\Omega=2182\Omega,\text{取}2.2\text{k}\Omega$$

4. 频率补偿电容 C_{28} 的计算

C_{28} 是频率补偿电容，对谐振频率进行补偿，提高上升沿的斜率，它关系到 PFC 的禁止和 LLC 级关闭的控制精度。C_{28} 和 R_{48} 的关系式是

$$K_t=K/(2\pi f_{rip}C_{28}R_{48})$$

式中，K_t 为电容 C_{28} 的充放电系数，它处在第一次桥式整流，设 $K_t=0.08$，整流系数 K 为 8%，f_{rip} 为纹波频率，它实质为 50Hz 的 6 次谐波，$f_{rip}=50\text{Hz}\times2^6=3200\text{Hz}$。

$$C_{28}=K/(2\pi f_{rip}K_tR_{48})=8\%/(2\times3.14\times3.2\times10^3\times0.08\times2.2\times10^3)\text{F}$$
$$=22.6\times10^{-9}\text{F}=22.6\text{nF}，取 22\text{nF}$$

5. IC_1 的供电降压电阻 R_{119} 的计算

PLC810PG 的 V_{CC}（7 脚）导通门限电压是 9.1V，欠电压关闭门限电压是 8.1V，V_{CC} 的供电电压为 12~15V，PLC810PG 的工作电流为 18mA，最低启动电流为 1mA。现设 VT_{24} 的管压降为 15.0V，交流输入电压为 140~265V，R_{119} 的计算公式如下：

$$R_{119}=(V_{i(min)}\sqrt{2}-V_{T24}-V_{D24}-V_{CC})/I_{CC1}=(140\times\sqrt{2}-15-0.6-12)/(18\times10^{-3})\Omega$$
$$=9.46\text{k}\Omega\approx10\text{k}\Omega$$

4.5.4 高频变压器设计

半桥式高频变压器的设计要满足工作频率，输入电压的宽度，变压器温升等要求。首先根据功率选定磁心，再确定磁感应强度，还要考虑磁心的损耗。对于高效率变压器，要求铜损与铁损相等，这是半桥式变换电路与正反激式变换电路的不同之处。

输入交流电压：AC140~265V。

输出参数：DC48V/3.125A。

1. 计算输入功率

$P_i=P_o/\eta$，设 $\eta=0.9$，$P_i=150/0.9\text{W}=166.67\text{W}$。

$$I_{po}=P_i/V_{Bmin}=166.67/168.27\text{A}=0.99\text{A}$$

2. 计算磁感应强度增量

电源的典型工作频率为 100kHz，实际工作频率是随着输入电压和负载变化的，在50~250kHz 范围内波动，为安全可靠，选 100kHz，允许温升为 50℃。从图 4-24 可查出总损耗为 3.3W，铁损 $P_{Fe}=3.3/2\text{W}=1.65\text{W}$。根据表 2-3 选用磁心为 EE-35，这时铁心截面积为 100mm^2。从图 4-25 可知，1.65W 的铁损对应的磁通在开关频率为 100kHz 时的总磁通为 10μWb。磁心的磁感应强度为

$$B_{opt}=\Phi/A_e$$

式中，Φ 为磁通量，A_e 为磁心截面积。

$$B_{opt}=10/142\text{T}=70.4\text{mT}$$

$$\Delta B=2B_{opt}=2\times70.4\text{mT}=140.8\text{mT}\approx0.141\text{T}$$

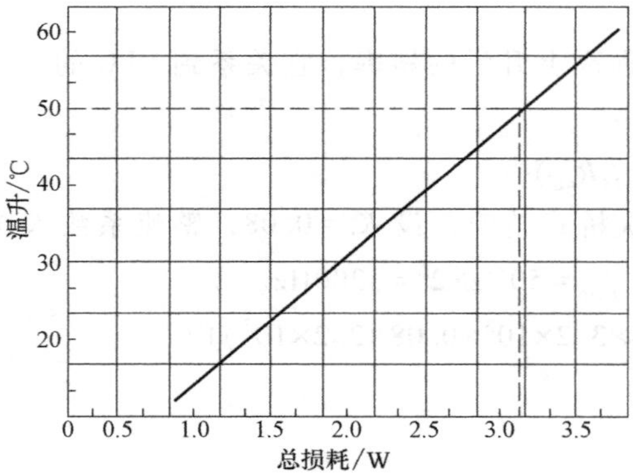

图 4-24 变压器自然通风总损耗与温度的关系

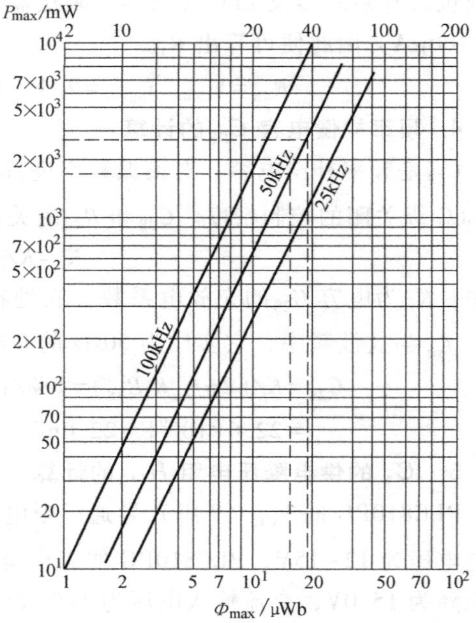

图 4-25 变压器在 100℃时的磁滞和涡流损耗与总磁通的关系

3. 计算电源最低占空比 D_{min} 和最高占空比 D_{max}

一次绕组感应电压的感应系数与输入电压和输入功率有关，还与磁心特性有关，依照表 3-1 和图 4-23，最低感应电压 $V_{Bmin}=140\times0.85\sqrt{2}\text{V}=168.27\text{V}$

最高感应电压 $V_{Bmax}=322.25\text{V}$

匝比 $n=\dfrac{V_{Bmin}-V_{DS(on)}}{(V_o+2V_D)\ \eta}=\dfrac{168.27-10}{(48+2\times0.4)\times0.9}=3.6$

$$D_{min}=1\Bigg/\left(\frac{V_{Bmax}}{V_o n}+1\right)=1\Bigg/\left(\frac{322.25}{48\times3.6}+1\right)=0.349$$

4. 计算变压器一次绕组匝数 N_P、二次绕组匝数 N_S

$$N_P = 10^6 \times V_{Bmin} t_{on(min)} / (\Delta B A_e) = 10^6 \times 168.27 \times 3.49 \times 10^{-6} / (0.141 \times 100) = 41.65 \approx 42$$

图 4-23 的输出电压是全波整流，计算变压器二次绕组电压时将输出电压除以$\sqrt{2}$，即

$$V_S = (V_o + 2V_D)/K$$

$$V_S = (48 + 0.4 \times 2)/\sqrt{2}\,\text{V} = 34.512\text{V}$$

$$N_S = V_S / V'$$

式中，V'是每匝线圈所感应的电压，$V' = V_{Bmin}/N_P = 168.27/42\text{V/匝} = 4\text{V/匝}$

$$N_S = 34.512/4 = 8.63 \approx 9$$

5. 计算一次绕组峰值电流

$$I_{PK} = P_o / (V_{i(min)} D_{min} \eta) = 150/(168.27 \times 0.349 \times 0.9)\text{A} = 2.838\text{A}$$

6. 计算变压器一次绕组电感 L_P

$$L_P = 2P_o D_{min}^2 \times 10 / (I_{po}^2 \eta) = 2 \times 150 \times 0.349^2 \times 10 / (0.99^2 \times 0.9)\mu\text{H} = 414\mu\text{H}$$

7. 计算变压器磁心气隙 δ

对于半桥式变换电路，避免出现逐渐阶梯式趋向饱和，克服“偏磁”现象是非常必要的，C_{39}的作用就在这里。

$$\delta = V_{Bmax} D_{min} \times 10^{-2} / I_{PK} = 322.25 \times 0.349 \times 10^{-2} / 2.838\text{mm} = 0.4\text{mm}$$

4.6 具有“三高一小”的 FAN4803 功率因数转换电源

FAN4803 具有“三高一小”的功能特点，所谓“三高一小”是高效率、高功率因数和高可靠性，电源的体积小。要满足这些性能要求，必须有可靠的制造工艺，容易采购的性能较好的元器件，同时还要有良好的电路拓扑。FAN4803 是一种启动电流和工作电流都很低的开关电源，它可用于功率因数校正和脉宽控制调节的开关电源，电路原理如图 4-26 所示。

4.6.1 FAN4803 电路特点

1）有先进的输入电流整形技术以及低电流启动，空载和待机时低电流运行。一般开关电源由于电路设计和印制电路板（PCB）的布局和走线等问题，电路输入电流脉冲往往呈现出带有“毛刺”波形去触发功率开关管，开关管经放大去驱动高频振荡变压器，这样必然给变压器增加振荡电压的峰值和反馈漏流的利用，势必给电路造成电能传输不能连续，传输功率失衡，轻则加大了损耗，重则电路无法工作。本电路依据电路动态运行状况和输入输出参量的变化，实时地对输入电流脉冲进行整形，使每个输入电流脉冲形成完整有序地传递并成为真正的矩形波。电流整形技术与 FAN4803 的内部结构有关，见图 4-27。FAN4803 芯片内部设有误差放大器和电路外部的瞬态误差补偿，为电路提供低电流启动和低电流运行创造了有利条件。

2）平均电流进行功率因数校正控制是 FAN4803 又一个特点，它采用脉冲前沿调制，这

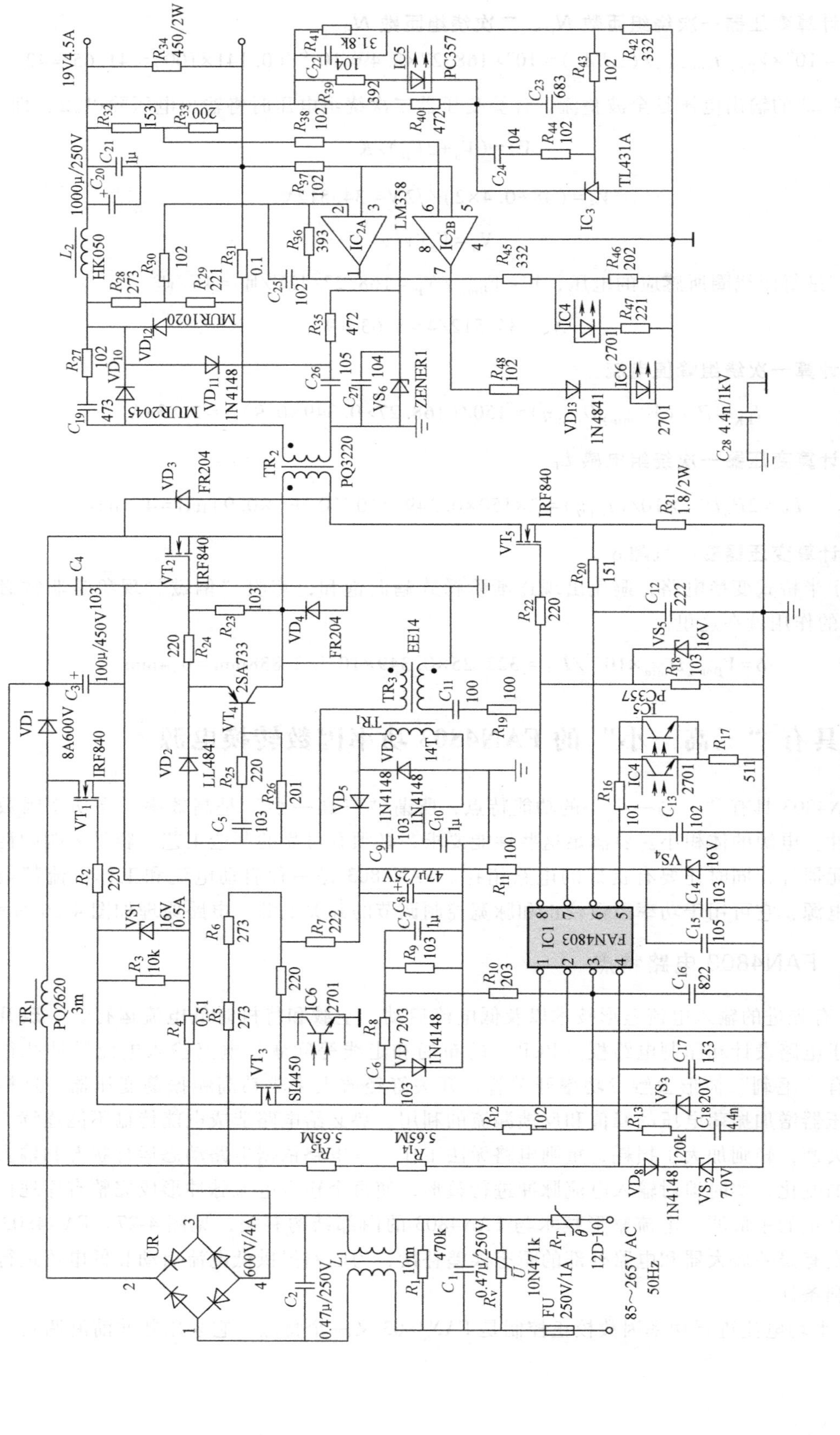

图 4-26 具有"三高一小"FAN4803绿色功率因数转换开关电源原理图

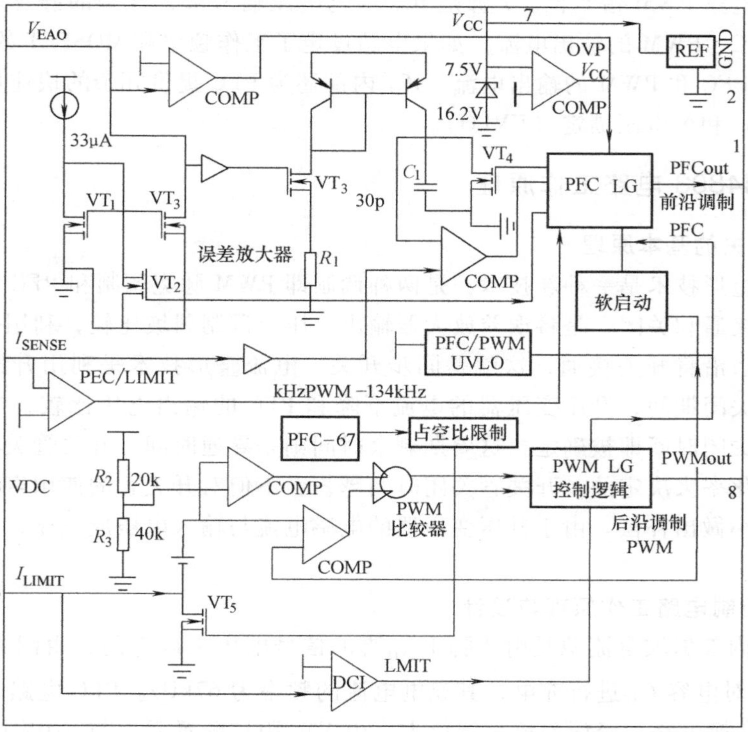

图 4-27 FAN4803 结构框图

种调制方式使 PFC 的直流输出电容器的脉动电流减到最小，使 PFC 控制电路的调制电容容量选用减小，而且容抗降低，对整个控制电路起到优化作用。

3）PFC 和 PWM 的双路均采用脉冲前沿调制和脉冲后沿调制，这种双路控制的优点只需要一个时钟控制脉冲，这样把开关管的瞬时“空载”的时间缩到最短，而使开关管在工作期间所产生的脉冲电压大大降低，也使得 PFC 的输出纹波电压减少，从本质上减少了 PFC 输出高压对电容器和整个电路的损耗，这就是所谓同步开关控制技术的优点。由于体积小，电路适用于适配器、笔记本电脑等的电源。

4）FAN4803 具有过电压、欠电压和降低输出的保护功能，电路在控制周期有峰值电流限制、占空比限制以及软启动等先进的控制方式，由于芯片设置了这些方式，电路的启动电流为 150μA，空载或待机电流仅为 2mA。电路由于具有高功率因数、高效率和高可靠性，被广泛用于适配器和有关对电源体积有要求的特殊电源装置。

图 4-28 是 FAN4803 的引脚排列图。必须指出的是：3 脚相对 IC_1 的电位应该是负极性，内接到脉冲电流限制比较器和电流反馈输入，这个反馈信号与 IC_1 内部的电流斜坡一同进入比较器进行比较，其差值用来调制功率因数的占空比，降低或升高高压变压器电流与片内斜坡的交点，最后决定 PFC 的工作频率。6 脚为 PWM 提供反馈峰值电流并加以限制。片内斜坡电流在内部偏移 1.2V，再跟电路的光耦合电压

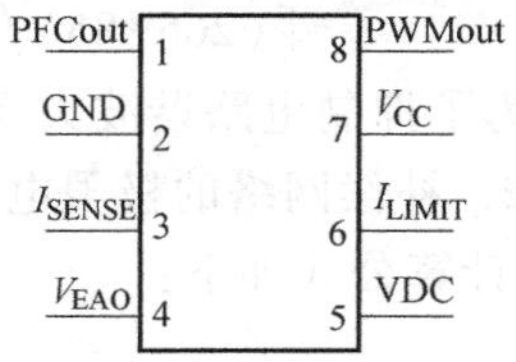

图 4-28 FAN4803 引脚排列图
1—PFC 大电流驱动输出 2—GND 3—电流检测输入端 4—PFC 输出 5—反馈信号输入端 6—PWM 电流检测输入 7—V_{CC} 8—PWM 脉冲输出端

比较，以决定电路 PWM 占空比。7 脚是 IC_1 供电电压输入脚，该脚的静态电流包括 IC_1 的偏置电流和 PFC、PWM 的输出电流。如果电路设定了工作频率和 MOSFET 的栅极工作电流，就可以计算出 PFC 和 PWM 的输出电流。IC_1 内部还为 PFC 提供冗余的快速保护，包括过电压保护（OVP）和欠电压锁定（UVLO）。

4.6.2 FAN4803 电路工作原理

1. 同步开关的基本原理

输入电流整形技术是一种新技术，是两种调制即 PWM 脉宽调制和 PFC 调制在一个时钟脉冲对开关管接通和关闭，是将误差放大器输出电压与调制斜坡比较，利用一个脉冲的前沿将开关关闭，后沿将开关接通，这就是同步开关。电流整形技术是利用升压变压器来实现的，开关管在关闭期间，升压变压器的电流下降和 PFC 的输出电压比较，当两个信号相交时，开关管的关闭时间即被确定，这周期剩余时间则是导通时间。开关管关闭时间的长短是由斜坡电压变化率来决定的，开关管关闭时间越长，不但对开关管的使用寿命带来好处，并对输出负载大小做出补偿。由于升压变压器的电感电流与输入电压成正比，从而保持了高功率因数。

2. PFC 控制电路工作原理与设计

FAN4803 内部斜坡电流源是由 4 脚 V_{EAO}脚的信号电压来调整的，由图 4-27 可知，放大了 V_{EAO}信号，对电容 C_1 进行充电，其充电电流的频率为 67kHz。PFC 电路是利用芯片内一个 35μA 电流变换电路，经误差放大器放大，由 VT_3 阻抗配置后，与 5.0V 的 V_{EAO}电压进行比较，经 PFC 逻辑调制，输出 PFC 调制电阻 R_{14}、R_{15}升压至 400V。R_{14}、R_{15}的电阻值应为

$$R_{14}+R_{15}=\frac{V_{SVO}-V_{EAO}}{I_{PCM}}=\frac{400-5}{35\times10^{-6}}\Omega=11.3\mathrm{M}\Omega$$

式中，V_{SVO}为设计输出电压，也是 PFC 的输出电压；V_{EAO}为 FAN4803 设置的 5V 标准电压；I_{PCM}为 FAN4803 片内变换电流。

调节 R_{14}、R_{15}的电阻值可调节 PFC 的输出电压的高低，其变化范围为 10%，要求 PFC 的输出电压为 430V，因此要求输出滤波电容 C_3 的耐压额定值为 450V。

电解电容的容量计算：

$$C_3=\frac{1.8\times2\pi P_o\left(\dfrac{1}{2f}-t_c\right)\times10^3}{[(265-85)\sqrt{2}]^2}=\frac{1.8\times2\pi\times85\times7\times10^3}{64780}\mu\mathrm{F}=104\mu\mathrm{F}，取100\mu\mathrm{F}标称电容$$

为了抑制电路谐波失真，由 C_{18}、R_{13}组成电压环路补偿电路，以确保电压带宽不低于 120Hz，补偿网络的极限电容 C_{17}可支持误差放大器的覆盖频率下的增益量，电容 C_{18}、电阻 R_{13}的计算公式如下：

$$C_{18}=\frac{P_o}{(R_{14}+R_{15})\Delta V_{EAO}C_p(2\pi f)^2}$$

式中，ΔV_{EAO}为检测输入电压变化量，取 $\Delta V_{EAO}=0.5\mathrm{V}$；$f$ 为电流谐波交叉频率，典型值 30kHz。

$$C_{18}=\frac{85\mathrm{W}}{11.3\times10^6\Omega\times0.5\mathrm{V}\times100\mu\mathrm{F}\times(2\pi\times30\mathrm{kHz})^2}$$

$=4.2\text{nF}$，取4.4nF标称电容

$$R_{13}=\frac{1}{2\pi f\times C_{18}\times 10^{-6}}=120.6\text{k}\Omega\text{，取}120\text{k}\Omega\text{标称电阻}$$

电路处在稳定工作期间，I_{EAO}设置为25μA，通电启动时，片内误差放大器的转换电流失去作用，直到供电压V_{CC}上升到12V时，PFC内部误差放大器恢复工作，开关管采用前沿调制，V_{EAO}迫使PFC输出的占空比为零值，其结果将保证PFC控制电路在开关管导通时进入软启动状态。当V_{CC}供电电压升到12V时，则片内转换电路就开始工作，然后补偿电路的35μA转换电流通过电容放电，直到建立稳定的工作点。如图4-26所示，升压变压器TR_1的一次电感，必须保证供电电压处于低压时，脉动电流的峰值为输入电流20%。我们知道，开关管导通是利用控制脉冲后沿触发的，这样有足够的输出电流断开过电流比较器。PFC升压变压器的主要参量计算如下：

峰值电流I_{PK}计算：

$$I_{PK}=\frac{\sqrt{2}V_{i(min)}}{V_{ACmin}\eta}$$

$$=\frac{\sqrt{2}\times 85}{85\times 0.85}\text{A}=\frac{120.19}{72.25}\text{A}=1.66\text{A}$$

式中，V_{ACmin}与交流输入最低电压。

占空比D_{max}的计算：

$$D_{max}=\frac{V_{SVO}-\sqrt{2}V_{ACmin}}{V_{i(min)}+V_{SVO}-V_{DS(on)}}=\frac{400-85\sqrt{2}}{120.2+400-10}=\frac{279.8}{510.2}=0.548$$

一次电感L的计算：$V_{DS(on)}$为开关管开通电压，取10V

$$L=\frac{V_{ACmin}\sqrt{2}D_{max}\times 10^3}{2I_{PK}f}=\frac{\sqrt{2}\times 85\times 0.548\times 10^3}{2\times 1.66\times 30\times 10^3}\text{mH}=0.661\text{mH}$$

从图4-27中可以看到，在非连续传导模式（DCM）下，采用FAN4803控制芯片，对输入电流进行整形，会对控制状态失去控制机会，造成对功率因数调整下降，还会造成输出电压过高，针对这种现象，为了在DCM条件下，使脉宽调制技术得到应用，可以调整升压变压器的电流经过零值时降低斜率，这样开关管的关闭时间就会被确定，PFC的脉冲电流足以将MOSFET驱动起来，工作程序启动，消除了因输入电流波形整形，所要越过死区时间。具体解决的方法是：在电路上增加一个电流检测信号，此信号强迫占空比在轻载时为零，使PFC不在非连续模式工作，并使触发脉冲从连续传导模式，跳跃到占空比为零的控制状态。这种电流检测信号由电路滤波分压采集，该信号能对每个触发脉冲发出电流限制的信息。而限制电流与占空比有很大的关系，通过低通网络把丢失信号减到最小。低通网络由C_6、VD_7组成。图4-26中的IC_1的1脚把PFC和PWM分别输送到VT_1的栅极和VT_3的源极，通过低通网络均衡偏置的方波电压，合成效应负极性电压与输入检测电流相加，分别控制PFC和PWM，以实现同步开关控制技术。

PFC电流检测电阻R_4计算：

$$R_4=\frac{V_{LIMIT}}{120\%I_{PK}}=\frac{1\text{V}}{1.2\times 1.64\text{A}}$$

$$=0.508\Omega\approx 0.51\Omega$$

式中，V_{LIMIT}为检测信号电压，设定最大值为1V；I_{PK}为峰值电流。

场效应晶体管 VT_1 的栅极是 PFC 和 PWM 驱动的，它的输出峰值电流变化率是 1A，栅极的驱动电阻 R_2 采用 22Ω，这样可以使栅极峰值电流小于 1A，有利 VT_1 的驱动电压关闭，也能将 IC_1 的电源供电电压关闭。电路处在待机模式时，这就实现了电路在零负载和待机状态时小于 1W 的功耗。PWM 的控制电路由 IC_{2B}、R_{32}、R_{33}、R_{38}、R_{37}组成。当输出负载为额定值 4.5A 时，在电阻 R_{31}上产生的压降由 R_{37}送到 IC_{2B}的 5 脚。当输入电压大于反相输入电压（6 脚）时，IC_{2B}的 7 脚输出高电压，使光耦合器 IC_6 启动工作，向场效应晶体管 VT_3 的栅极输出驱动电压，也使 IC_1 的 1 脚将驱动电压信号通过 VT_3 驱动 VT_1，使 VT_1 进入 PWM 调制状态，从而实现根据负载的变化对 VT_1 的工作状态进行控制。

电路为了提高晶体管 VT_2 的开关特性，降低它的开关损耗，采用了开关加速电路，它由 R_{25}、R_{26}、C_5、VT_4 组成。C_5 为加速电容，使 VT_2 的饱和与截止时间减小，加速翻转。改变 R_{24}，将改变 VT_2 的导通时间。若 R_{24}电阻减小，则导通时间减小，但驱动电流上升，驱动电流脉冲上升沿加陡，对开关晶体管的使用寿命不利，同时 EMI 的干扰加深，综合考虑，电阻 R_{24}使用 220Ω 比较合适。

4.6.3 PWM 功率级电路工作原理及脉冲变压器设计

功率推动由推动晶体管 VT_2、VT_5、脉冲变压器 TR_3 及振荡变压器 TR_2 等元器件组成，由 VT_2、VT_5 组成正激式双晶体管电路，使晶体管所承受的电压应力降低一半，转换效率提高。磁心不饱和的概率上升，加上具有过电压、过电流、短路、过热等保护功能，安全、可靠，此电路被称之为“三高一小”绿色环保电源，可用于笔记本电脑。

从理论上分析：开关电源如果处在低电压大电流传递时，变压器 TR_2 的一次漏感将影响开关在工作周期开关管的导通，所以要求变压器的漏感尽量小，但是漏感并不是完全由变压器内部造成的，它还包括有外部电路，原理图中的 VD_{11}、C_{26}、C_{27}、VS_6 为电路抑制漏感而设计的。

TR_3 是脉冲变压器，由 IC_1 的 8 脚输出 PWM 脉冲信号经过它耦合到 MOSFET 的栅极，为使 PWM 传导模式变换为连续传导模式（CCM），变压器采用 0.12 的匝数比和 400V 的输入电压，它的占空比 D_M 由下式计算出来：

$$D_M = \frac{V_o + V_{o(VT_3)}}{V_{SVO}\, n}$$

式中，V_o 为电源输出电压；$V_{o(VT_3)}$是晶体管 VT_3 的导通电压；n 为 TR_3 的匝数比。

$$D_M = \frac{19V + 0.85V}{400V \times 0.12} = 0.414$$

变压器一次电感 L_{MP}：

$$L_{MP} = \frac{(V_o + V_{o(VT_3)})(1 - D_M)}{20\% I_o f_M}$$

式中，f_M 为脉冲变压器振荡频率，设 60kHz；I_o 为电源输出电流。

$$L_{MP} = \frac{(19.0 + 0.85) \times (1 - 0.414)}{4.5 \times 0.2 \times 60 \times 10^3} \mathrm{H} = 215\mu\mathrm{H}$$

振荡变压器主要参数设计如下：

为保证电路在输入电压400V的状态下，保持输出功率不受影响，设电路的最大占空比 D_{max} 为0.546，变压器的耦合系数为0.8，其匝数 n 为

$$n=\frac{N_S}{N_P}=\frac{V_o+V_{o(VT3)}}{V_{SVO}D_{max}F_M}$$

$$n=\frac{19.0+0.85}{400\times0.546\times0.8}=0.114$$

设变压器二次绕组为6匝，则

$$N_P=\frac{N_S}{n}=\frac{6}{0.114}\text{匝}=52.63\text{匝}\approx53\text{匝}$$

变压器一次电感 L_P

$$L_P=\frac{V_{SVO}D_M}{I_o f_s n}\times10^2$$

式中，变压器振荡频率 $f_s=100\text{kHz}$。

$$L_P=\frac{400\times0.546\times10^2}{4.5\times0.114\times100\times10^3}\text{mH}=0.426\text{mH}$$

图4-26中的 R_{21} 是电流检测电阻，它关系到电路里的过电流、短路保护，它的大小至关重要，根据开关电源安全规程，过电流保护应该是输出电流额定值的130%，电路应启动保护，还规定脉宽调制的关断电平是1.60V，这样 R_{21} 的计算公式为

$$R_{21}=\frac{V_{LIMIT}}{I_o K_{AG} n\times130\%}$$

式中，K_{AG} 为一次磁化电流与二次脉动电流的比值，设 $K_{AG}=1.25$。

$$R_{21}=\frac{1.60}{4.5\times1.25\times1.3\times0.114}\Omega=1.92\Omega\text{，取}1.8\Omega/2\text{W}\text{。}$$

电路如果处在低电压输入、大电流输出，瞬时变为空载，这时会给输出电压引起巨大的过冲，这时变压器 TR_1 的一次绕组不能产生足够高的电压切断 IC_1 的供电，实施保护，因为在这瞬间，脉宽调制的占空比趋于零，因而要抑制由于空载低电压输入时的电路驱动，振荡变压器 TR_1 的二次电压由于变压器储能的作用，产生足够高的 V_{CC} 电压，维护 IC_1 的连续工作，实施空载保护。VS_4 是钳位齐纳二极管，它的作用是低压保护。R_5、R_6、R_7 是高阻启动电阻，电路在启动期间，为 IC_1 提供启动电压，并实施过电压保护。IC_5、IC_3、R_{41}、R_{42} 组成信号反馈取样电路，输出电压的高低由 R_{41}、R_{42} 决定。电阻 R_{39}、R_{40} 将决定 IC_5 的工作电流，此电流的大小与反馈响应时间有关，IC_5 的工作电流越大，响应速度越快，但 IC_5 的功耗加大，一般取5mA为宜。C_{23}、C_{24}、R_{44} 是误差放大器相位频率补偿。IC_2 的电源供电，由 VD_{11} 整流，C_{26}、C_{27} 滤波，电阻 R_{35} 限流。IC_{2A}、IC_4 为电路输出过电流、短路进行保护。从电阻 R_{28}、R_{29} 分压，取出电压信号，送到 IC_{2A}，又从 R_{31} 上经 R_{37} 取得反相信号送入 IC_{2A} 进行比较，其差值送到 IC_4 进行工作调整，如果电路输出电流大于4.5A，则表示 IC_{2A} 的3脚电压大于2脚，1脚输出高电平，IC_4 导通，经光耦合器反馈，使 IC_1 的8脚输出驱动信号，促使 VT_5 关闭，起到过电流、短路保护作用。

4.7 输出低电压、大电流的 L6565 功率因数转换电源

实现电源低电压、大电流输出是开关电源向现代发展的要求，因为低电压大电流输出存在着集成化控制问题，新材料、新器件问题，还有大规模生产工艺等问题。L6565 和 L6561 结合解决了电路集成控制问题。电路用于 LCD 显示器和笔记本电脑电源等。

4.7.1 L6565 电路特点

1）满足大电流输出。首先要满足电路转换效率拓扑，它采用了有源钳位零电压开关和准谐振技术，这一技术使开关电路具有在大电流输出的状态下，具有较高的转换效率和较低的 EMI 干扰。

2）电源的消耗低。待机的功耗小，体积小、价格低，是 L6565 的特点之一，因为电路处在准谐振模式下运行，开关功率管的损耗理论上是零值软开关，开关电路所承受的电压应力可以做到最大，输出的功率也能设计到最大。

3）电路具有过电流、过电压、短路等保护功能。虽然电路的输出功率高达 120W，但它的效率提到 90%，非常安全、可靠。由于 L6561 在电路中起着有源功率因数调整，所以它的功率因数可达到 0.999。电路还采用输入电压前馈控制，这样它的输出功率基本上是恒功率输出。

4）电路采用同步整流技术，由于有了这种技术，使开关管的电压应力提高，开关管的漏一源极的阻抗降低，这样开关管提供快速导通和截止的通路，减小了因电流互感器在振荡变压器所产生的尖峰电压使功率管误动作所造成控制器失控。同时，变压器的漏电感的存在，使电路在漏感与电容的作用下产生谐振，保证开关管在零电压开关状态运行。

4.7.2 L6565 与 L6561 组合电路工作原理

电路由输入低通滤波功能保护电路、抑制 EMI 和 RFI 电路、输入电压整流滤波电路、有源功率因数校正电路、准谐振直流转换输出电路、输出同步整流滤波电路、电压检测反馈取样电路等组成，如图 4-29 所示。电路用于笔记本电脑和 LCD 显示器等场合。

1. 输入低通滤波及保护电路

交流输入电压通过 C_1、L_1、C_2、L_2 组成两级滤波电路，分别对低于 10MHz 和高于 30MHz 的电磁杂波进行抑制和旁路，消除电路的传导干扰和辐射干扰。FU 是输入电压过电压或过电流熔丝，R_t 是输入回路负温度系数热敏电阻，它们是防止电源因温度过高，起着过温保护作用，电容 C_2、C_3 串接在输入电压的中线与相线之间，起着抑制共模干扰，通常称为 Y 电容。如何消除体积小的开关电源的热量传导与抑制 EMI 干扰是这种输出低电压、大电流设计最难的课题之一，我们知道抑制 EMI 干扰主要决定于 L_1、L_2 的电感量，低电感对抑制高频段有利、高电感对抑制低频段有利，从统筹着想，设计两级滤波抑制电路显得非常重要。为安全，R_1 是泄放电阻，防止电容在放电期间，发生电击。

L6565 的 2 脚是将输入电流检测和输出电压前馈电路的输出信号进行比较，决定 MOSFET 关断时间，如果 2 脚电压超过 2V 门限，比较器则启动，栅极驱动截止，这就是过电流保护。

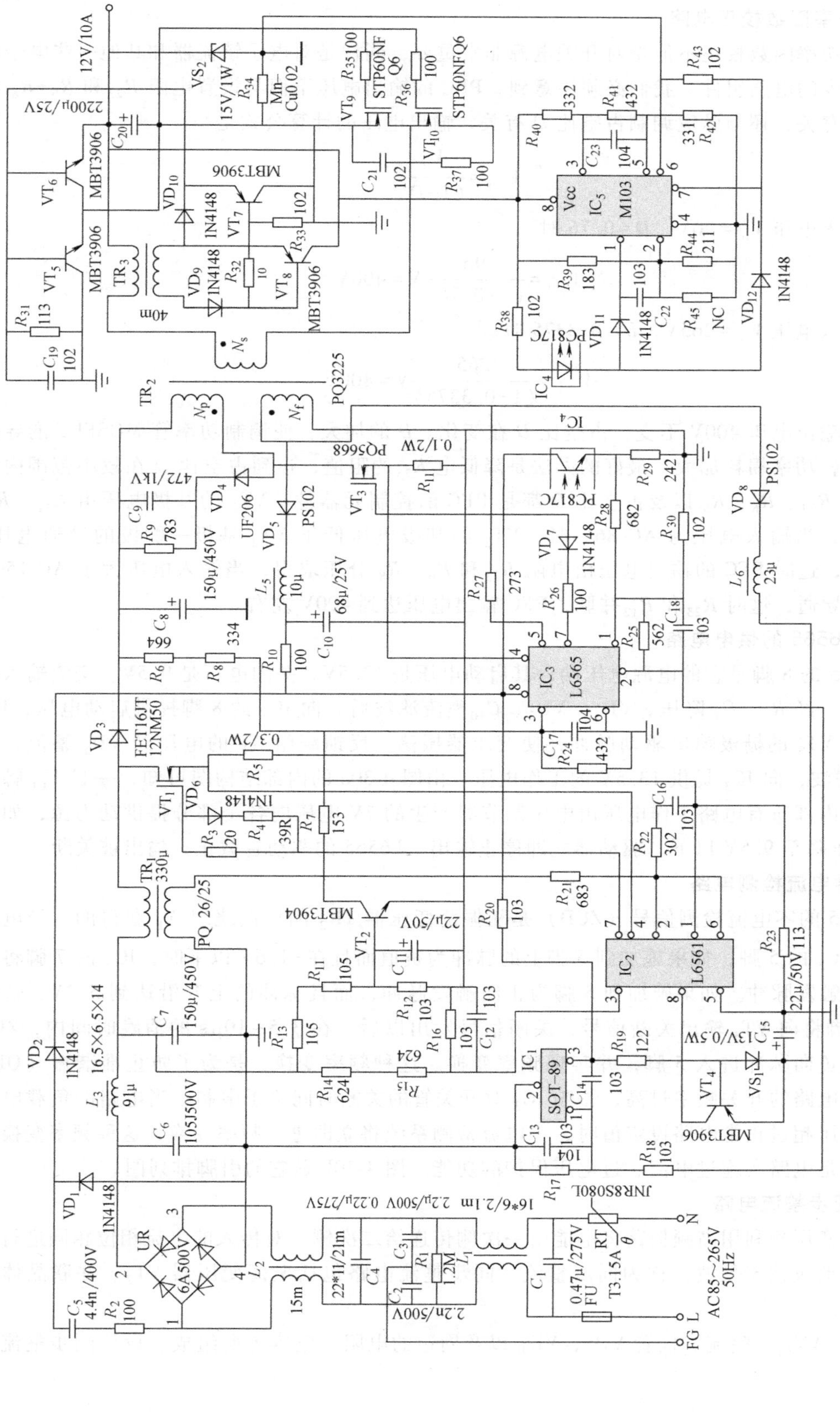

图 4-29 低电压、大电流输出的 L6565 准谐振开关电源

2. 功率因数校正电路

有源功率因数校正不但是对开关电源非常重要，同样是对电子镇流器和其他一些电子设备不可缺少的电路组件。我们必须注意到，PFC 的输出电压不但与设置电阻 R_{23}和 R_6+R_8 的分压电阻有关，还与脉宽调制占空比 D 有关，输出电压的计算公式是

$$V_{out}=\frac{V_{in}}{(1-D)}$$

当输入电压 $V_{in}=96V$，$D=0.76$ 时

$$V_{out}=\frac{96}{(1-0.76)}V=400V$$

当输入电压 $V_{in}=265V$，$D=0.3375$ 时

$$V_{out}=\frac{265}{(1-0.3375)}V=400V$$

保持输出电压 400V 不变，占空比 D 在变化。D 的加大，使调制功率管 MOSFET 的导通时间加长，功率损耗加大，最好的办法是降低电 R_{23}的阻值，达到占空比 D 在较小范围内变化。IC_1、R_{23}、R_6、R_8 以及占空比 D 都是 PFC 的控制元器件。VT_2 的基极电压由 R_{11}、R_{12} 分压取得，当输入电压为 AC 86V 时，VT_2 的基极电压低于 VT_2 基极—射极的导通电压，VT_2 截止，这时 PFC 的输出电压由电阻 R_{23} 和 R_6、R_8 分压取得；当输入电压大于 AC 150V 时，VT_2 导通，这时 R_{23}和 R_{12}并联，PFC 输出电压达到 400V 左右。

3. L6565 的供电电路

L6565 的 8 脚是它的电源电压端，其启动电压是 13.5V，关闭电压是 9.5V。交流输入电压的一路，经 R_2、C_5 降压，VD_1、VD_2、C_{10}整流滤波后，向 IC_2 的 8 脚提供启动电压，IC_3 的 7 脚向 VT_3 的栅极输出驱动脉冲，使变压器振荡，反馈绕组 N_F 的电压经 VD_5 整流，由 L_5、C_{10}滤波，向 IC_3 提供 13.5V 的工作电压。由图 4-30a 的内部结构图可知，一旦 V_{CC}脚导通，它的内部所有电路工作电压由电压调节器产生的 7V 电压向各个部分提供动力源，如果 V_{CC}的电压降至 9.5V 以下，驱动器立即停止输出，L6565 的驱动管截止，输出被关断。

4. 零电流检测电路

L6565 的零电流检测信号（ZCD）是从振荡变压器 TR_2 的反馈绕组 N_F 获得的，经电阻 R_{27}进入 IC_3 的 5 脚，如果施加到 5 脚上的脉冲为负值而且在-1.6V 以下时，IC_3 的 7 脚将向 VT_3 输出触发脉冲。如果施加到 5 脚为正向触发脉冲，而且脉冲的上升沿达到 5.2V，这时 IC_3 的 7 脚将向 VT_3 输出关断信号，关断信号发出以后，在 3.5~10μs 的消隐时间内，ZCD 阻止任何负向脉冲进入 5 脚，并实现频率变换。这种频率变换，是为了防止准谐振（QR）回扫变换电路的开关频率过高，影响 IC_3 对开关管的关断时间给予限制，当电路的负载电流和输入电压超过正常电路设定值时，零电流检测系统将立即进入频率变换，这种频率变换的结果，就是电路实施过电流、过电压保护的功能。图 4-30b 是它的引脚排列图。

5. 同步整流电路

振荡变压器利用高频振荡将电能由一次侧传递给二次侧，对传入的电流相位相同进行二次或三次谐波整流平波，称为同步整流。同步整流电路包括振荡变压器 VT_2、并联晶体管 VT_5、VT_6。

VT_9、VT_{10}、整流二极管 VD_9、VD_{10}以及周边的电阻、电容等所组成。设计同步整流是

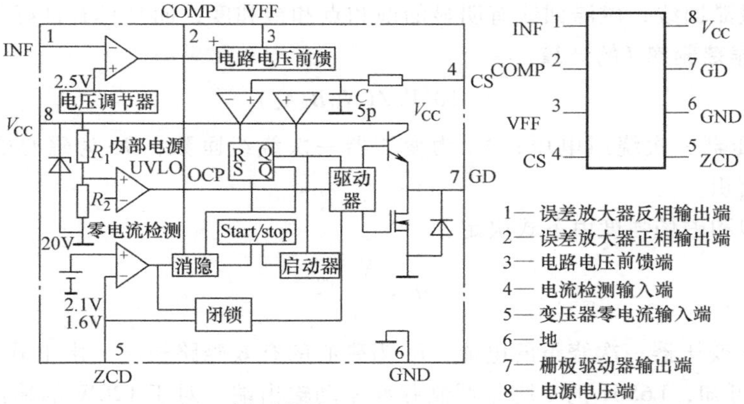

a) L6565内部功能框图　　b) L6565引脚排列图

图 4-30　L6565 内部功能及引脚排列图

为了取得最大的输出电流和最低的电流纹波。TR_3 是电路滤波电感，也称电流变压器。它的磁心选用 N30 材质环形磁心。电阻 R_{37}、电容 C_{21} 以及电阻 R_{31}、电容 C_{19} 组成快速充放电网络，使 VT_9、VT_{10}、VT_5、VT_6 快速放电，减小因电流变压器 TR_3 的电磁感应所产生的尖峰电压使整流二极管误动作，影响输出电流电压的质量、加大整流的功率损耗。电阻 R_{34} 是电流负反馈取压电阻，用它来调节负反馈的深度，使功率输出稳定。

6. 误差负反馈及保护电路

负反馈是使电路性能稳定所采用的主要方法。误差反馈及保护电路主要由 IC_4、IC_5、VD_{11}、R_{38}、VD_{12}、R_{39}、R_{44}、C_{22} 等元器件组成。IC_5 的工作电压取自电路的输出电压，该电压又经 R_{40} 加到 IC_5 的 3 脚，在 IC_5 的内部产生 2.5V 的精密电压。R_{39}、R_{44} 经过分压连到输出端，反相分压电压加到 IC_5 的 2 脚上，它与 IC_5 的 3 脚同相输入的基准电压进行比较，其差值由 IC_5 的 1 脚输出。电路的恒压控制模式是，经 R_{38}→IC_4→VD_{11}→IC_5 的 1 脚形成电压控制回路；恒流控制回路是，经 IC_5 的 5 脚→R_{41}→R_{42} 分压后，与由 6 脚输入的反相信号进行比较，再经 6 脚输出电流信号，此信号电流在电阻 R_{34} 产生压降。当输出电流增加时，6 脚的控制电压大于 5 脚的设定电压，此时，IC_4 发光二极管的电流经 VD_{12} 流向 7 脚，使 7 脚输出低电压，实现恒流输出的目的。IC_4 的电流也可由 VD_{11} 流入 1 脚，这时 7 脚输出高电压。VD_{11}、VD_{12} 组成“或门”电路，IC_4 的电流流向决定电路输出电压的高低。利用精密稳压源 TL431 和光耦合器 PC817C 是一般开关电源所普遍应用的负反馈控制电路，本电路采用误差放大器输出 IC_3 的 2 脚与反相输入（1 脚）之间 R_{25}、C_{18} 组成的 RC 网络，用作控制环路补偿，这种反馈方式，是要求 L6565 作为准谐振同步方式才被采用。

4.7.3　升压变压器 TR_1 设计方法

在开关电源电路凡是有 APFC 转换的地方，都需要升压变压器或者脉冲变压器，有些推挽式、半桥式、全桥式等变换电路里也常常用脉冲变压器，但它的作用不一样，PFC 所用的变压器，一是它与开关管和二极管一起来提升直流电压，二是利用变压器来检测输入电压与变换后的输出电流同相，降低谐波含量，三是检测输入电压的工作状态，实施对过电压或欠电压保护。脉冲变压器磁心和一次绕组的匝数及一次绕组的电压对变换器的工作频率有着决定性的影响。一般脉冲变压器的磁心都采用 EE 或 PQ 软磁铁氧体磁心，要求磁心必须具有近似矩形的磁滞回线，磁滞回线有明显的饱和点和饱和度，而且具有良好的对称性。

1. 振荡器振荡频率 f 的计算

$$f=10^5V_P/(N_PB_SA_e)$$

式中，V_P 为变压器一次绕组电压；N_P 为变压器一次绕组匝数；B_S 为磁心磁感应强度；A_e 为磁心有效截面积。

磁性材料饱和磁场强度由下式决定：

$$H_S=\frac{N_PI_{po}}{l_E}$$

式中，I_{po}为流入变压器一次绕组的电流；l_E 为磁心的有效磁路长度。由上式推算 $N_P=H_Sl_E/I_{po}$。从图 4-29 可知，L6561 的 7 脚是调制脉冲驱动输出端，对于 120W 的输出功率，脉冲峰值电流最大不会超过 0.22A，但它的电压比较低（8.5V 左右）。现在选用 EE22 型磁心，查磁心产品规格表可知磁场强度 $H_S=1.8\text{A/cm}$，$l_E=12\text{cm}$。由上式可算出

$$N_P=H_Sl_E/I_P=1.8\times12/0.22=98$$

磁心的饱和磁感应强度 $B_S=0.234\text{T}$，EE22 型的磁心截面积为 0.36cm^2，根据公式可计算出振荡频率。

$$f=10^5\cdot V_P/(N_PB_SA_e)=10^5\times8.5/(98\times0.234\times0.36)\text{Hz}=103\text{kHz}$$

2. 计算脉冲变压器二次绕组匝数 N_S

$$N_S=I_GN_P/I_S$$

MOSFET 驱动管的栅极-源极之间的驱动绕组即为脉冲变压器的二次绕组。脉冲调制 MOS 管 12NM50，在 $I_S=1.5\text{A}$，$V_{DS}=1\text{V}$ 时，h_{FE}值不小于 10，所以 MOSFET 的栅极电流$I_G=I_S/h_{FE}=1.5/10\text{A}=0.15\text{A}$，代入上式得到 $N_S=0.15\times98/1.5=9.8\approx10$。

4.7.4 高频变压器 TR_2 设计方法

1. 输入直流电压的计算

$$V_i=86\sim265\text{V(AC)}$$

$$V_{i(min)}=\sqrt{2}V_iF_{min}$$

式中，F_{min}为经整流滤波后 100Hz 电压纹波系数，$F_{min}=0.9$；V_i 取最小值 86V。

$$V_{i(min)}=\sqrt{2}\times86\times0.9\text{V}=109.44\text{V}$$

$$V_{i(max)}=\sqrt{2}V_iF_{cp}$$

式中，F_{cp}是一次滤波电容上的过电压因数，电路不带 PFC 时，$F_{cp}=1$，电路带 PFC 时$F_{cp}=1.1$；V_i 取最大值 265V。

$$V_{i(max)}=\sqrt{2}\times265\times1.1\text{V}=412.18\text{V}$$

2. 计算一次绕组最大电流 $I_{P(max)}$

电源效率 $\eta=0.85$。

$$I_{P(max)}=P_i/V_{i(min)}=P_o/(\eta V_{i(min)})=12\times10/(0.85\times109.44)\text{A}=1.29\text{A}$$

3. 计算变压器一次绕组匝数 N_P

$$N_P=(V_{i(max)}+V_{i(min)})B_{max}A_e/(\sqrt{2}V_{i(min)}F_{os}I_{P(max)})$$

式中，B_{max}为变压器磁心允许最大磁通密度，$B_{max}=0.3T$；F_{os}为一次绕组电压过冲因数，电路无 PFC 时，$F_{os}=1.3$，电路有 PFC 时，$F_{os}=1.8$。

$$N_P=(412.18+109.44)\times0.3\times113/(\sqrt{2}\times109.44\times1.8\times1.29)$$
$$=49.211\approx49$$

4. 计算变压器二次绕组匝数 N_S

计算二次绕组每匝所感应的电压 V'

$$V'=(V_{i(max)}-V_{i(min)})/(N_P F_{os})=(412.18-109.44)/(49\times1.8)\text{V/匝}$$
$$=3.432\text{V/匝}$$

计算变压器二次绕组高频电压，图 4-29 中的 TR_3 是触发脉冲变压器，设变压器一次绕组的电压降为 2.6V，经 VT_5、VT_6 图腾柱快速开关，C_{20}滤波，便有：

$$V_S=(V_o+V_{TR_3})/0.707=(12+2.6)/0.707\text{V}=20.65\text{V}$$
$$N_S=V_S/V'=20.65/3.432=6.02\approx6$$

5. 计算变压器一次绕组电感 L_P

$$L_P=D_{min}V_{i(max)}/(I_{p(max)}f)$$

计算占空比 $$D_{min}=V_{i(min)}/(V_{i(min)}+V^e_{i(max)})$$

式中，e 为一次绕组电压感应系数，它与输入电压的高低有关系，现设定 $e=0.88$。

$$D_{min}=109.44/(412.18^{0.88}+109.44)=0.354$$
$$L_P=0.354\times412.18/(1.29\times103\times10^3)\text{H}=1.098\text{mH}$$

6. 计算磁心气隙 δ

$$\delta=0.4\pi L_P I^2_{P(max)}/(\Delta B^2 A_e)=1.256\times1.098\times1.29^2/(0.3^2\times113)\text{mm}=0.226\text{mm}$$

4.8 具有谐振式临界电流控制模式的 L6563 功率因数转换电源

开关电源变换技术就是提高开关频率，频率提高了，输出的功率就大了，效率也将大大提高，就是常说的谐振式“软开关”技术。所谓软开关就是零开关，指的是零电压开关管导通，零电流开关管关断，这样开关管在导通和关断时不受外力作用，所以它的损耗为零。

L6563 与 L6599 所组成的新的电源电路是具有谐振式临界电流控制的、低损耗、高效益的电源电路，是目前市场上较为先进的电路。

4.8.1 L6563 的功能特点

L6563 电路的前馈功能是对主电压的变化，跟进了环路的稳定和瞬时响应。IC 还提供了跟随式升压状态的选择，其结果是 PFC 转换的功耗低，启动电流小（≤90μA），工作电流低（≤50μA）。

L6563 的引脚功能，如图 4-31 所示。

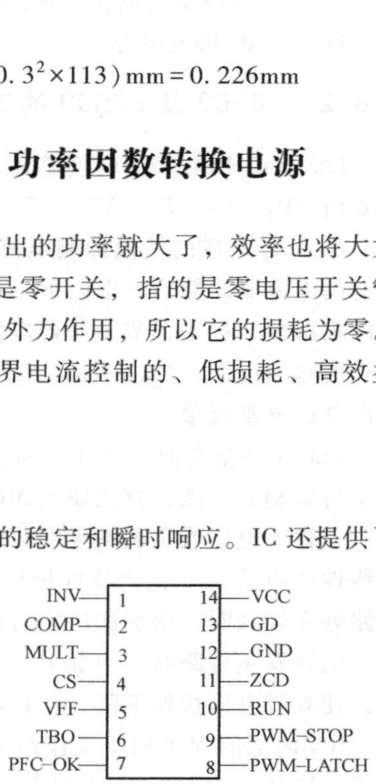

图 4-31 L6563 引脚排列图

1 脚：误差放大器反相输入，PFC 的输出电压通过电阻分压，反馈到 1 脚，流入的电流将改变输出电压，所以称它跟随着主电压。

2 脚：误差放大器输出，补偿网络由该脚与 1 脚组成，使输出电压稳定，并保证高 cosϕ 和低的 THD。

3 脚：乘法器电压采样输入。通过电阻分压到输入整流电压上，提供正弦波参考信号电流。片内转换电流≥1.0μA。

4 脚：PWM 比较器输入端，电流经检测电阻转变成电压传递，与内部参考电压进行比较，决定开关管的通断。正常工作电压是 1.7V。

5 脚：乘法器第二输入功能。一只电阻和电容并联后连接到该脚与地之间，作环路增益补偿。

6 脚：跟随升压功能。电阻连接该脚与地，决定流入该脚的电流，输出电压按比例改变，如果不使用，该脚将开路。

7 脚：PFC 输出电压监视，实现电路保护，通过分压电阻来检测 PFC 电压输出并调整该电压。若该脚电压低于 0.2V，则关闭 IC，该脚电压在 0.26~2.5V 之间。

8 脚：发出输出故障信号。如果电压大于 2.5V 或者 CS 电压大于 1.7V，则为高电平。正常工作时，该脚停止供电，PFC 调整锁定，PWM 不工作。

9 脚：故障信号输出。如果该脚信号低于 0.5V，则 IC 不工作。正常时，该脚无供电。若不用则将该脚悬浮。

10 脚：遥控开关。若该脚电压低于 0.2V，则关闭 IC，若电压大于 0.6V 则重新启动。

11 脚：工作在临界模式时，升压电感去磁检测输入。负触发脉冲使 MOS 管导通。

12 脚：地。

13 脚：栅极驱动输出，输出电流为 600mA。灌入电流为 800mA，钳位电压为 12V。

14 脚：IC 供电电源。

4.8.2 L6563 及 L6599 的工作原理

L6563 是 PFC 控制转换芯片，工作在固定关闭时间模式。如图 4-32 所示，控制转换器主要由 VD_1、C_7、R_5、VT_1、R_S、R_6、C_9 等元器件所组成。为了减小 EMI 的干扰，通过 C_5、C_6、L_3 组成的差模抑制电路进行阻隔。L_4、VD_3、C_{10} 是 PFC 转换升压滤波电路。IC_1 具有高电流驱动能力。电阻 R_1、R_2、R_3 是输入电压分压取压电阻，分压信号从 3 脚输入给片内乘法器，用来调节乘法器电流。电阻 R_7、R_8、R_9、R_{10} 是输出电压调节电阻，用来检测 PFC 的输出电压。R_{29}、R_{30}、R_{31}、R_{32}、R_{33} 是输出电压保护电路，用来检测电压控制环路可能出现的异常现象。

LLC（谐振变换）使用半桥拓扑电路，它工作在零电压开关（ZVS）模式。L6599 结合了半桥驱动的功能，直接驱动 MOS 管，它的占空比可到 50%。

当输入电压或负载发生变化时，可根据输出电压调节反馈信号来改变占空比。L6599 是非线性软启动 IC。而电流保护模式采用“打嗝”延时的方法，使过电流加以“消化”。当电路处在轻载时，由引脚决定时序电路，使电路工作在“打嗝”模式。

电路发生短路时，引起 IC_3 的 6 脚电压超过 2 脚的极限电压时，这时使电路进入保护程序，使 6 脚电压快速下降，保持电流稳定。

IC_2 内部的 MOSFET 工作在电流控制模式，是 PWM 转换的部件，输出功率约为 7.3W。反馈电压从 V_{o3} 取样，经基准稳定源与取样电压比较，其差值由光耦合器 PC_1 光耦电流传送到 IC_2 内调制占空比，从而控制输出电压 V_{o3} 的稳定。当 PFC 停止工作时，转换器工作在全

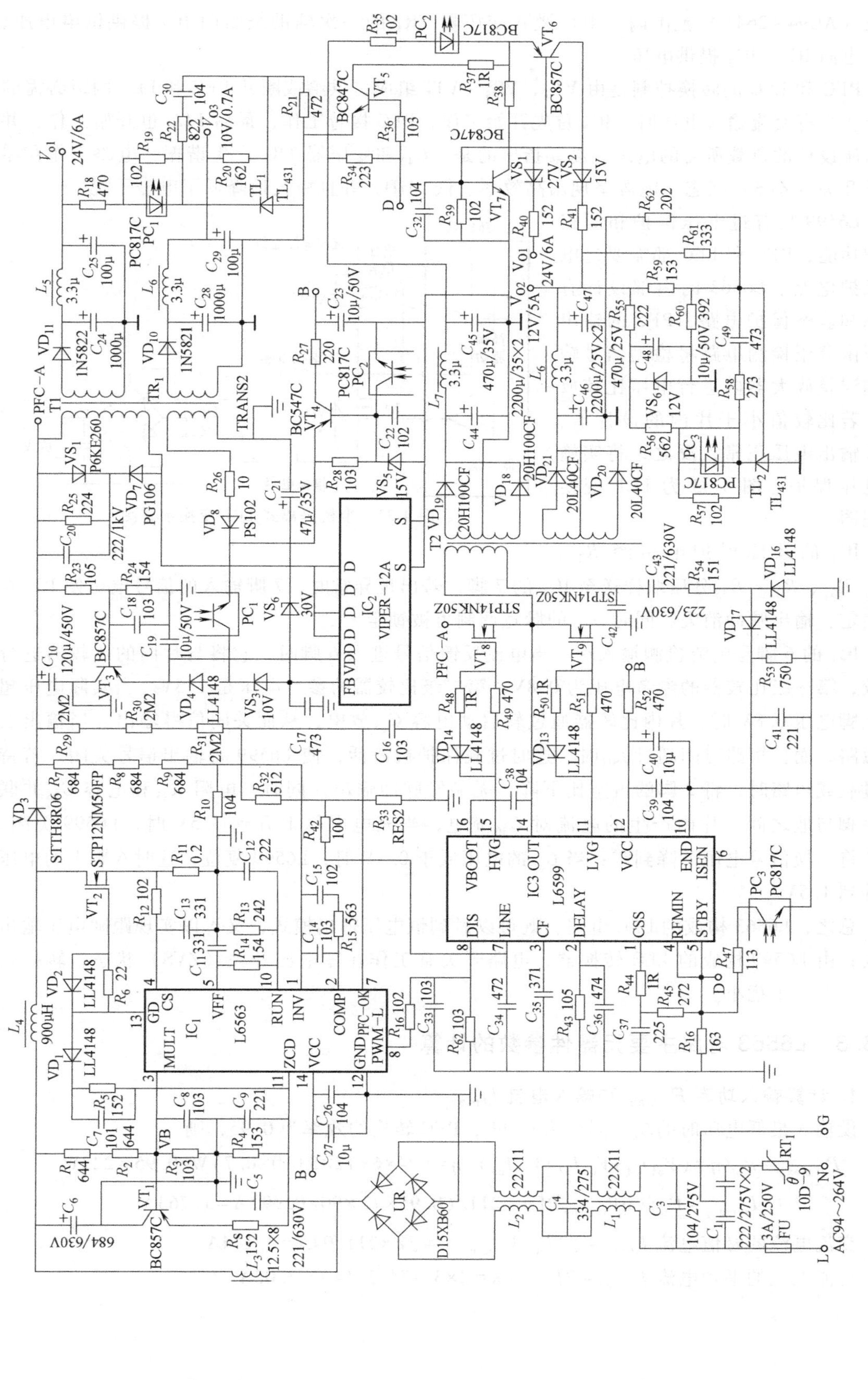

图 4-32 谐振式临界电流控制 L6563 及 L6599 功率因数转换电源

电压（AC94~264V）范围内，由反激式变压器 TR_1 的一次辅助绕组向 IC_2 提供供电电压，同时也向 IC_1、IC_3 提供电压。

PFC 和 LLC 的转换控制是由 VT_4、VS_5、VT_5 组成，供给或断开 PFC 和 LLC 两级必需的电压。当有交流输入电压时，IC_2 首先开始工作，PFC 接着工作，最后 LLC 也开始工作，并输出所设计的负载所需的电压。需要指出的是，C_{42} 和变压器 TR_2 产生谐振，电路工作在零电压开关（ZVS）状态，电源呈现出高效率、低 THD，并且极大地降低了电磁干扰。

L6599 具有过电压保护和短路保护功能，PFC 和 LLC 都需要过电压保护电路。L6563 的内部设计有动态和静态保护电路，PFC 的输出电压由分压检测电路将检测信号输送到误差放大器内进行电压比较放大，若比较值小于片内的设计值，PFC 输出电压正常，反之，将实施过电压保护。图 4-33 为 LCL 变换原理图。

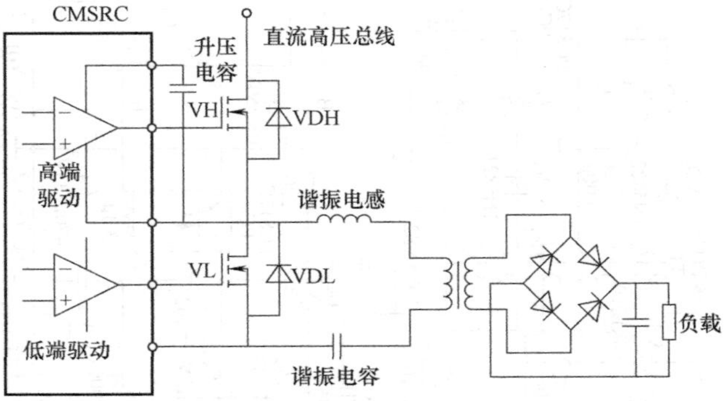

图 4-33 半桥隔离式 LCL 变换示意图

IC_1 的故障保护电路经 R_{29}、R_{30}、R_{31}、R_{32}、R_{33}分压取样送至 IC_1 的 7 脚，若出现异常时，7 脚输入的信号电压使 IC_1 立即锁定，输出脉冲消失，同时 IC_3 的脉宽调制也被锁定。

IC_3 的 6 脚是电流检测输入端，当电流反馈信号进入 6 脚时，它将与片内的比较器进行比较，第一级比较器的参考电压为 0.8V，第二级比较器的参考电压是 1.5V。当实际电压超过该脚电压 0.8V 时，片内比较器通过软启动电容 C_{SS}放电，从而关闭信号输出。当输出发生短路，而且短路时间超过 t_{SH}时，这时过载保护被激活，使 L6599 将输出信号关闭。若持续过载或短路时，将 2 脚的占空比下降，无触发脉冲输出。同时，电阻 R_{43}和电容 C_{36}并联在该脚与地之间，片内产生的电流对 C_{36}充电，当充电电压上升到 3.5V 时，L6599 关闭，PFC 将转换信号电压下降到零；当 C_{36}的电压低于 0.3V 时，L6599 复位，这时 6 脚上的电压上升到 1.5V。

总之，L6563 构成的 PFC 电路，既可以做到恒电压输出模式，又可以实现跟随电压输出模式；由 L6599 构成的 LLC 转换器、电路开关管工作在零电压开关（ZVS）状态，转换效率高，电磁干扰小。

4.8.3 L6563 电路主要元器件参数的计算

1. 计算输入功率 $P_{i(max)}$ 和输入电流 $I_{i(max)}$

设输入最低电压时的功率因数为 0.99，PFC 转换的效率为 0.95，则

$$P_{i(max)}=P_o/\eta=(V_{o1}I_{o1}+V_{o2}I_{o2}+V_{o3}I_{o3})/\eta=(24\times6+12\times5+10\times0.7)\text{W}/0.95=222\text{W}$$

$$I_{i(max)}=P_o/(\eta V_{i(min)}\text{PF})=211/(0.95\times\sqrt{2}\times90\times0.99)\text{A}=1.763\text{A}$$

交流电流的峰值电流 $I_{i(pk)}=\sqrt{2}P_o/V_{i(min)AC}=\sqrt{2}\times211/94\text{A}=3.174\text{A}$

交流电流的平均电流 $I_{i(avg)}=2I_{i(pk)}/\pi=2\times3.174/3.14\text{A}=2.02\text{A}$

2. 计算临界工作模式，负脉冲触发下降沿修复电容 C_{43}

$$C_{43}=K_{IL}I_{i(max)}/(2\pi f_{sw}rV_{i(min)AC})$$

式中，K_{IL}为检测升压电感电流纹波系数，取 0.3；r 为检测滤波电压纹波系数，取 5%。

$$C_{43}=0.3\times1.743/(6.28\times100\times10^3\times0.05\times90)\text{F}=185\times10^{-9}\text{F},取220\text{pF}$$

3. 计算 PFC 滤波电 C_{10}

$$C_{10}=K_p\times10^6\cdot P_o\cdot2\pi(T-t_c)\times10^{-3}/(V_{i(max)}-V_{i(min)})^2$$

式中，K_p 为电源转换系数，无 PFC 调整时，$K_p=1.8$，有 PFC 调整时，$K_p=1$。$V_{i(max)}=\sqrt{2}V_{Bmax}K$，$K$ 为电源整流转换系数，$K=1.07$，则 $V_{i(max)}=\sqrt{2}\times265\times1.07\text{V}=400\text{V}$；$V_{i(min)}=\sqrt{2}V_{Bmin}=\sqrt{2}\times90\text{V}=127.26\text{V}$。

$$C_{10}=1\times10^6\times211\times6.28\times(10-3)\times10^{-3}/(400-127.26)^2\mu\text{F}=124.7\mu\text{F},取 120\mu\text{F}/450\text{V}$$

4. 乘法器取压电阻 R_1、R_2 的计算

L6563 是 PFC 转换控制芯片，片内的转换调制电流不低于 100μA，它的输入最低电压为 132.92V，取压电阻可用下式计算。

$$R_1+R_2=V_{i(min)}/I_{PFC}=127.26\text{V}/100\times10^{-6}\Omega=1.27\text{M}\Omega$$

设 L6563 的 3 脚取样电压 $V_B=1.0\text{V}$，则

$$V_B=V_{i(min)}R_3/(R_1+R_2+R_3)=1.0\text{V}$$

$$132.92\times R_3/(1.33\times10^6+R_3)=1.0$$

所以 R_3 约为 10kΩ。

5. 计算高频旁路电容 C_{14}、C_{15}的容量

电容 C_{14}、C_{15}的作用是给误差信号输出高低端频率补偿，同时给高频电流旁路，分别对 2~20MHz 的频谱旁路，同样对误差输出信号在不同频段进行上升沿的修正，设对 C_{15}的高频频率补偿时间 $T_1=2.8\mu\text{s}$，要求 $T_1\leqslant R_{15}C_{15}/2\pi K$，对 C_{14}的低端频率补偿时间 $T_2=28\mu\text{s}$，要求 $T_2\leqslant R_{15}C_{14}/2\pi K$，$K$ 为 RC 充电系数，$K=3.18$，设 $R_{15}=56\text{k}\Omega$，则

$$C_{15}=2\pi KT_1/R_{15}=2\times3.14\times3.18\times2.8\times10^{-6}/56\times10^3\text{F}=1\times10^{-9}\text{F}=1\text{nF}$$

$$C_{14}=2\pi KT_2/R_{15}=2\times3.14\times3.18\times28\times10^{-6}/56\times10^3\text{F}=10\times10^{-9}\text{F}=10\text{nF}$$

6. 计算输出电压 R_{10}阻值

L6563 的 INV 是误差放大器反向输入端，片内有 2.5V 的基准电压，PFC 的输出电压由基准电压乘以分压器的阻抗比，则有 $(R_7+R_8+R_9+R_{10})/R_{10}=V_{OUT}/V_{REF}$

$$(680\text{k}\Omega\times3+R_{10})/R_{10}=400/2.5$$

$$则\ R_{10}=12.83\text{k}\Omega,取\ R_{10}=13\text{k}\Omega$$

7. 计算高次谐波滤波电容 C_5+C_6

C_5、C_6 设计在桥式整流后的 π 形谐波滤波电路。

$$C_5+C_6=1\times10^{-3}/(2\pi fR_{DF}B_r)$$

式中，B_r 为输入纹波电流百分比，取 5%；f 为 50kHz；R_{DF}为电路输入直流阻抗。

$$R_{DF}=P_o/(I_{i(pk)}\eta)=211/(3.174\times0.95)\Omega=69.98\Omega$$

$$C_5+C_6=1\times10^{-3}/(2\times3.14\times50\times10^3\times69.98\times0.05)\text{F}=1\times10^{-9}\text{F}=1\mu\text{F}$$

C_5 与 C_6 的分配是 $C_5=334\text{pF}/630\text{V}$，$C_6=684\text{pF}/630\text{V}$

8. 计算电流反馈取压电阻 R_{11}

计算 L6563 的门限电压 $V_{MO}=KV_{CN}$

式中，K 为 L6563 的 PFC 转换系数，$K=0.85$；V_{CN} 为乘法器的取样电压，$V_{CN}=V_{i(min)}R_3/(R_1+R_2+R_3)=132.92\times10/(1330+10)\text{V}=0.992\text{V}$。

$$V_{MO}=0.85\times0.992\text{V}=0.843\text{V}$$

4 脚（CS）的非正常工作电压是 1.7V，低于 1.7V 就是正常工作，现设工作电压为 1.6V。

$R_{11}=(V_{es}-V_{MO})/I_{i(pk)}=(1.6-0.843)/3.174\Omega=0.239\Omega$，取$0.24\Omega$

4.8.4 高频变压器设计方法 1

L6599 工作在临界电流模式，高频变压器处在谐振式转换，因此，设计时变压器一次绕组有一定的漏感，这些漏感与电容产生谐振，使电源的开关管工作在零电压开关状态。当变压器存储的能量全部转移到输出负载上时，磁心必须要有回零复位时间，这就需要有电感去磁的能力。

1. 根据输入电压和变压器一次绕组感应电压计算最高和最低占空比

对 PFC 调节电路的占空比计算可采用下列公式。

$$D_{max}=V_{OR}/(V_{OR}+V_{Bmin}+V_{DS(on)})$$

$$D_{min}=V_{Bmin}/(V_{OR}+V_{Bmin}+V_{DS(on)})$$

式中，V_{OR}为一次绕组感应电压，通常 V_{OR}在 90~170V 之间，中间值为 135V；$V_{DS(on)}$为开关管的导通电压，一般为 5~10V，取 5V；V_{Bmin}取 90V。

$$D_{max}=135/(135+90+5)=0.587$$

$D_{min}=90/(135+90+5)=0.391$

临界模式占空比的计算与其他结构有点差异。

2. 计算变压器一次绕组电感

L_P 的计算也可采用下式：

$$L_P=\frac{(V_{i(max)}D_{max})^2}{\sqrt{\frac{2P_of_{min}}{\eta}}+V_{i(min)}\pi f_{min}D_{min}\sqrt{C_{res}}}$$

式中，最高输入电压 $V_{i(max)}=264\sqrt{2}\text{V}=373.3\text{V}$；最低输入电压 $V_{i(min)}=90\sqrt{2}\text{V}=127.26\text{V}$；输出功率 $P_o=V_{o1}I_{o1}+V_{o2}I_{o2}+V_{o3}I_{o3}=24\times6+12\times5+0.7\times10=211\text{W}$；$C_{res}$为谐波电容容量，由 C_{42}代替，$C_{42}=220\text{pF}$。

$$L_P=\frac{(373.3\times0.587)^2}{\sqrt{\frac{2\times211\times50\times10^3}{0.92}}+127.26\times3.14\times50\times10^3\times0.391\times\sqrt{220\times10^{-6}}}\text{mH}=398\mu\text{H}$$

3. 计算变压器一次绕组匝数 N_P

根据输出功率和允许变压器温升，由表 3-2 选用 PQ32/20，查表 $A_e=142\text{mm}^2$。磁心的磁感应强度由前例选用 $\Delta B=0.21\text{T}$。

$$N_P=L_PI_{i(pk)}\times10^3/(\Delta BA_e)=0.398\times3.174\times10^3/(0.21\times142)=42.4=42$$

4. 计算变压器二次绕组匝数 N_{S1}、N_{S2}

$$N_{S1}=\frac{(V_{o1}+V_D)(1-D_{min})N_P}{V_{i(min)}D_{min}}=\frac{(24+0.4)\times(1-0.391)\times42}{132.92\times0.391}=12.01=12$$

$$N_{S2}=\frac{(V_{o2}+V_D)(1-D_{min})N_P}{V_{i(min)}D_{min}}=\frac{(12+0.4)\times(1-0.391)\times42}{132.92\times0.391}=6.10\approx6$$

5. 计算变压器磁心气隙 δ

$$\delta=\frac{4\pi\times10^{-7}N_P^2A_e}{L_P}=\frac{4\times3.14\times10^{-7}\times42^2\times142}{0.398}\text{mm}=0.79\text{mm}$$

4.8.5 高频变压器设计方法 2

1. 计算一次绕组峰值电流 $I_{i(pk)}$

$$I_{i(pk)}=2P_o/(V_{i(max)}D_{min}\eta)=2\times211/(373.3\times0.391\times0.92)\text{A}=3.143\text{A}$$

2. 计算高频变压器一次绕组电感 L_P

$$L_P=2P_oD_{min}^2\times10/(I_{po}\eta)=2\times211\times0.391^2\times10/(1.763\times0.92)\mu\text{H}=398\mu\text{H}$$

3. 计算磁心气隙 δ

$$\delta=V_{max}D_{max}\times10^{-2}/I_{i(pk)}=373.3\times0.587\times10^{-2}/3.174\text{mm}=0.69\text{mm}$$

4. 计算一次绕组匝数 N_P

$$N_P=V_{i(max)}t_{on(min)}/(\Delta BA_e)=373.3\times3.91/(0.21\times142)=48.95\approx49$$

4.8.6 高频变压器设计方法 3

1. 计算一次绕组峰值电流 $I_{i(pk)}$

$$I_{i(pk)}=P_o/(V_{i(min)}D_{max}\eta)=211/(127.26\times0.587\times0.92)\text{A}=3.07\text{A}$$

2. 计算一次绕组电感 L_P

$$L_P=V_{i(max)}D_{min}\times10^3/(2P_o\eta)=373.3\times0.391\times10^3/(2\times211\times0.92)\mu\text{H}$$
$$=376\mu\text{H}$$

3. 计算变压器一次绕组匝数 N_P

$$N_P=\Delta BD_{max}\eta\times10^3/(0.4\pi I_{po})=0.21\times0.587\times0.92\times10^3/(1.256\times1.763)$$
$$=51.2\approx51$$

4. 计算变压器磁心气隙 δ

$$\delta=0.4\pi\times L_PI_{i(pk)}^2/(\Delta B^2A_e)=1.256\times0.376\times3.07^2/(0.21^2\times142)\text{mm}$$
$$=0.71\text{mm}$$

三种计算的结果相差不很大，在这种大功率面前，运用的计算方法其结果不可能完全一致，只有通过实验来修正技术参数。

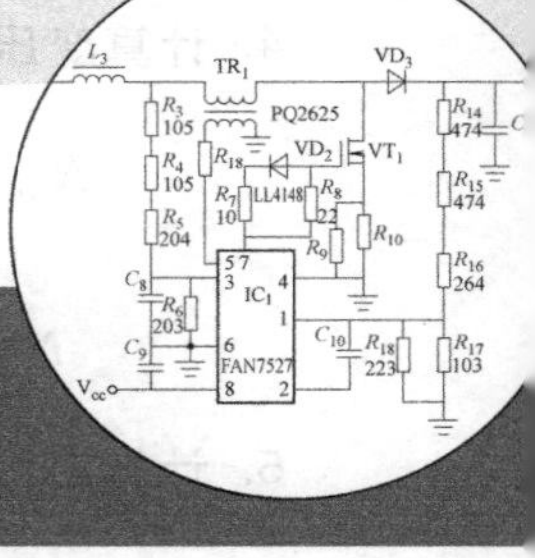

第 5 章 软开关技术与电源效率

5.1 软开关功率变换技术

5.1.1 硬开关转换功率损耗

硬开关是在电子开关器件上强制性地电压不为零导通，电流不为零关断。早些年应用的AC/DC、DC/DC变换技术就是这种硬开关技术。图5-1所示是DC/DC半桥式变换脉宽调制主电路拓扑图，该变换电路属于硬开关PWM功率变换电路。晶体管VT_1、VT_2是半桥式变换电路的主开关。当两只晶体管导通时，流经晶体管漏—源极的电流由零逐渐上升，电压则逐步下降。在电流上升和电压下降的过程中有一个交点Q，称之为交叠点。Q点就是开关管导通时的功率损耗，称为导通损耗。同样，开关管关断时，电流下降和电压上升也有一个交点P，称为交叠点。P点就是开关管关断时的功率损耗，称为关断损耗。如果将电流波形与电压波形重叠，就有两个交点（Q和P两点）。由图5-2可知，除去其他条件，开关频率越高，开关管的导通损耗和关断损耗也越大。

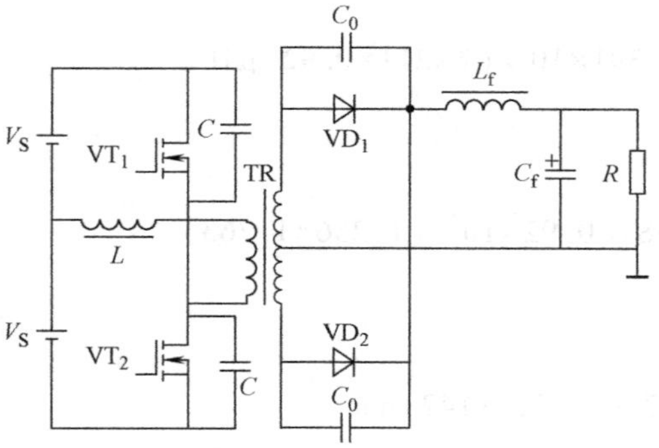

图5-1 DC/DC半桥式变换脉宽调制主电路拓扑图

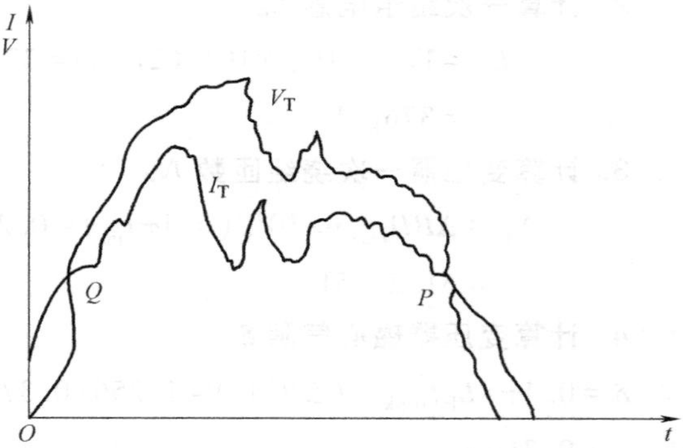

图5-2 开关晶体管开关过程中的电流、电压波形

由于开关电源元器件、走线存在着大量的分布电容和分布电感，电路在电流或电压的作用下就会产生寄生振荡。若振荡电压超越了开关管关断时的运行区域，开关管将会受到损害，也使功率损耗大大增加。所以说，硬开关PWM功率变换器的功率损耗大。工作频率越高，功率损耗越大，变换电路的效率越低。随着工作频率的升高，电磁干扰也越加严重，电磁干扰对周围电子设备的影响愈加严重。功率开关管用MOSFET代替后，PWM变换电路的工作频率可以提高到300kHz，但是硬开关的损耗不随开关管型号改变而化为乌有。

提高开关频率是开关电源变换技术发展的目标之一。因为只有频率提高了，高频变压器、滤波电感器以及电容等元器件的体积、重量才能大大减小，单位体积输出的功率（功率密度）才能得到提高，对降低开关电源串音噪声和改善动态响应十分有利。重量轻、体积小的开关电源适用于电信通信设备、笔记本电脑、家用电器等各种电子设备。为了使开关电源在更高的频率下高效、低耗、安全地运行，人们研究出了“软开关”技术。所谓软开关就是零开关，指的是电压为零时开关管导通，电流为零时开关管关断。有了零开关，开关管的损耗为零，这样可以将开关频率提高到兆赫（MHz）级水平，开关电源的体积大为缩小。

5.1.2　准谐振变换电路的意义

能实现零电压开关管导通、零电流开关管关断的开关就是软开关，也是准谐振变换技术。图 5-3a、b 分别为 ZCS 和 ZVS 谐振开关示意图。图中 L_r 为谐振电感，C_r 为谐振电容，VT 为开关功率管。在图 5-3a 中，当开关功率管 VT 导通时，谐振电感 L_r 和谐振电容 C_r 处在工作电源下带电，器件电流以正弦波谐振频率变化。振荡电流为零时，由于受到电容上电压不能突变的作用，开关晶体管关断，停止谐振。开关管 VT 关断时，电源电压通过 C_r、L_r 构成工作回路，形成串联谐振。当谐振电压按正弦波变化到零时，由于受到电感 L_r 反向电压的作用，开关功率管导通，这就是准谐振开关的工作原理，也是电容、电感作用的结果。

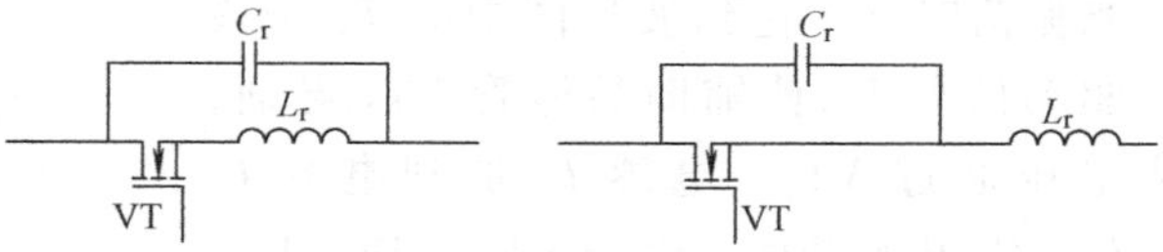

a) ZCS 谐振开关　　b) ZVS 谐振开关

图 5-3　PWM 谐振开关示意图

电子开关具有零电压导通、零电流关断的条件，这种变换电路称为准谐振变换电路（QRC）。如果将准谐振变换电路用在开关电源上，就是准谐振开关电源。准谐振变换的开关频率可以达到 4.5MHz，变换电路效率可以达到 96%以上。QRC 是一种软开关，它的输出电压与频率有关（频率越高，输出电压越大），而与占空比无关，所以说 QRC 是一种变频电源。它与 PWM 变换电路比较起来，控制稍为复杂，但是它的损耗为零，效率最高，这就是准谐变换电路的意义。

5.2　零开关脉宽调制变换电路

5.2.1　ZCS-PWM 变换电路

零开关-PWM 变换电路（Zero Current Switch and Zero Voltage Switch）就是 ZCS-PWM 和 ZVS-PWM 变换技术的结合。首先说明 ZCS-PWM 变换电路的工作原理和特点。图 5-4 是 ZCS-PWM 变换电路原理图，图 5-5 给出了这个电路中各点电流、电压的波形。在图 5-4 中，VT_1 是该变换电路的主开关，VT_2 是辅助开关，C_r 是与辅助开关相串联的电容，L_r 是谐振电感，L_f、C_f 分别是输出滤波电感和滤波电容，L_P、C_P 是串联谐振电路。电路中各点的电流、电压分别是：①辅助开关管 VT_2 的漏-源极电压（V_{DS2}）；②谐振电容 C_r 的端电压（V_{Cr}）；③主开关管 VT_1 的漏-源极电压（V_{DS1}）；④主开关管和辅开关管的信号电压 V_{g1}、V_{g2}；⑤谐振电感上的电流（I_{Lr}）。

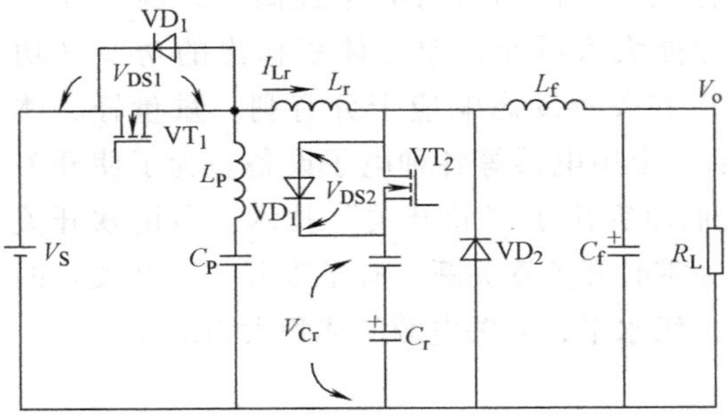

图 5-4 ZCS-PWM 变换电路原理图

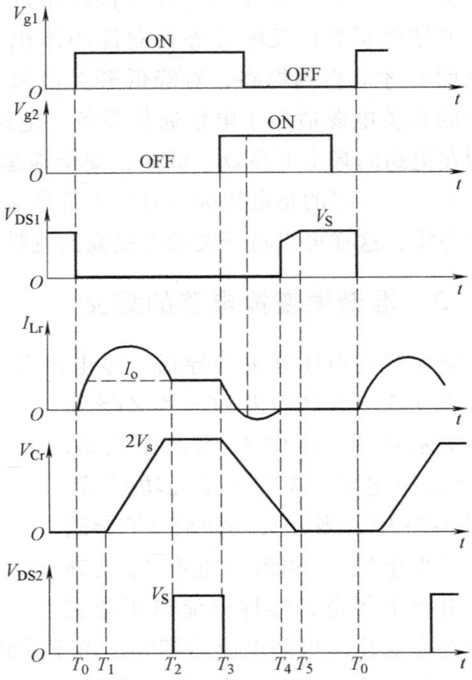

图 5-5 ZCS-PWM 变换电路波形图

当振荡时间 t 达到波形图中的 T_3 阶段时，驱动信号 V_{g2} 使辅助晶体管 VT_2 导通，输入电压通过 VT_1、电感 L_r 加到电容 C_r 上，L_r、C_r 开始谐振。由于 VT_2 导通，V_{DS1} 电压从 V_S 下降到零，谐振电容 C_r 上的电能开始释放，电容电压 V_{Cr} 从 $2V_S$（最大值）开始下降，电容放电电流的方向与电感电流的方向相反，起着相减的作用，所以谐振电感电流 I_{Lr} 也开始下降，直至过零变负，为主开关 VT_1 下一步动作提供了外部条件。这时若在主开关 VT_1 上送上一个正的脉冲信号（见图 5-5），VT_1 就在零电流（$I_{Lr}=0$）的条件下关断。在此期间，由于电感电流变负，VT_1 上的并联二极管 VD_1 导通，电感电流 I_{Lr} 从负值回到零。VT_1 完全截止关断，V_{DS1} 由零开始上升。在 T_4 时刻，VT_1 上的电压上升到接近 V_S。这就是零电流关断的变换谐振的工作原理。从图 5-5 得知，二极管 VD_1 在一个周期内所承受的电压值是输入电压 V_S 的 2 倍，VD_1 的电压应力大，这是 ZCS-PWM 的主要缺点，但是变换电路实现了零电流关断。

5.2.2 ZVS-PWM 变换电路

零电压开关—脉冲宽度调制（ZVS-PWM）变换电路也是准谐振变换电路的条件之一。图 5-6是 ZVS-PWM 变换电路原理图。VT_1 是主开关，VT_2 是辅助开关，C_r、L_r 分别是谐振电容和谐振电感。图 5-6 与图 5-4 相比不同之处是主开关和辅助开关是串联的，谐振电感与谐振电容也是串联的。L_P、C_P 是串联振荡电路。

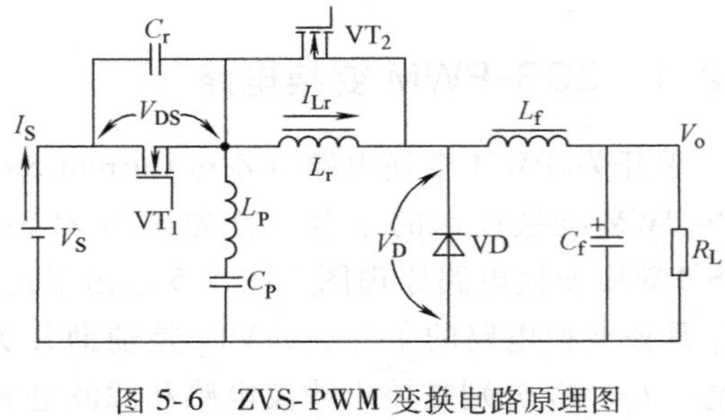

图 5-6 ZVS-PWM 变换电路原理图

在图 5-7 中看到这样一个事实：在正脉冲信号 V_{g1} 的作用下，主开关 VT_1 在零电压条件下导通。电路中各点的电流、电压波形分别是：①主开关 VT_1 的漏—源极间电压 V_{DS}；②主开关 VT_1 的输入电流 I_S；③谐振电感 L_r 的输出电流 I_{Lr}；④续流二极管 VD 的输出电压 V_D；⑤主开关和辅助开关的信号电压 V_{g1}、V_{g2}。

电源电压 V_S 加到图 5-6 中的 L_r 和主开关 VT_1 上以后，电容 C_r 和电感 L_r 组成的串联谐振电路开始振荡。如果主控开关 VT_1 关断，辅助开关 VT_2 导通。当正弦周期时间 t 到达波形图中的 T_2 阶段时，振荡电感 L_r 中的能量开始释放，电感电流 I_{Lr}下降，振荡电容 C_r 被电源充电，电容电压 V_{Cr}上升，即 V_{DS}上升。进入峰值后，C_r 上的电能开始释放，电感电流 I_{Lr}则以反向负增长。在 t 到达 T_3 阶段，电路停止谐振。$V_{DS}=0$ 就为主开关 VT_1 零电压导通创造了条件。$V_{DS}=0$ 时，续流二极管 VD 导通，电流由二极管正极开始向电感 L_r 流通，使电感电流 I_{Lr}由负值快速上升，这一趋势一直持续到 $t=T_4$。这时主开关 VT_1 的漏—源极电压 V_{DS}为零，它的电流 I_S 达到 I_o，实现了主开关零电压导通的目的。这就是零电压导通的工作原理。ZVS-PWM 变换电路与 ZCS-PWM 变换电路一样，具有功耗低、效率高、工作频率高等许多优点。但从图 5-7 可以看出，主开关 VT_1 的漏—源极电压在关断时几乎是输入电压的 2 倍，这种电压应力对 ZVS-PWM 变换电路很不利。所以，在 ZVS-PWM 变换开关电源电路上选用耐压很高的开关功率管。

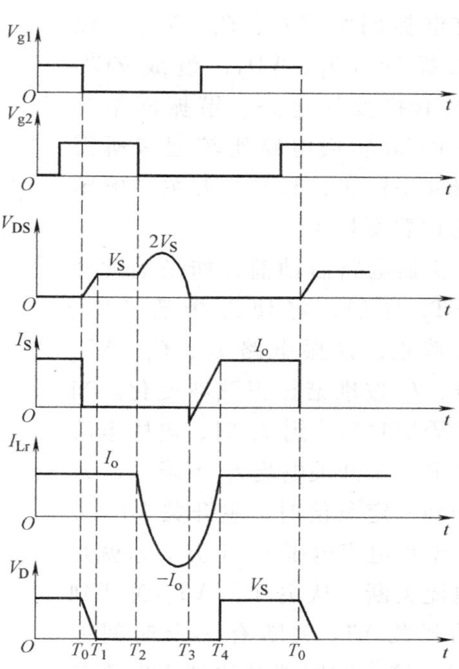

图 5-7 ZVS-PWM 变换电路波形图

5.3 零开关脉宽调制变换电路

零转换-PWM 变换电路包括 ZCS-PWM、ZVS-PWM、ZCT-PWM 和 ZVT-PWM。后面两种叫零电流转换变换电路和零电压转换变换电路，与前两种的区别是多了一个“转换”。这两种转换变换电路的主要特点是开关管的导通损耗和关断损耗在理论上近似于零，可实现零开关特性而又不增加电压或电流应力，为设计开发高电压、大功率开关电源创造了有利条件。

5.3.1 ZCT-PWM 变换电路

由于 ZCT-PWM 变换电路跟 ZCS-PWM 变换电路比起来，具有宽电源电压范围和宽负载电流变化范围、可降低变换电路开关管的电流和电压应力等一系列优点，所以在现代开关电源中得到了广泛应用。因此，研究它的变换电路工作原理，对今后研究零电流开关-PWM 转换变换电路很有引导、启迪作用。图 5-8 是 ZCT-PWM 转换变换电路原理图。主开关管 VT_1 两端并

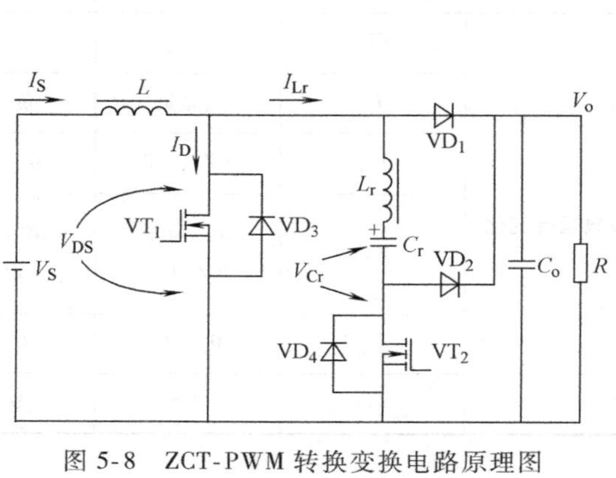

图 5-8 ZCT-PWM 转换变换电路原理图

联有谐振网络（L_r、C_r、VT_2）以及二极管 VD_1、VD_2，组成 ZCT-PWM 转换变换电路。谐振网络与 ZCS-PWM 转换电路比较起来所需元器件一样多，只是主开关与电感 L_r 的位置交换了。

交换电路启动前，如果辅助开关 VT_2 导通，将使二极管 VD_1、VD_2 截止，谐振电路 L_r、C_r、VT_2 谐振，I_{Lr} 按准谐振正弦波变化。当正弦周期时间达到 T_0 时，电感电流 I_{Lr} 上升，主开关电流 I_C 下降。在 I_C 下降到一定负值时，主开关 VT_1 关断，谐振电容电压 V_{Cr} 上升。这就是零电流关断。从主开关 VT_1 关断到辅助开关 VT_2 关断有一个时间差（t_{02}）。这个时间差是达到零电流关断的必要条件，一般取 $t_{02}=0.2T$，详见图 5-9 和表 5-1。

ZCT-PWM 转换变换电路只要将正激式、反激式 PWM 变换电路中的一个 PWM 开关用 ZCT-PWM 开关代替，即可改变成零电流转换变换电路的电路模式，电路改装极为方便。

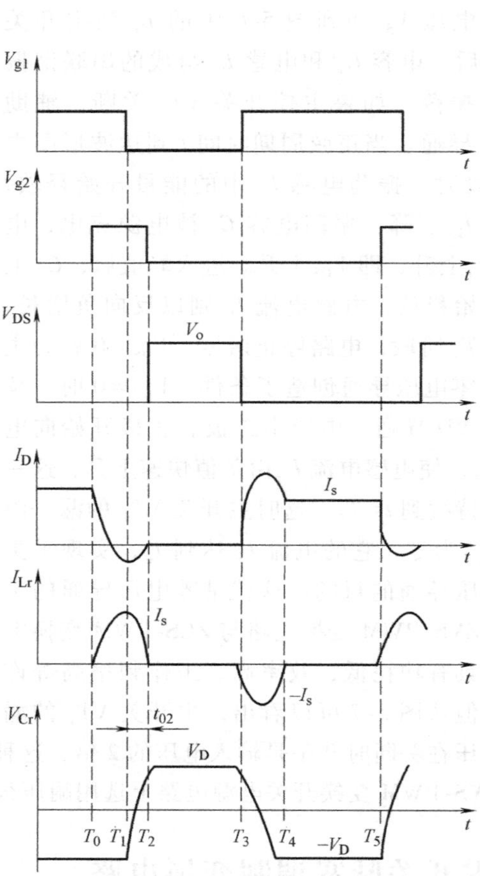

图 5-9 ZCT-PWM 转换变换电路波形图

表 5-1 ZCT-PWM 转换变换电路一个周期的运行模式

阶段号		1	2	3	4	5
运行周期		$T_0\sim T_1$	$T_1\sim T_2$	$T_2\sim T_3$	$T_3\sim T_4$	$T_4\sim T_5$
参数运行变化	VT_2	导通	关断	关断	导通	导通
	I_D	I_S ↓ 负	负 ↑ 0	0 → 0	0 ↑ max ↓ I_S	$I_S \to I_S$
	V_{Cr}	$-V_D$ ↑ 0	0 ↑ V_D	$V_D \to V_D$	V_D ↓ 0 ↓ $-V_D$	$-V_D \to V_D$
	V_{DS}	0V → 0V ZCT	0V → 0V ZCT	0V ↑ V_o ZCT	V_o ↓ 0V	0V → 0V
	I_{Lr}	0 ↑ I_S	I_S ↓ 0	0 → 0	0 ↓ $-I_S$ ↑ 0	0 → 0
	VT_1	导通	导通	导通	关断	关断

5.3.2　ZVT-PWM 变换电路

ZVT-PWM 变换电路与前面所说的 ZCS-PWM 变换电路的工作原理、运行模式比较相似，只不过其主开关与谐振网络并联，而 ZCS-PWM 变换电路是主开关与谐振电容并联。说到这里，ZVT-PWM 转换变换电路与 ZCT-PWM 变换电路又有什么差别呢？如图5-10所示，谐振电容 C_r 与主开关 VT_1 并联，其他与图 5-8 没有什么两样。

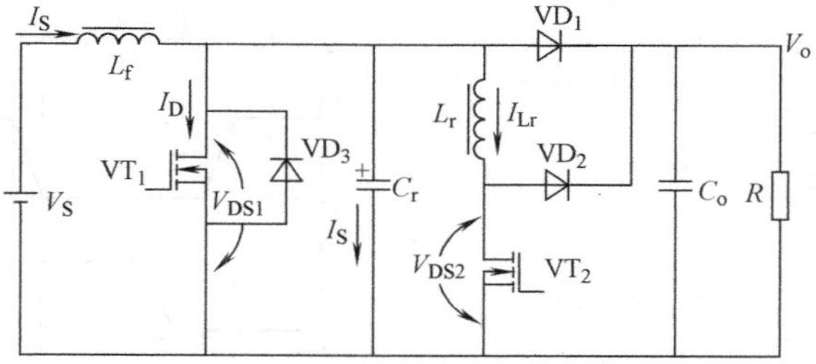

图 5-10　ZVT-PWM 转换变换电路原理图

ZVT-PWM 转换变换电路的主开关 VT_1 不但与谐振电容 C_r 并联，还与辅助开关 VT_2、谐振电感 L_r 并联。谐振电路由谐振电感、谐振电容、辅助开关以及二极管 VD_2 组成。电路通电后，VT_2 优先于 VT_1 导通（这是因为有谐振电感 L_r 存在），使谐振网络开始振荡。振荡时间进入 $t=T_0$ 时（见图 5-11），辅助开关 VT_2 先导通，谐振电流 I_{Lr}线性上升，二极管 VD_1 以恒流向负载 R 供电。当 $t=T_1$ 时，主开关 VT_1 的电压 V_{DS1}开始下降。在 $t=T_2$时，V_{DS1}下降到零，为实现 ZCS 创造了条件。由于$V_{DS1}=0$V，二极管 VD_1 导通，电感电流 I_L 向负载提供的能量逐渐下降到零。输入电流 I_S 为谐振电容 C_r 充电，使得 $I_S=i_S$，保持恒流状态一直到 $t=T_5$ 才改变。表 5-2 是 ZVT-PWM 转换变换电路一周运行模式表。ZCT-PWM 或 ZVT-PWM 转换变换电路能使主开关管在零电流或零电压状态下关闭或导通，进行恒频运行；电路运行时的电压（电流）应力小，为开发大功率开关电源打下了基础；能够适应负载和输入电压在较大范围内变化。ZCT-PWM 或 ZVT-PWM 转换变换电路是一种准谐振软开关变换电路，可是辅助开关管 VT_2 仍属于硬开关，不过工作电流很小，损耗也很小，不影响电路的工作效率。

表 5-2　ZVT-PWM 转换变换电路一个周期的运行模式

阶段号		1	2	3	4	5	6
周期动态		$T_0\sim T_1$ $I_{Lr}\nearrow$	$T_1\sim T_2$ 谐振	$T_2\sim T_3$ $VT_1\rightarrow$ZVS	$T_3\sim T_4$ $I_{Lr}\downarrow$	$T_4\sim T_5$ I_S 恒流	$T_5\sim T_6$ C_r 充电
参数运行变化	V_{DS1}	$V_o\rightarrow V_o$	$V_o\downarrow 0$V ZVT	0V→0V ZVT	0V→0V ZVT	0V→0V ZVT	$0\nearrow V_o$
	V_{DS2}	$V_c\downarrow 0$V→0V	0V→0V	0V→0V	$0V\nearrow V_o\rightarrow V_o$	$V_o\downarrow 0$V→0V	$0V\rightarrow V_o$
	I_S	正→正	正→负	负→0	$0\rightarrow i_S$	$i_S\rightarrow i_S\downarrow 0$	0→0
	I_{Lr}	$0\nearrow\frac{1}{2}I_S$	$\frac{1}{2}I_S\rightarrow I_S$	$I_S\rightarrow I_S$	$I_S\rightarrow 0$	0→0	0→0
	I_D	$I_S\downarrow 0$	0→0	0→0	0→0	0→0	0→0
	V_D	$I_S\downarrow 0$V	$0\nearrow V_o$	V_o 不变	V_o 不变	V_o 不变	$V_o\downarrow 0$V
	VD_1	截止	导通	导通	截止	截止	导通
	VD_2	截止	截止	导通	导通	截止	截止

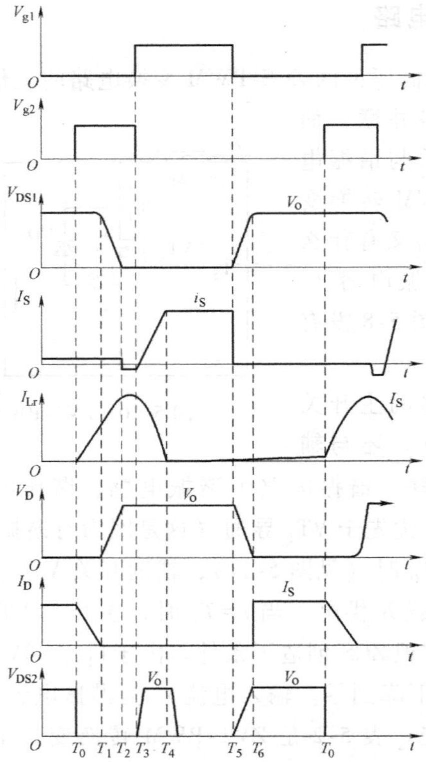

图 5-11 ZVT-PWM 转换变换电路波形图

5.4 直流/直流零电压开关脉宽调制变换电路

5.4.1 DC/DC 有源钳位正激式变换电路

DC/DC 有源钳位（Active Clamp）ZVS-PWM 技术已在正激式、反激式、推挽式变换电路等多种电路中获得应用。所谓有源钳位是指钳位电路由开关晶体管、集成电路等元器件组成。钳位电容将电压钳位在主开关两端电压上并保持恒定，保护开关管在浪涌电压下免受损坏。这种技术适用于 DC/DC 变换的各种形式的开关电源。这是因为有源钳位能使高频变压器磁心的磁通自动复位，避免磁饱和，以提高磁心的利用率。

图 5-12 是 DC/DC 有源钳位正激式变换电路原理图。图中，VT_2 为主开关，VT_1 为钳位开关，C_C 为钳位电容，R 是钳位电阻。根据下式可算出电容 C_C 上的钳位电压 V_{CC}：

$$V_{CC}=\frac{V_S D}{1-D}$$

式中，V_S 为直流电源输入电压；D 为脉宽调制的占空比。

$$D=nV_o/V_S$$

式中，n 为变压器 TR 的匝比。

一次绕组的平均电流为：

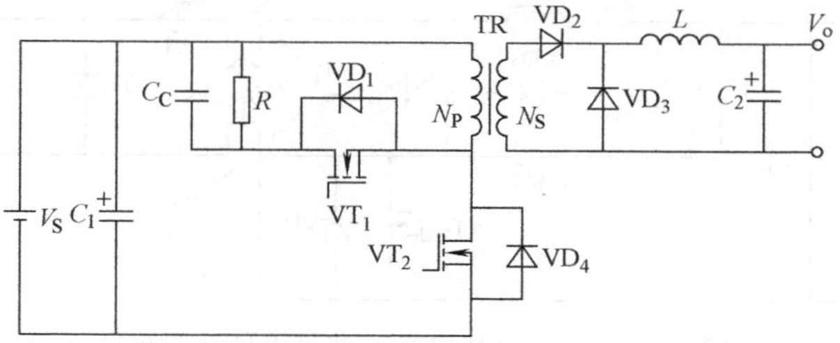

图 5-12　DC/DC 有源钳位正激式变换电路原理图

$$I_{PA}=I_o/(1-D)$$

有源钳位 ZVS-PWM 正激式变换电路的运行模式基本上有 4 种：

1）$T_0<t<T_1$，主开关 VT_2 零电压导通，变换电路能量向负载传送。

2）$T_1<t<T_3$，钳位开关 VT_1 在主开关 VT_2 断开时使钳位电压 V_{CC} 保持不变，$V_{CC}=DV_S/(1-D)$。

3）$T_3<t<T_5$，主开关 VT_2 断开，钳位开关 VT_1 导通，主开关电压被钳住在 $V_{CC}+V_S$ 的水平，而 $V_{CC}=\pm\Delta V$，ΔV 为电容充放电纹波电压。

4）$T_5<t<T_8$，主开关 VT_2 的电压下降到零，接近导通，实现了 ZVS。VD_1 反向偏量，钳位电路断开，钳位电压 $V_{CC}=DV_S/(1-D)$ 保持不变。主开关 VT_2 的导通时间为 DT，关断时间为 $(1-D)T$，见图 5-13。

有源钳位 ZCS-PWM 正激式变换电路与无源钳位电路相比，电路效率可以提高到 95%，可实现变压器磁心磁通自动复位，不需要另加复位电路，这可以使磁心电流沿正负方向流通，提高了磁心的利用率。

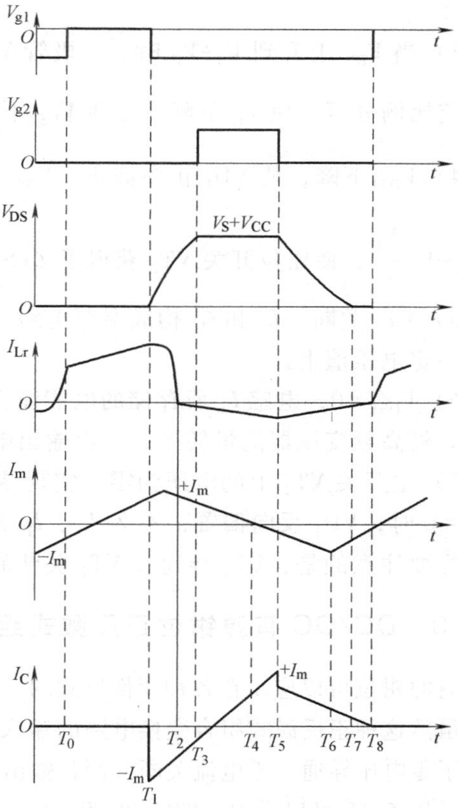

图 5-13　有源钳位 ZVS-PWM 正激式变换电路参量波形

5.4.2　DC/DC 有源钳位反激式变换电路

有源钳位反激式变换电路比 SRC、SRD、ST 等的钳位性能优越得多：钳位方式好，钳位电压稳定，钳位元器件损耗低。如图 5-14 所示，L_m 是变压器磁化电感，C_C 是钳位电容，L_r 是谐振电感，VT_1 是主开关，VT_2 是钳位开关，R 是钳位电阻。电路采用 CCM 模式工作，每个脉宽调制周期分为以下 7 个阶段。

1）启动时刻，主开关 VT_1 导通，钳位开关 VT_2 以及二极管 VD_2 均关断，电感电流 I_{Lr} 向磁化电感 L_m 和谐振电感 L_r 充电。充电电感 L_r 的两端电位升高，L_r 存储电能。

2）L_r 中存储的电能增加，使主开关 VT_1 关断，谐振电感电流 I_P 对电容 C_r 充电，使

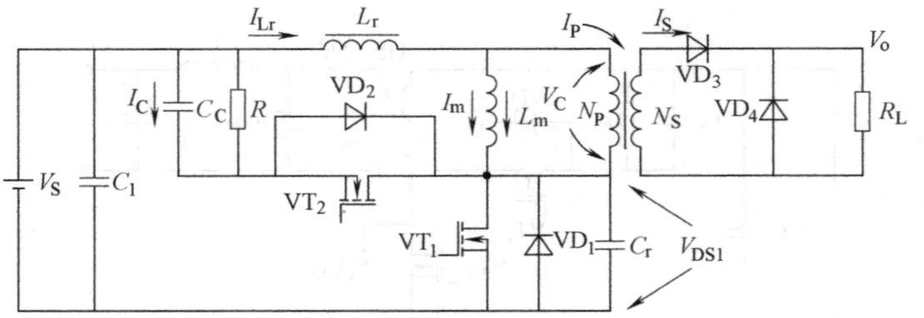

图 5-14 有源钳位反激式变换电路原理图

V_{DS1}线性上升，VD_1 反向截止。

3）当 V_{DS1}上升到 V_S+V_C 时，二极管 VD_2 导通，钳位电压 $V_C \approx V_o \dfrac{N_P}{N_S}$。分压电感 L_r、L_m 以一定比例分压，使 V_C 下降，也使 V_{DS1}下降。下降的速率决定于 L_m 的电感量。

4）V_{DS1}下降，使 VD_1 正向截止。V_{DS1}下降到 $V_C \dfrac{N_P}{N_S}$时，L_r 和 C_C 开始振荡，L_r 上的电压为 $V_C - V_o \dfrac{N_D}{N_S}$，使钳位开关 VT_2 获得了 ZVS 的外部条件而导通。

5）VT_2 关断，L_r 和 C_r 构成谐振电路，又开始了新的振荡。C_r 在放电期间，V_{DS1}仍然钳位到一定电压值上。

6）$V_{DS1}=0$，电感 L_r 所存储的电能使主开关 VT_1 导通，实现了 ZCT-PWM 零电压导通的过程。经高频变压器能量转换，二次输出电流 I_S 流经二极管 VD_3 向负载 R_L 供电。

7）主开关 VT_1 上的电压为零，实现零电压导通，I_{Lr}上升，同样也使磁化电流 I_m 上升。当 $I_S=0$ 时，VD_3 反向偏置，不久 I_m、I_P 再次向 C_r 线性充电，新的 PWM 开关周期又开始了。需要注意的是，VT_1 导通和 VT_2 关断的时间间隔为 L_r 和 C_r 谐振周期的 1/4。

5.4.3 DC/DC 有源钳位正反激式组合变换电路

有源钳位可以应用在各种变换形式的开关电源电路中，还可以用在正反激式组合变换电路中。虽然这种正反激式组合变换电路的输入、输出相位相差 180°，但经过转换，性能却很好，实现了零电压导通、零电流关断，而且输出电路采用推挽式全波整流，损耗小，效率高。

从图 5-15 可以看出，TR_1 和 TR_2 的一次侧串联，二次绕组串联后，由中心抽头输出电

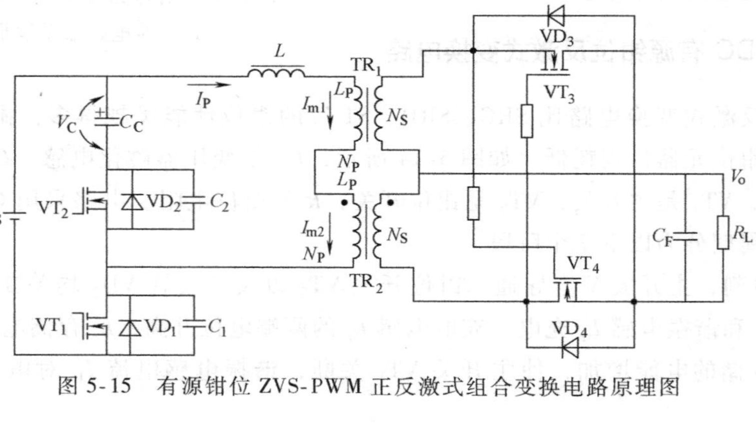

图 5-15 有源钳位 ZVS-PWM 正反激式组合变换电路原理图

压。钳位电路由钳位电容 C_C 和钳位开关 VT_2 组成。两只变压器的一次绕组串联，用作谐波振荡电感。变压器的二次侧串联后分别向负载供电，输出相位相差 180°，因此，不需要再接续流二极管和滤波电感，输出纹波电压小。VT_1 是变换电路的主开关，二极管 VD_1、VD_2 分别为 VT_1、VT_2 的寄生反向并联二极管，C_1、C_2 为 VT_1、VT_2 的输出电容，用于缩短两只开关管传送脉冲期间所需要的存储时间，并兼有保护作用。抑制电路用于抑制高频条件下产生的寄生振荡，还对开关管起保护作用。VD_3、VD_4 分别为正、反激变换电路输出电路整流二极管，它们分别与 VT_3、VT_4 并联，使整流输出阻抗降低，提高了整流效率。

图 5-16 示出了正反激式组合变换电路各参数波形，主要参量有：开关管 VT_1、VT_2 的控制信号 V_{g1}、V_{g2}，开关管的工作电压 V_{DS1}、V_{DS2}，工作电流 I_{r1}、I_{r2}，变压器一次输入电流 I_P，两只变压器的励磁电流 I_{m1} 和 I_{m2}。该电路在一个周期内的运行状况如表 5-3 所示。

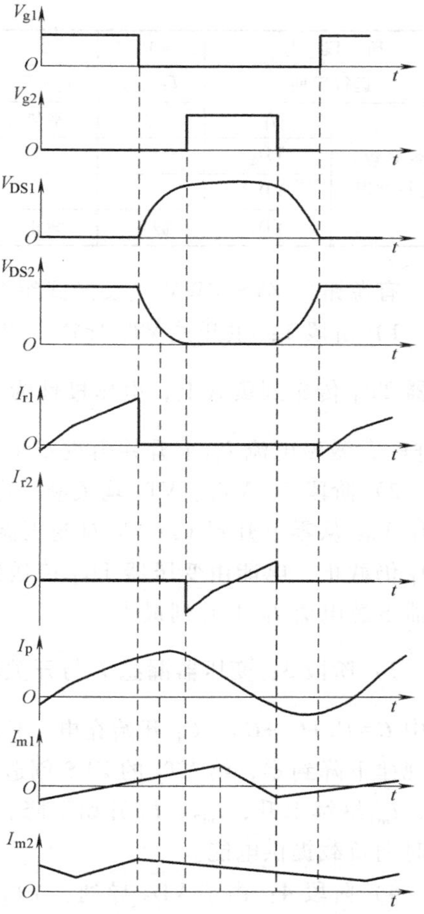

图 5-16　有源钳位 ZVS-PWM 正反激式组合变换电路波形图

VT_1、VT_2 分别为电路的主、辅开关晶体管，VT_1 的导通时间与周期 T 的比值为占空比 D。在主开关晶体管截止期间，变压器励磁电流通过辅助开关晶体管 VT_2 使变压器励磁恢复。在死区期间，主开关晶体管在变压器励磁电流的作用下，对晶体管与二次寄生电容进行充放电。VT_2 实现 ZVS 的条件是：变压器的漏感存储的电能必须大于电容 C_C 的储能，变压器漏感储能的大小与变压器的漏感有关，也与负载的大小有关。而电路主开关 VT_1 实现 ZVS 的条件是：VT_1、VT_2 同时处于截止状态，电容 C_1 充电，C_2 放电，负载电能由反、正激变换电路共同提供。这时只要 VD_1 导通，VT_1 就零电压导通，ZVS-PWM 正反激组合式变换得到实现，即零电压闭合的软开关形式。

表 5-3　DC/DC 有源钳位 ZVS-PWM 正反激式组合变换电路一个周期的运行状况

阶段号		1	2	3	4	5	6	7	8
运行周期		$T_1 \sim T_2$	$T_2 \sim T_3$	$T_3 \sim T_4$	T_4	$T_4 \sim T_5$	$T_5 \sim T_6$	$T_6 \sim T_7$	T_8
各参数运行状况	V_{DS1}	0V	$0 \nearrow V_S$	$V_S \nearrow V_S + V_C$	$V_S + V_C$	$V_S + V_C$	$V_S + V_C \searrow V_S$	$V_S \searrow 0$ ZVS	$0 \searrow$ ZVS
	V_{DS2}	$V_2 + V_C$	$V_S + V_C \searrow V_C$	$V_C \searrow 0$ ZVS	0 ZVS	0 ZVS	$0 \nearrow V_C$	$\nearrow V_C + V_S$	$V_C + V_S$
	I_{r1}	$\nearrow$	$\searrow 0$	0	0	0	0	0	$\nearrow$
	I_{r2}	0	0	负	负	负$\nearrow$	$0 \nearrow +\max$	0	0
	I_{m1}	$\nearrow$	$\nearrow$	$\nearrow \max$	$\max \searrow$	$\max \searrow$	$0 \searrow -\max$	$-\max \nearrow$	$\nearrow$
	I_{m2}	$\nearrow$	$\nearrow$	$\nearrow$	$\searrow$	$\searrow$	$\searrow$	$\searrow$	$\nearrow$

（续）

阶 段 号		1	2	3	4	5	6	7	8
运行周期		$T_1 \sim T_2$	$T_2 \sim T_3$	$T_3 \sim T_4$	T_4	$T_4 \sim T_5$	$T_5 \sim T_6$	$T_6 \sim T_7$	T_8
各参数运行状况	I_P	↗	平势	↘	↘	过 0 ↘ 负	↘ −max	−max ↗	↗
	VD_2			导通	导通	导通	截止	截止	
	VD_3			截止	截止	截止	截止	导通	导通
	VD_4	截止	截止	导通	导通	导通	截止	截止	截止

有源钳位 ZVS-PWM 正反激式组合变换电路在一个周期里的工作状况如下：

1）阶段 1：主开关 VT_1 导通，钳位开关 VT_2 关断，正激式变换电路工作，电能通过变压器 TR_1 传送到负载上，电压极性为下正上负。钳位电容电压 $V_C = V_S \dfrac{D}{1-D}$，$V_{DS1}=0$，$V_{DS2}=V_S+V_C$，激磁电流 I_{m1}上升并由负变正，I_{m2}也上升。

2）阶段 2：VT_1、VT_2 均关断，电流 I_{r1}下降到零，C_1 被线性充电，主开关 VT_1 的工作电压 V_{DS1}从零上升到 V_S；C_2 对变压器放电，钳位开关 VT_2 的电压 V_{DS2}开始从 V_S+V_C 下降，VD_4 仍截止，电能由变压器 TR_1 传送到负载，励磁电流 I_{m1}继续上升，I_{m2}缓慢上升。高频变压器电感电流 I_P 上升到最大值。

3）阶段 3：变压器漏感 L 与开关输出电容 C_1、C_2、C_C 发生谐振，振荡频率 $f=\dfrac{1}{2\pi}\sqrt{LC}$，其中 $C=C_1+C_2+C_C$。C_1 开始充电，V_{DS1}按指数规律上升到 V_S+V_C；C_2 放电，V_{DS2}从 V_C 按指数规律下降到零，给 VT_2 的 ZVS 创造了条件。这时 $V_{DS2}=0$，VD_2 导通，使 VT_2 上的电压为零，I_{m1}继续上升，I_{m2}、I_P 开始下降，变压器感应电压开始变负，VD_4 导通，两个变换电路同时向负载提供电能。

4）阶段 4：由于 VD_2 导通，VT_2 零电压导通，激励电流 I_{m1}继续上升，I_{m2}下降，VD_4 仍导通，两个变换电路仍在向负载供电，但供电电流减小。

5）阶段 5：钳位电路运行，主开关电压被钳位在 $V_{DS1}=V_S+V_C$，激励电流 I_{m1}下降，高频变压器感应电压反向，VD_3 截止。I_{m2}继续下降，VD_4 仍导通，变压器开始存储电能。

6）阶段 6：电容 C_1 放电，C_2 充电，V_{DS1}由 V_S+V_C 开始下降，V_{DS2}则由零上升到 V_C，I_{m2}继续下降，使 VD_4 导通，反激式变换电路向负载提供电能。

7）阶段 7：电感 L 与电容谐振，钳位开关 VT_2 的电压 V_{DS2}由 V_C 上升到 V_S+V_C；主开关 VT_1 的电压 V_{DS1}则由 V_S 下降到零，I_{m1}上升，高频变压器的感应电压为正，使得 VD_3 导通，I_{m2}继续下降，VD_4 仍导通，负载能量由正、反激式变换电路提供。$V_{DS1}=0$，VD_1 导通，实现 VT_1 零电压导通的条件。

8）阶段 8：VT_1 零电压导通，VT_2 关断，I_{m1}上升，I_{m2}下降，反激式变换电路为负载提供电能。$V_{DS1}=0$，$V_{DS2}=V_S+V_C$，开始下一个周期。DC/DC 有源钳位正反激式组合变换电路实现了 ZVS，开关损耗大大减少，效率极大提高，输入电压范围、负载变动范围加宽，为开发大功率、低损耗开关电源提供了强大的动力。

输出电压 V_o 为

$$V_o = V_S D/n$$

式中，n 为变压器匝比，即 $n=N_P/N_S$；D 为占空比。

根据变压器与占空比乘积的关系，则有

$$V_S D=V_C(1-D)$$

钳位电容 C_C 的端电压为

$$V_C=V_S D/(1-D)$$

主开关晶体管上的电压为

$$V_{DS1}=V_S+V_C$$

这时输出整流 MOS 管 VT_3、VT_4 的电压为

$$V_{DS3}=V_S/n;\ V_{DS4}=V_C/n$$

磁化电感 L_m 也是变压器一次电感 L_P 和漏感 L'_P 之和，电感量的大小取决于 CCM/DCM 工作模式，即 $L_m \geqslant \dfrac{\eta V_{S(\min)}^2 D_{\max}^2}{2P_{o(\min)}\ f}$。这里 η 为变换电路的效率，$P_{o(\min)}$ 为变换电路的最低输出功率。

高频变压器 TR_1 和 TR_2 为相同规格的变压器，它们的匝数、线径、磁心结构完全一样，只是绕制方式有点不同（一个采用反激式绕法，另一个采用正激式绕法）。这种组合变换电路采用钳位技术，在任何不规律输入电压或负载电流大幅变化的条件下，开关电源输出电压呈线性变化，开关管的导通电阻很小。该电路采用了有源钳位方式，输出整流采用推挽式全波整流二极管与 MOS 管相并联的结合方式，电路的各项技术性能都能达到非常高的水准。但是必须看到，谐振变换电路必须采用主、辅两只开关晶体管，与同类变换电路相比，驱动电路的损耗是其 2 倍。同样，输出整流电路也比正常的输出整流电路多了两只 MOS 晶体管。虽然电路免除了续流二极管和滤波电感，但整体价格还是比较高的。另外，采用推挽式整流方式，用 MOS 驱动的损耗随频率增高而增大，虽损耗不是很大，但从整个效率来看还是不合算，有待进一步完善设计方案。

有源钳位正反激式组合变换电路的主要特点是，主开关和钳位开关都实现了 ZVS，使开关损耗减少，电路效率提高。由于采用了钳位技术，输入电压的范围得以扩大。有源钳位正反激式组合变换电路的开关管可以选用耐压较低的 MOS 管，可以减小开关的导通电阻，这样 MOS 管的损耗也将降低。当电路采用推挽式整流二极管和 MOS 管并联电路时，不但电路输出电压的纹波电流降低了，电路效率也提高到 95%。

有源钳位正反激式组合变换电路还具有扩展性强的特点。电路本身是正激式和反激式两种开关电源的变换形式，兼有两种变换的优点。这种变换电路的电源输出功率可以从 100W 做到 500W，而电源的效率、功率因数、谐波含量可达到较高的水平，是一般电源所不可比拟的。

5.5　电源效率

5.5.1　怎样设计高频变压器

高频变压器是开关电源进行电能转换的动力，是决定其性能好坏的重要部件，它影响着开关电源的功率、效率和质量等。变压器在开关电源电路里起着磁耦合、传送能量、存储电

能、抑制尖峰电压和尖峰电流的作用。另外，它还与电路电容构成频率振荡器，产生谐振，调整控制输出电压，实现电压的升降。所以说，设计开关电源不如说是设计高频变压器，设计高频变压器是设计开关电源的基础，是核心。

高频变压器的设计项目包括：

1）直流输入电压参数：输入电压的最小值 $V_{i(min)}$、输入电压的最大值 $V_{i(max)}$、一次电流 I_P、最大占空比 D_{max}的选用与计算，一次平均电流 I_{AVG}的设计与计算，峰值电流的计算，脉动电流 I_R 的计算，有效电流 I_{ms}的计算，一次电感 L_P 的计算，一次匝数 N_P 的计算。

2）二次参数：二次匝数 N_S 的计算，二次电流 I_S 的设计与计算，一次、二次线径的计算与核对，一次、二次电流密度 J 的检查与核对。

3）高频变压器磁心结构的选用：磁心大小与结构形式的选用，磁心有效截面积 A_e、磁心窗口面积 B_e、有效磁路长度 l、磁心气隙宽度 δ 的计算。

4）骨架的配置与计算：骨架的绕组宽度 b、安全隔离边距 M、一次绕线层数 d 等。

设计高频变压器要注意减少漏感、趋肤效应和邻近效应，因为这 3 条是影响变压器性能的重要因素。在开关电源指标允许的范围内，应增加一次电感 L_P，减小一次峰值电流 I_P 和有效电流 I_{rms}，其目的是使高频变压器在连续模式下工作，降低变压器在运行中的损耗。此外，高频变压器的漏感的电能与一次峰值电流 I_P 的二次方成正比，这种电能在每个开关周期内被消耗。需要知道，减小有效电流 I_{rms}，除增大一次电感外，还必须降低钳位保护电路上的电能损耗，所以钳位保护电路上的元件要仔细选用。降低漏感、减少趋肤效应已经在变压器设计中讲了很多，先进的绕制工艺是最有效的。

选用合适的磁心材料和恰当的结构形状是保证电磁能有效传送、降低铁心发热量、提高变换效率最为重要的一环。当然大的磁心可以降低铁损，但是过大的磁心不但浪费资源，还会使脉冲传输信号产生失真、工作失调。在设计、选用磁心时要使铁心的铁损与绕在铁心上的漆包线的铜损相等。正确地使用漆包线线径，正确地选用工作频率以及占空比是提高高频变压器性能的有效措施，不要只注重输出功率与磁心截面积的直接关系，还要注重磁心的材料特性、变压器的形状（表面积与体积的比率）、表面的热辐射、允许温升、工作环境和变压器的工作频率等，不能把输出功率与变压器的大小简单地联系起来。要借助磁心生产商提供的特定磁心计算图表和某些特殊的计算公式，对高频变压器的对流冷却、工作频率和工作温度等关系曲线进行正确的选用和计算。

变压器的绕制是值得重视的，有了完好的制作材料、正确的设计数据，不一定能制造出性能最佳的高品质的高频变压器。高频变压器的绕制过程也是一门专用技术。高频变压器匝线的排列、绕线的松紧、引线的长短以及层间、匝间所垫绝缘层的材料和层数等，对决定变压器匝间分布电容、交流电感量的漏感、直流损耗、交流损耗起着非同小可的作用。尖峰电压高、纹波电流大、高频变压器发热量高与绕制变压器的工艺有直接关系。如果电路允许，采用堆叠式绕法能改善轻载时的稳压性能，降低成本，使 PCB 排线和引脚更加方便简单；采用“三明治”绕法能加强磁耦合能力，减少二次绕组对反馈绕组的干扰，对一次绕组的漏感起到屏蔽作用。

最后是高频变压器的屏蔽问题。高频变压器是向外发射高频电磁信号的发生源，同时也是影响电磁兼容性的一个最大的难点。仅对高频变压器来说，屏蔽显得十分重要，如果一台完好的开关电源在测试中各种技术参数都符合要求，只是电磁干扰（EMI）和射频干扰

(RFI) 过不了关，那么这台开关电源就是废品。消除这两种干扰的最好办法就是屏蔽，高频变压器的屏蔽有层间屏蔽和变压器整体屏蔽两种，这两种屏蔽对抑制电磁干扰和射频干扰是行之有效的。

5.5.2 开关电源效率的设计

1. 一般原则

1）所设计的开关电源应工作在最大占空比（D_{max}）下。对于 85~265V 交流输入电压；D_{max}值选 60%；对于 100V/115V 交流输入电压，D_{max}值选 40%；对于反激式变换电路，D_{max}值选 50%；对于正激式变换电路，D_{max}值选 45%；其他形式的变换电路一般都选 50%。

2）降低一次电感 L_P，以减小一次峰值电流 I_P 和有效电流 I_{RMS}。高频变压器应工作在连续模式下，不要运用不连续模式。

3）高频变压器的二次侧应采用多股并联的“三明治”绕制方法，最好不用逐步分离式绕法。

4）选用低损耗的磁心材料。在安装空间允许的条件下尽量选用较大尺寸的磁心，同时还要选用合适的磁心形状。

5）整流桥的输出电流必须大于开关电源的额定电流，否则电源的功率损耗增大、效率下降，严重时达不到所设计的输出功率。

6）为了抑制尖峰电压和电磁干扰，电源必须设有一次侧钳位保护电路和电磁干扰滤波器。

7）电源整流电路中滤波电容的容量和耐压值要有一定的富余量。交流输入电压为 85~265V 时，选用电解电容的容量与输出功率有一定的比例，这时可选用 3.3μF/W 电容；固定输入电压为 110V/115V 时选用 2μF/W 电容；对于 230V 交流输入电压，选用 1.5μF/W 电容。

8）二次侧输出整流二极管的标称电流是连续输出电流典型值的 3 倍；整流二极管的标称电压是连续输出工作电压的 2 倍。整流二极管的反向恢复时间越短越好，一般在 10ns 以下，宜选用肖特基二极管。

2. 具体原则

（1）从电路设计开始

选用合适的工作频率（f）、恰当的占空比 D_{max}。长期工作实践证明，工作频率的高低对开关电源的工作性能有很大的影响。开关电源的各种变换形式对工作频率的要求也不一样。各种变换形式的实例已在第 3 章作了阐述。

只有适量地提高一次电感 L_P，才能提高电源的效率。这是因为一次电感 L_P 增加后，可以降低一次峰值电流 L_P 和有效电流 I_{RMS}。这样通过变压器耦合，使二次侧输出至整流二极管和滤波电容的损耗下降，同时还能使变压器漏感的能量损耗下降。有公式：

$$P_o = \frac{1}{2} f L_P I_{PK}^2$$

式中，f 是开关电源的工作频率；I_{PK} 是变压器一次侧的峰值电流；L_P 是变压器一次电感；P_o 是开关电源的输出功率。

上式表明，输出功率与高频变压器的一次电感成正比关系。需要指出的是，增加了一次

电感 L_P 之后，也减少了 I_{RMS}，其结果还必须降低开关管漏极保护电路上的损耗，所以在设计开关电源电路时，还应设计由瞬态电压抑制器和超快速恢复二极管组成的缓冲网络吸收回路。它的作用一方面是吸收变压器一次侧的漏感和二次侧对一次侧的反向漏感；另一方面是保护开关功率管免受反向峰值电压对其造成的损坏。

(2) 元器件选择

在研制开关电源时，不仅要设计好开关电路，还必须正确地选用元器件。这些元器件大致包括：一般元器件，这里有电阻、电容、整流桥或整流二极管、晶体管、稳压管等；特殊的半导体器件，有可调式精密稳压源 TL431、瞬态电压抑制器 TVS、超快速恢复二极管 SRD、肖特基二极管 SBD、电磁干扰滤波器、光耦合器、熔断电阻器、自动恢复开关、负温度系数热敏电阻等；开关电源集成控制芯片，它将各种功能、多回路控制电路集成在一块芯片上；最后是磁性材料，这种材料常用在脉冲变压器的磁心、输出滤波电感的磁棒、输出电路上的磁珠、高频变压器上的铁氧体磁心中。要全面地了解所有元器件的特点、种类、主要参数以及选用的原则。比如说，开关电源输入电路的 EMI 滤波电容、钳位电路的电容应该选用耐高温、耐高压的陶瓷电容或聚酯薄膜电容。开关功率管一般选用 MOSFET 或 IGBT。二次侧输出整流二极管应选用超快速恢复二极管或肖特基二极管。

(3) 高频变压器的制作工艺

降低高频变压器的损耗，是提高电源效率的一项重要措施。一个高性能的高频变压器应该具有较小的铜损和铁损。所谓直流损耗就是铜损。为了降低铜损，应使用较粗的铜线。这是因为：

$$P_{Cu}=I_P^2(R_P+R_S')$$

式中，P_{Cu} 为高频变压器的铜损（W）；R_P 是高频变压器一次侧直流电阻（Ω）；R_S' 是高频变压器一次侧高频率工作的阻抗（Ω）。

可见，变压器线绕电阻越大，铜损也越大。

交流损耗是由于高频电流的趋肤效应所产生的损耗。高频电流通过导线时，按右手定则，将在导线上产生逆时针方向的磁力线，磁力线也将引起涡流。这样加大了导线表面电流，抵消了中心电流。这种电流在导线表面流动，中心无电流的现象称为趋肤效应。由于磁动势最大的地方是邻近的周围，因此称之为邻近效应。趋肤效应的趋肤深度为

$$\Delta l=6.61\frac{K}{\sqrt{f}}=\frac{K_m}{\sqrt{f}}$$

式中，Δl 为穿透厚度（mm）；$K=\sqrt{\frac{\rho}{\mu_r\rho_C}}$，为材质常数，在 20℃时铜的 K 值取 1；ρ 为工作温度下的电阻率；ρ_C 为铜在 20℃时的电阻率，取 $1.724\times10^{-6}\Omega\cdot cm$；$\mu_r$ 为导磁材质的相对磁导率，非导磁材质的 μ_r 值为 1；f 为高频变压器的工作频率（Hz）；K_m 为物质和温度有关的常数（例如铜在 100℃时，$K_m=75$；20℃时，$K_m=65.5$）。

上式说明，选用高频变压器导线时不能只注意电流的大小，还要根据高频变压器的工作频率以及绕制变压器的有效参数来确定。

所谓铁损是指高频变压器的磁心损耗。这种损耗也使得电源的效率降低。铁损是指选定磁感应强度下单位体积的铁损与铁心体积的乘积：

$$P_{Fe} = P_V V_e$$

式中，P_V 是单位体积的铁损（W/cm^3）；V_e 是磁心体积（cm^3）。

铁损很难计算得十分准确，一般只是凭经验估计。如高频变压器在连续模式下工作，它的工作频率在 100kHz 时，铁损为 30~50mW/cm^3。

为了降低铁损，在开关电源空间允许的条件下，可适当选用较大尺寸的铁氧体磁心。选用时还要注意的是：磁性材料经充磁后很容易退磁（即我们所说的软磁性），其矫顽力很小，它的本性很脆，所以不能随便碰撞，不然就会破碎。

在绕制变压器时应注意绕制工艺，“三明治”绕法和堆叠式绕法是经常使用的方法。“三明治”绕法是针对二次侧只有一路输出的高频变压器而言的；堆叠式绕法是针对二次侧有 3 路以上输出且输出电压不同的变压器而言的。还要注意的是绕制变压器的框架两端必须有 2mm 的安全距离，就是所谓的挡墙。每个绕组进、出线的引线要短，并且要有高压套管加套在引出线的端头，这一切为变压器耐高压绝缘打下了基础。当然还要在变压器的级间或层间垫上高强度绝缘胶带。总之，为减小高频变压器的损耗，提高开关电源的效率，必须采用合适的磁心材料、合理的导线线径、恰当的绝缘屏蔽和科学的绕制工艺。这 4 条要求达到了，高频变压器的质量自然也就提高了。

（4）减小高频变压器的漏感

设计高频变压器时必须想办法把漏感降到最小，因为若漏感较大，变压器在工作时产生的尖峰电压的幅度很高，钳位电路的损耗就很大，其结果必然是开关电源的效率下降。怎样减小变压器的漏感？怎样降低反向耦合的峰值电流？

可增加各绕组之间的耦合，尤其是一次侧与二次侧主输出绕组之间的耦合。为了达到这一目的，应减少各绕组之间的绝缘层，增加绕组的高度比，增加绕组的宽度，这些是由所选择的磁心型号决定的。一般 EE 型磁心可以使绕线的宽度大一些，EI 型磁心要小 1 倍。另外，可减少一次绕组的匝数 N_P，因为一次绕组的匝数少了，一次电感量就小了，自然漏感也就小了。漏感量与一次绕组匝数的二次方成正比。一次绕组的匝数少了，二次输出纹波电压也小。如果设计的一次绕组匝数能以两层或不到两层将所选磁心的长度绕完，这将使一次漏感和分布电容减至最小。所以，采用瘦长磁心而不用胖短磁心就是这个理由。用三重绝缘线时，不需加挡墙，绝缘层之间也不用加绝缘胶带，电流密度大。用三重绝缘线绕制的变压器比用漆包线绕制的变压器的体积要小一半，漏感量大为减小。但是三重绝缘线的成本高，一般要求不高的小功率开关电源不用这种绕线。

对于多路输出的开关电源，一定要使输出功率最大的一个绕组靠近一次绕组，如果两个二次绕组的输出功率都比较大，应当把一次绕组夹在这两组二次绕组中间，只有这样两个二次绕组才能同样得到磁场的强耦合，降低了由于耦合不佳所产生的漏感。“三明治”绕法就是基于这一理论。

在开关电源的工作过程中，由于高频变压器的匝间和层间分布电容的存在，被调制的脉冲高频及电压谐振频率反复进行充放电，被吸收了部分能量，降低了电源效率。分布电容与分布电感形成了 LC 振荡，会产生振铃噪声。一次绕组的分布电容的影响更为突出。为了减小一次绕组分布电容，在设计电路时可将一次绕组的始端接到开关管的漏极或晶体管的集电极上。这一措施可使一次绕组起到屏蔽作用，也减小了分布电容在变压器工作期间产生的振铃噪声和其他一些不好的作用。

开关电源通电后，高频变压器磁心 EE、EC 之间由于产生吸引力而发生位移；绕组电流相互间的引力或斥力也使绕组产生偏移。发生这种位移或偏移的结果是使高频变压器发出音频噪声。为了消除这种音频噪声，就要想办法使磁心不产生位移，通常以玻璃球黏合剂将磁心的两对结合面（磁心的中间磁柱常留有气隙）黏结在一起。这种玻璃球黏合剂是用玻璃球和胶着液按 1∶9 的比例配置而成的混合物，在 100℃ 以上的温度中放置 1h 即可固化。这对磁心发生形变起到固定作用，以免出现偏磁。

开关电源变压器是在高磁场下完成电能传送任务的，泄漏磁场对相邻电路造成干扰是很有可能的。为了防止这种现象出现，可将一个铜片环绕在变压器外部的一端，构成一条屏蔽带。该屏蔽带相当于一只短路环，能对泄漏磁场起到屏蔽作用，屏蔽带应与“地”接通。短路环两端不能直接焊接，应当留有间隙。

高频变压器要尽量降低损耗，尽量减小漏感，尽量降低音频噪声，尽量缩小变压器的体积。

第 6 章 PCB设计技术

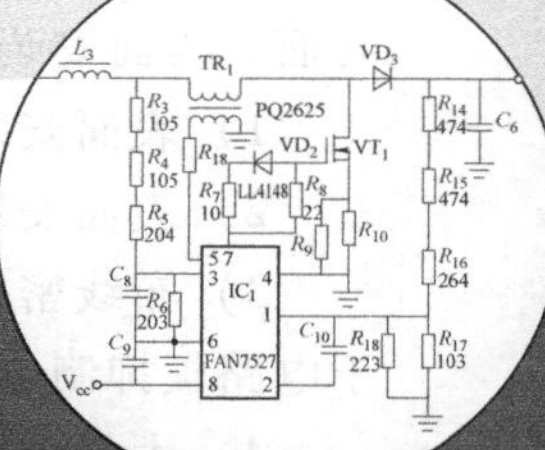

6.1 PCB 技术应用

PCB 的英文全称是 Printed Circuit Board，中文含义为印制电路板。根据电气原理图预定设计，制成印制电路，并与固定元器件结合为一体，称为印制电路。把印制电路印制在特殊材料的成品板上，称为印制电路板。

开关电源的产品越来越向高密集度、宽带、高频化、小型化方向发展，这就导致了开关电源电磁传导干扰的严重性越来越大。现阶段 PCB 的电磁兼容性（EMC）问题是设计开关电源时最难解决的技术问题。射频干扰、传导噪声干扰已成为 PCB 设计的重要问题。

6.1.1 PCB 的类型

PCB 到处都是，只要是电子设备都少不了 PCB。小到电子手表、计算器、家用电器、计算机，大到电信通信系统、军用武器系统，只要有电子元器件集成电路就有 PCB。PCB 不但给各个电子元器件提供了连接的电路和绝缘性能，还为每个元器件提供机械支撑，实现各种电子元器件所要求的电气特性（包括电流、电压），在运行中有条不紊地、不失真地传递各种电子信息。同时，为自动或手动焊接提供组焊图形、提供焊接空间，为元器件插装、焊接、检修提供识别图形和各种字符，帮助人们识别电路的工作原理。

PCB 有挠性绝缘板和刚性绝缘板两种。挠性绝缘板是指 PCB 上印有银白色的元器件图形与键位图形。这种图形是采用丝网漏印的方法生成的，一般称这种印制电路板为挠性银色印制电路板。刚性绝缘板是树脂玻璃布刚性绝缘材料板，是在环氧树脂表面粘上复铜箔后进行层压、固化而成的，即刚性覆铜薄板。它有单面、双面、四层、六层多面层。在单面印制电路图形的叫单面板；在双面印制电路图形，再通过导孔的金属化将两面连接起来组成一幅完整的电气原理图，称为双面板。在开关电源电路中使用最多的是单面板和双面板，三层或多层 PCB 很少使用。现在已有超过 10 层的实用印制电路板，如各种电脑主机、显示卡、网卡、声卡、调制解调器及数码照相机的印制电路板都是多层 PCB。

一般的 PCB 元器件安装有 3 种方式。一种是传统的插入式安装工艺，是将电子元器件一个一个地插进 PCB 的导通孔里，然后用波峰焊、烫焊把元器件与电路板固定在一起。这就很容易看到双面印制电路板的导通孔有这样几种：一是单纯的组件插装孔；二是元器件插装孔与双面板互连接的导通孔；三是单纯的双面导通孔；四是电路安装定位孔。另两种安装方式就是表面安装与芯片直接安装，而芯片直接安装技术可以认为是表面安装的一部分。它是将芯片直接安装在电路板上，用线焊封装技术相互连接在印制电路上。它的焊接面就是组装面。表面安装技术有如下优点：

1）表面安装比插装式安装速度快，工效高，容易实现自动化作业，利于大规模生产。

2）表面安装对整机的重量有所减轻，采用胶状焊料，对焊接质量有很大提高。

3）布线密度提高，使元器件的引线缩短，这样减少了线间寄生电容和寄生电感，有利于电路板抑制电磁干扰，工作稳定、可靠。

4）大量减少了印制电路板上的导通孔，提高了电路板布线的密度，使电路板的有效使用面积增大，有利于降低成本，提高可靠性。

表面安装技术的提高，将使芯片的封装技术、绘制电路板的技术紧随提高。现代的电脑板卡的表面可黏结、组装的元器件数量在不断上升。实际上这种电路板是传统的网印电路图所无法比拟的，它走线的精确度是非常高的。它采用了感光技术与感光绝缘油制作工艺。现代的激光技术、感光树脂材料等很多新技术、新材料、新工艺都运用在 PCB 的制作上，使 PCB 向高密度、高精确度的方向发展得越来越快，质量越来越好。

6.1.2 PCB 的布局、布线要求

串音是很多电子设备发生的一种干扰信号，它常常发生在 PCB 中布线及电线、电缆间的导线互容互感里面，是印制电路板中存在的最难克服的问题。在解决 EMI 问题时，首先应知道是传导干扰、辐射干扰还是串音干扰。若 PCB 中的一条带状线载有控制和逻辑电平，另一条带状线载有低电平信号，在平行布线长度超过 10cm 时，将会产生串音干扰。如果长长的电缆载有串行或并行的高速运行数字信号或遥控信号，就会出现串音干扰，这是因为电线和电缆之间存在电场（互容）、磁场（互感）的作用。

带状线是什么？带状线就是出现干扰、发生串音的频率，是由电场、磁场耦合产生的。PCB 的带状线、电缆线中的导体靠近平行电线时，串音就会发生。首先确定电场耦合（互容）和磁场耦合（互感）中哪种耦合是主要的，应该由电路阻抗、工作频率和磁场强度来决定。这个方法很简单：当电源和接收器的阻抗（Ω）的乘积大于 1000^2 时，主要是电场耦合；电源和接收器的阻抗（Ω）的乘积在 $300^2 \sim 1000^2$ 之间时，磁场耦合或电场耦合都有可能是主要耦合，这时取决于电路间的配置和频率。

然而，这个方法并不适用于所有的情况，如在地板上 PCB 带状线之间的串音，因为这时 PCB 带状线的特性阻抗、负载阻抗及电源阻抗可能为正常标准状态，串音很可能是以电场耦合（互容）为主。如果这时接收器采用屏蔽电缆并在屏蔽层的两端接地，则磁场耦合是主要的。低频时，呈现较低的电路阻抗，电场耦合是主要的。只有找出耦合的对象，抑制产生耦合的通道，才能使耦合的能量衰减或耗散。

PCB 的电磁辐射跟其他电气设备一样，也有差模辐射和共模辐射两种基本类型。差模辐射的特点取决于闭合回路的电流特性；共模辐射是由对地干扰噪声电压引起的。PCB 并不是单根线而是多根线，它们的电流不相等，所以不能简单地考虑只是差模辐射的作用，必须考虑所有电流的作用。由于差模电流是相减的，共模辐射电流是相加的，所以分析辐射时，即使共模电流比差模电流小很多，也会产生一定程度的电场辐射。

按电磁理论，电磁辐射主要对周围电子设备构成窄带与宽带干扰。另外，还有元器件泄漏问题，它也是产生辐射源的一个散点。不过，PCB 的结构形式是激励电磁辐射的主要因素。PCB 的结构不同，辐射程度也不一样，像地线走向、回路面积大小、传送带长度、元

器件的布局、电路板的走线等都将影响辐射程度。其次，还有激励因素的影响，如脉冲宽度、幅值大小、周期长短、频率高低等也是影响辐射程度的重要因素。弄清楚 PCB 的布局设计直接关系到整机电磁辐射的强弱。抑制或降低电磁辐射的水平，必须从 PCB 的设计布局优化着手，重点注意走线的方式。

PCB 的辐射不可能简单地用计算的方法和测试的方法来解决。由于 PCB 的结构形式和激励参数的不同，用一种模型分析并得到解决是不可能的。对一块 PCB 来说，众多的走线和回路是产生辐射的发源地。整体来说，辐射量的大小是各个回路元器件辐射量的叠加，它由频率、激励强度、辐射面积等因素决定。PCB 的辐射强度与布线结构的合理性有决定性的作用，是关键所在。

目前消除辐射干扰最有效的方法是屏蔽，屏蔽噪声源以及与噪声源相关的元器件能收到立竿见影的效果。此外，通过电路设计来改变、提高抗干扰的能力也是重要的一环。

6.1.3 PCB 的设计过程

1. PCB 布局、布线设计条件

随着高密度单芯片、高密度连接器、微孔内建技术及 3D 板在 PCB 设计中的应用，PCB 的布局、布线已经越来越一体化了，并在设计过程中应用得越来越广泛。现在自动布局、自动布线的软件技术已高度一体化。利用这类软件能在较短时间内设计出品质优良的具有抗电磁辐射、抑制射频干扰的 PCB。采用自由布线的方式，可在有效的面积和很小的空间内“吞并”所有的高密度器件和连线。

PCB 的组件布局和接线连接方法的正确与否，是决定电子设备性能质量的首要问题。一个电子设备的原理图、一种类型的电子元器件，在不同的 PCB 设计中，其结果相差甚远，严重的甚至不能运行。因此应把 PCB 的组件布局、走线方式和工艺结构这三大要素综合起来考虑，使生产安装、调试检修、产品质量都得到最佳效果。

获得最佳效果没有统一模式，只有设计 PCB 的一般原则，必须在一般原则指导下精心设计。设计出良好的电路设备，设计出可靠的 PCB 地总线，具有很强的抗干扰能力，具有相当高的绝缘强度和耐高压冲击能力，这是设计 PCB 的总体要求。各种电路有各种不同的要求。在设计模拟电路时，由于有放大电路存在，PCB 布线不允许产生噪声信号而引起输出信号失真；在设计数字电路时，由于 TTL 噪声容阻的制约，要求 PCB 具有较强的抗干扰能力。总之，电路不一样，对 PCB 的要求也不一样。目前，许多生产厂商和研发机构都是采用人工手动布线，极为耗时，又不合时宜。现在要求自动布线的人越来越多，以快速响应市场对产品的新要求。

2. PCB 设计的可行性

所有的电子设备对电磁兼容性（EMC）、电磁干扰（EMI）、串扰、信号延迟的要求越来越严格。几年前，一般要求电路板有 60 对差分布线就不错了，而现在则要求有 600 对差分布线。在比较短的时间内依赖手动布线实现 600 对差分布线是不可能完成的，因此，自动布线软件对于高密度元器件在极小空间内布局极细的连线是非要不可了。

（1）自由角度布线的可行性

随着单片集成控制芯片的功能越来越多，芯片引脚的数目也不断增加，但芯片的尺寸并未增加，这样引脚间的距离越来越小了，由此使绝缘阻抗受到了限制，布线的线宽更细了。

电子元器件的体积越来越小，这意味着布线的空间面积也要缩小。

当代电子工业飞速发展，电子元器件集成化程度越来越高，引脚交错繁多，即使采用45°布线工具也无法进行自动布线，这是因为不能最大程度地提高布线密度。运用 Pull Tight 绘图软件，可使焊盘在布线后自动缩小，降低在电路板上所占用的面积，缩小线径，以适应空间大小的需要，有助于避免串音干扰的产生。

（2）高密度元器件布线的可行性

最新的高密度系统芯片采用 BGA 或 COB 封装，引脚距离日益减小，使得封装器件信号线不可能采用传统工具软件来进行布线。对于这种高密度元器件，可通过球下面的孔将信号线从下层引出；对细小的导线线条进行自由角度转换，自由角度布线在球栅阵列中找出一条引线通道。对于这种高密度元器件，只有采用宽度和极小空间相适配的布线方式，才是一种可行的方法，只有这样才能绘制出较高质量的 PCB。

自由转换的布线方法可以减少布线层数，这就是说可以增加一些接地层和电源层来提高产品的 EMC 和信号输入、输出的能力。一台性能优良的电子设备，除了选用质量高的元器件外，PCB 的组件布局和电路走向以及正确的结构设计也是决定电子设备可靠性的关键性因素。对于同一个电子电路和相同的电路参数，由于元器件的布局设计和走线方式的不同，就会产生不同的结果，差异是很大的。因此，要把正确设计 PCB 元器件布局结构和正确选取布线方法以及整体电子设备的制造工艺结构 3 个方面联合起来进行设计。合理的工艺结构可消除因布线不当而产生的噪声干扰，同时也便于生产、安装、调试与检修。

在进行 PCB 设计时，必须遵守 PCB 设计的一般原则，并符合抗干扰的要求。要使电子电路获得最佳的电气技术性能，元器件的布局及电路的布设是非常重要的。每一种电子设备的结构必须根据具体要求、技术指标、电气性能、结构特点、面板布局等，采取相应的设计方案，并对几种可行方案进行比较、选择、反复修改。

例如，模拟电路和数字电路的元器件的布局和布线方法有所不同，尤其是印制电路板的电源线、地线的布线有许多不同的形式。在设计模拟电路时，由于存在有模拟信号放大环节，如果布线不当，会产生线间振荡，出现噪声信号；在数字电路板设计中，由于 TTL 的噪声容限的存在，PCB 应具有较强的抗干扰能力，对信号线的屏蔽方式可以适当放松、少加考虑。设计良好的电源线和地线，合理地选择电子元器件，是所有电子设备可靠工作的保证，是抗干扰、抑制噪声的有效手段。

6.1.4 PCB 的总体设计原则

对 PCB 总的要求是质量好、散热效果好、绝缘强度高、机械强度高。造价低的 PCB 的板面尺寸不能小；过大的 PCB 走线长，阻抗增加，抗噪声干扰、电磁干扰能力下降。电路板的最佳形状是矩形，长宽比为 4∶3 或 3∶2。电路板面尺寸大的，应在长度方向的两边用金属长条加固，以增大机械强度。一般电路板的大小是根据用户要求和设备的空间来确定的。确定了 PCB 的大小以后，再根据电路原理图的工作原理对元器件进行布局。布局的原则是：

1）易发热的元器件、易产生干扰的元器件尽量靠近电路板的上方边缘，如交流滤波电容、变压器、大电流整流二极管等。各发热元器件要留有一定的散热空间，不妨碍散热片的拆装。

2）信号传送元器件应远离大电流、高电压，避免对信号电流的影响。如：开关电源的反馈控制信号、脉宽调制信号、CPU 输出信号、逻辑控制信号等应远离电磁场，防止受到干扰。

3）高频元器件应远离输入、输出组件，高频电路周围的元器件要紧靠高频元器件，它们之间的距离要短。对高频元器件要进行良好的屏蔽，设法减小它们之间的分布参数和相互间的电磁干扰。

4）带有高电位的元器件之间要有一定的距离，以免元器件放电发生意外短路。高压元器件应布局在远离维修、调制的地方，这对调试、维修安全有利。

5）各个功能回路的元器件应按原理图的信号流向布局，不但使各个元器件之间的距离短，而且使信号传递方向保持一致。

6）对于比较笨重的元器件和工作时易发热的元器件，在设计布局元器件时应考虑固定支架的空间和需要接地的焊盘。如热敏电阻、功率开关管、整流二极管等应该用支架固定，加强散热。布局在电路边缘的元器件最少离电路边缘 2mm，否则电路板上的元器件会妨碍电路板放入设备盒子里，不但影响整体美观，而且不利于批量生产。

对电路的布线要求是比较严格的。印制电路板应遵守以下布线原则：

1）为了避免线间电容产生而使电路发生反馈耦合和电磁振荡，在布线时应尽量避免相邻的线平行排列，平行走线的最大长度小于 3cm。

2）为了避免高频回路对整个电路的影响，两条线不能成直角交叉；线的拐弯处不能弯成直角，拐弯处应以圆弧形为好或成 45°的拐角。

3）印制电路板的地线和电源输出线应尽可能采用较宽的线。开关电源二次侧整流输出线不但要用宽线，还应在铜箔板上加入焊锡，增加导线的导电面积。除此以外，应避免使用大面积铜箔，否则长时间流进大块面积的电流会使铜箔在涡流影响下受热膨胀而脱离电路板。像地线一样，若非要设计大面积铜箔不可，这时可以使用栅格状电路块以利于散热，防止涡流产生。

4）PCB 导线的宽窄是由流过元器件间的电流大小决定的。当铜箔厚度为 0.05mm、线宽为 1.5mm 时，通过 1.5A 的电流，电路板表面温度不会高出周围环境 2℃。设计电源进线线宽时，1.5mm 的线宽就可以满足需要。电脑主控板、数字电路的走线宽度一般只要0.02~0.3mm 就可以了。最近高密度的芯片引脚距离很小，无论如何都要保证线间绝缘电阻，线间耐高压的档次决定于线间距离的大小。开关电源输入线的相线与中线间应有 3.5mm 的蠕动距离；电源地与输出地、变压器的一次侧与二次侧间的距离要大于 8mm 的蠕动距离，否则难以通过欧美标准。

6.1.5 PCB 的布线技巧

完成一块质量好、布局美观的 PCB 不是一件容易的事，特别是对那些结构复杂、具有智能的工业计算机、模拟机器人，一块 PCB 的走线可以说是“纵横交错”、“千头万绪”。如果靠人工操作，工作量之大、要求之高是不言而喻的。如果掌握了布局、布线技巧，精心设计，认真绘图，就可避免布线不合理、布局不合适的情况出现。只要遵守布线原则，了解布局方案，就可以避免走弯路、重复劳动。PCB 设计布线的技巧归纳起来有以下几条：

1）根据原理图选择合适的元器件。电阻、电容、电感、二极管、开关管、集成电路、光耦合器等各种元器件的规格、尺寸、特性等要全面了解；确定了各个元器件布局到电路板上的大概位置、方向后进行“定点”，尤其应注意个别元器件的长距离拖线的走向。

2）深入分析各个元器件连线距离的长短以及走线的通畅程度，不能“无路可走”，也不能“上下十八弯”，要走“捷径”，少搞或不搞“飞线”。高阻抗走线尽量短，低阻抗走线可以长一点。电源线、地线以及晶体管的基极走线、发射极的引线都属于低阻抗走线。开关电源印制电路板不允许有十字交叉线。对那些可能出现交叉线的板面，单层电路板要“绕着走”，双层电路板可以采取“钻着走”，也可以从电阻、电容的跨裆“钻”过去，避免走远路。

3）对于PCB的地线要认真布局，尤其是高频接地的要求更为严格，不可以随便接地。高频电路常采用地线包围式方法，有利于加强对高频信号的屏蔽作用。一般地线应遵循高频—中频—低频，从弱电到强电的顺序。宁可元器件的引线长一点，挨着地线固定元器件，千万不可将地线拖到元器件旁边。有些绘图人员为了方便，将地线从另一方远远拉到这里。表面上看起来这个回路元器件在一块，它们之间的距离短，但是长长的地线往往会引起强烈的自激干扰。如单片开关电源常采用“一点接地”的方法，就是为了防止出现自激干扰。

4）对于那些高频高速运作的电子设备（如大型计算器），为了减小分布电容和导线电感，在电路板的一面横向布线，在另一面纵向布线，然后利用导通孔将板的两面需要连接的线连起来，组成一块完整而又十分复杂的电路板。这种走线布局称为“#”字形网状布线。“#”字形网状布线是现代集成电路所采用的新技术，它具有空间利用率高、元器件便于布局、机动性强等优点，最主要的优点是高频信号通过印制导线时所产生的电磁辐射和射频干扰由所布的导线得到有效抑制。但是要注意的是，高频信号的地线与PCB的地之间的距离越近越好，驱动器应紧挨着驱动总线，总线走向应挨着连接器。如时钟信号发生器的引线最容易产生电磁辐射干扰，它就应该与地线靠近，引线越短越好。

6.1.6 元器件放置要求及注意事项

PCB绘制工作完成以后，下一步就要准备元器件焊接组装了。在前面已对元器件的布局原则作了介绍，但对元器件放置时的一些具体问题未能讲清楚。元器件放置的总体要求是：排列，分布合理，均匀、美观，结构严谨有序。

放置电阻、二极管时，根据空间大小有平放和竖放两种。平放时根据不同功率，焊盘间距离不等，一般为10~8mm；平放二极管时一般为8mm。电路中元器件较多，电路板的位置相对较小时，可采用竖放，两只焊盘的最短距离为2.5mm，否则电路板的耐压强度不好过关。不管是平放还是竖放，应注意元器件之间保持一定的间隔，更不能使元器件的焊脚太长，互相碰撞。高频变压器应放置在电路板边缘的右上方，要求有一定的散热空间，而且不允许电磁场辐射到周围元器件上。高频变压器的“脚跟”要紧贴电路板，不允许有一丝晃动，焊盘焊点要大，而且还要求便于拆装。在开关电源电路中，很少用到电位器，但充电器、调压器中却常常用到电位器。放置电位器时注意，顺时针调节时输出电流或电压升高，反时针旋转时输出电流或电压降低。应该将电位器放置在电路板的边缘，旋转柄朝外，便于调节。放置集成电路时，注意集成电路的脚位。集成电路的壳体与电路板焊脚脚位是反向的，在设计电路板时要小心。还要看到集成电路第1脚起点位置，搞清楚引脚排列顺序，脚间走线距离要合适。开关功率管和输出整流二极管都是散热器件，除了知道元器件板面的方向外，还要有足够的散热空间。如果元器件之间的距离小了，到后来在为开关管和整流二极管加散热片时，空间就显得很紧张了。

PCB 的焊盘过孔要与元器件的引线相配并且稍大一些；电路板的走线少用或不要跳线。跳线多了不但是安装工艺、过程麻烦，还会造成电路板由于焊盘多而拥挤，占用走线的有效面积，增加了线间电容，产生噪声干扰源。

6.2 PCB 抑制电磁干扰的新技术

电磁干扰是电子设备的麻烦制造者，设计工程师对所有电子产品追求低电磁辐射、低功耗、小型化、重量轻的目标。用传统的屏蔽技术，往往难以达到预定的目标。PCB“表面积层”技术在抑制电磁干扰、提高电磁兼容性、缩小 PCB 的尺寸、减少 PCB 的层数方面，起到了令人满意的效果。

6.2.1 表面积层技术

什么是表面积层技术？简单地说，就是在 PCB 上增加薄绝缘层，利用微小过孔将各布线层组合起来。表面积层技术的关键在于薄的绝缘层和微孔技术。新技术的焊盘孔径只有 0.3mm，而连接线宽是 0.05mm。我们知道，射频干扰来自各个电子设备和仪器装置，由于这些电子设备在运行中会产生突变的电流、电压，电流、电压在元器件的作用下产生二次、三次或多次谐波，这就是射频信号，射频信号的波长极短，干扰强度很大。表面积层技术主要是降低电磁辐射和电磁干扰。设计制作的 PCB 如果采用表面积层技术，单位面积上的走线密度可以增加 5 倍，使 PCB 的面积缩小。采用薄绝缘层和导电层会使 PCB 的体积减小、面积缩小，而小面积意味着电流回路缩小。根据电磁理论，电磁辐射强度与电流回路的面积成正比。体积小也意味连线的长度缩短，电流回路减小，走线的感抗与容抗减小，功耗下降，产品的电磁兼容性提高，电抗大幅下降。这就是高频特性改善的理论根据。因为表面积层技术是利用薄绝缘层作介质，将去耦合电容放置在 PCB 内的电容层上，使 PCB 多出许多空间，这为抑制电磁干扰和射频干扰提供了极好的场合。

6.2.2 微孔技术

微孔技术是 PCB 抑制电磁干扰新技术的又一个组成部分，是表面积层技术的一部分。PCB 通过焊接导通孔使各层之间进行连接，导通孔占用了很多走线面积和焊接元器件空间，过多的导通孔会破坏电源层与地线层的阻抗特性。传统的焊盘和过孔直径虽然在不断地减小，但还是给多层 PCB 内层走线造成很大阻碍。常用的机械钻孔是微孔技术孔径的 8 倍，工作量是微孔技术的 10 倍以上。按照传统的 PCB 制作工艺，为了加工这些过孔，过去一般采用打孔机钻空，这些孔径一般在 1mm 左右。现在多采用激光打孔技术、等离子体蚀孔和碱液蚀孔技术，所打出的孔径只有 0.3mm（直径），寄生参数是以往常规孔的 1/10 左右。它的一次性成功率很高，废品率几乎为零，成本很低。

采用微孔技术，可使 PCB 的过孔很少，板的使用面积增多，为布置走线、安装元器件提供了很大空间，使 PCB 上的布线密度增大，PCB 的体积也得到缩小，大量面积、空间可用来作接地屏蔽层。这是非常好的举措，可对 PCB 的内层元器件和重要信号网线进行部分或全部的屏蔽，以此技术将取得最佳电气性能。需要指出的是，微孔技术并不是将过孔穿透，而是将所需的焊接层面导通，这就方便了所有元器件引脚的进出，消除了元器件引脚很难进出的问题，很容易实现高密度元器件引脚连接，缩短了连线的长度，提高了高速运行电子电路的时序时间。

表面积层技术有什么特点呢？它是利用薄绝缘介质将一些离散电阻、耦合电容直接做在 PCB 顶层上面，通过原理图设计规则和 PCB 设计属性，将离散的电阻、电容按一定的规格和元件参数做在 PCB 内层里。用 CAD 系统布线时，会自动生成所需的电阻、电容等元件，自动定位。生成好了的元器件称为层内埋元器件。这种软件布线方式节省了大量的 PCB 表面空间。表面积层技术为 PCB 的设计和制造带来了诸多优越性，尤为突出的是解决了 PCB 设计时元器件密度增大、接线密度增大、时钟时序频率大幅提高等所带来的许多技术问题。这些难题将一一得到突破，将为提高电子产品的性能、增强电磁兼容性、提高抗干扰能力开辟新的道路。这一最佳新技术也为新的微型 PCB 设计与制造奠定了基础。

6.2.3 平板变压器设计技术

平板变压器具有效率高、短小轻薄等特点。为了使高频变压器达到这一要求，变压器的损耗必须进行精确的定量计算和控制，对多层 PCB 平面变压器产生的铜损重要因素是趋肤效应和邻近效应，设计工程师在设计平板变压器时，首要任务是确定变压器绕组损耗，以便准确地计算电源效率。变压器绕组交流电阻计算公式：

$$R_{DC}F_r(mx)=R_{AC}$$

式中，$F_r(mx)$为平板变压器在高频条件下损耗。

$$F_r(mx)\approx\frac{[\sinh(x)+\sin x][\sinh(x)-\sin(x)]}{2[\cosh(x)+(2xm-1)^2][\cosh(x)+\cos(x)]}$$

$$F_r\approx\text{趋肤效应}+\text{邻近效应}$$

式中，x=导体宽度/趋肤深度；m=绕组层数。

变压器涉及许多参数：电压、电流、频率、电压比、电流比、温度、磁心尺寸、匝数、漏感、铜损、铁损等，所以，一直无法像其他电子元器件那样进行测量选用。采用平面变压器，显著地降低了变压器的高度、体积和重量，提高了变压器的功率密度，是实现开关电源短小轻薄的重要方法，使开关电源向前迈了一大步。

平面多层变压器特点：

1）没有漆包线绕组，而是将平面连续铜质螺旋线刻蚀在 PCB 上，然后叠放在磁心上，这样变压器的能量密度高，电感应强度好、体积小。

2）损耗低。绕组由薄铜层在 PCB 上构成，变压器呈扁平状，由此极大地降低了趋肤效应。

3）低漏感。变压器的漏感小于 0.2%，EMI 低，不受外界电磁干扰的影响，使开关电源在长期运行中平稳可靠。

4）平面多层变压器有利于实施变压器绕组的一致性，绕组的几何形状及有关寄生特性限制在 PCB 制造误差之内，可实现特性重现。

5）提高了热稳定性。由于变压器的面积与体积的比值较大，平面铁心的热阻较小，平面变压器的一次侧、二次侧之间的间距很小，存储电能少，所以漏感小，一次侧、二次侧的耦合强度增强。

为了提高平板多层变压器的功率，变压器的二次侧应采用并联形式，提高电流在二次侧的容量，但是各绕组之间的连接，会造成各层之间不均流，加大绕组的损耗，这样制约了多层平面变压器在低电压、大电流场合的应用，因此，平面变压器的绕组常采用交织技术绕组结构，降低了邻近效应，提高了变压器二次绕组电流容量，但值得注意的是高频效应，应加强屏蔽。

多层平面变压器采用 PCB 制造，可使平面绕组具有高度的重现特性，制作简单，变压器与电路板的端部连接非常方便。为了提高窗口利用系数，采用柔性基印制板或用镀铜的柔性基材料制作平面变压器绕组。

平面变压器的磁心常用的是平面 EE 和 EI 两种，其他的还有 RM、ER、PQ 等锰锌铁氧体。

高频变压器铜损计算，要求设计对趋肤效应和邻近效应多加考虑，交织技术可减小高频效应，但交织的程度受寄生电容和绕组层间绝缘等级的限制，实际上，绕组层之间深度交织会使绝缘材料占铁心绕线窗口空间比增大，如果多层变压器要求输出大电流、低电压，可采取加厚 PCB 铜箔的方法，加大导线的电流容量，各层之间采用微型导孔连接，这时注意各焊点的容量。

6.3 PCB 可靠性设计

开关电源产品是日新月异，对产品要求越来越高，体积小、重量轻、性能稳定可靠是广大用户关心的重点。

6.3.1 PCB 的地线设计

接地是所有电子设备中比较重要的环节。因为它是抑制干扰的重要方法之一。接地与屏蔽结合起来，就可解除干扰达到稳定工作的目的。地线有系统地、机壳、模拟地和数字地等，值得注意的是单点接地还是多点接地，视情况而定。

电子设备的工作频率小于 1MHz，它的布线和元器件间相互感应影响较小，而接地电路形成的环流对干扰影响较大，这时可采用单点接地。若工作频率大于 10MHz，这时地线的交流阻抗变大，因而采用多点接地，降低阻抗。

1）设计电路板时，宜将模拟、数字两种电路分开，高速逻辑电路与信号放大线性电路要最大限度分开，两种地不能混，加大线性信号地线线粗来减小接地电阻。

2）数字电路与模拟电路共地处理。对地线整个 PCB 只有一个接点。在板内部数字地和模拟地实际上是分开的，只是在 PCB 与外部连接的接口处两个地只有一点连接。

3）将接地线构成闭环路。数字电路在印制电路板上的地线设计时将地线做成闭环，这样可以提高抗噪能力。板上往往有很多的 IC 组件，因耗电多使接地线粗细受到限制，这样会产生较大的电位差，使抗噪能力下降，若将地线设计成环路，可使电位差缩小，提高抗噪能力。

4）尽量加粗地线。如果地线很细，将使信号传递受阻不稳，不能跟随信号大小而变化，甚至发生信号衰减，若条件允许，将接地线宽度增加到 3mm。信号线接地线宽度应为 2mm 左右。

5）大器件连接脚的处理。通常将大器件组合在一起进行连接。组件脚的焊盘与铜箔板满接。大功率器件需加散热器，散热器也必须接地，这时的PCB做成十字花焊盘，俗称热焊盘。加大了接地焊点。

6.3.2 PCB的热设计

一般PCB是平放安装。对一些发热量大，板面多的电子设备，PCB宜采用直立安装，这有利于板上的元器件散热。板与板之间的间距不小于20mm。印制板的排列方式应遵循一定的原则：

1）电子设备采用自由对流空气冷却的，最好采用按纵向方式排列；对电子设备采用强风冷却的，最好采用按横向方式排列。有利于冷却效果。

2）对于热温敏感的元器件，最好安排在设备的最下面，使这部分元器件受不到高温的“煎烤”，也不接受其他大的散热部件的影响。同一块印制板上的元器件，尽可能按散热大小分段放置，对那些发热量小或热敏感元器件放在冷却风入口处或空间大、空气流通好的位置。

3）设备内部散热主要依靠自然通风和强制通风两种，在设计散热方式上要合理配置器件和印制板的位置，要避免在某个区间有太大的空间或处于比较拥挤的区域，整个空间设计既要显得均称合理，又要效果好。合理地排列布局可以有效地降低电路板的温升，有效地降低元器件及设备的故障率。

4）各元器件散热设计也是关系到设备安全运行的重要措施。开关电源的发热元器件有二次侧整流二极管和交流整流滤波的电解电容。设计整流二极管的散热片要根据输出电流、电压以及所选择二极管的型号有关，一般公式很难计算出散热量，要根据实际情况而定散热片的大小。电解电容一般大功率电源安装在电源盒的盖子上，依靠铁盖子散热。

开关电源的发热元件是开关功率管和二次侧整流输出二极管。散热器通常采用的材料是铜或铝，从价格和重量考虑，使用铝质材料较为普遍。一般来说散热器的面积越大，散热的效果越好，但大的散热器，影响电源体积。

6.3.3 PCB的抗干扰技术设计

印制电路板的设计质量不仅直接影响电子产品可靠性，还关系到产品稳定性甚至是产品的成败。因此在设计时要充分考虑印制板的抗干扰性能，其中有电磁兼容性。抗干扰设计包括抑制噪声干扰、切断噪声传递途径、降低接受干扰灵敏度。在设计印制板时应注意：

1. 减少辐射噪声

电路板在工作时会向外辐射噪声，往往信号线经地传递到机壳，引起谐振，由机壳向外辐射强烈的辐射噪声，这时应做到使用多层印制电路板，以中间层作电源线或地线，将电源线密封在板内，可有效预防电路辐射和接收噪声。其一印制电路板“满接地”。绘制高频电路时，除尽量加粗地线外，应把电路板没被占用的所有面积都作为接地线，这样可以有效降低寄生电感，减少噪声辐射。

2. 妥善布设印制导线

布线是印制电路板设计图形化的关键阶段，板上的铜箔导线及相邻导线间串扰原因将决定印制板的抗干扰度，合理布线可获得最佳性能，布线应注意：1）布线密度应综合结构及电性能要求，力求简单、均匀，导线最小宽度和间距不小于0.3mm，条件允许可适当加宽导线及间距；2）信号线最好集中于板中央，力求靠近地线或用地包围它，信号线避免长距离的平行线，线的拐角应设计为135°走向，切忌成90°或更小角度；3）相邻布线导线采用垂直、斜交或弯曲走线，以减小寄生耦合，高频信号线切忌相互平行；4）尽量缩短输入引线，提高输入阻抗，对模拟信号输入加屏蔽，若模拟、数字两信号都有时，宜将两地线隔离。布设导线时尽量减少金属化过孔，以提高整块印制板的可靠性。

3. 抑制电源线和地线阻抗引起的振荡

注意降低电源和地线阻抗，对公共阻抗、串扰和反射等引起的波形畸变和振荡需采取措施，当浪涌电流流进印制板时，会产生电源尖峰噪声，这是导线引起的干扰，这时应在电路电源与地线间接入旁路电容，以缩短浪涌电流的途径，免除干扰。

4. 正确运用抗干扰元器件

根据噪声的不同特点，正确选用抗干扰元器件，用二极管、压敏电阻吸收浪涌电压，用变压器隔离电源噪声，用电路滤波器滤除频段干扰信号，用阻容元件对干扰电压电流采取旁路、吸收、隔离、滤除、去耦等措施。当板上信号线阻抗不匹配时，会产生多次反射噪声，印制板应在电路终端和始端设计阻抗配备电阻，可消除干扰。当印制导线较长时，应设计阻尼电阻可抑制振荡，增强抗干扰能力，改善波形。

5. 合理布置元器件

元器件布局不当是引起干扰的重要原因，有关PCB元器件的布置已在8.1节中作了比较详细地叙述，这里不再重复。

总之，使用上述PCB设计抗干扰措施，可消除90%的干扰，我们不能只靠增加抗干扰的元器件来减少干扰，因硬件的增加，会产生新的干扰源，还会增加成本，这是不可取的。

6.4 如何把原理图转换为PCB图

现代电子工业的发展变化日新月异，大规模、超大规模集成电路日趋复杂，传统的手工设计制作电路板的方法已经不能适应生产的需要，而且很容易出差错，在这里向广大读者介绍如何将原理图自动地转换成PCB图。依靠Protel 99的编辑功能、强大的自动化设计能力，运用极丰富的元件库，可快速有效地绘制原理图，并将原理图转换成PCB图。

6.4.1 元件属性的设置

电气原理图是转换PCB图的依据，设计好原理图非常重要。

首先将所有元件按图调整好元件位置，然后对各个元件的属性逐一进行编辑。元件的属性包括序号、封装形式、引脚号定义等，下面对图6-1的元件属性进行编辑。用鼠标左键双击元件DS80C 320MCG，弹出图6-2所示对话框。

在图框里设置元件各种属性：

1）Lib Ref：元件库的型号，不允许修改。

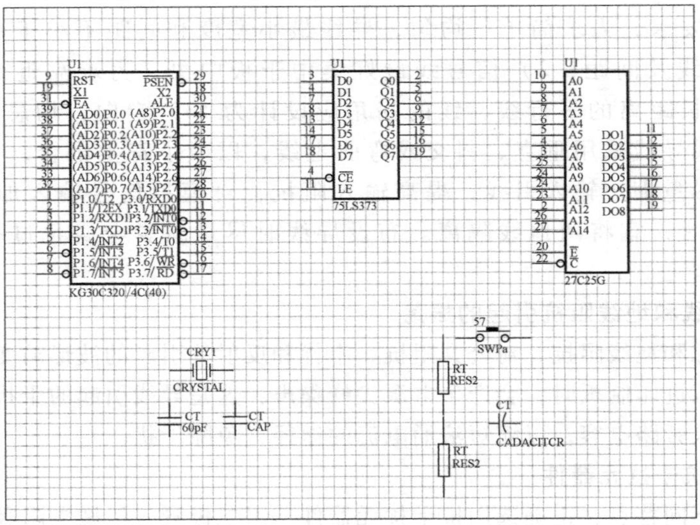

图 6-1 元件位置调整后的结果

2）Footprint：元件封装形式，写入“DIP-40”。

3）Designator：元件序号，写入“U1”。

4）Part Type：元件型号，写入“DS80C320 MCG”。

5）Sheet：图纸号，暂不填。

6）Part：功能块序号，此项用于多个相同功能块，而对其元件无效。

设置结束后，单击“OK”按钮即可。

按照上述方法对图 6-1 所有元件进行编辑。这里我们将主要元件的序号、型号、封装形式设定如下：

1）普通电容 1：C_1、60pF、RAD0. 2。

2）普通电容 2：C_2、60pF、RAD0. 2。

3）电解电容：C_3、22μF、RB. 2/. 4（PCB 库里还有 . 3/. 6，. 4/. 18，. 5/. 10）。

4）整流二极管：DIODE0. 4~0. 7。

5）控制 IC：DIP4、8、14、16、18、20、22、24、28、32、40、48、52、64 等。

6）晶振：CRY1、18、723MHz、XTL-1。

7）电阻 1：R_1、200、AXIAL 0. 4。

8）电阻 2：R_2、1K、AXIAL 0. 4。

9）复位键：S1、SW-PB、RAD0. 4。

10）单片机 DS80C320MCG（40）：U_1、DS80C320、DIP-40。

11）地址锁存器 74LS373：U_2、74LS373、DIP-20。

12）程序存储器 27C256：U_3、27C256、DIP-28。

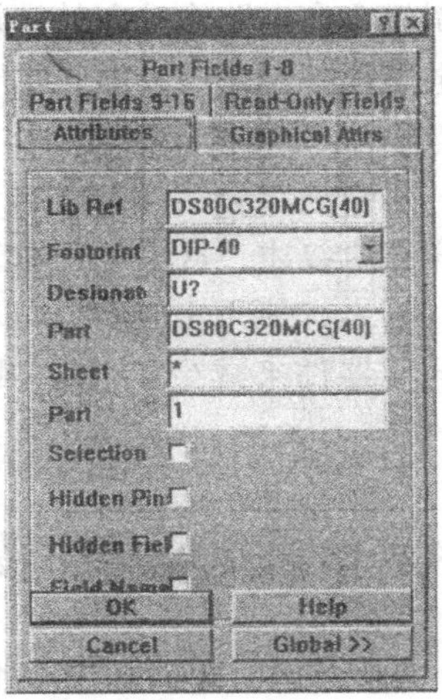

图 6-2 元件属性编辑对话框

6.4.2 电路布线

1）单击工具栏 Wring Tools 绘制导线按钮，执行绘制导线命令后，出现十字光标，将光标移到电容 C_1 后，出现带黑点的十字形，如图 6-3 所示。注意，导线的起始点一定要设置在元件引脚上并出现一个黑点，表示电气已连接上，所有与元件建模的连线都要出现这一黑点。

2）制作电路的 I/O 端口。在图 6-1 的基础上，对单片机 80C320 的串行接口（3、4 脚）制作 I/O 端口。单击原理图上的工具栏绘制端口按钮，然后拖动鼠标到达适当位置后，单击鼠标左键即可确定 I/O 端口，如图 6-4 所示。

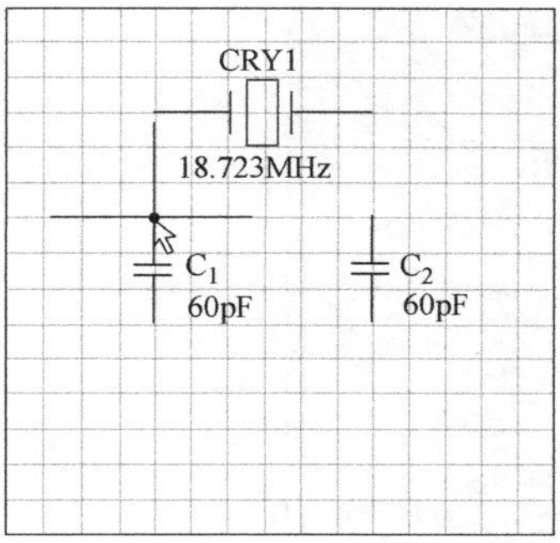

图 6-3 确定导线起始点

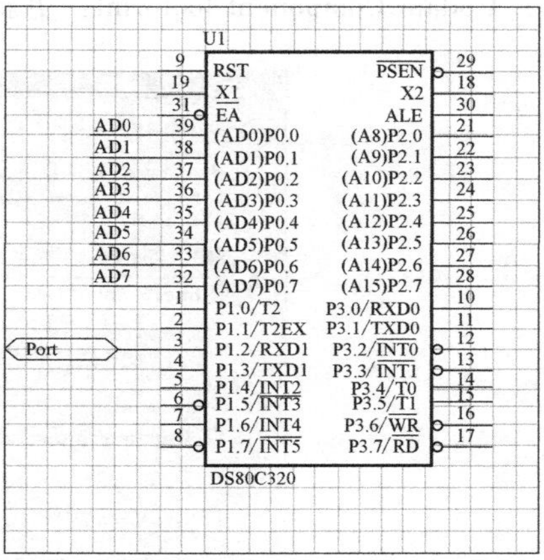

图 6-4 确定 I/O 端口

6.4.3 由原理图生成网络表

在制作电路之前，我们必须有电路原理图和网络表，将以图 6-5 制作一块单面 PCB，所

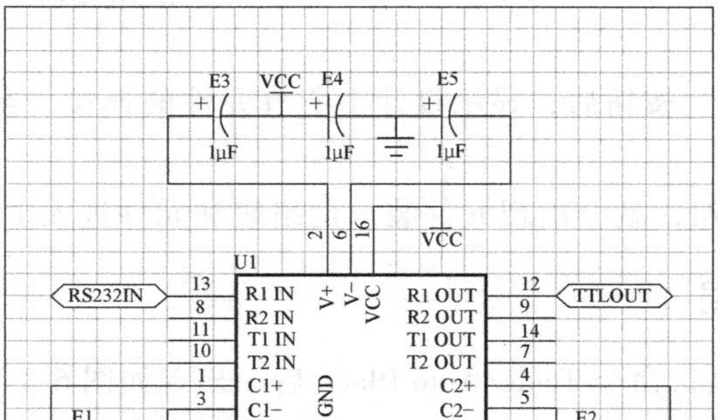

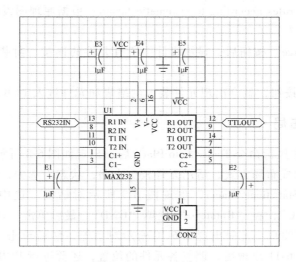

图 6-5 电平转换电路原理图

有的元件按前面所讲的编辑元件属性。再来规划 PCB，根据原理图规划电路的大小，特别要留心层面的颜色要设定好。

在原理图编辑器中执行命令 Design/Update 出现图 6-6 所示对话框，对话框中各选项说明如下：

1）Connectivity：连通性。用于选择原理图内部网络连接方式，共有 Net Labels and Ports Global、Only Ports Global 和 Sheet Symbol/Port Connections 等 3 种选择，默认为 Sheet Symbol/Port Connections。

2）Append sheet numbers to local net name：将原理图编号附加到网络名称上，状态为未选中。

3）Update Component footprint：更新元件封装号，状态为选中。

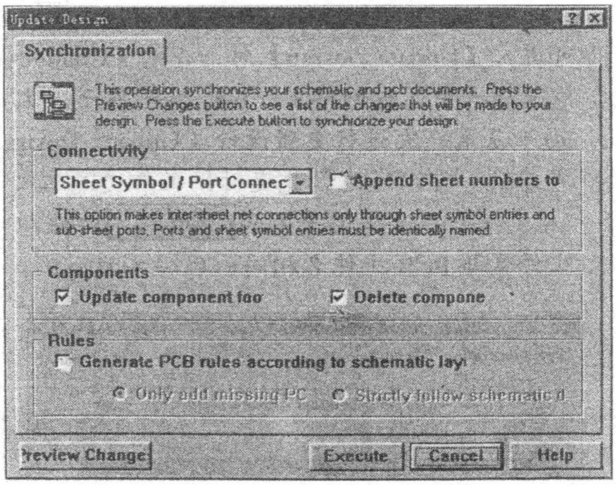

图 6-6 “Update Design”对话框

4）Delete Component if not in netlist：删除没有连线的元件，状态为选中。

5）Generate PCB rules according to schematic layout：根据原理图设计生成 PCB 布线，状态为未选中。

按“Preview Change”按钮后，显示设计中所有元件的连接、封装是否有误，更改所出现的错误。

单击“Execute”按钮，就会出现元件装入网络表和元件进入 PCB，如图 6-7 所示。

6.4.4 元件自动布局

1）在 PCB 编辑中执行命令 Tools/Auto Place 后，出现如图 6-8 所示的元件自动布局对话框。Cluster Placer：组成布局方式，适用元件较少电路，状态为选中，其他两项不勾选。

2）用鼠标选中 Statistical Placer，出现图 6-9 所示对话框。选中 Statistical Placer，在“Group…”栏填“VCC”，在“Rotate…”栏填“GND”，最后单击“OK”按钮。

3）关闭自动布局窗口，此时出现图 6-10 所示对话框，然后单击“是（Y）”按钮出现图 6-11 所示 PCB。图 6-11 出现后，调整各元件的位置，还要进行 PCB 板框修改，每个元件连线不能交叉。最终结果如图 6-12 所示。

图 6-7 装入网络表和元件后的 PCB 图

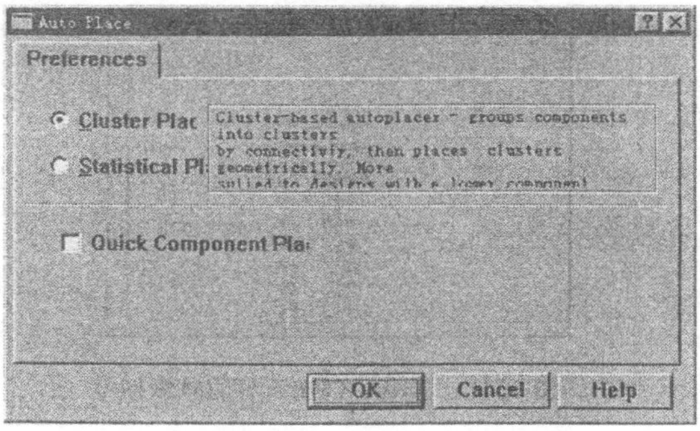

图 6-8 元件自动布局对话框

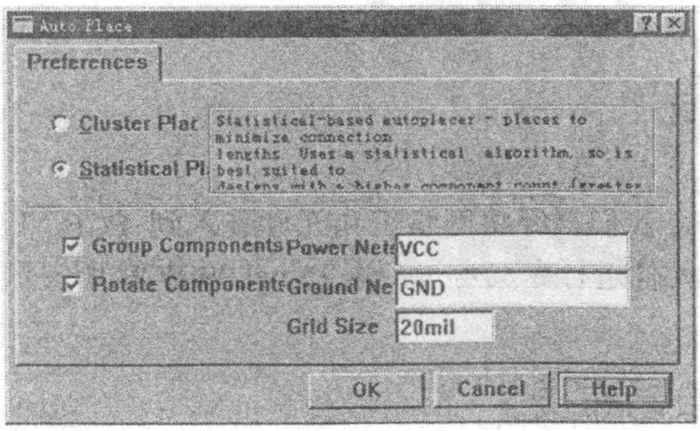

图 6-9 统计布局方式下的元件自动布局对话框

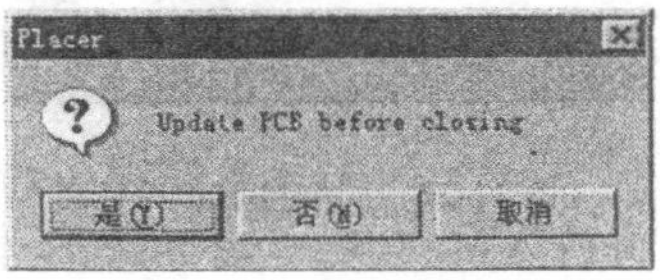

图 6-10 提示对话框

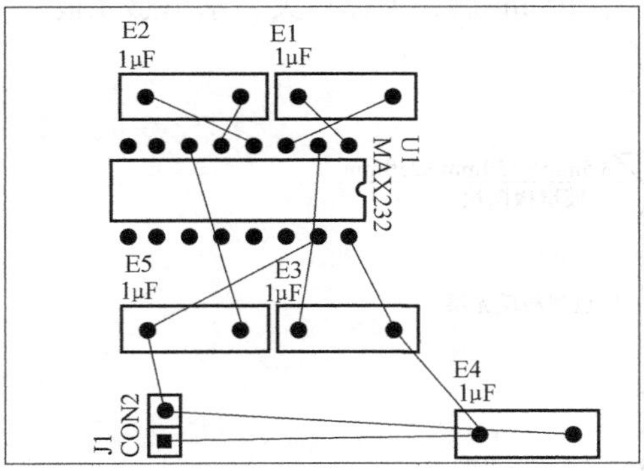

图 6-11 元件自动布局后的 PCB 图

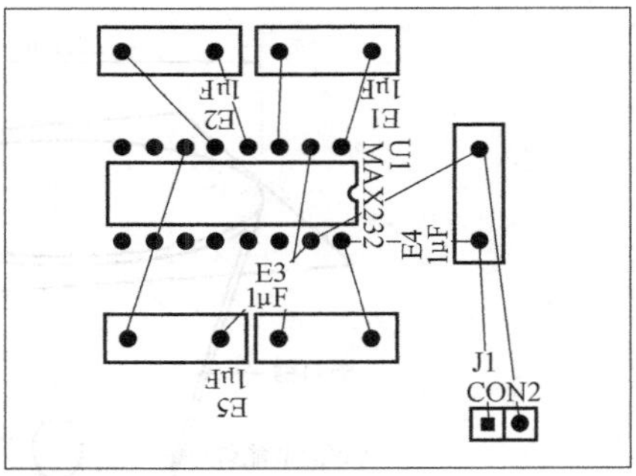

图 6-12 元件布局的最终结果

6.5 如何快速有效地制作 PCB

制作 PCB 到专门生产少则 5 天，多到 10 天，而且一次要做 80 ~ 100 块，少了，生产 PCB 的厂家不收单，这样，不但是花钱费时，还耽误了研发生产。

手工制作PCB有多种方法，这里介绍一种比较简便经济的方法：用感光板制作PCB。

用感光板所制作的电路板线条精细、成功率高，是目前手工制作电路板最佳方法，操作步骤如下：

1）画图：用Protel绘图软件在计算机中画出PCB电路图，也可用Photoshop、AutoCAD等软件画图。

2）打印：取一张硫酸纸也叫菲林纸，通过激光打印机将PCB图打印在硫酸纸上，如图6-13所示，仔细检查打印在硫酸纸上图片的线条，如果发现有线条不完整、或断裂、或黑色不够的地方，则立即用黑色水性笔将其修正。

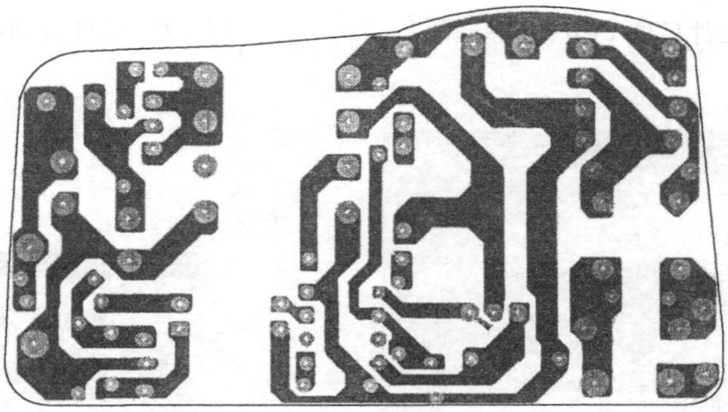

图6-13 打印在硫酸纸上的PCB图

3）取材：将一块稍大于PCB图尺寸的感光板用钢锯或尖锐割刀裁剪出来，要注意的是，要用黑色布把感光板包装严实，千万不可透光，否则显影效果不是很完美。

4）曝光：找一个小型塑料桶，尺寸如图6-14所示，把硫酸纸打印好的PCB图放到玻璃板上，注意打印面面向灯光，打印纸的上面放感光板，感光板的上面再压一块3.5mm厚的玻璃，使感光板全部将PCB图遮盖，然后开启电源开关，10min后，关掉开关，拿出感光板。

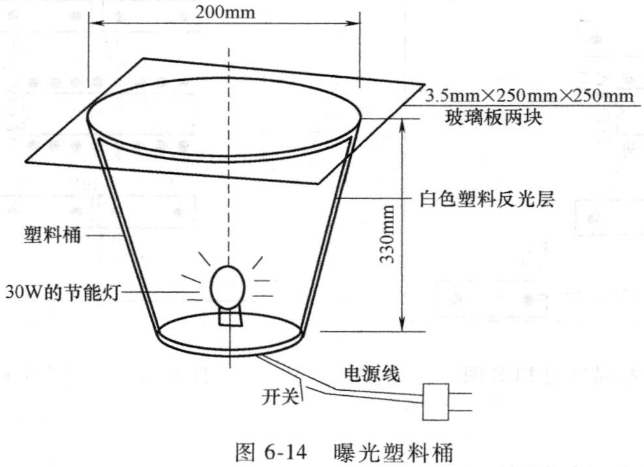

图6-14 曝光塑料桶

5）显影：找一个小型塑料盒，倒入300mL自来水，拿一包20g的显影剂倒入塑料盒里，用筷子在水中不停地搅拌，待显影剂颗粒全部溶解后，这时快速撕开感光板上面的一层塑料遮光薄膜，将感光板放入塑料盒里，用筷子不停地搅动感光板，仔细察看到绿色油墨慢慢溶解，黑色的铜箔条纹显露出来，在 5min 左右，所画的 PCB 全部清晰可见，取出敷铜板。

6）PCB 腐蚀：用三氯化铁和水以 1∶2 的重量比在 80℃的温度下放入刚显影好 PCB 的塑料盒中。为了加快腐蚀的速度可用 35W 电吹风机对塑料盒里的 PCB 进行吹风，1h 左右一块线条清晰的 PCB 腐蚀完成。

7）钻孔：钻孔是制作 PCB 的最后一道工序。用一台小型的钻床，最小的钻头为 ϕ0.5mm，最大为 ϕ3.2mm，一般元件用 ϕ0.8mm。钻孔时用力不能太大，否则 PCB 的反面会出现裂崩，全部钻完后，用砂纸在板的背面轻砂一下，这样板面光亮，插入元器件方便。如果有条件，可在每个孔的周围涂一圈阻焊漆，防上焊接元器件时焊锡向孔的周围扩散。

8）PCB 涂阻焊漆：在已做好的 PCB 上涂一层比较薄而又均匀的阻焊漆，然后将印好 PCB 图案的硫酸纸（也叫菲林纸）对准已腐蚀好的 PCB，用紫外光照射 5min，经过紫外线显影，去掉了已钻孔周围的阻焊漆，再用 100℃烘烤固化，整个 PCB 就全部制作完成了。

第7章 开关电源技术问答

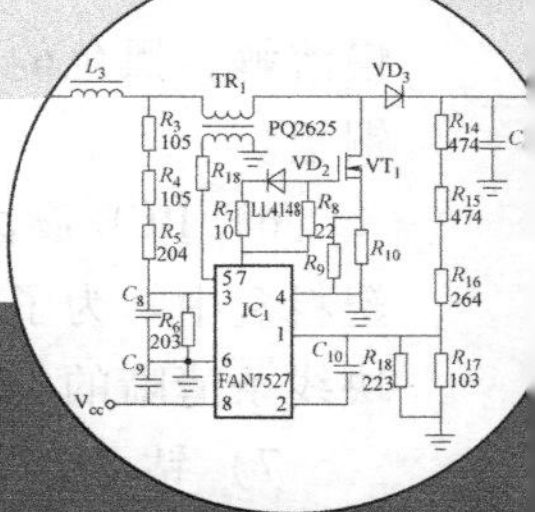

1. 什么是电磁干扰（EMI）？EMI是开关电源哪些部件产生的？干扰的方式有哪些？有什么抑制方法？

答： 根据麦克斯韦理论，如果导体流动着变化的电流，那么它的空间就会产生变化着的电流磁场，其磁场作用范围的大小，取决于变化着的频率和电磁的电能。这种电磁向外辐射的电磁波，就是电磁干扰。在有效的空间、时间和频率范围内，各种电气设备的工作共存，而不影响设备的性能下降，这就是电磁兼容（EMC）。一台良好的EMC设备，应该既不受周期电磁噪声的影响，也不对周围环境产生干扰。EMI分辐射干扰和传导干扰，传导干扰又分差模干扰和共模干扰。控制干扰的方法有：①利用频率控制的方法。②缓冲吸收回路来旁路和抵销干扰频率。③接地的方法是，信号地与大地连在一起，使干扰的波段通过大地旁路掉。④屏蔽的方法是，电磁与磁场相结合，但方法不同。对开关电源的主频率，利用调制功能开关，调整升压方式。⑤滤波的方法有，低通电路、一次电源滤波电路、二次电源滤波电路等，其作用都是为滤除交流谐波和干扰频率。EMI产生在开关电源的一次整流、开关频率功率管、变压器的电能转换和传递、二次整流等。

2. 如何提高开关电源的效率？

答： 提高开关电源效率的主要方法有：在设计上：①选择合适的占空比和最大的工作频率，设计出较低的低通滤波；②最大限度地提高一次绕组的电感量；③计算出有效的一次、二次滤波电解电容。在元件选用上：对吸收网络回路、功率开关管、整流二极管、高频变压器磁心，要注意认真检测，要有封装老化工艺过程，选用名牌产品生产厂家。精心设计制作高频变压器，要有严格的工艺老化程序，降低铜损和铁损，尽量降低漏感，注重绕制方法。对PCB设计：了解PCB的布线原则，对那些易发热、易产生电磁干扰的元件应布置在板的上方，信号传递线应远离大电流、高电压部件，高频阻容元件，应尽量避开输入、输出板面的位置，PCB的结构要紧凑，外表整齐，便于安装、修理。

3. 振荡变压器温度高低与哪些因素有关？如何克服不利的因素？

答： 影响变压器温度有铜损和铁损、转换工作频率、变压器一次绕组漏感、变压器磁心的质量、主转换电路的设计等。克服的方法是，设计计算合适的占空比和电路的工作频率；在允许的条件下选用最粗的铜线；变压器的层间使用良好的绝缘层，绝缘层越少越好，绕制的变压器最好采用三明治绕线法。

4. 什么是瞬态干扰？抑制瞬态干扰采用什么办法？

答： 交流电网出现的浪涌电压、振铃电压、火花放电、空中闪电等，它的瞬间干扰电压信号幅度极高，其能量巨大，统称瞬态干扰。抑制瞬态干扰的方法是，①将交流输入的二线制改为G、N、L三线制，G端接地；②采用两级*LC*滤波，将滤波电路的元件进行屏蔽，屏蔽线应接地。

5. 磁心的气隙有什么作用？气隙的大小与哪些因素有关？

答： 磁心的导磁性是随着气隙的大小而变化的，有气隙时，磁心的磁场强度明显增加，而剩余磁场强度则明显减少。变压器工作在大电流、低电压的状态下，为防止出现磁饱和是很有效的。气隙的计算普通公式是 $\delta=4\pi\times10^{-7}N_P^2A_E/L_P$，从公式可知，气隙的大小与变压器的一次绕组匝数的二次方和磁心截面积成正比，与一次绕组电感成反比。

6. 功率因数校正的工作原理是什么？有几种变换方法？各有什么优缺点？

答： 从输出电压取出信号电压，与片内的基准电压进行比较，其差值又与100Hz的交流脉冲电压一同进入乘法器，乘法器输出电流与开关管输出电流进行比较、放大、均化、移相去驱动开关管的栅极，以控制功率因数转换，使输出电流波形与输入电压脉动波形同相，从而提高电源的功率因数，降低总谐波含量。功率因数校正的方法有：①峰值电流控制法，这种方法是频率恒定，但对噪声敏感。②滞环电流控制法，此法对负载变化影响较大，功率因数校正调整较缓。③平均电流控制法，此法工作频率恒定，对噪声不敏感，可任意拓扑变换，但转换时必须有乘法器。三种方法的电路如图4-6、图4-8、图4-11所示。

7. 什么是高频电流趋肤效应和邻近效应？

答： 导线流入突变电流时，按右手定则，将产生逆时针方向的磁力线，磁力线将引起涡流，涡流将增加导线表面电流，抵消线芯中的电流，这种电流在导线表面流动，中心无电流的现象，称趋肤效应。邻近效应是指双线传输线的两导体中，交流电流相互向相邻导体接近的现象。由于磁力线集中在导线表面磁动势最大的地方，邻近效应最明显。

8. 屏蔽是防止干扰的一种有效方法，有几种屏蔽方式？各有什么不同？

答： 屏蔽有电场屏蔽和磁场屏蔽。对整个开关电源进行屏蔽是电场屏蔽；对容易产生电磁辐射的闭合回路进行屏蔽称为磁场屏蔽。一般磁场屏蔽外装一外壳，不需接地。而电场屏蔽则将屏蔽线接到电源输入线的G端，考虑到电源散热，防止出现涡流，则要求屏蔽外罩有小孔，再将外壳接到G端。两种屏蔽的方式有所不同。

9. DC/DC 变换的意义是什么？

答： 电源变换是通过控制器件，对开关管进行关断和导通，对调制脉冲宽度或调制频率进行比较、鉴定、混频，最后输出控制开关管，达到输出电压可控，满足输出电压、电流的要求，最大限度降低损耗，提高转换效率，它是开关电源最基本的转换类型，应用非常广泛。

10. 什么是零电流（电压）开关脉宽调制变换？

答： 变换器工作在一个周期里，一部分时间按零电流（电压）开关脉宽调制变换工作，另一部分时间按脉宽调制变换工作，都是软开关。软开关具有损耗最小，功率密度可达 $8W/cm^3$，效率超过94%，是最佳的调制变换。

11. 准谐振的含义是什么？

答： 电子开关具有零电压导通、零电流关断的功能，这种变换器称为准谐振变换器。实现准谐振变换，是固定开关管的导通时间，调整振荡器振荡频率，使正弦电流、电压处在正负交越的 X 轴线上，可获得准谐振变换工作模式。

12. 什么是总谐波含量？它是怎样产生的？它有什么危害？

答： 总谐波含量，是各次谐波电流分量方均根值的总和，即

$$\mathrm{THD}=\sqrt{I_{2(\mathrm{rms})}^2+I_{3(\mathrm{rms})}^2+\cdots+I_{n(\mathrm{rms})}^2}\times 100\%$$

式中，$I_{n(\mathrm{rms})}$为 n 次谐波含量电流有效值，THD 为总谐波畸变。由于桥式整流后所输出的脉动直流电压，随着脉动直流电压对电容的充电和放电，产生输入交流电压的数倍脉冲波形。根据二极管单相导电的特性，只有当交流电压瞬时值超过滤波电容上的充电电压时，二极管才会导通；而当交流输入电压的瞬时值低于电容上放电电压时，二极管受反向偏置而截止，这时整流二极管的导通角为60°（半个周期的$\frac{1}{3}$），电流脉宽为3ms，这时，整流后的脉冲电流含有大量的交流谐波，这些不同频率的正弦波成分，称为谐波含量。谐波电流总量对电力系统将产生严重污染，会影响整个供电系统的供电环境。过量的电流谐波造成发电厂的发电机产生附加的功率损耗，使发电机发热。对功率补偿电容引起的谐波电流，能使电力电容器过载或过压而损坏；对继电保护、自动控制、电信通信、计算机系统会产生强烈干扰造成误动作。所以每台用电设备必须具有功率因数校正。

13. 什么是电源效率？什么是功率？什么是功率因数？

答：效率，是一个用电设备，输出功率与输入功率之比，即 $\eta=\frac{P_\mathrm{o}}{P_\mathrm{i}}$。功率，是单位时间，某物体所做的功。$P=UI=I^2R=\frac{U^2}{R}$。功率因数 $\lambda=\frac{P}{S}$，是有功功率（P）与视在功率（S）之比。视在功率 S 是有效电压 U_{rms} 与有效电流 I_{rms} 的乘积，$S=V_{\mathrm{rms}}I_{\mathrm{rms}}$。功率因数也可写成 $\cos\varphi=\frac{P}{S}$。有功功率 $P=V_{\mathrm{rms}}I_{\mathrm{rms}}\cos\varphi$。无功功率 $Q=V_{\mathrm{rms}}I_{\mathrm{rms}}\sin\varphi$。正弦信号功率三角形如图 7-1 所示。

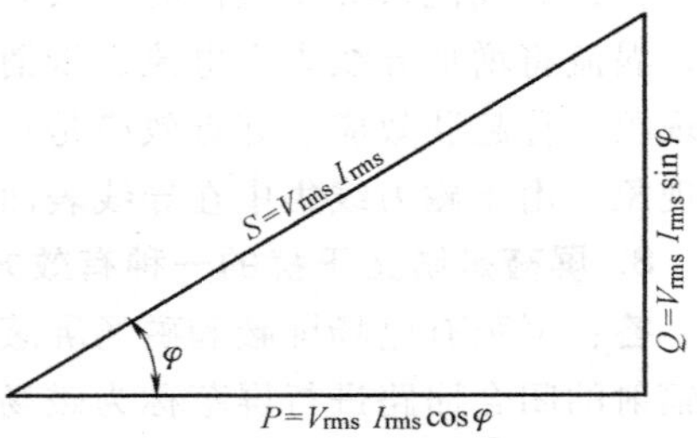

图 7-1 正弦信号功率三角形

14. 什么是同步整流？有什么优点？

答：同步整流是用 MOSFET 代替二极管，它有自动驱动和外部驱动两种方式，将 MOSFET 的沟道电阻与驱动电流所形成的电压降按比例关系进行整流，能使输入电压与输出电流保持同相，称为同相整流，也叫同步整流。这种整流没有滤波电感，也没有整流滤波电容，没有感抗和容抗，它的整流损耗小，只通过 MOSFET 的源-漏极输出。所以它承受电压在较低的情况下却能输出大电流，具有输出功率大、损耗小的特点。

15. 什么是电流前置技术？有什么意义？

答：所谓电流前置技术是在大电流、低电压的电源二次侧电路没有滤波电感，输出电压，不以输出电流的改变而发生变化，而是将输出电流取样反馈到一次侧，进行检测、比较、处理，控制输出电流的变化，叫作电流前置技术。这种电路控制技术，没有由于滤波电感而产生的感抗损耗，稳定了输出电流的波动。

16. 什么是斜坡补偿？有什么作用？

答：开关电源工作在电流转换连续模式。为了防止连续模式出现谐振、破坏电路转换模式，在电流检测电路里，加入一只电容，通过低频旁路，改变或破坏振荡频率，同时为了使传递信号不失真，在有效波峰里，使波的上升沿陡峭，下降沿垂直，叫作斜坡补偿。

17. 磁饱和电感的意义是什么？

答： 磁饱和电感，利用自身饱和去控制磁饱和放大器出现的物理特性，所发生的磁效应运用在开关电源的占空比调制，去调节输出电压，达到稳定输出电压的目的。它有电流、电压两种控制方式，无论哪种控制方式，磁饱和电感占有控制占空比的主导地位，而且对浪涌电压的吸收和消除，有很大的作用。

18. 均流技术是什么？

答： 均流技术分外控型均流、主从式均流、环动均流和自动均流等。自动均流就是利用单元的最大电流与其他每个单元相比较，根据电流不均衡度来调节其余每个单元的电压，改变电压的高低，使输出电流相等，这种方法在大电流低电压输出的开关电源里应用比较多。

19. 什么是共模干扰？什么是差模干扰？其区别在哪里？用什么方法抑制干扰？

答： 共模干扰，就是干扰的大小相等、方向一致，在电源的任何一相对大地都存在。这种干扰也叫纵模干扰、接地干扰，其实质是在线载流子与大地之间的干扰，抑制共模干扰是在相线 L 与中线 N 并接一电容 C_1 与 C_4、C_5，称为 X 电容，如图 1-23b 所示。差模干扰，就是干扰的大小不等、方向相反，存在电源的相线与中线，相线与相线之间的干扰叫差模干扰，也叫常模干扰、横模干扰、对称干扰。它是在线载流子与载流子之间的干扰。抑制干扰是通过 Y 电容，即图 1-23b 中的 C_2、C_3。

20. 一次整流滤波的电解电容器，它的容量大，有哪些危害？其容量大小怎样确定？

答： 一次滤波的电解电容，是电源电能的主通道，若容量不足，则高频电流以差模方式传导到转换电路，其转换开关的负载是高频变压器的一次绕组，属于感性负载，开关管在通、断工作期间，往往一次绕组会产生较高的浪涌电压，如果滤波电容量小，则容抗大，差模电流小，转换的电能不足，达不到设计的功率，稍长一点时间，电容发热，甚至爆裂。如果容量大则漏电流大，损耗大，体积也大，对提高效率十分不利。100W 以内的电源以 $C=8\sqrt{P_i}$ 来进行计算；100~300W 的电源以 $C=1.8\times10^6\cdot P_o\left(\frac{1}{2f}-t_c\right)2\pi/(V_{HD}-V_{i(min)})^2$ 来进行计算，上述公式在第 3 章都有计算。

21. 高频变压器的剩磁是怎样产生的？怎样消除剩磁？

答： 高频变压器在进行功率转换传输时，是电磁和磁电转换的两个过程，在转换过程中，磁能不能一次性地从一次绕组传到二次绕组，往往二次绕组还会反激到一次绕组里去，在磁心里经过几个周期的循环，会驻留有磁能，这就是剩磁。剩磁严重的影响电能转换、传递，还会出现磁饱和。剩磁的出现，也是源极漏电流产生的发源地，漏电流会使 MOSFET 的开关性能失效，甚至烧毁 MOSFET。消除的方法是：①增加磁心气隙，合适的气隙会降低剩余磁力，提高磁场强度，增强磁电变换能力。②在变压器的一次侧串接一小电容，使不平衡的伏秒值与剩磁强度成比例地消除磁力线，达到磁电平衡转换。③在电磁波谷点上进行切换，使触发脉冲拐过磁峰，达到正常运行。但是找到电磁波谷点必须依靠高频电磁仪找到“谷点”，再调整一次绕组电感，非常复杂，采用方法 2 为好。

22. 什么是电源电压调整率？什么是电源负载调整率？怎样进行计算？

答： 电源电压调整率，就是衡量输出电压的稳定度，一台好的电压调整率不以输入电压的波动而影响输出电压的稳定。

$$S_V=(V_{o1}-V_{o2})/V_{sta}\times100\%$$

式中，V_{o1}为输入最低电压时的输出电压；V_{o2}为输入最高电压时的输出电压；V_{sta}为输入标准电压时的输出电压。

电源负载调整率是电源外接负载发生变化时，输出电压的稳定度。一台好的负载调整率电源，不以外部负载发生变化而影响输出电压。

$$V_i=(V_{o1}-V_{o2})/V_{sta}\times100\%$$

式中，V_{o1}为输出电流的10%时的输出电压；V_{o2}为输出电流的100%时的输出电压；V_{sta}为输出标准电流时的输出电压。

23. 节流阻尼式变换器（RCC）怎样选择占空比？

答：RCC是开关电源中最简单、最方便调试的一种功率变换方式，它是开关电源的鼻祖，要改变占空比D不用计算，只要改变晶体管中I_c与V_{ce}两个参数。占空比是这两个参数的交点，D一般不大于0.5，晶体管应选用耐压较高的硅晶体管，如图7-2所示。

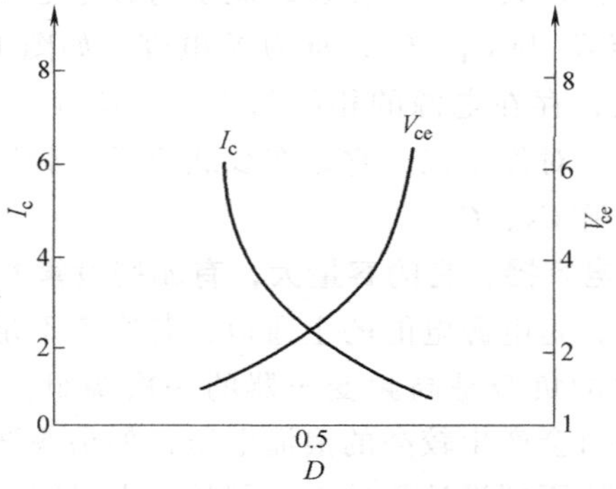

图7-2　晶体管电流、电压与占空比D的关系

24. 输出纹波电压是如何产生的？如何消除？

答：纹波电压是二次整流二极管在它的导通和截止期间产生的。二次整流滤波是将高频变压器的电能变换为平直的脉动较低的直流，由于整流二极管工作在非线性区间和滤波电容的储能作用，使二极管的导通角变小，基波分量含有丰富的高次谐波称为纹波。纹波电压的高低与整流二极管反向恢复时间、滤波电容容量的大小，以及电容的等效串联电感有关。消除纹波最好的办法是选用反向恢复时间最短的整流二极管和等效串联较大的电解电容，还要在整流二极管上面并联一阻容串联网络，对高频旁路，这对降低纹波十分有利，但阻值和容量不宜过大。

25. LLC变换是什么？有什么优点？

答：LLC变换就是半桥谐振变频变换。它的特点是，LLC拓扑电路能够输出较大的功率，它处于零电压开关（ZVS），具有高效低耗的优点。高工作频率，低噪声，低EMI，是LLC电源所必须具有的。

26. 设计开关电源输出功率时要考虑哪些因素？

答：开关电源输出功率的大小与一次绕组流经的峰值电流和一次绕组的电感有关。而电源的工作转换频率与变压器的一次绕组的感应电压和开关管的导通时间，即占空比有关。另外还与铁氧体磁心的大小、开关管的特性参数有关。一个大功率输出的电源必须选用高级的多功能控制芯片，还要有完美的电路板设计，保证有各种保护功能，才能实现电源的实用性。

27. 开关电源通电后没有电压输出的原因是什么?

答: 这要分两种情况:一种是输入没有电流;另一种是输入有电流,没有电压输出。对于前一种情况,首先要检查输入回路的电源电压是否正常,电源插头和熔丝是否完好,输入线路有没有断路。对于后一种情况,用电压表测量一次整流电路的输出电压,正常值是400V。如果只有310V,说明PFC没有工作,应检查IC的工作电压,是否因欠电压锁存器关闭,PFC的升压二极管是否完好,滤波电感是否完好,变压器的一次和二次电压是否存在,光电耦合器的输出电流是否过大等。

28. 电源在开机时IC发热,甚至发生爆炸的原因是什么?

答: 发生此现象的原因可能有:①调制IC的供电电压太高;②整流二极管有一个损坏;③高频变压器二次绕组出线端子接反;④变压器一次感应电压太高,致使二次绕组的峰值电压过高;⑤光电耦合器的信号电压过高,使脉宽调制的宽度太大,致使开关管漏极高压。

29. 电源开机正常,但5min后整机发热效率低的原因是什么?

答: 发生此现象的原因可能有:①PFC的升压二极管及二次整流输出二极管的反向恢复时间太长;②高频变压器一次绕组的电感量太小,工作频率过低,峰值电流远远不够;③变压器的制作工艺欠佳,应用三明治绕制方法,加强磁电的传递效率;④PCB的设计制作工艺的科学性差。

30. 电源的工作频率低,输出电压不稳的原因是什么?

答: 发生此现象的原因可能是尖峰电流脉冲宽度已超过前沿闭锁时间,变压器的一次或二次的*RC*阻尼时间延长,使开关信号的幅度与频率降低。由于输出电压的频率降低,使脉冲宽度控制不能使占空比达到设计要求,促使输出电压时高时低。另外,高频变压器一次侧的分体电容太大,而产生的阻尼大。变压器各绕组太松弛,信号传输速度缓慢,容易产生寄生反馈,整流二极管的质量差,反向恢复时间长,都是输出电压不稳的原因。

31. 伴随着输入电压升高或负载减轻,输出电压也随之升高的原因是什么?

答: 说明该电源的负载能力差,根本应付不了85~265V的输入电压。必须对这种电源的控制电路、反馈电路和稳压输出电路进行检查,尤其是对控制电路的IC应重点检查。如果单从增强电源的负载能力来考虑,只要在光电耦合器中的发光二极管两端并联一个1kΩ、1/4W的金属膜电阻即可。另外,输出滤波电路相移过大,应减小滤波电容的容量。控制环路的响应时间太长,调整的速度慢也是影响输出电压不稳的一个原因。

32. PFC不起作用,总谐波失真超过10%,PFC电路输出电压达不到380V的原因是什么?

答: 总谐波失真超过10%,PFC未进入工作状态,是因为升压电感或升压二极管未工作,应加大对电路的补偿范围,即加大升压变压器的电感量,当交流脉动电压达到峰值时,PFC控制芯片进入连续工作模式,还应加大自动补偿电容和电阻。总之,PFC电路的各个元器件都应进行适量的调整。